《电工实战丛书》编委会

DIANGONG 电工 实战丛书 SHIZHAN CONGSHU

家装电工技能速成与实战技巧

孙克军 主 编

薛增涛 王忠杰 副主编

JIAZHUANG DIANGONG JINENG SUCHENG YU SHIZHAN JIQIAO

化学工业出版社

·北京·

图书在版编目（CIP）数据

家装电工技能速成与实战技巧/孙克军主编. —北京：化学工业出版社，2017.7

（电工实战丛书）

ISBN 978-7-122-29531-6

Ⅰ. ①家…　Ⅱ. ①孙…　Ⅲ. ①住宅-室内装修-电工　Ⅳ. ①TU85

中国版本图书馆 CIP 数据核字（2017）第 086858 号

责任编辑：高墨荣　　文字编辑：孙凤英

责任校对：边　涛　　装帧设计：刘丽华

出版发行：化学工业出版社（北京市东城区青年湖南街 13 号　邮政编码 100011）

印　　刷：北京永鑫印刷有限责任公司

装　　订：三河市宇新装订厂

787mm×1092mm　1/16　印张 18　字数 445 千字　2017 年 7 月北京第 1 版第 1 次印刷

购书咨询：010-64518888（传真：010-64519686）　售后服务：010-64518899

网　　址：http://www.cip.com.cn

凡购买本书，如有缺损质量问题，本社销售中心负责调换。

定　　价：58.00 元

前 言

随着国民经济的飞速发展，电能在工农业生产、军事、科技及人们日常生活中的应用越来越广泛。各行各业对电工的需求越来越多，新电工不断涌现，新知识也需要不断补充。为了满足广大再就业人员学习电工技能的要求，我们组织编写了“电工实战丛书”。本丛书按高压电工、低压电工、维修电工、建筑电工、物业电工、家装电工、水电工、汽车电工、电工分册，本丛书采用大量图表，内容由浅入深、言简意赅、通俗易懂、简明实用、可操作性强，力求帮助广大读者快速掌握行业技能，顺利上岗就业。

本书是家装电工分册，是根据广大家装电工的实际需要而编写的，以帮助家装电工提高电气技术的理论水平及处理实际问题的能力。在编写过程中，从当前家装电工的实际情况出发，搜集、查阅了大量有关资料，归纳了家装电工基础知识、导线的连接及绝缘处理、室内配电线路、室内配电装置的安装、电气照明装置的安装、家装弱电工程安装技术、常用电器的安装、建筑电气工程图的识读、旧房电路改造、安全用电等。编写时考虑到了系统性，力求突出实用性，努力做到理论联系实际。

家装电气工程的特点是系统多且复杂，既包括强电系统，又包括弱电系统，而且使用的设备和材料品种也非常多。因此，本书编写时突出了简明实用、通俗易懂、可操作强的特点。书中采用大量图表，由浅入深，全面介绍了家装电工应掌握的基础知识和基本操作技能。本书不仅可作为农村进城务工人员，以及没有相应技能基础的广大城乡待业、下岗人员的就业培训用书，还可作为职业院校有关专业师生的教学参考书。

本书由孙克军任主编，薛增涛、王忠杰任副主编。第 1 章由商晓梅编写，第 2 章由梁国壮编写，第 3 章由薛增涛编写，第 4 章由刘华娥编写，第 5 章由隽昌薇编写，第 6 章由杨征编写，第 7 章由闫和平编写，第 8 章由刘浩编写，第 9 章由孙克军编写，第 10 章由王忠杰编写。编者对关心本书出版、热心提出建议和提供资料的单位和个人在此一并表示衷心的感谢。

由于水平所限，书中难免有不妥之处，希望广大读者批评指正。

编者

目 录

第1章 家装电工基础知识

1.1 房屋建筑的基本知识 …… 1
1.1.1 房屋建筑的组成 …… 1
1.1.2 建筑安装工程常用名词术语 …… 1
1.2 装饰装修工程的基础知识 …… 3
1.2.1 装饰装修工程施工的注意事项 …… 3
1.2.2 家装施工安全用电注意事项 …… 4
1.2.3 家装施工防火注意事项 …… 4
1.3 家装电工常用工具 …… 5
1.3.1 验电笔 …… 5
1.3.2 螺丝刀 …… 6
1.3.3 钢丝钳 …… 7
1.3.4 尖嘴钳 …… 9
1.3.5 电工刀 …… 10
1.3.6 活扳手 …… 11
1.3.7 锤子 …… 12
1.3.8 錾子 …… 14
1.4 家装电工常用电动工具 …… 15
1.4.1 电钻 …… 15
1.4.2 冲击电钻 …… 17
1.4.3 电锤 …… 19
1.4.4 电动曲线锯 …… 20
1.5 家装电工常用仪器仪表 …… 22
1.5.1 指针式万用表 …… 22
1.5.2 数字式万用表 …… 25
1.5.3 钳形电流表 …… 30
1.5.4 绝缘电阻表 …… 32

第2章 导线的连接及绝缘处理

2.1 家装常用电工材料 …… 39
2.1.1 常用导线 …… 39
2.1.2 常用电缆 …… 41
2.1.3 常用绝缘材料 …… 43
2.2 导线接头应满足的基本要求 …… 44
2.3 导线绝缘层的剖削 …… 44
2.3.1 剖削导线绝缘层的常用方法 …… 44
2.3.2 导线线头绝缘层的剖削 …… 45
2.3.3 塑料护套线绝缘层的剖削 …… 46
2.4 导线与导线的连接 …… 47
2.4.1 铜芯导线的直接连接 …… 47
2.4.2 铜芯导线的分支连接 …… 49
2.4.3 铝芯导线的压接 …… 51
2.4.4 单芯绝缘导线在接线盒内的连接 …… 52
2.4.5 多芯绝缘导线在接线盒内的连接 …… 53
2.5 多股导线与接线端子的连接 …… 54
2.5.1 多股铜芯导线与接线端子的连接 …… 54
2.5.2 多股铝芯导线与接线端子的连接 …… 54
2.6 导线与接线桩的连接 …… 55
2.6.1 导线与平压式接线桩的连接 …… 55
2.6.2 导线与针孔式接线桩的连接 …… 55
2.6.3 导线与瓦形接线桩的连接 …… 56
2.7 导线连接后的绝缘处理 …… 57
2.7.1 导线直线连接后的包缠 …… 57
2.7.2 导线分支连接后的包缠 …… 57
2.7.3 穿热缩管法 …… 58
2.7.4 带压线帽法 …… 59

第3章 室内配电线路

3.1 室内配线的基本知识 …… 60
3.1.1 室内配电线路的种类及适用的场合 …… 60
3.1.2 室内配电线路应满足的技术要求 …… 60
3.1.3 室内配线的施工步骤 …… 62
3.2 塑料护套线配线 …… 63
3.2.1 施工前的准备 …… 63
3.2.2 塑料护套线的敷设 …… 64
3.2.3 塑料护套线配线的方法与注意事项 …… 66
3.3 线槽配线 …… 67
3.3.1 线槽的种类与特点 …… 67
3.3.2 塑料线槽配线的方法步骤 …… 68
3.4 线管配线 …… 70
3.4.1 线管配线的种类及应用场合 …… 70
3.4.2 PVC电线管配线的技术要求 …… 71
3.4.3 PVC电线管及配件的选用 …… 72
3.4.4 开电线槽 …… 73
3.4.5 PVC电线管的加工与连接 …… 75
3.4.6 硬塑料电线管的暗敷设 …… 77
3.4.7 硬塑料电线管的明敷设 …… 78
3.4.8 线管的穿线 …… 79

第4章 室内配电装置的安装

4.1 常用低压电器的选择与安装 …… 81
4.1.1 开启式负荷开关 …… 81
4.1.2 插入式熔断器 …… 83
4.1.3 低压断路器 …… 85
4.1.4 漏电保护器 …… 89
4.1.5 低压配电箱 …… 93
4.2 电能表的选择与安装 …… 97
4.2.1 电能表的用途与分类 …… 97
4.2.2 机械式电能表 …… 98
4.2.3 电子式电能表 …… 100
4.2.4 电能表的选择 …… 102
4.2.5 电能表的接线 …… 103
4.2.6 电能表的安装与使用 …… 105
4.3 开关的选择与安装 …… 106
4.3.1 开关的类型与选择 …… 106
4.3.2 开关安装的一般要求和安装位置 …… 108
4.3.3 拉线开关的安装 …… 110
4.3.4 扳把开关的安装 …… 111
4.3.5 翘板开关的安装 …… 112
4.3.6 防潮防溅开关的安装 …… 113
4.3.7 触摸延时和声光控延时开关的安装 …… 113
4.4 插座的选择与安装 …… 115
4.4.1 插座的类型 …… 115
4.4.2 插座的选择 …… 116
4.4.3 插座位置的设置 …… 117
4.4.4 安装插座应满足的技术要求 …… 118
4.4.5 插座的安装及接线 …… 118

第5章 电气照明装置的安装

5.1 电气照明概述 …… 120
5.1.1 电气照明的分类 …… 120
5.1.2 对电气照明质量的要求 …… 121
5.1.3 照明灯具安装作业条件 …… 122
5.2 电气照明的安装与使用 …… 122
5.2.1 白炽灯 …… 122
5.2.2 荧光灯 …… 126
5.2.3 LED灯 …… 130
5.3 灯具的种类与选择 …… 134
5.3.1 照明灯具的种类 …… 134
5.3.2 常用照明灯具的选择 …… 136
5.4 照明灯具的安装 …… 138
5.4.1 安装照明灯具应满足的基本要求 …… 138
5.4.2 照明灯具的布置方式 …… 139
5.4.3 吊灯的安装 …… 140

5.4.4 吸顶灯的安装 …………………… 143
5.4.5 嵌入式照明灯具的安装 ……… 144
5.4.6 壁灯的安装 ……………………… 144
5.4.7 筒灯的安装 ……………………… 145

第6章 家装弱电工程安装技术

6.1 弱电布线的基本知识 ………………… 147
6.1.1 弱电的特点 …………………… 147
6.1.2 弱电系统工程的分类 ………… 148
6.1.3 家庭综合布线系统的组成 …… 148
6.1.4 弱电布线的一般规定 ………… 149
6.1.5 弱电布线施工的方法步骤 …… 149
6.1.6 弱电布线施工的注意事项 …… 150
6.2 弱电工程常用线材 ………………… 151
6.2.1 同轴电缆 ……………………… 151
6.2.2 网线 …………………………… 152
6.2.3 电话线 ………………………… 154
6.2.4 音频线 ………………………… 154
6.2.5 视频线 ………………………… 156
6.3 家庭影院的安装 …………………… 158
6.3.1 AV 功率放大器 ……………… 158
6.3.2 音箱 …………………………… 159
6.3.3 显示设备 ……………………… 160
6.3.4 家庭影院室内布线 …………… 161
6.4 电话及宽带网络的安装 …………… 162
6.4.1 家庭信息箱 …………………… 162
6.4.2 ADSL 宽带接入 ……………… 163
6.4.3 IPTV 机顶盒的安装 ………… 164
6.4.4 电话分线箱与用户出线盒 …… 165
6.4.5 电话线路的敷设 ……………… 165
6.4.6 电话插座和电话机的安装 …… 167
6.5 有线电视的安装 …………………… 168
6.5.1 有线电视系统的特点 ………… 168
6.5.2 有线电视系统的构成 ………… 169
6.5.3 有线电视系统使用的主要设备和器材 ………………………… 170
6.5.4 有线电视系统安装的一般要求 ………………………………… 173
6.5.5 电缆的敷设 …………………… 174
6.5.6 分配器与分支器的安装 ……… 174
6.5.7 用户盒的安装 ………………… 175
6.5.8 同轴电缆与用户盒的连接 …… 176

第7章 常用电器的安装

7.1 电热水器的安装 …………………… 177
7.1.1 电热水器的种类与特点 ……… 177
7.1.2 电热水器的选择 ……………… 178
7.1.3 电热水器的安装位置 ………… 179
7.1.4 安装电热水器的基本要求 …… 180
7.1.5 储水式电热水器的安装 ……… 180
7.1.6 即热式电热水器的安装 ……… 182
7.1.7 电热水器使用注意事项 ……… 183
7.2 电风扇的安装 ……………………… 183
7.2.1 电风扇的特点与种类 ………… 183
7.2.2 电风扇的选用 ………………… 184
7.2.3 安装吊扇的技术要求 ………… 184
7.2.4 吊钩的安装 …………………… 185
7.2.5 吊扇的安装 …………………… 187
7.2.6 壁扇的安装 …………………… 188
7.2.7 换气扇的种类与选择方法 …… 189
7.2.8 换气扇的安装 ………………… 190
7.2.9 换气扇的使用与保养 ………… 191
7.3 抽油烟机的安装 …………………… 192
7.3.1 抽油烟机的类型 ……………… 192
7.3.2 抽油烟机的特点与选择 ……… 192
7.3.3 抽油烟机安装位置的确定 …… 193
7.3.4 抽油烟机的安装与使用 ……… 194
7.4 浴霸的安装 ………………………… 195
7.4.1 浴霸的种类与选择方法 ……… 195
7.4.2 浴霸安装的技术要求 ………… 197
7.4.3 浴霸的安装与使用 …………… 197

第8章 建筑电气工程图的识读

8.1 常用电气图形符号和文字符号 …… 200
8.1.1 常用电气图形符号 …………… 200

8.1.2 电气工程图常用图线 ………… 202
8.1.3 电气设备常用基本文字符号 ………… 203
8.1.4 电气设备常用辅助文字符号 ………… 204
8.1.5 标注线路用文字符号 ………… 204
8.1.6 线路敷设方式文字符号 ……… 204
8.1.7 线路敷设部位文字符号 ……… 205
8.2 常用电力设备在平面布置图上的标注方法与实例 ………… 206
8.2.1 常用电力设备在平面布置图上的标注方法 ………… 206
8.2.2 常用电力设备在平面布置图上的标注实例 ………… 208
8.3 建筑电气工程图的概述 ………… 213
8.3.1 建筑电气工程图的主要特点 ………… 213
8.3.2 建筑电气工程图的制图规则 ………… 214
8.3.3 建筑电气工程图的识读 ……… 214
8.4 动力与照明电气工程图 ………… 216
8.4.1 动力配电系统的接线方式 …… 216
8.4.2 照明配电系统的接线方式 …… 217
8.4.3 多层民用建筑供电线路的布线方式 ………… 219
8.4.4 动力与照明电气工程图的绘制方法 ………… 219
8.4.5 动力与照明系统图的特点 …… 221
8.4.6 动力与照明电气工程图的识读方法 ………… 222
8.4.7 某实验楼动力、照明供电系统图 ………… 223
8.4.8 某房间照明的原理图、接线图与平面图 ………… 225
8.4.9 某建筑物电气照明平面图 …… 227
8.5 建筑物消防安全系统电气图 ……… 228
8.5.1 消防安全系统概述 ………… 228
8.5.2 消防安全系统电气图的特点 ………… 229
8.5.3 消防安全系统电气图的识读 ………… 230
8.5.4 某建筑物消防安全系统电气图 ………… 230
8.6 安全防范系统电气图 ………… 232
8.6.1 安全防范系统概述 ………… 232
8.6.2 防盗报警系统电气图的特点 ………… 232
8.6.3 防盗报警系统电气图的识读 ………… 233
8.6.4 某小区防盗报警系统图 ……… 233
8.6.5 对讲自动门锁装置的种类 …… 234
8.6.6 某楼宇不可视对讲防盗门锁装置电气图 ………… 234
8.6.7 某高层住宅楼楼宇可视对讲系统图 ………… 236
8.7 有线电视系统图 ………… 237
8.7.1 有线电视系统的构成 ………… 237
8.7.2 有线电视系统图的识读 ……… 239
8.7.3 某住宅楼有线电视系统图 …… 240
8.8 通信、广播系统图 ………… 240
8.8.1 通信、广播系统图的识读 …… 240
8.8.2 电话通信系统的组成 ………… 240
8.8.3 某住宅楼电话工程图 ………… 241
8.8.4 某办公楼电话平面图 ………… 243
8.8.5 扩声系统的组成 ………… 243
8.8.6 常用公共广播系统图 ………… 245
8.9 综合布线工程图 ………… 245
8.9.1 综合布线系统的组成 ………… 245
8.9.2 综合布线工程系统图 ………… 247
8.9.3 某住宅综合布线平面图 ……… 249

第9章 旧房电路改造

9.1 旧房电路改造概述 ………… 250
9.1.1 旧房电路改造的必要性 ……… 250
9.1.2 旧房电路改造的基本原则 …… 251
9.2 旧房电路改造的设计 ………… 252
9.2.1 电路改造设计前的准备工作 ………… 252
9.2.2 旧房电路改造的设计方案 …… 252
9.3 旧房电路改造的施工 ………… 256

9.3.1 旧房电路改造工艺流程 ········ 256
9.3.2 旧房电路改造施工操作要点 ········ 257
9.3.3 旧房电路改造施工注意事项 ········ 257

第10章 安全用电

10.1 电流对人体的伤害 ········ 259
10.1.1 电流对人体伤害的形式 ······ 259
10.1.2 人体触电时的危险性分析 ··· 260
10.2 安全电流和安全电压 ········ 261
10.2.1 安全电流 ········ 261
10.2.2 人体电阻的特点 ········ 261
10.2.3 安全电压 ········ 262
10.2.4 使用安全电压的注意事项 ··· 263
10.3 安全用电常识 ········ 263
10.3.1 用电注意事项 ········ 263
10.3.2 短路的危害 ········ 263
10.3.3 绝缘材料被击穿的原因 ······ 264
10.3.4 预防绝缘材料损坏的措施 ··· 264
10.4 触电的类型及防止触电的措施 ··· 264
10.4.1 单相触电 ········ 264
10.4.2 两相触电 ········ 265
10.4.3 跨步电压触电 ········ 265
10.4.4 接触电压触电 ········ 266
10.4.5 防止触电的措施 ········ 266
10.5 触电急救 ········ 267
10.5.1 使触电者迅速脱离电源的方法 ········ 267
10.5.2 对触电严重者的救护 ········ 267
10.6 引起电气火灾和爆炸的原因 ······ 269
10.6.1 火灾和爆炸的特点 ········ 269
10.6.2 引起电气火灾和爆炸的原因 ········ 269
10.7 预防电气火灾的措施 ········ 270
10.7.1 不宜使用铝线电气线路 ······ 270
10.7.2 防止线路短路和过负荷引起火灾的措施 ········ 270
10.7.3 防止低压开关引起火灾的措施 ········ 271
10.7.4 防止电源开关、插座引起火灾的措施 ········ 271
10.7.5 防止电动机引起火灾的措施 ········ 271
10.7.6 防止变压器引起火灾的措施 ········ 273
10.7.7 雷雨季节防止电气火灾的措施 ········ 274
10.8 发生电气火灾时的处理方法与灭火注意事项 ········ 275
10.8.1 发生电气火灾时的处理方法 ········ 275
10.8.2 灭火方法与注意事项 ········ 275

参考文献

第1章

家装电工基础知识

1.1 房屋建筑的基本知识

1.1.1 房屋建筑的组成

房屋建筑的主要组成部分包括基础、墙或柱、楼（地）面、楼梯、屋面、门窗等，另外还有其他一些配件和设施，如阳台、雨篷、台阶等，如图1-1所示。

1.1.2 建筑安装工程常用名词术语

① 建筑物　建筑物就是供人们从事工作、生活、活动用的房屋与场所。其中主要指房屋。

② 安装工程　安装工程是指按照工程建设施工图纸、施工规范的相关规定，把各种设备放置并固定在相应地方的过程。

③ 承重结构　承重结构就是直接将本身自重与各种外加作用力系统地传递给基础地基的主要结构构件与其连接接点。承重结构主要包括柱、承重墙体、立杆、支墩、楼板、框架柱、梁、屋架、悬索等。

④ 建筑主体　建筑主体就是建筑实体的结构构造。建筑主体主要包括支撑、墙体、屋盖、梁、柱、连接接点、基础等。

⑤ 承重墙　承重墙就是直接承受上部屋顶、楼板传来的荷载的墙。一般建筑物均有承重墙。

⑥ 非承重墙　非承重墙就是不承受上部传来的荷载的墙。非承重墙包括隔壁、填充墙、幕墙等。

⑦ 过梁　过梁就是为支承门窗洞口上部墙体荷载，并将其传给洞口两侧的墙体所设置的一种横梁。过梁的类型有钢筋砖过梁、钢筋混凝土过梁等。

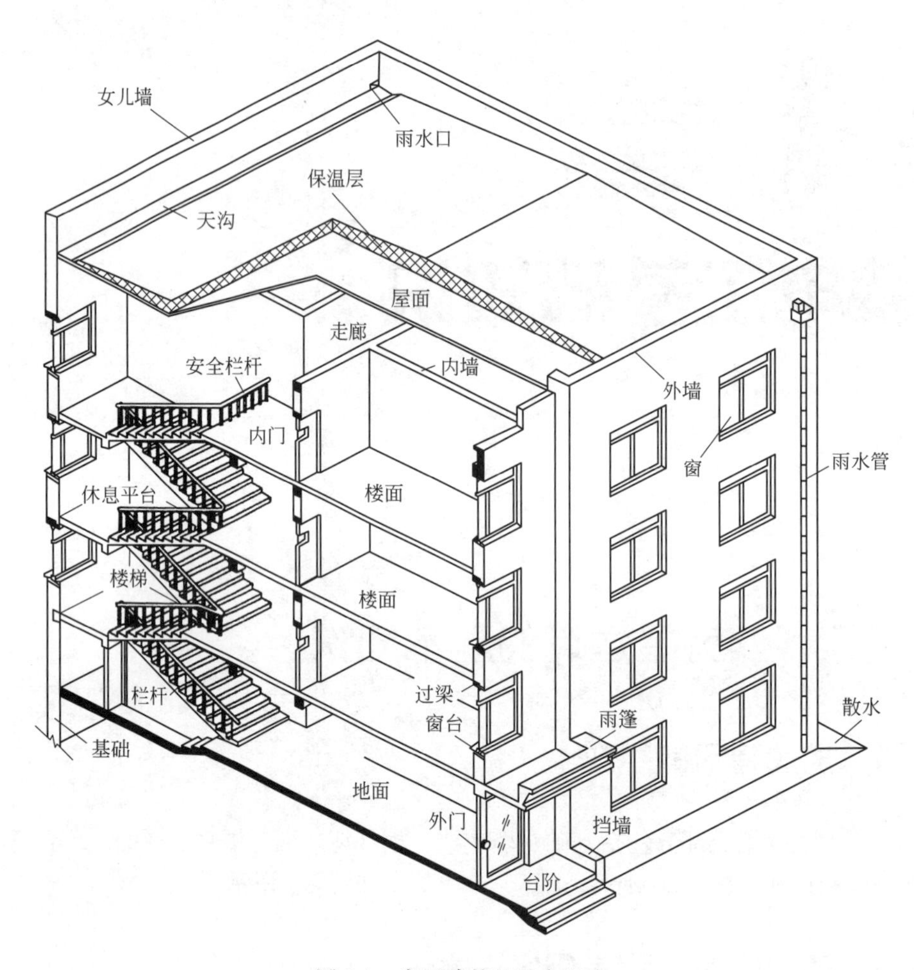

图 1-1 房屋建筑的基本组成

⑧ 圈梁 圈梁就是沿建筑物外墙、内纵墙及部分横墙设置的连续而封闭的梁。圈梁的种类有钢筋砖圈梁、钢筋混凝土圈梁等。

⑨ 变形缝 变形缝就是将建筑物垂直分开的预留缝。它包括伸缩缝、沉降缝、防震缝等。

⑩ 住宅装饰装修 住宅装饰装修是指为了保护住宅建筑的主体结构，完善住宅的使用功能，采用装饰装修材料或饰物，对住宅内部表面与使用空间环境进行的处理与美化的过程。

⑪ 基体 基体是指建筑物的主体结构与围护结构，属于建筑物的基本结构。

⑫ 基层 基层是指直接承受装饰装修施工的表面层。不同的装饰，可能需要具有不同的基层。

⑬ 装修工程 装修工程可以分为家庭居室装修与公共建筑装修。前者简称为家装，后者简称为公装。

⑭ 隐蔽工程 隐蔽工程是指在施工过程中，完成一道工序后，将被下一道工序所掩盖，全部完工后无法进行检查相应部位的一类工程。家装、公装中的隐蔽工程包括给排水工程、电线管线工程、地板基层、隔壁基层等，其中以水电工程显得突出重要。

⑮ 暗槽 暗槽就是把所有的线路都藏在墙体里面，即通过墙体上开出槽来放线路的套管，具有看不到电线和套管的特点。

⑯ 暗线室内配线安装 暗线室内配线安装就是将室内用电器具、设备的供电与控制线路穿管埋设在墙内、地下、顶棚里的一种安装方法。

⑰ 明线室内配线安装 明线室内配线安装就是将室内用电器具、设备的供电与控制线路沿墙壁、天花板、梁、柱子等表面敷设的一种安装方法。

⑱ 防水处理 家装中的防水处理就是使水不会渗入楼下与墙体进行的一项操作工序。防水处理一般用于厨房、卫生间等功能间。

⑲ 形象墙 形象墙就是指电视形象墙、电视背景墙、TV 墙。它是安放或者靠近电视位置的墙面。由于看电视的频率较高，也常常会留意其背景，因此，形象墙在家装中比较重要。

⑳ 玄关 玄关就是指厅堂的外门，也就是居室入口的一个区域，简单来说就是进门的地方。

1.2 装饰装修工程的基础知识

1.2.1 装饰装修工程施工的注意事项

① 管道、设备工程的安装及调试应在装饰装修工程施工前完成。

② 管道安装如果必须与装饰装修工程同步进行，则应在饰面层施工前完成。

③ 涉及燃气管道的装饰装修工程必须符合有关安全管理的规定。

④ 施工人员应遵守有关施工安全、劳动保护、防火、防毒的法律、法规。

⑤ 施工前，应对施工现场进行核查；了解物业管理的有关规定。

⑥ 严禁超荷载集中堆放物品。

⑦ 严禁擅自拆改燃气、暖气、通信线路等配套设施。

⑧ 严禁擅自改动建筑主体、承重结构或改变房间主要使用功能。

⑨ 严禁损坏房屋原有绝热设施。

⑩ 严禁损坏受力钢筋。

⑪ 严禁在预制混凝土空心楼板上打孔安装埋件。

⑫ 装饰装修工程不得影响管道、设备的使用与维修。

⑬ 不得在承重墙体上开挖门洞。

⑭ 不得在楼面板上砌墙及超标增大载荷。

⑮ 不得超负荷吊顶、安装大型灯具及吊扇。

⑯ 不得擅自移动排污或下水管道位置。

⑰ 不得破坏或拆改厨房、厕所的地面防水层以及水、暖、电、煤气等配套设施。

⑱ 不得大量使用易燃装饰材料。

⑲ 应减轻或避免扰邻。

1.2.2 家装施工安全用电注意事项

① 安装、维修或拆除临时施工用电系统，应由专业电工完成。
② 临时施工供电开关箱中应装设完善的漏电保护器，以确保安全。
③ 临时用电线路应避开易燃、易爆物品堆放地。
④ 施工现场临时电源要求采用合格的插头、开关、插座等设备。
⑤ 临时用电线一般应采用电缆。
⑥ 暂停施工时应切断电源。
⑦ 入户电源线应避免过负荷使用。
⑧ 破旧老化的电源线应及时更换，以免发生意外。
⑨ 严禁私自从公用线路上接线，以免产生不必要的电费纠纷。
⑩ 施工时，应采取措施防止电线从积水中穿过。

1.2.3 家装施工防火注意事项

(1) 装饰装修工程施工现场防火注意事项

① 配套使用的电动机、开关、照明灯应有安全防爆装置。

② 施工现场必须配备灭火器等相应灭火工具。

③ 施工现场不得大量积存可燃材料。易燃物品应相对集中放置在安全区域，并应有明显标识。

④ 用油漆等挥发性材料时，应随时封闭其容器，擦拭后的棉纱等物品应集中存放且远离热源。

⑤ 施工现场动用电气焊等明火时，必须清除周围及焊渣滴落区的可燃物质，并设专人监督。

⑥ 易燃易爆材料的施工，应避免敲打、碰撞、摩擦等可能出现火花的操作。

⑦ 用电烙铁等电热器件，必须远离易燃物品，用完后应切断电源，并拔下电源插头，以防意外。

⑧ 施工现场严禁吸烟，不得使用电加热器取暖或煮饭，也不得烧柴火取暖，以免引起火灾。

(2) 装饰装修工程电气防火注意事项

① 吊顶内的导线应穿金属管或B1级PVC管保护，导线不得裸露。

② 开关、插座应安装在B1级以上的材料上。

③ 明敷塑料导线应穿管或加线槽板保护、装修。

④ 配电箱不得安装在B2级以下（含B2级）的装修材料上。

⑤ 配电箱的壳体与底板应采用A级材料制作。

⑥ 照明、电热器等设备的高温部位靠近非A级材料或导线穿越B2级以下装修材料时，应采用岩棉、瓷管或玻璃棉等A级材料隔热。

⑦ 当照明灯具或镇流器嵌入可燃装饰装修材料中时，应采取隔热措施予以分隔。

⑧ 卤钨灯灯管附近的导线应采用由耐热绝缘材料制成的护套，不得直接使用具有延燃性绝缘的导线。

1.3　家装电工常用工具

1.3.1　验电笔

(1) 用途与结构

验电笔又称低压验电器或试电笔，通常简称电笔。验电笔是电工中常用的一种辅助安全用具，用于检查 500V 以下导体或各种用电设备的外壳是否带电，操作简便，可随身携带。

验电笔常做成钢笔式结构，如图 1-2(a) 所示；有的验电笔做成小型螺钉旋具结构，如图 1-2(b) 所示。氖管式验电笔由笔尖（工作触头）、电阻、氖管、笔筒、弹簧和挂鼻等组成。

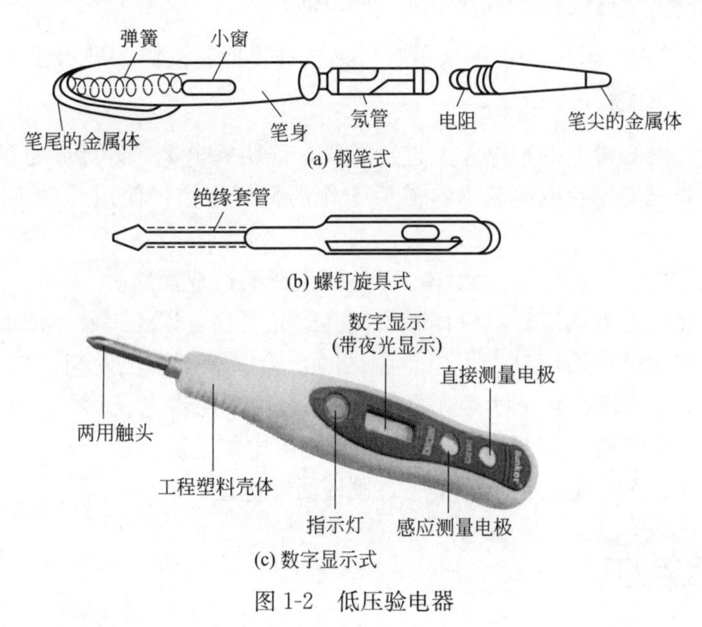

图 1-2　低压验电器

数字（数显）式验电笔由笔尖（工作触头）、笔身、指示灯、电压显示、电压感应检测按钮（感应测量电极）、电压直接检测按钮（直接测量电极）、电池等组成，其外形如图 1-2(c) 所示。

(2) 使用方法

使用验电笔测试带电体时，操作者应用手触及验电笔笔尾的金属体（中心螺钉），如图 1-3 所示。用工作触头与被检测带电体接触，此时便由带电体经验电笔工作触头、电阻、氖管、人体和大地形成回路。当被测物体带电时，电流便通过回路，使氖管起辉；如果氖管不亮，则说明被测物体不带电。测试时，操作者即使穿上绝缘鞋（靴）或站在绝缘物上，也同样形成回路，因为绝缘物的泄漏电流和人体与大地之间的电容电流足以使氖管起辉。只要带电体与大地之间存在一定的电位差，验电笔就会发出辉光。

使用数显式验电笔测交流电时，切勿按感应检测按钮。将笔尖插入相线孔时，若指示灯

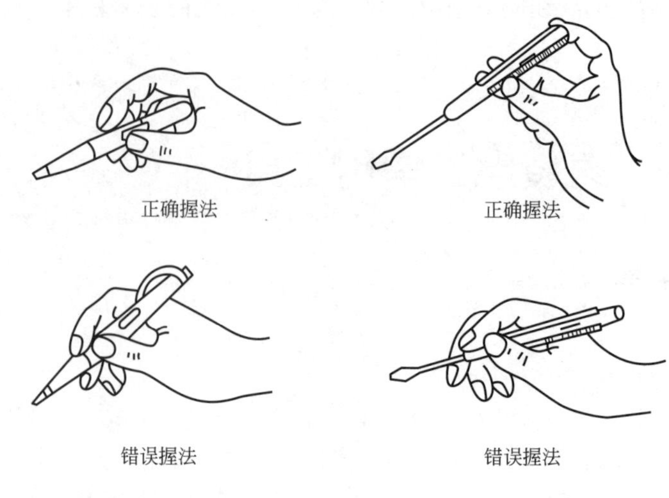

(a) 钢笔式验电笔的用法　(b) 旋具式验电笔的用法

图 1-3　验电笔的用法

发亮，则表示有交流电；若需要电压显示时，则按直接检测按钮，显示数字为所测电压值。

(3) 使用注意事项

① 测试前应在确知带电的带电体上进行试验，证明验电笔完好后，方可使用。

② 工作者要养成先用验电笔验电，然后工作的良好习惯；使用验电笔时，最好穿上绝缘鞋（靴）。

③ 验电时，工作者应保持平稳操作，以免因误碰而造成短路。

④ 在光线明亮的地方测试时，应仔细测试并避光观察，以免因看不清而误判。

⑤ 有些设备常因感应而使外壳带电，测试时，验电笔氖管也发亮，易造成误判断。此时，可采用其他方法（例如用万用表测量）判断其是否真正带电。

⑥ 使用低压验电笔时，不允许在超过 500V 的带电体上测量。

⑦ 若发现数显式验电笔的指示灯不亮，则应更换电池。

1.3.2　螺丝刀

(1) 螺丝刀的结构与用途

螺丝刀又称螺钉旋具、改锥或起子，是一种紧固或拆卸螺钉的工具。螺钉旋具由旋具头部、握柄、绝缘套管等组成，其结构如图 1-4 所示。

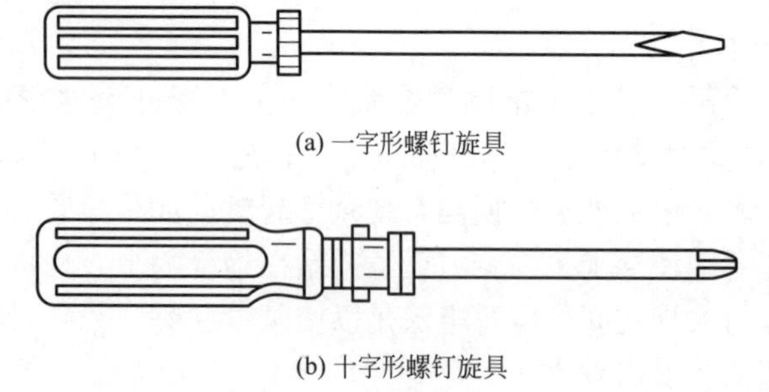

(a) 一字形螺钉旋具

(b) 十字形螺钉旋具

图 1-4　螺丝刀的结构

螺丝刀是一种用来拧转螺钉以迫使其就位的工具，通常有一个薄楔形头，可插入螺钉头的槽缝或凹口内。十字形螺丝刀专供紧固和拆卸十字槽的螺钉用。组合型螺丝刀是一种把螺丝刀头和柄分开的螺丝刀。要安装不同类型的螺钉时，只需把螺丝刀头换掉就可以，不需要带备大量螺丝刀。

另外，有的螺丝刀的头部焊有磁性金属材料，可以吸住待拧的螺钉，可以准确定位、拧紧，使用方便。

(2) 使用方法

① 大螺丝刀一般用来紧固较大的螺钉。使用时除大拇指、食指和中指要夹住握柄外，手掌还要顶住柄的末端，这样就可防止螺丝刀转动时滑脱。如图 1-5(a) 所示。

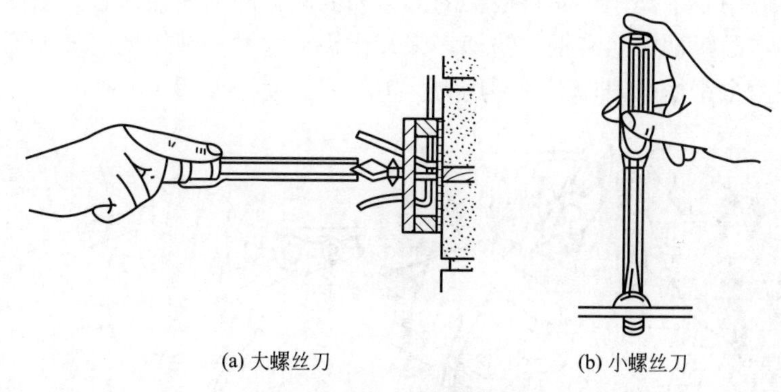

(a) 大螺丝刀　　(b) 小螺丝刀

图 1-5　螺丝刀的使用方法

② 小螺丝刀一般用来紧固电气装置接线桩头上的小螺钉，使用时可用手指顶住木柄的末端捻旋，如图 1-5(b) 所示。

③ 使用大螺丝刀时，还可用右手压紧并转动手柄，左手握住螺丝刀中间部分，以使螺丝刀不滑落。此时左手不得放在螺钉的周围，以免螺丝刀滑出时将手划伤。

(3) 使用注意事项

① 根据不同的螺钉，选用不同规格的螺丝刀，螺丝刀头部厚度应与螺钉尾部槽形相配合，螺丝刀头部的斜度不宜太大，头部不应该有倒角，以防打滑。

② 操作时，刀口应与螺钉槽内得当，用力适当，不能打滑，以免损坏螺钉槽口。

③ 用螺丝刀紧固或拆卸带电的螺钉时，手不得触及螺丝刀的金属杆，以免发生触电事故。

④ 为避免螺丝刀上的金属杆触及皮肤或邻近带电体，应在金属杆上穿套绝缘管。

⑤ 一般螺丝刀不要用于带电作业。

⑥ 切勿将螺丝刀当作錾子使用，以免损坏螺丝刀。

⑦ 螺丝刀的手柄应无缺损，并要保持干燥清洁，以防带电操作时发生漏电。

1.3.3 钢丝钳

(1) 钢丝钳的结构与用途

钢丝钳俗称克丝钳、手钳、电工钳，是电工用来剪切或夹持电线、金属丝和工件的常用工具。钢丝钳的结构如图 1-6 所示，主要由钳头和钳柄组成；

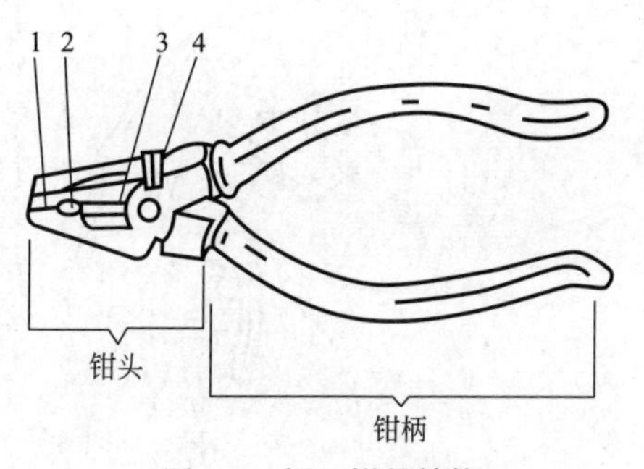

图 1-6　钢丝钳的结构

1—钳口；2—齿口；3—刀口；4—铡口

钳头又由钳口、齿口、刀口和铡口四个工作口组成。

钢丝钳用于夹持或弯折薄片形、圆柱形金属零件及切断金属丝。

常用的钢丝钳的规格以150mm、175mm、200mm（6in、7in、8in，1in=25.4mm，下同）三种为主。7in的用起来比较合适；8in的力量比较大，但是略显笨重；6in的比较小巧，剪切稍微粗点的钢丝就比较费力；5in的就是迷你的钢丝钳了。

(2) 使用方法

使用时，一般用右手操作，先将钳头的刀口朝内侧，即朝向操作者，以便于控制剪切部位。再用小指伸在两钳柄中间来抵住钳柄，张开钳头，这样分开钳柄比较灵活。如果不用小指而用食指伸在两个钳柄中间，不容易用力。钢丝钳的使用如图1-7所示。

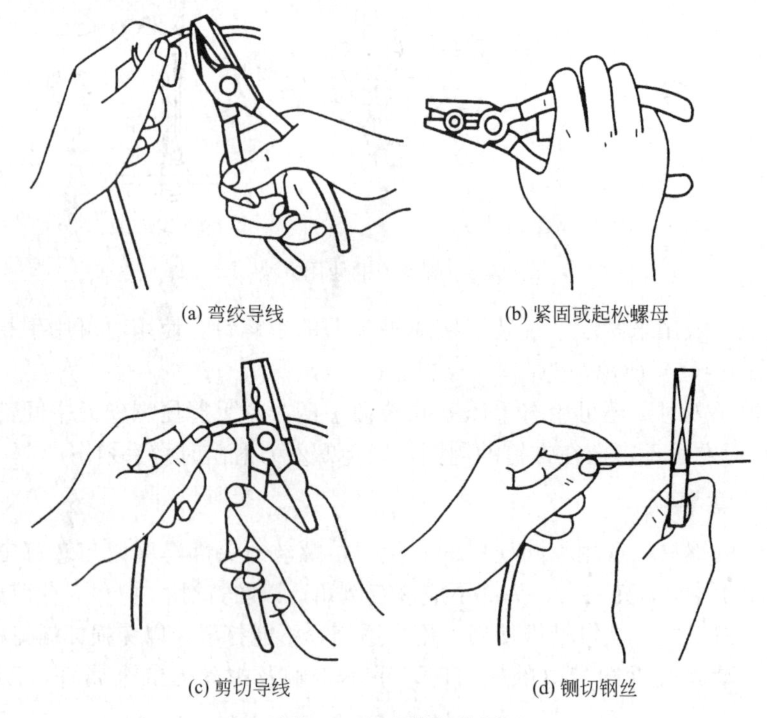

(a) 弯绞导线　(b) 紧固或起松螺母

(c) 剪切导线　(d) 铡切钢丝

图1-7　钢丝钳的使用

① 钳口用来弯绞和钳夹线头；齿口用来旋转螺钉螺母。

② 刀口用来切断电线、起拔铁钉、剖削绝缘层等；铡口用来铡断硬度较大的金属丝，如铁丝等。

③ 根据不同用途，选用不同规格的钢丝钳。

钢丝钳换可用于剥离塑料导线的绝缘层，具体操作方法为：根据线头所需长度，用钳头刀口轻切塑料层，不可切着线芯。左手紧握导线，右手握住钢丝钳的头部，两只手同时向反方向用力向外勒去塑料层，如图1-8所示。

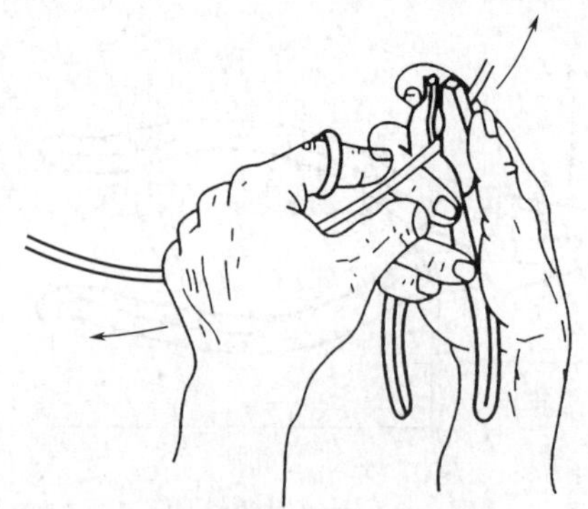

图1-8　用钢丝钳剥离绝缘层

(3) 使用注意事项

① 在使用电工钢丝钳之前，必须检查绝缘柄的绝缘是否完好；绝缘如果损坏，进行带电作业时非常危

险，会发生触电事故。

② 在使用钢丝钳过程中切勿将绝缘手柄碰伤、损伤或烧伤，并且要注意防潮。

③ 钳柄的绝缘管破损后应及时调换，不可勉强使用，以防在旋动中钳头触到带电部位而发生意外事故。

④ 为防止生锈，钳轴要经常加油。

⑤ 带电操作时，注意钳头金属部分与带电体的安全距离。

⑥ 用电工钢丝钳剪切带电导线时，切勿用刀口同时剪切火线和零线，以免发生短路故障。

⑦ 不能当榔头使用。

1.3.4 尖嘴钳

(1) 尖嘴钳的结构与用途

尖嘴钳又称修口钳、尖头钳。尖嘴钳和钢丝钳相似，它由尖头、刀口和套有绝缘套管的钳柄组成，是电工常用的剪切或夹持工具。

尖嘴钳主要用来剪切线径较细的单股与多股线，以及给单股导线接头弯圈、剥塑料绝缘层等，能在较狭小的工作空间操作。不带刃口者只能夹捏工作；带刃口者能剪切细小零件。它是电工（尤其是内线电工）、仪表及电讯器材等装配及修理工作常用工具之一。

(2) 使用方法

尖嘴钳是一种运用杠杆原理的典型工具之一。一般用右手操作，使用时握住尖嘴钳的两个手柄，开始夹持或剪切工作。尖嘴钳的操作方法如图 1-9 所示。

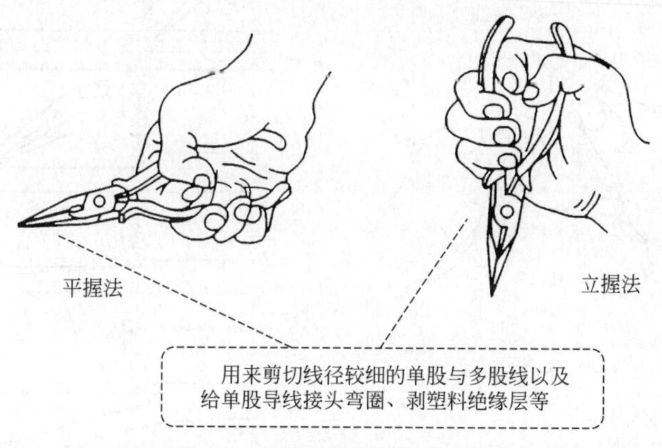

图 1-9　尖嘴钳的操作方法图例

尖嘴钳的头部尖细，适用于狭小空间的操作，其握持、切割电线方法与钢丝钳相同。尖嘴钳钳头较小，常用来剪断线径较小的导线或夹持较小的螺钉、垫圈等零件，使用时，不能用很大力气和钳较大的东西，以防钳嘴折断。

(3) 使用注意事项

① 不用尖嘴钳时，应在表面涂上润滑防锈油，以免生锈，或者支点发涩。

② 使用时注意刃口不要对向自己，放置在儿童不易接触的地方，以免受到伤害。

注：使用注意事项可参考钢丝钳。

1.3.5 电工刀

(1) 电工刀的结构与用途

电工刀是电工常用的一种切削工具。普通的电工刀由刀片、刀刃、刀把、刀挂等构成，如图 1-10 所示。刀片根部与刀柄相铰接，不用时，可把刀片收缩到刀把内。刀刃上具有一段内凹形弯刀口，弯刀口末端形成刀口尖，刀柄上设有防止刀片退弹的保护钮。

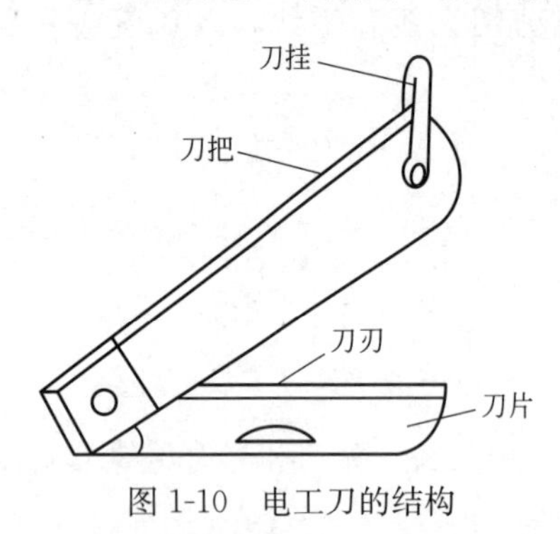

图 1-10 电工刀的结构

电工刀可用来削割导线绝缘层、木榫、切割圆木缺口等。多用电工刀汇集有多项功能，使用时只需一把电工刀便可完成连接导线的各项操作，无需携带其他工具，具有结构简单、使用方便、功能多样等有益效果。

(2) 使用方法

① 左手持导线，右手握刀柄，刀口倾斜向外，刀口一般以 45°角倾斜切入绝缘层。当切近线芯时，即停止用力，接着应使刀面的倾斜角度改为 15°左右，沿着线芯表面向线头端推削，然后把残存的绝缘层剥离线芯，再用刀口插入背部削断。图 1-11 是塑料绝缘硬线绝缘层的剖削方法。

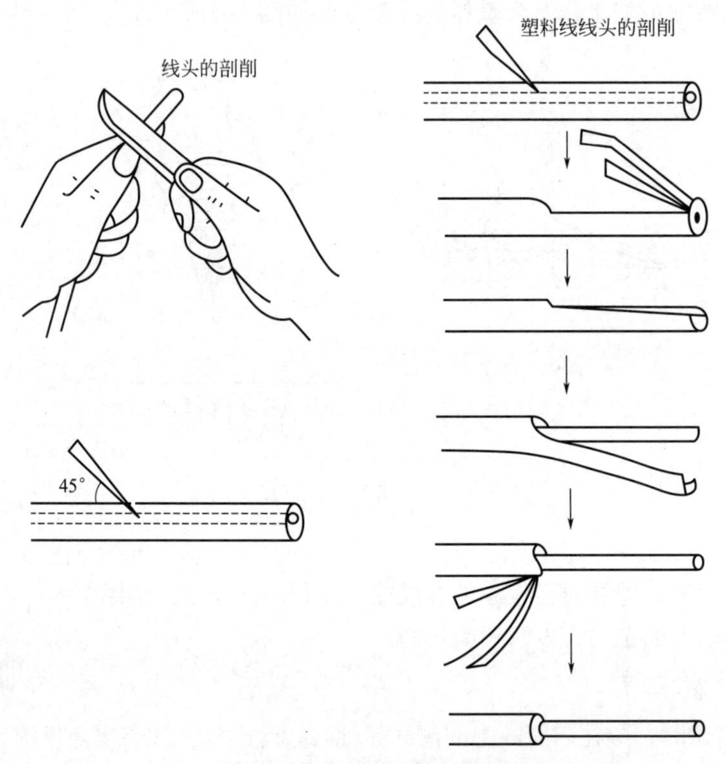

图 1-11 塑料绝缘硬线绝缘层的剖削方法

② 对双芯护套线的外层绝缘进行剖削，可以用刀刃对准两芯线的中间部位，把导线一剖为二，如图 1-12(a) 所示。然后向后扳翻护套层，用刀齐根切去，如图 1-12(b) 所示。其他剖削方法同塑料硬线。

③ 在硬杂木上拧螺钉很费劲时，可先用多功能电工刀上的锥子锥个洞，这时拧螺钉便省力多了。圆木上需要钻穿线孔，可先用锥子钻出小孔，然后用扩孔锥将小孔扩大，以利较粗的电线穿过。

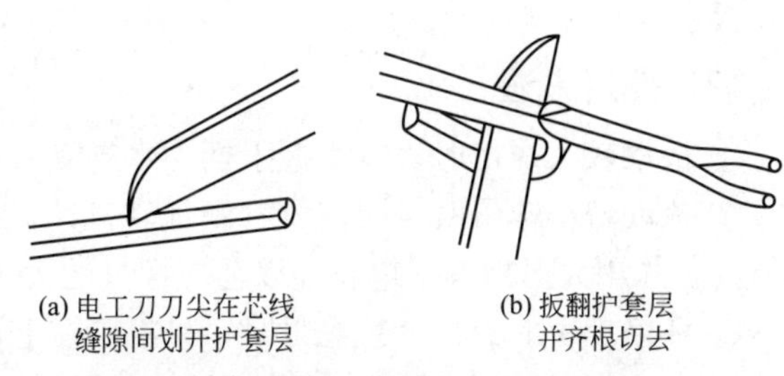

图 1-12 塑料护套线绝缘层的剖削

(3) 使用注意事项

① 用电工刀剖削电线绝缘层时，可把刀略微翘起一些，用刀刃的圆角抵住线芯。切忌把刀刃垂直对着导线切割绝缘层，因为这样容易割伤电线线芯。

② 使用电工刀时，刀口应向外剖削，以防脱落伤人；使用完后，应将刀身折入刀柄。

③ 电工刀刀柄是无绝缘保护的。因此严禁用电工刀带电操作电气设备，以防触电。

④ 带有引锥的电工刀，在其尾部装有弹簧，使用时应拨直引锥弹簧自动撑住尾部。这样，在钻孔时不致有倒回危险，以免扎伤手指。使用完毕后，应用手指揪住弹簧，将引锥退回刀柄，以免损坏工具或伤人。

⑤ 磨刀刃一般采用磨刀石或油磨石，磨好后再在底部磨点倒角，即刃口略微圆一些。

⑥ 电工刀的刀刃部分要磨得锋利才好剖削电线。但不可太锋利，太锋利容易削伤线芯；磨得太钝，则无法剖削绝缘层。

1.3.6 活扳手

(1) 活扳手的结构与用途

活扳手又称活动扳手或活络扳手，结构如图 1-13 所示，主要由呆扳唇、活络扳唇、蜗轮、轴销和手柄组成，转动活络扳手的蜗轮，就可调节扳口的大小。

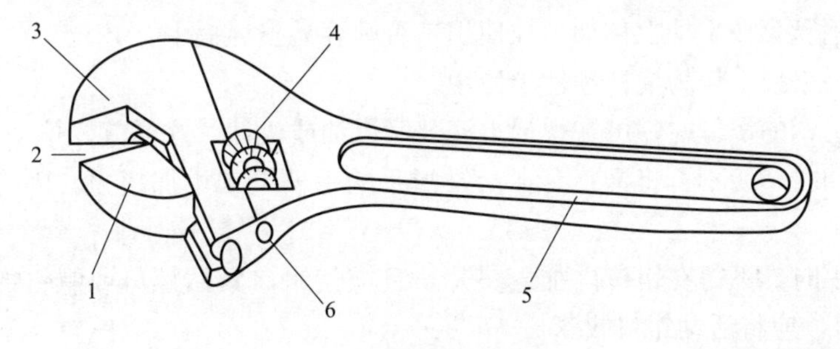

图 1-13 活扳手的结构

1—活络扳唇；2—扳口；3—呆扳唇；4—蜗轮；5—手柄；6—轴销

活扳手是一种紧固或松开有角螺钉或螺母的常用工具。防爆活扳手经大型摩擦压力机压延而成，具有强度高、机械性能稳定、使用寿命长等优点，活扳手的受力部位不弯曲、不变形、不裂口。

常用的扳手还有死扳手、梅花扳手、两用扳手、套筒扳手、内六角扳手、扭力扳手以及专用扳手等。

(2) 使用方法

① 扳动较大螺母时，右手握手柄。手越靠后，扳动起来越省力，如图 1-14(a) 所示。

② 扳动较小螺母时，因需要不断地转动蜗轮，调节扳口的大小，所以手应握在靠近呆扳唇处，并用大拇指调制蜗轮，以适应螺母的大小，如图 1-14(b) 所示。

③ 活络扳手的扳口夹持螺母时，呆扳唇在上，活扳唇在下。活扳手切不可反过来使用。

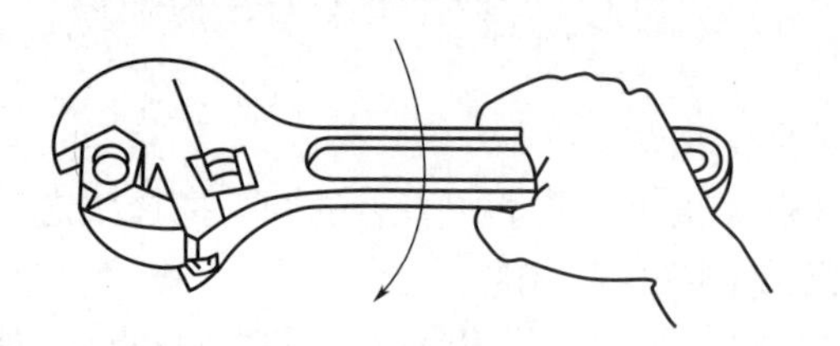

(a) 扳动较大螺母时的握法

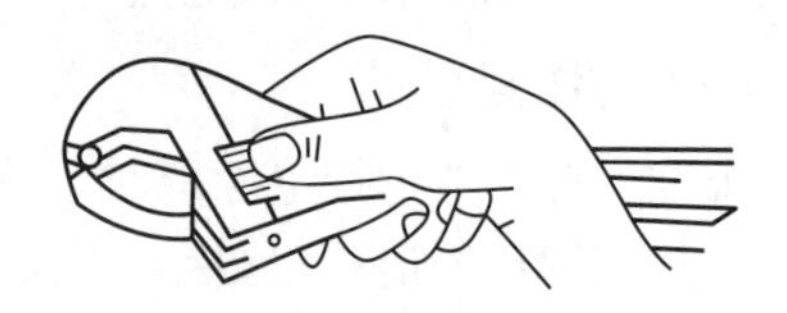

(b) 扳动较小螺母时的握法

图 1-14 活扳手的使用方法

(3) 使用注意事项

① 应根据螺母的大小，选用适当规格的活络扳手，以免扳手过大损伤螺母，或螺母过大损伤扳手。

② 使用时，用两手指旋动蜗轮以调节扳口的大小，将扳口调得比螺母稍大些，卡住螺母，再用手指旋动蜗轮紧压螺母。即使扳唇正好夹住螺母，否则扳口容易打滑，既会损伤螺母，又可能碰伤手指。

③ 扳动较大螺母时，因所需力矩较大，手应握在手柄尾部；扳动小螺母时，因所需力矩较小，为防止钳口打滑，手应握在接近头部的地方，并用大拇指控制好蜗轮，以便随时调节扳口。

④ 在需要用力的场合使用活络扳手时，活络扳唇应靠近身体使用，这样有利于保护蜗轮和轴销不受损伤。切记不能反向使用，以免损坏活络扳唇。

⑤ 不准用钢管套在手柄上作加力杆使用，否则容易损坏扳手。

⑥ 不应将活络扳手作为撬杠和锤子使用。

⑦ 在扳动生锈的螺母时，可在螺母上滴几滴煤油或机油，这样就好拧动了。

⑧ 在拧不动时，切不可将钢管套在活络扳手的手柄上来增加扭力，因为这样极易损伤活络扳唇。

⑨ 使用扳手时，不得在钳口内加入垫片，且应使钳口紧贴螺母或螺钉的棱面。活动扳手在每次扳动前，应将活动钳口收紧。

1.3.7 锤子

(1) 锤子的结构与用途

锤子是敲打物体使其移动或变形的工具。最常用来敲钉子、矫正或是将物件敲开。锤子由锤头、锤柄和楔子组成，锤子有着各式各样的形式，常见的形式如图 1-15 所示。锤头的一面是平坦的以便敲击；另一面的形状可以像羊角，也可以是楔形，其功能为拉出钉子。另外也有着圆头形的锤头，通常称为榔头。

图 1-15 常用的锤子

(2) 使用方法

① 锤子是主要的击打工具，使用锤子的人员，必须熟知工具的特点、使用、保管和维修及保养方法。工作前必须对工具进行检查，严禁使用腐蚀、变形、松动、有故障、破损等不合格工具。

② 锤子的重量应与工件、材料和作用力相适应，太重和过轻都会不安全。为了安全，使用锤子时，必须正确选用锤子和掌握击打时的速度。

③ 使用手锤时，要注意锤头与锤柄的连接必须牢固，稍有松动就应立即加楔紧固或重新更换锤柄。

④ 锤子的手柄长短必须适度，经验提供的比较合适的长度是手握锤头，前臂的长度与锤柄的长度近似相等。在需要较小的击打力时可采用手挥法；在需要较强的击打力时，宜采用臂挥法。采用臂挥法时应注意锤头的运动弧线。

⑤ 使用时，一般为右手握锤，常用的握法有紧握锤和松握锤两种。紧握锤是指从挥锤到击锤的全过程中，全部手指一直紧握锤柄。松握锤是指在挥锤开始时，全部手指紧握锤柄，随着锤的上举，逐渐依次地将小指、无名指和中指放松，而在击锤的瞬间，迅速将放松了的手指全部握紧，并加快手腕、肘以至臂的运动。松握锤法如图 1-16 所示，松握锤可以加强锤击力量，而不易疲劳。

⑥ 羊角锤既可敲击、锤打，又可以起拔钉子，但对较大的工件锤打就不应使用羊角锤。

⑦ 钉钉子时，锤头应平击钉帽，使钉子垂直进入木料；起拔钉子时，宜在羊角处垫上木块，增强起拔力。

(3) 使用注意事项

① 手锤不应被油脂污染。

② 锤头与把柄连接必须牢固，凡是锤头与锤柄松动、锤柄有劈裂和裂纹的绝对不能使用。

③ 锤头与锤柄在安装孔的加楔，以金属楔为好，楔子的长度不要大于安装孔深的 2/3。

④ 为了在击打时有一定的弹性，锤柄的中间靠顶部的地方要比末端稍狭窄。

⑤ 使用大锤时，必须注意前后、左右、上下，在大锤运动范围内严禁站人，不许用大锤与小锤互打。

⑥ 锤头不准淬火，不准有裂纹和毛刺，发现飞边卷刺应及时修整。

⑦ 不应把羊角锤当撬具使用；应注意锤击面的平整完好，以防钉子飞出或锤子滑脱伤人。

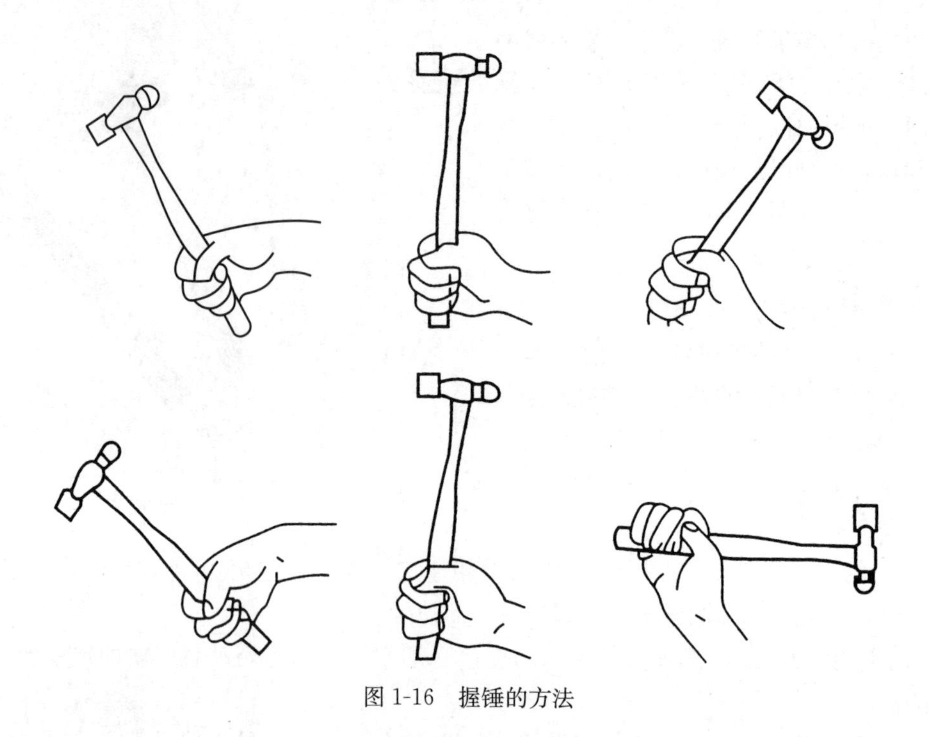

图 1-16 握锤的方法

1.3.8 錾子

(1) 錾子的结构与用途

錾子也称为凿子，是用于建筑物上手工打孔或对已生锈的小螺钉进行錾断的一种工具。常用的錾子有圆榫錾（又称麻线錾）、小扁錾、大扁錾、圆钢长錾、钢管长錾等，如图 1-17 所示。尽管目前比较流行使用电动工具，但在一些比较特殊的场合，还是不得不使用錾子。

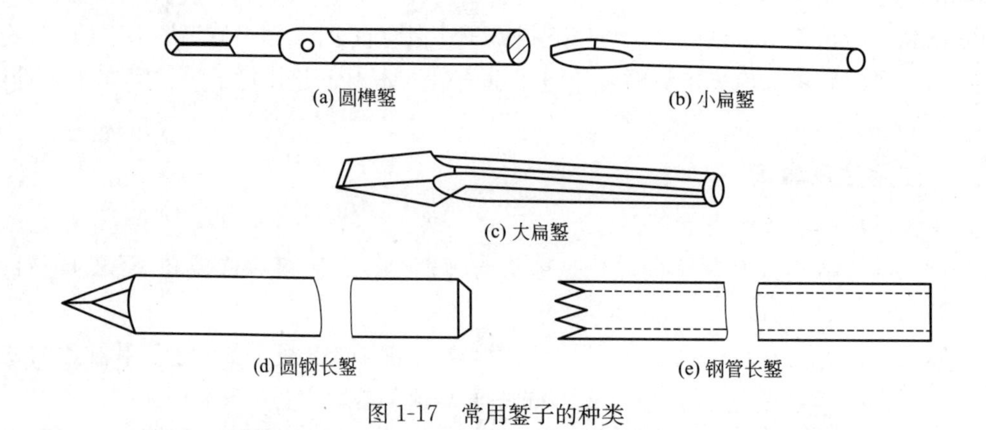

图 1-17 常用錾子的种类

(2) 使用方法与注意事项

常用錾子的特点与使用方法如下：

① 圆榫錾 圆榫錾如图 1-17(a) 所示，圆榫錾俗称麻线錾、麻线凿或称鼻冲。圆榫錾主要用来在混凝土结构或砖石结构的建筑上錾（凿）打膨胀螺栓孔。凿孔前，要检查锤头是

否牢固。凿孔时，要左手握紧錾子，錾子尾部要留出约4mm长，右手紧握锤子用力敲击，如图1-18所示。凿孔过程中，要不断地转动錾身，并经常拔离建筑面，这样凿下的碎屑（灰沙碎石）能及时从孔中排出，以免錾身涨塞在建筑物内。

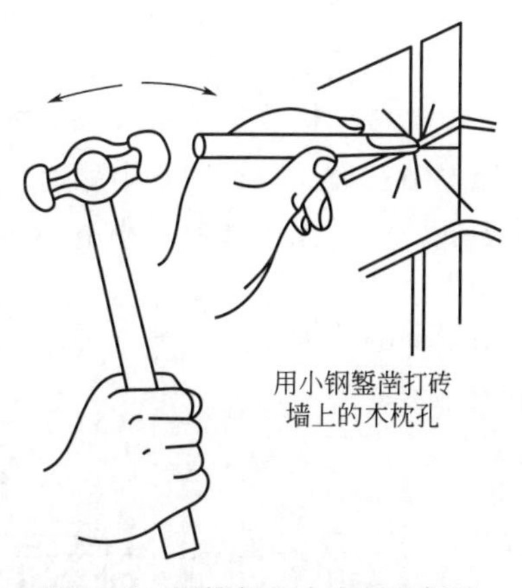

图1-18　圆榫錾和小扁錾的握法

② 小扁錾　小扁錾如图1-17(b) 所示。小扁錾俗称小钢凿，用于砖结构建筑物上凿打小方孔，凿孔时，錾子的握法如图1-18所示，应边凿边移动，及时掏出孔内的灰沙、碎砖。还应随时注意观察墙孔是否与墙面垂直，四周是否平整，孔的大小、深度、锥度是否合适。

用小扁錾錾削金属物时，錾子的握法如图1-19所示。錾削时，錾子工作的前方严禁站人，以免碎屑飞迸伤人。

③ 大扁錾　大扁錾如图1-17(c) 所示。大扁錾主要用于在砖结构建筑物上凿打较大的孔，如角钢支架、吊挂螺栓、拉线耳等较大的预埋件孔。大扁錾的握法如图1-20所示。

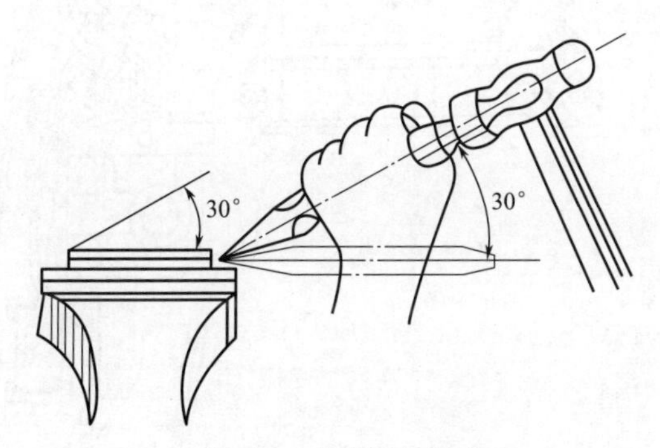

图1-19　小扁錾的握法

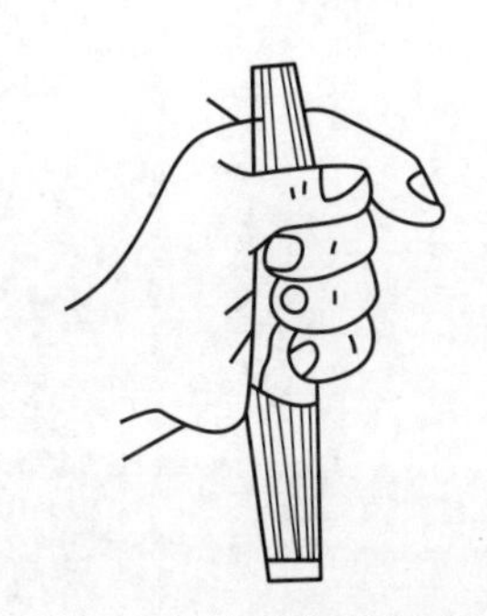

图1-20　大扁錾的握法

④ 长錾　长錾如图1-17(d)、(e) 所示。长錾主要用于凿打穿墙孔，作为穿越线路导线的通孔，为安装穿墙套管做准备。长錾分圆钢长錾和钢管长錾两类。圆钢长錾由中碳钢锻制，常用于凿打混凝土建筑物上的孔；钢管长錾由无缝钢管制成，常用于凿打砖结构建筑物上的孔。

使用长錾凿打时，应边凿打边转动。开始时，用力要重，凿打速度可以快一些，转动次数可以少一些。当孔的深度达到2/3墙厚时，用力要逐渐减轻。接近打穿时，要防止砖片或粉刷层大块落下，这时要轻轻敲打，并且敲打一次，转动一次，依靠转动力用尖头快速将粉刷层刮掉，直至打穿。

1.4　家装电工常用电动工具

1.4.1　电钻

(1) 电钻的结构与用途

电钻又称手枪钻、手电钻，是一种手提式电动钻孔工具，适用于在金属、塑料、木材等材料或构件上钻孔。通常，对于因受场地限制，加工件形状或部位不能用钻床等设备加工时，一般都用电钻来完成。

电钻按结构分为手枪式和手提式两大类；按供电电源分单相串励电钻、三相工频电钻和直流电钻三类。单相串励电钻有较大的启动转矩和软的机械特性，利用负载大小可改变转速的高低，实现无级调速。小电钻多采用交、直流两用的串励电动机；大电钻多采用三相工频电动机。

电钻的基本结构如图 1-21 所示，它由电动机、减速箱、手柄、钻夹头或圆锥套筒和电源连接组件等组成。

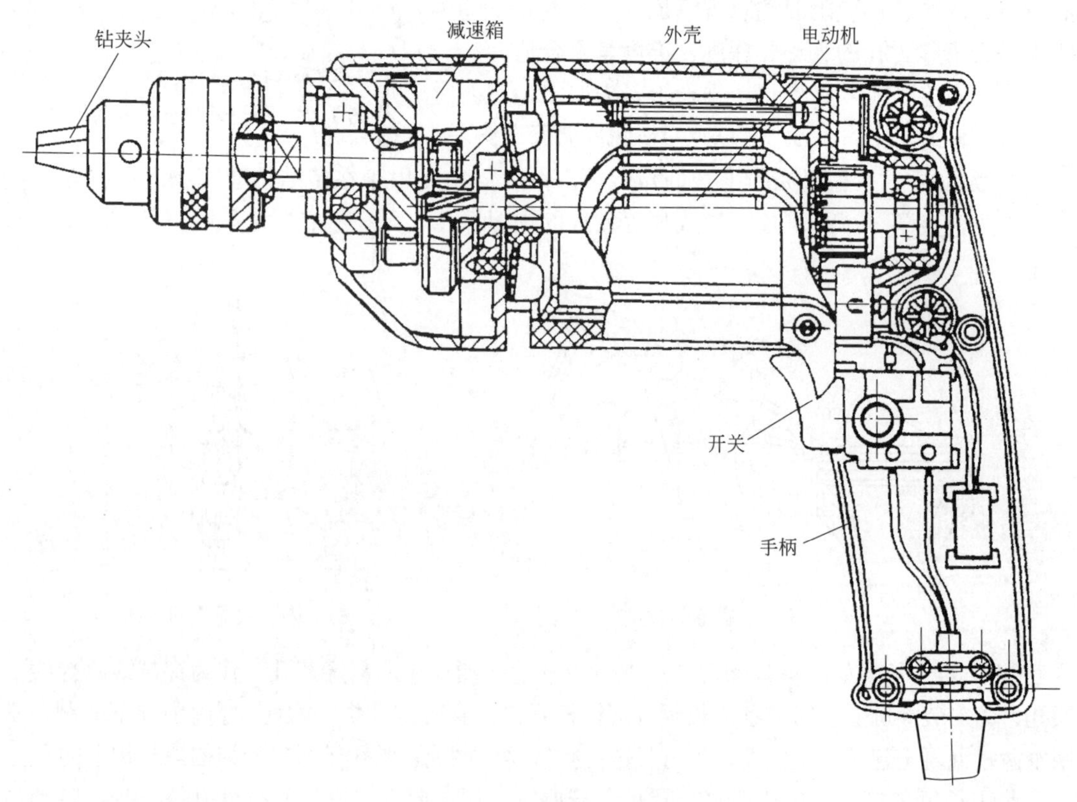

图 1-21　电钻的基本结构

(2) 电钻的使用

① 为了保证安全和延长电钻的使用寿命，电钻应定期检查保养。长期不用的电钻或新电钻，使用前应用 500V 绝缘电阻表测量其绝缘电阻，电阻值应不小于 0.5MΩ，否则应进行干燥处理。

② 应根据使用场所和环境条件选用电钻。对于不同的钻孔直径，应尽可能选择相应的电钻规格，以充分发挥电钻的性能及结构上的特点，达到良好的切削效率，以免因过载而烧坏电动机。

③ 与电源连接时，应注意电源电压与电钻的额定电压是否相符（一般电源电压不得超过或低于电钻额定电压的 10%），以免烧坏电动机。

④ 使用前，应检查接地线是否良好。在使用电钻时，应戴绝缘手套、穿绝缘鞋或站在绝缘板上，以确保安全。

⑤ 使用前，应空转 1min 左右，检查电钻的运转是否正常。三相电钻试运转时，还应观察钻轴的旋转方向是否正确。若转向不对，可将电钻的三相电源线任意对调两根，以改变转向。

⑥ 使用的钻头必须锋利，钻孔时用力不宜过猛，以免电钻过载。遇到钻头转速突然降低时，应立即放松压力。如发现电钻突然刹停时，应立即切断电源，以免烧坏电动机。

⑦ 在工作过程中，如果发现轴承温度过高或齿轮、轴承声音异常时，应立即停转检查。若发现齿轮、轴承损坏，应立即更换。

(3) 电钻的维护与保养

① 电钻一般不要在含有易燃、易爆或腐蚀性气体的环境中使用，也不要在潮湿的环境中使用。

② 电钻应保持清洁，通风良好，经常清除灰尘和油污，并注意防止铁屑等杂物进入电钻内部而损坏零件。

③ 应注意保持换向器的清洁。当发现换向器表面上黑痕较多，而火花增大时，可用细砂纸研磨换向器表面，清除黑痕。

④ 应注意调整电刷弹簧的压力，以免产生火花而烧坏换向器。电刷磨损过多时，应及时更换。

⑤ 单相串励电动机空载转速很高，不允许拆下减速机构试转，以免飞车而损坏电动机绕组。

⑥ 移动电钻时，必须握持电钻手柄，不能拖拉电源线来搬动电钻，并随时防止电源线被擦破和扎坏。

⑦ 电钻使用完毕后应注意轻放，应避免受到冲击而损坏外壳或其他零件。

1.4.2 冲击电钻

(1) 冲击电钻的结构与用途

冲击电钻又叫冲击钻，其结构与普通电钻基本相同，仅多一个冲击头，是一种能够产生旋转带冲击运动的特种电钻。使用时，将冲击电钻调节到旋转无冲击位置时，装上麻花钻头即能在金属上钻孔；当调节到旋转带冲击位置时，装上镶有硬质合金的钻头，就能在砖石、混凝土等脆性材料上钻孔。

冲击电钻主要由电动机、齿轮减速箱、齿形离合器、调节环、电源开关及电源连接组件等组成，其结构如图 1-22 所示。

(2) 冲击电钻的选择

① 根据作业对象及成孔直径选择　在室内装饰和电器布置时，一般使用尼龙膨胀螺栓，成孔直径 6～12mm，应选用 10mm、12mm 规格的冲击电钻；而在建筑施工、水电安装及外墙装饰时，一般使用 M8～M14 的金属膨胀螺栓，成孔直径在 12～20mm 之间，应选用 16mm、20mm 规格的冲击电钻。

② 按加工材料选择　10mm、12mm 规格的冲击电钻的冲击频率较高，适宜于加工脆性材料，如瓷砖、红砖等制品；16mm、20mm 规格的冲击电钻输出功率和转矩大，适合在红砖、轻质混凝土上钻孔。

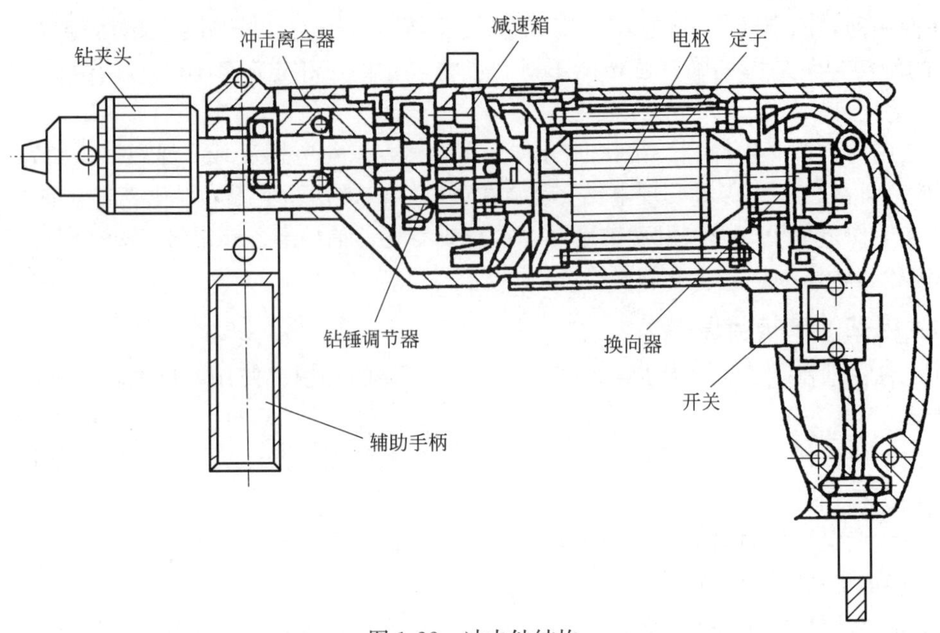

图 1-22 冲击钻结构

③ 按作业环境选择 10mm、12mm 规格的冲击电钻可以单手操作，适宜于爬高和向上钻孔作业；16mm、20mm 规格的冲击电钻置有侧手柄及钻孔深度标尺，可以用双手操作，适宜于地面及侧面成孔作业。

(3) 冲击电钻的使用与保养

① 冲击电钻使用的钻头有普通直柄麻花钻头和冲击钻头两种。钻凿钢、有色金属、塑料和类似材料时应使用麻花钻头，并将调节环转到有“钻孔”标记的位置；钻凿红砖、瓷砖和轻质混凝土时应使用冲击钻头，并将调节环转到有“锤击”标记的位置。

② 钻头装入钻夹头内时，必须用钻夹头钥匙轮流插入三个钥匙定位孔中用力旋转，以夹紧钻头尾部。

③ 钻头应保持锋利。对于冲击钻，一般 10mm 以下的钻头冲凿成孔 25 个左右后要进行修磨；10～20mm 的钻头冲凿 15 个孔后要进行修磨。

④ 冲击电钻在钻孔前，应空转 1min 左右，运转时声音应均匀，无异常的周期性杂音，手握工具无明显的麻感。然后将调节环转到“锤击”位置，让钻夹头顶在硬木板上，此时应有明显而强烈的冲击感；转到“钻孔”位置，则应无冲击现象。

⑤ 冲击电钻的冲击力是借助于操作者的轴向进给压力而产生的，但压力不宜过大，否则，不仅会降低冲击效率，还会引起电动机过载，造成工具的损坏。

⑥ 在钻孔深度有要求的场所钻孔，可使用辅助手柄上的定位杆来控制钻孔深度。使用时，只需将蝴蝶螺母拧松，将定位杆调节到所需长度，再拧紧螺母即可。

⑦ 在脆性材料上钻凿较深或较大孔时，应注意经常把钻头退出钻凿孔几次，以防止因出屑困难而造成钻头发热磨损，钻孔效率降低，甚至堵转的现象。

⑧ 冲击电钻工作时有较强的振动，内部的电气结点易脱落，操作者应戴绝缘手套。

⑨ 冲击钻在由下向上钻孔时，操作者应戴防护眼镜。

注：因为冲击电钻是由一般电钻变换工作头演化而来的，所以它的使用与保养与一般电钻基本相同。

1.4.3 电锤

(1) 电锤的结构与用途

电锤是一种具有旋转和冲击复合运动机构的电动工具，可用来在混凝土、砖石等脆性建筑材料或构件上钻孔、开槽和打毛等，功能比冲击电钻更多，冲击能力更强。

电锤由电动机、齿轮减速器、曲柄连杆冲击机构、转钎机构、过载保护装置、电源开关及电源连接组件等组成，其结构如图 1-23 所示。

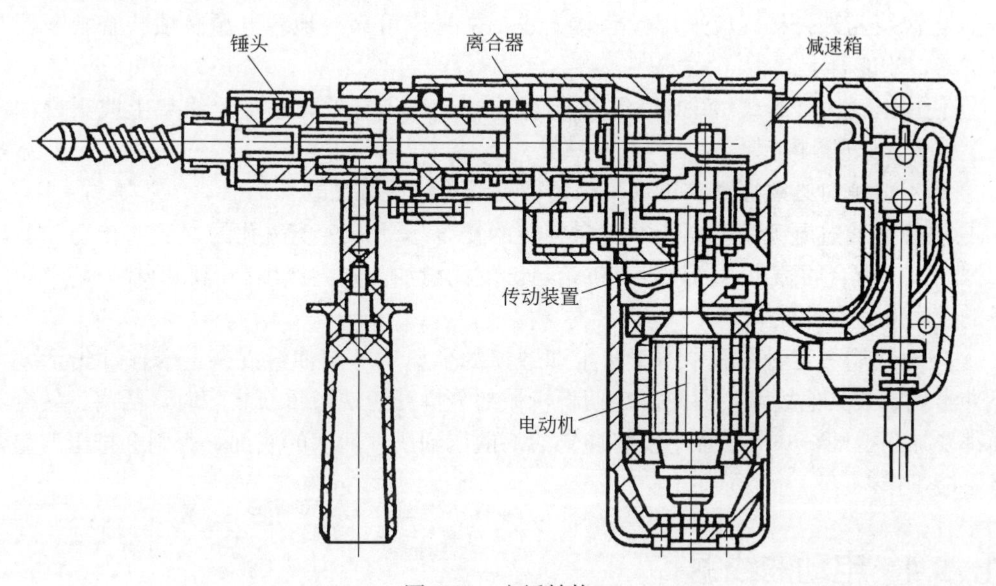

图 1-23　电锤结构

电锤是以冲击为主、钻削为辅的手持式凿孔工具，由于冲击力较大，故适合在混凝土上凿孔；也能在其他脆性材料上凿孔，并有较高的生产效率。

(2) 电锤的使用方法

① 新电锤在使用前，应检查各部件是否紧固，转动部分是否灵活。如果都正常，可通电空转一下，观察其运转灵活程度，有无异常声响。

② 在使用电锤钻孔时，要选择无暗配电源线处，并应避开钢筋。对钻孔深度有要求的场所，可使用辅助手柄上的定位杆来控制钻孔深度；对上楼板钻孔时，应装上防尘罩。

③ 工作时，应先将钻头顶在工作面上，然后按下开关。在钻孔中若发现冲击停止时，应断开开关，并重新顶住电锤，然后接通开关。

④ 电锤在向下凿孔时，只需双手分别紧握手柄和辅助手柄，利用自身质量进给，不需施加轴向压力；向其他方向凿孔时，只需施加 50～100N 轴向压力即可，用力过大，对凿孔速度、电锤及电锤钻的使用寿命反而不利。

⑤ 电锤凿孔时，电锤应垂直于作业面，不允许电锤钻在孔内左、右摆动，以免影响成孔的尺寸和损坏电锤钻。在凿深孔时，应注意电锤钻的排屑情况，要及时将电锤退出。反复掘进，不要猛进，以防止因出屑困难而造成电锤钻发热磨损和降低凿孔效率。

⑥ 对成孔深度有要求的凿孔作业，可以使用定位杆来控制凿孔深度。操作方法和冲击

电钻相同。

⑦ 用电锤来进行开槽作业时，应将电锤调节在只冲不转的位置，或将六方钻杆的电锤钻调换成圆柱直柄电锤钻。操作中应尽量避免用作业工具扳撬。如果要扳撬，则不应用力过猛。

⑧ 电锤装上扩孔钻进行扩孔作业时，应先将电锤调节在只转不冲的位置，然后才能进行扩孔作业。

⑨ 电锤在凿孔时，尤其在由下向上和向侧面凿孔时，必须戴防护眼镜和防尘面罩。

(3) 电锤的维护与保养

① 电源线与外壳接线应采用橡套软铜线，外壳应可靠接地。电源必须装有熔断器和漏电保护器，才能合上。

② 使用电锤时严禁戴纱手套。应戴绝缘手套或穿绝缘鞋，站在绝缘垫上或干燥的木板木凳上作业，以防触电。

③ 携带电锤时必须握紧，不得采用提橡皮线等错误方法。

④ 电锤是通过电锤钻的高速冲击与旋转的复合运动来实现凿孔的，活塞转套和活塞之间摩擦面大，配合间隙小，如果没有供给足够的润滑油，则会产生高温和磨损，将严重影响电锤的使用寿命和性能。

⑤ 电锤使用一定时间后，由于灰尘和磨损的金属屑等与油污混杂会卡住冲击活塞，产生不冲击现象或其他故障，因此需定期将机械部分拆开清洗。重新装配时，活塞、转套等配合面都要加润滑油，并需注意不要将冲击活塞揿压到压气活塞的底部，否则会排出气垫，电锤将不能工作。

1.4.4 电动曲线锯

(1) 电工曲线锯的结构与用途

电动曲线锯可按各种曲线在各类板材上锯割具有较小曲率半径的几何图形。它可以更换不同齿形的锯条，可以锯割木材、塑料、橡皮、纸板及金属材料等。它适用于汽车、船舶制造，木模和家具制造，布景，广告加工和修配行业中锯割形状比较复杂的木制件、塑料件和金属件等。

电动曲线锯由电动机、齿轮减速器、曲柄滑块机构、平衡机构、锯条装夹装置、电源开关和电源连接组件等组成，其结构如图 1-24 所示。

(2) 电动曲线锯锯条的选择

锯割不同材质、曲率半径的板材，应选用不同宽度和齿距的锯条，图 1-25 展示了六种规格机用锯条的形状。

图 1-25(a) 所示的锯条齿距为 3.5mm，有前、后切削刃口，专门用于锯割木材，可以使不同曲率半径的弯曲部位均能获得平滑的加工表面。

图 1-25(b) 所示的锯条齿距为 3.5mm，能高速锯割 40mm 厚的木板或塑料板。

图 1-25(c) 所示的锯条齿距为 2.5mm，能锯割各种曲线形状的胶合板和层压板。

图 1-25(d) 所示的锯条齿距为 1.75mm，能锯割铝板或类似材料。

图 1-25(e) 所示的锯条齿距为 1.36mm，能锯割钢板和玻璃纤维层压板等。

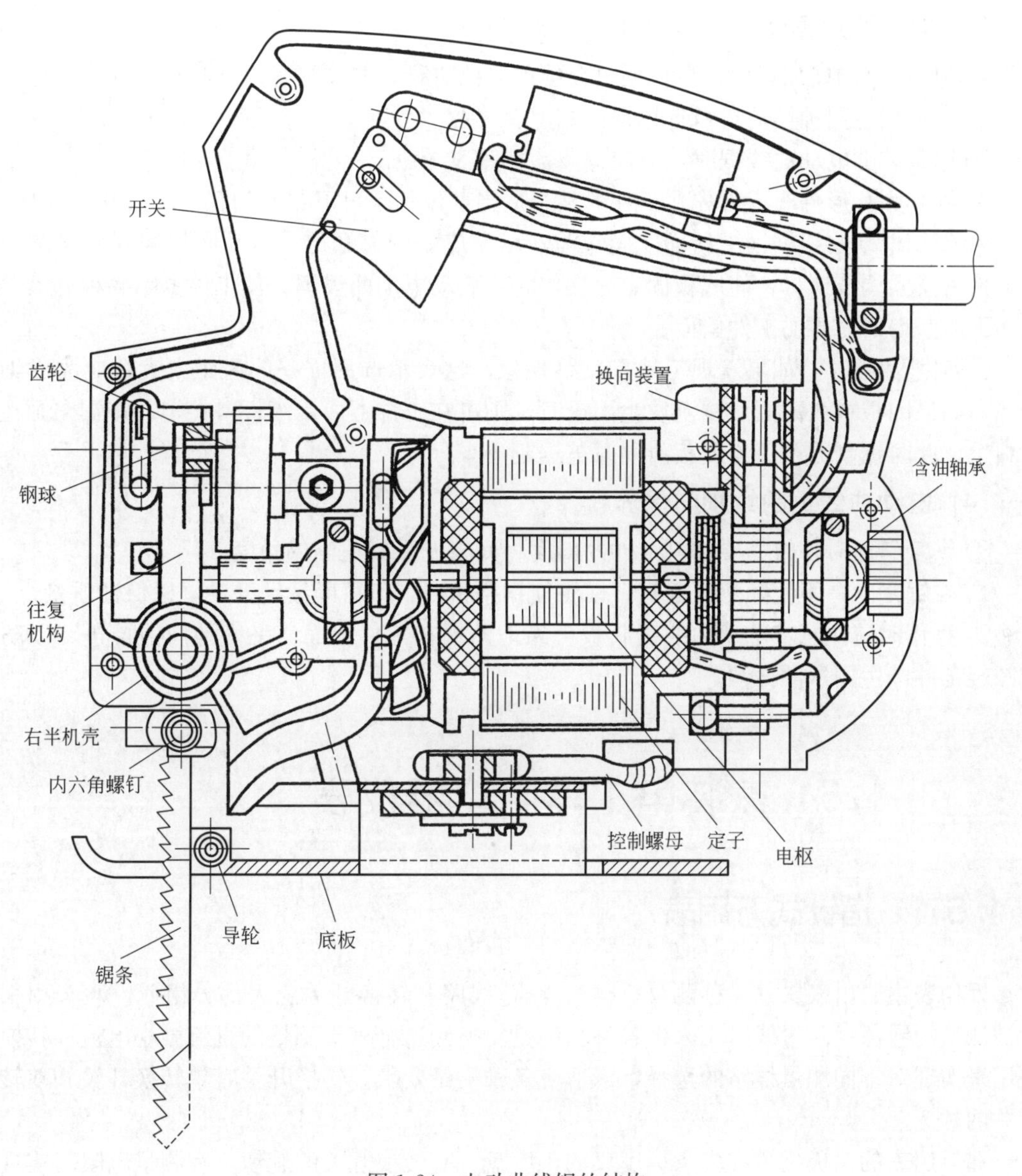

图 1-24 电动曲线锯的结构

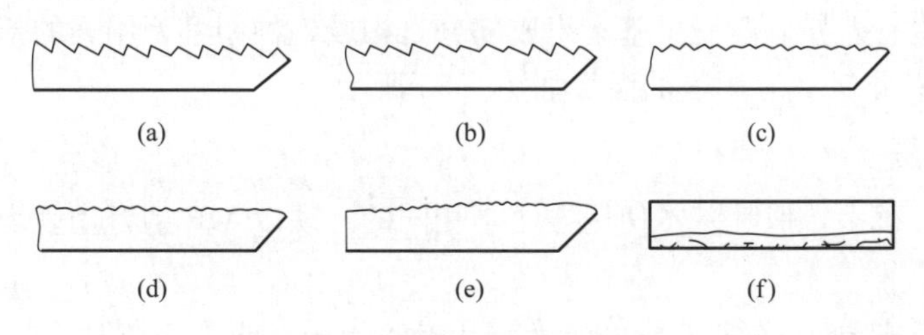

图 1-25 各种机用锯条的形状

图 1-25(f) 为锋利的刀片，能裁剪橡皮、皮革、纤维织物、泡沫塑料、纸板等。

锯条宽度的选择与锯割的曲率半径有关，锯割曲率半径小的工件应选用较窄的锯条。锯割木材时，8mm 宽的锯条可以锯割半径为 10mm 的曲线。

(3) 电动曲线锯使用注意事项

电动曲线锯的使用，应按照说明书介绍的方法进行，并须注意以下几点：

① 应根据不同种类的材料选择锯条宽度。

② 锯条装上电动曲线锯时，应使锯条背部紧靠导轮。

③ 锯割圆孔形件时，可先在工件的某个适当部位钻个可下锯条的孔，然后开始锯割。

④ 使用电动曲线锯锯割斜面。操作前，可先旋松调节螺母，转动底板调到所要求的斜度，然后紧固调节螺母，使底板固定。操作时，启动电动曲线锯，使工件紧贴底板并沿着锯割，即能获得所需要的工件斜面。

⑤ 锯割薄板时，如果发现工件有反跳现象，这表示选用锯条的齿距太大，应改成细齿锯条。如果因板料太薄而使锯割发生困难时，则可在工件上面用废板料夹牢，将锯路画在废板料上，此时锯割的工件与废板料同时被锯割出来。

(4) 电动曲线锯的维护与保养

① 锯割斜面时，按需要切割工件的斜度将底板调整到适当的角度。

② 在锯割时，不要随意提起锯，以免使锯条折断，但可断续地开动，以保证质量。

③ 操作时应注意将电动曲线锯底板可靠地贴平在工件上面，平衡地向前推进，以防止或减轻工件产生剧烈的振动。

1.5 家装电工常用仪器仪表

1.5.1 指针式万用表

万用表主要由表头（又称测量机构）、测量线路和转换开关三大部分组成。表头用来指示被测量的数值；测量线路用来把各种被测量转换到适合表头测量的直流微小电流；转换开关用来实现对不同测量线路的选择，以适应各种测量要求。转换开关有单转换开关和双转换开关两种。

在万用表的面板上带有多条标度尺的刻度盘、有转换开关的旋钮、在测量电阻时实现欧姆调零的电阻调零器、供接线用的接线柱（或插孔）等。各种型号的万用表外观和面板布置虽不相同，功能也有差异，但三个基本组成部分是构成各种型号万用表的基础。万用表的外形如图 1-26 所示；指针式万用表的面板如图 1-27 所示。

(1) 使用方法

万用表的型号很多，但其基本使用方法是相同的。现以 MF 型万用表为例，介绍它的使用方法。

① 使用万用表之前，必须熟悉量程选择开关的作用。明确要测什么，怎样去测，然后将量程选择开关拨在需要测试挡的位置。切不可弄错挡位。例如：测量电压时如果误将选择开关拨在电流或电阻挡时，容易把表头烧坏。

② 测量前观察一下表针是否指在零位。如果不指零位，可用螺丝刀调节表头上机械调零螺钉，使表针回零（一般不必每次都调）。红表笔要插入正极插口，黑表笔要插入负极

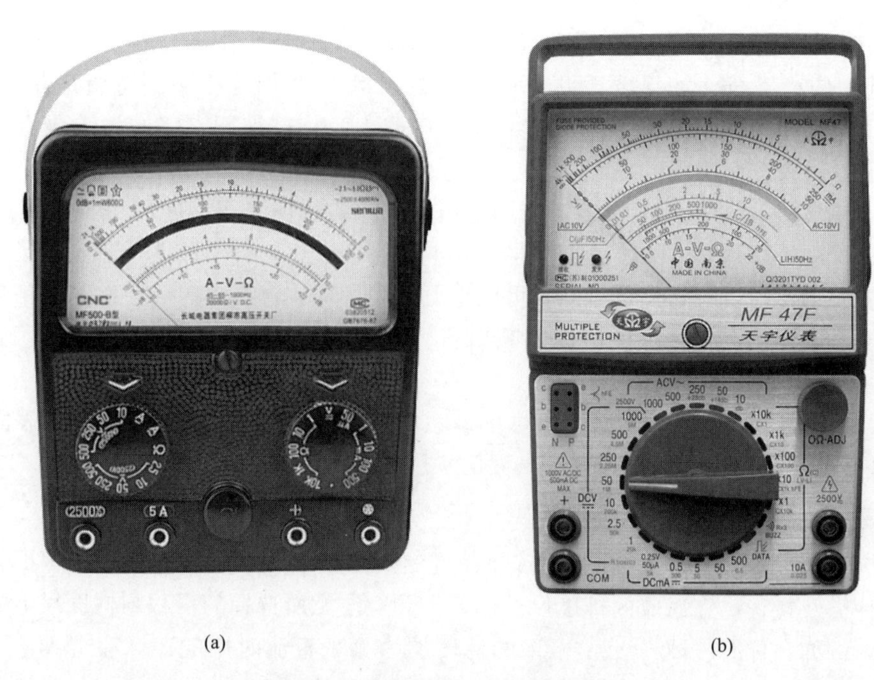

(a)　　　　(b)

图 1-26　常用指针式万用表的外形

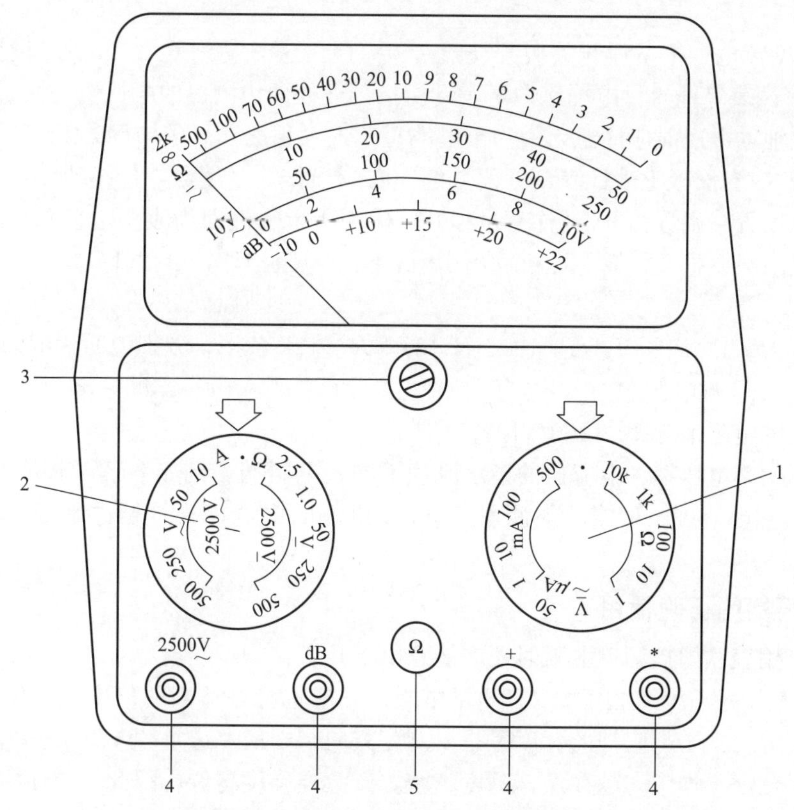

图 1-27　MF500 型万用表的表盘及面板

1,2—转换开关；3—机械零位校正器；4—测试插孔；5—Ω 调零电位器

插口。

③ 电压的测量将量程选择开关的尖头对准标有 V 的五挡范围内。若是测直流电压，则应指向V̲处。依此类推，如果要改测电阻，开关应指向 Ω 挡范围。测电流应指向 mA 或 μA。测量电压时，要把万用表表笔并接在被测电路上。根据被测电路的大约数值，选择一个合适的量程位置。

④ 在实际测量中，遇到不能确定被测电压的大约数值时，可以把开关先拨到最大量程挡，再逐挡减小量程到合适的位置。测量直流电压时应注意正、负极性，若表笔接反了，表针会反偏。如果不知道电路正负极性，可以把万用表量程放在最大挡，在被测电路上很快试一下，只要看笔针怎么偏转，就可以判断出正、负极性。测量交流电压时，表笔没有正负之分。

⑤ h_{FE}是测量三极管的电流放大系数的，只要把三极管的三个管脚插入万用表面板上对应的孔中，就能测出 h_{FE}值。注意 PNP、NPN 是不同的。

(2) 正确读数

万用表的标度盘上有多条标度尺，它们代表不同的测量种类。测量时，应根据转换开关所选择的种类及量程，在对应的标度尺上读数，并应注意所选择的量程与标度尺上的读数的倍率关系。例如：标有“DC”或“—”的标度尺为测量直流时用的；标有“AC”或“～”的标度尺为测量交流时用的（有些万用表的交流标度尺用红色特别标出）；在有些万用表上还有交流低电压挡的专用标度尺，如：6V 或 10V 等专用标度尺；标有“Ω”的标度尺是测量电阻用的。

测 220V 交流电。把量程开关拨到交流 500V 挡。这时满刻度为 500V，读数按照刻度 1∶1 来读。将两表笔插入供电插座内，表针所指刻度处即为测得的电压值。

测量干电池的电压时应注意，因为干电池每节最大值为 1.5V，所以可将转换开关放在 5V 量程挡。这时在面板上表针满刻度读数的 500 应当作 5 来读数，即缩小 100 倍。如果表针指在 300 刻度处，则读为 3V。注意量程开关尖头所指数值即为表头上表针满刻度读数的对应值，读表时只要据此折算，即可读出实值。除了电阻挡外，量程开关所有挡均按此方法读测量结果。

电阻挡有 $R\times1$、$R\times10$、$R\times100$、$R\times1k$、$R\times10k$ 各挡，分别说明刻度的指示再乘上倍数，才得到实际的电阻值（单位为欧姆）。例如用 $R\times100$ 挡测一电阻，指针指示为“10”，那么它的电阻值为 10×100=1000，即 1k。

需要注意的是电压挡、电流挡的指示原理不同于电阻挡，例如：5V 挡表示该挡只能测量 5V 以下的电压；500mA 挡只能测量 500mA 以下的电流。若是超过量程，就会损坏万用表。

(3) 欧姆挡的正确使用

在使用万用表欧姆挡测量电阻时还应注意以下几点：

① 选择适当的倍率。在用万用表测量电阻时，应选择好适当的倍率挡，使指针指示在刻度较稀的部分。由于电阻挡的标度尺是反刻度方向，即最左边是“∞”（无穷大），最右边是“0”，并且刻度不均匀，越往左，刻度越密，读数准确度越低，因此，应使指针偏转在刻度较稀处，且以偏转在标度尺的中间附近为宜。例如：要测量一只阻值为 100Ω 左右的电阻，若选用“$R\times1$”挡来测量，万用表的指针将靠近高电阻的一端，读数较密，不易读取

标度尺上的示值。因此，应选用“$R\times10$”的一挡来测量。

② 调零。在测量电阻之前，首先应进行调零，将红、黑两表笔短接，同时转动欧姆调零旋钮，使指针指到电阻标度尺的“0”刻线上。每更换一次倍率挡，都应先调零，才能进行测量。若指针调不到零位，应更换新的电池。

③ 不能带电测量。由于测量电阻的欧姆挡是由干电池供电的，因此，在测量电阻时，决不能带电进行测量。

④ 被测对象不能有并联支路。当被测对象有并联支路存在时，应先把被测电阻的一端焊下，然后进行测量，以确保测量结果的准确。

⑤ 在使用万用表欧姆挡的间歇中，不要让两只表笔短接，以免浪费干电池。若万用表长期不用，应将表内电池取出，以防电池腐蚀损坏其他元件。

(4) 万用表使用注意事项

使用万用表测量时应注意以下事项：

① 要有监护人，监护人的技术等级要高于测量人员。监护人的作用是：使测量人与带电体保持规定的安全距离，监护测量人正确使用万用表和测量；若测量人不懂测量技术，监护人有权停止其测量工作。

② 万用表在使用时，必须水平放置，以免造成误差。同时，还要注意避免外界磁场对万用表的影响。

③ 在使用万用表之前，应先进行“机械调零”，即在没有被测电量时，使万用表指针指在零电压或零电流的位置上。

④ 在测量元器件时，一定要将元器件各引脚的氧化层去掉，并保持表笔与各引脚的紧密接触。

⑤ 在使用万用表过程中，不能用手去接触表笔的金属部分。这样一方面可以保证测量的准确，另一方面也可以保证人身安全。

⑥ 测量时，要注意被测量的极性，避免因指针反打而损坏万用表；测量直流时，红表笔接正极，黑表笔接负极。

⑦ 测量高电压或大电流时，不能在测量时旋转转换开关，避免因转换开关的触头产生电弧而损坏开关。

⑧ 为了确保安全，测量交直流2500V量限时，应将测试棒一端固定接在电路地电位上，将测试棒的另一端去接触被测高压电源。测试过程中应严格执行高压操作规程，双手必须戴高压绝缘橡胶手套，地板应铺置高压绝缘橡胶板，测试时应谨慎。

⑨ 当不知被测电压或电流有多大时，应先将量程挡置于最高挡，然后向低量程逐渐转换。

⑩ 测量完毕后，应将转换开关旋至交流电压最高挡。这样一方面可防止转换开关放在欧姆挡时，表笔短接，长期消耗表内电池；另一方面可以防止在下次测量时，因忘记旋转转换开关而损坏万用表。

⑪ 如果长期不使用，还应将万用表内部的电池取出来，以免电池腐蚀表内其他器件。

1.5.2 数字式万用表

数字式万用表是指能将被测量的连续电量自动地变成断续电量，然后进行数字编码，并将测量结果以数字显示出来的电测仪表。

直流数字式电压表主要由 A/D 转换器、计数器、译码显示器和控制器等组成，万用表的电路是在它的基础上扩展而成的，主要部分是由功能转换器、A/D 转换器、显示器、电源和功能/量程转换开关等组成。常用数字式万用表的外形如图 1-28 所示；数字式万用表的面板如图 1-29 所示。

(a)

(b)

图 1-28　常用数字式万用表的外形

(1) 数字式万用表的使用

数字万用表一般采用 LCD 液晶显示，同时，有自动调零和极性转换功能。当万用表内部电池电压低于工作电压时，在显示屏上显示“←”。表内有快速熔断器用来进行超载保护。另外，还设有蜂鸣器，可以快速实现连续查找，并配有三极管和二极管测试。

① 测量直流电压　首先将万用表的功能转换开关拨到适当的“DC V”的量程上，黑色表笔插入“COM”插孔（以下各种测量黑色表笔的位置都相同），红色表笔插入“V・Ω”插孔，将表的电源开关拨到“ON”的位置，然后将两个表笔与被测电路并联后，就可以从显示屏上读了。如果将量程开关拨到“200mV”挡位，则显示值以 mV（毫伏）为单位，其余各挡均以 V（伏）为单位。

注意：一般“V・Ω”和“COM”两插孔的输入直流电压最大不得超过 1000V。同时，还须注意以下几点：

a. 在测量直流电压时，要将两个表笔并联接在被测电路中。

b. 在无法知道被测电压的大小时，应先将量程开关置于最高量程，然后根据实际情况选择合适的量程（在交流电压、直流电流、交流电流的测量中也应如此）。

c. 若万用表的显示器上，仅在最高位显示“1”，其他各位均无显示，则表明已发生过载现象，应选择更高量程。

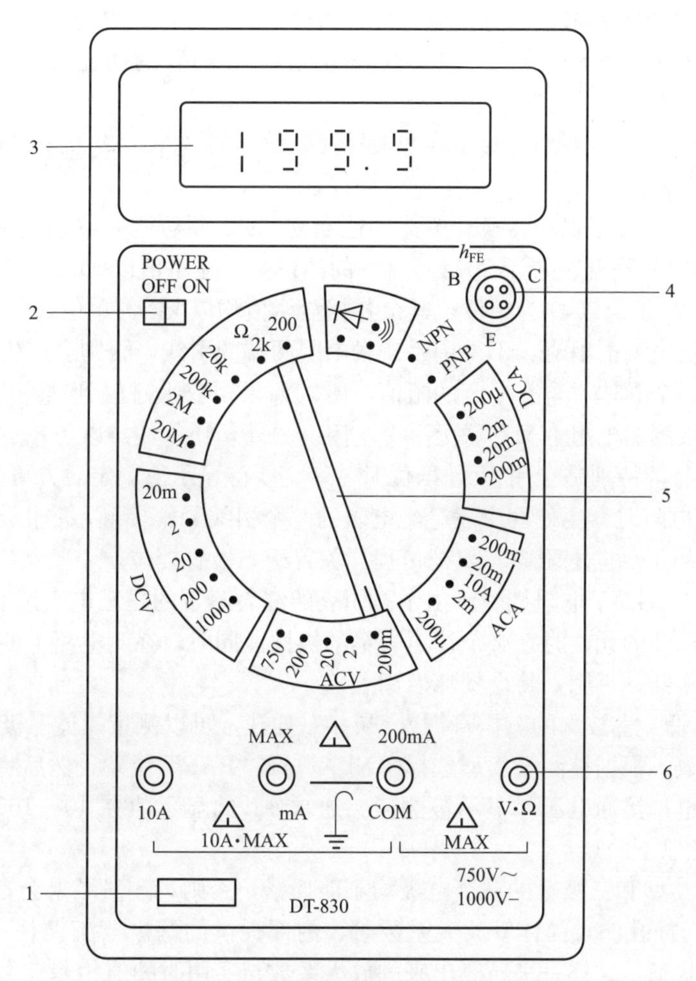

图 1-29　DT-830 型数字式万用表的面板

1—铭牌；2—电源开关；3—LCD 显示器；4—h_{FE}插口；5—量程开关；6—输入插口

d. 如果用直流电压挡去测交流电压（或用交流电压挡去测直流电压），万用表显示均为“0”。

e. 数字万用表由于电压挡的输入电阻很高，当表笔开路时，万用表的低位上会出现无规律变化的数字，这属于正常现象，并不影响测量的准确度。

f. 在测量高压（100V 以上）或大电流（0.5A 以上）时，严禁拨动量程开关。

② 测量交流电压　将万用表转换开关拨到适当的“AC V”的量程上，红、黑表笔接法以及测量方法同上，一般输入的交流电压不得超过 750V。同时，在使用时要注意以下几点：

a. 在测交流电压时，应将黑表笔接在被测电压的低电位端，这样可以消除万用表输入端对地的分布电容影响，从而减小测量误差。

b. 由于数字万用表频率特性比较差，因此，交流电压频率不得超出 45～500Hz。

③ 测量直流电流　将万用表的转换开关转换到“DC A”的量程上，当被测电流小于 200mA 时，红表笔插入“mA”插孔，把两个表笔串联接入电路，接通电源，即可显示被测的电流值了。另外，还须注意以下几点：

a. 在测量直流电流时，要将两个表笔串联接在被测电路中。

b. 当被测的电流源内阻很低时，应尽量选用较大的量程，以提高测量的准确度。

c. 当被测电流大于 200mA 时，应将红表笔插在“10A”的插孔内。在测量大电流时，测量时间不得超过 15s。

④ 测量交流电流　将万用表的转换开关转换到适当的“AC A”的量程上，其他操作与测量直流电流基本相同。

⑤ 测量电阻　将万用表的转换开关拨到适当的“Ω”量程上，红表笔插入“V·Ω”或“V/Ω”插孔。若将转换开关置于 20M 或 2M 的挡位上，显示值以 MΩ 为单位；若将转换开关置于 200Ω 挡，显示值以 Ω 为单位，其余各挡显示值均以 kΩ 为单位。

在使用电阻挡位测电阻时，不得用手碰触电阻两端的引线，否则会产生很大的误差。因为人体本身就是一个导体，含有一定的阻值，所以如果用双手碰触到被测电阻的两端引线，就相当于在原来被测的电阻上又并联上一个电阻。另外，还须注意以下几点：

a. 测电阻值时，特别是在用 20M 挡位时，一定要待显示值稳定后方可读数。

b. 测小阻值电阻时，要使两个表笔与电阻的两个引线紧密接触，防止产生接触电阻。

c. 测二极管的正反向电阻时，要把量程开关置于二极管挡位。

d. 当将功能开关置于电阻挡时，由于万用表的红表笔带的是正电，黑表笔带的是负电，因此，在检测有极性的元件时，必须注意表笔的极性。同时，在测电路上的电阻时，一定要将电路中的电源断开，否则，将会损坏万用表。

⑥ 测量三极管　将被测的三极管插入“h_{FE}”插孔，可以测量晶体三极管共发射极连接时的电流放大系数。根据被测管类型选择“NPN”或“PNP”位置，然后将 c、b、e 三个极插入相应的插孔里，接通电源，显示被测值。通常 h_{FE}的显示值在 40～1000 之间。在使用 h_{FE}挡时，应注意以下两点：

a. 三极管的类型和三极管的三个电极均不能插错，否则，测量结果会是错误的。

b. 用“h_{FE}”插孔测量晶体管放大系数时，内部提供的基极电流仅有 10μA。因为晶体管工作在小信号状态，这样一来所测出来的放大系数与实用时的值相差较大，所以测量结果仅供参考。

⑦ 测量电容　将功能转换开关置于“CAP”挡。以 DT-890 型数字万用表为例，它具有 5 个量程，分别为 2000pF、20nF、200nF、2μF 和 20μF。在使用时可根据被测电容的容量来选择合适的挡位。同时，在使用电容挡位测电容时，不得用手碰触电容器两端的引线，否则会产生很大的误差。

⑧ 检查线路通断　将万用表的转换开关拨到蜂鸣器位置，红表笔插入“V·Ω”插孔。如果被测线路电阻低于 20Ω，蜂鸣器发声，说明电路是通的，否则，就不通。

(2) 数字万用表使用注意事项

① 使用数字万用表之前，应认真阅读有关的使用说明书，熟悉电源开关、量程开关、功能键和量程键、输入插孔、h_{FE}插口、旋钮（如“零位调整旋钮”）的作用，以及更换电池和熔丝管的方法。还应了解仪表的过载显示符号、过载报警声音、极性显示符号、低电压指示符号的特点，掌握小数点位置随量程开关的位置变化而变化的规律。一旦发生问题，也能做到心中有数，从而正确、迅速地加以处理，使测量顺利进行。数字万用表在刚测量时，显示屏上的数值会有跳数现象，应待显示数值稳定后才能读数，以减少测量误差。严禁在测量的同时转换量程开关，特别是高电压、大电流的情况，以免产生电弧烧损量程开关。

尽管数字万用表采用较完善的过压保护与过流保护措施，但仍需防止出现操作上的误动作（如用电流挡去测量电压等），以免损坏仪表。在测量前，必须认真核对一下量程开关（或按键）的位置，确认无误后，方可实际测量。对于能自动选择量程的数字万用表，也要注意功能键不得按错，输入插孔也不允许接错。

② 在使用数字万用表测量之前，应先估计被测量的大小范围，尽可能选用接近满刻度的量程，这样可提高测量精度。如测 10kΩ 电阻，宜用 20kΩ 挡，而不宜用 200kΩ 挡或更高挡。如果预先不能估计被测量值的大小，可从最高挡开始测，逐渐减少到合适的量程位置。当发现测量结果显示只有“半位”上的读数“1”时，表明被测值超出所在挡范围（称溢出），说明量程选得太小，应转换大量程。

③ 测量电压时，应将数字万用表与被测电路并联。数字万用表具有自动转换极性的功能，测量直流电压时不必考虑正、负极性。但是，如果误用交流电压挡去测量直流电压，或误用直流电压挡去测量交流电压，将显示“000”，或在低位上出现跳数现象。

④ 测量交流电压时，应当用黑表笔（接模拟地 COM）去接触被测电压的低电位端（例如：信号发生器的公共接地端或机壳），以消除仪表对地分布电容的影响，减少测量误差。

⑤ 数字万用表的输入阻抗很高，当两只表笔开路时，外界干扰信号会从输入端窜入，显示出没有变化规律的数字，这属于正常现象。干扰信号包括由日光灯、电机等产生的 50Hz 干扰，以及空间电磁场干扰、电火花干扰等。因为上述干扰属于高内阻的信号，所以，当被测电压的内阻较低时，干扰信号就被短路掉了，不会影响到测量准确度。但是，如果被测电压很低，内阻又超过 1MΩ，那么就会引起外界干扰。必要时，可将表笔改成屏蔽线接通大地，可以消除从表笔线感应进去的干扰信号。

⑥ 测量电流时，应将数字万用表串联到被测电路中，如果电源内阻和负载电阻都很小，应尽量选择较大的电流量程，以降低分流电阻值，减小分流电阻上的压降，提高测量准确度。

测量直流电流时，也不必考虑正、负极性，仪表可自动显示极性。

⑦ 数字万用表 AC-DC 转换器实际反映的是正弦电压的平均值，而正弦电压有效值与平均值存在确定关系。所以，通过调整电路即可直接显示出有效值。但是，当被测正弦电压的非线性失真大于 5%时，测量误差会明显增大。

数字万用表不能直接测量方波、矩形波、三角波、锯齿波等非正弦电压。但对于周期性变化的非正弦电压，只要确定其变化规律，可采用相应的方法测量出电压的有效值和峰值。

⑧ 在电阻挡，以及检测二极管时，红表笔接“V・Ω”插孔，带正电；黑表笔接模拟地“COM”插孔，带负电，这与指针式万用表恰好相反。指针式万用表置于电阻挡时，红表笔接表内电池的负极，所以带负电；黑表笔接电池的正极，则带正电。测量二极管、电解电容等有极性的元器件时，必须注意两只表笔的极性。

⑨ 在测量元器件时，一定要将元器件各引脚的氧化层去掉，并保持表笔与各引脚的紧密接触。若显示数字有跳跃现象，一定要查明跳跃原因，待数字稳定后方可读数。

⑩ 测量焊接在线路上的元器件，应当考虑与之并联的其他电阻的影响，必要时可先焊下被测元件的一端，然后进行测量。对于晶体三极管则须焊开两个电极，才能作全面检测。

测量电阻时，两手应持表笔的绝缘杆，不得碰触表笔金属端或元件引出端，以免带来测量误差。尤其在测量几兆欧以上的大电阻时，人体等效电阻不能与被测电阻并联。

⑪ 新型数字万用表大多带读数保持键（HOLD），按下此键即可将当前的读数保持下来，供读取数值或记录用。作连续测量时不需要使用此键，否则仪表不能正常采样并刷新新

值。刚开机时，若固定显示某一数值且不随被测量发生变化，就是因误按下 HOLD 键而造成的。松开此键即转入正常测量状态。

⑫ 数字万用表检查测量线路通断时，应将量程开关拨到“•)))”蜂鸣器挡，红、黑表笔分别插入“V•Ω”和“COM”插口。若蜂鸣器发出叫声，说明线路接通。

⑬ 当数字万用表测量电容时，各电容挡都存在失调电压，不测电容时也会显示从几个到几十个字的初始值。因此，在测量前必须先调整零位调节旋钮，使初始值为 000 或-000，然后接上被测电容。测量时两手不得触及电容的电极引线或表笔的金属端，否则数字万用表将严重跳数，甚至过载。

⑭ 有些数字万用表具有自动关机功能，当仪表停止使用或停留在某一挡位的时间超过 15min 时，能自动切断主电源，使仪表进入低功率的备用状态。此时不能继续测量，必须按动两次电源开关，才能恢复正常。对于此类仪表，使用过程中若发现 LCD（液晶显示器）突然消隐，证明仪表进入备用状态，而非故障。

⑮ 若将电源开关拨至“ON”位置，液晶不显示任何数字，应检查电池是否失效；若发现数字万用表电池电压过低告警指示时，应更换电池。换新电池时，正、负极性不得装反，否则仪表不但不能正常工作，还极易损坏集成电路。

⑯ 为了延长电池的使用寿命，每次用完后，应将电源开关置于“OFF”位置。若长期不用，要取出电池，防止因电池漏液而腐蚀印刷电路板。

1.5.3 钳形电流表

(1) 钳形电流表的用途与特点

钳形电流表又称卡表，它是用来在不切断电路的条件下测量交流电流（有些钳形电流表也可测直流电流）的携带式仪表。

钳形电流表由电流互感器和电流表组合而成。电流互感器的铁芯在捏紧扳手时可以张开；被测电流所通过的导线可以不必切断就可穿过铁芯张开的缺口，当放开扳手后铁芯闭合，即可测量导线中的电流。为了使用方便，表内还有不同量程的转换开关，供测不同等级电流以及电压用。

通常用普通电流表测量电流时，需要将电路切断停机后才能将电流表或电流互感器的一次绕组接入被测回路中进行测量，这是很麻烦的，有时正常运行的电动机不允许这样做。此时，使用钳形电流表就显得方便多了，无需切断被测电路即可测量电流。例如，用钳形电流表可以在不停电的情况下测量运行中的交流电动机的工作电流，从而很方便地了解负载的工作情况。正是由于这一独特的优点，钳形电流表在电气测量中得到了广泛的应用。

钳形电流表具有使用方便，不用拆线、切断电源及重新接线等特点。但它只限于在被测线路电压不超过 500V 的情况下使用，且准确度较低，一般只有 2.5 级和 5.0 级。

(2) 钳形电流表的分类

① 按工作原理分类　可分为整流系和电磁系两种。

② 按指示形式分类　可分为指针式和数字式两种。

③ 按测量功能分类　可分为钳形电流表和钳形多用表。钳形多用表兼有许多附加功能，不但可以测量不同等级的电流，还可以测量交流电压、直流电压、电阻等。

常用指针式钳形电流表的外形如图 1-30 所示；常用数字式钳形电流表的外形如图 1-31 所示。指针式钳形电流表的结构如图 1-32 所示。

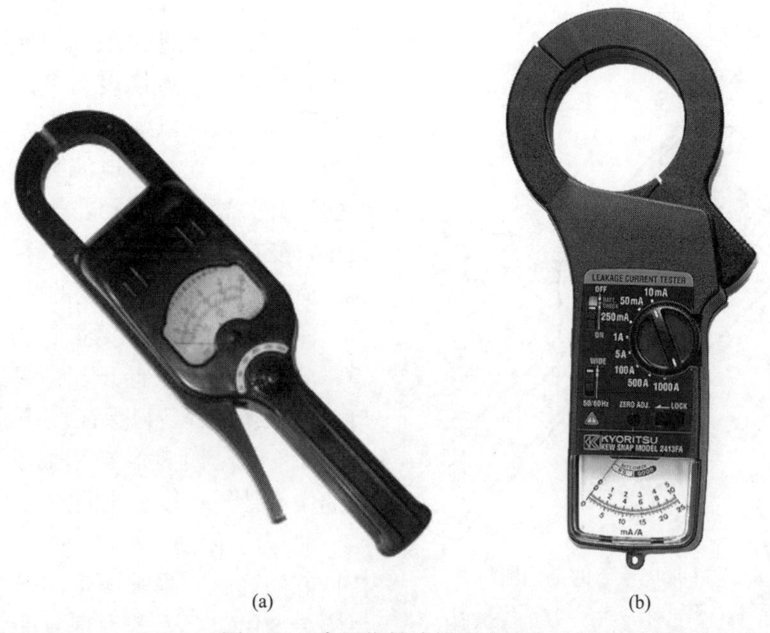

(a)　　(b)

图 1-30　常用指针式钳形电流表

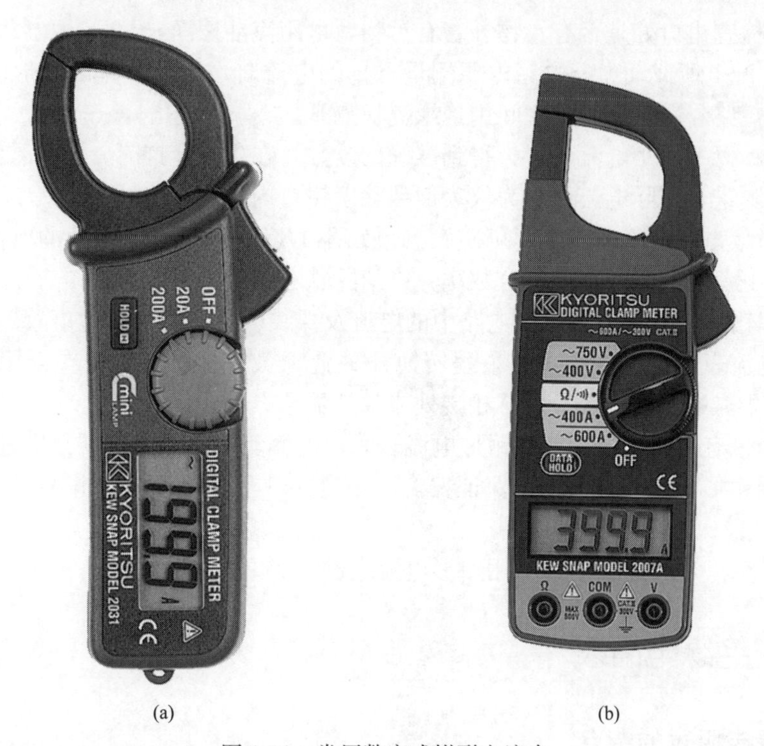

(a)　　(b)

图 1-31　常用数字式钳形电流表

(3) 钳形电流表的使用

① 测量前，应检查钳形电流表的指针是否在零位；若不在零位，应调至零位。

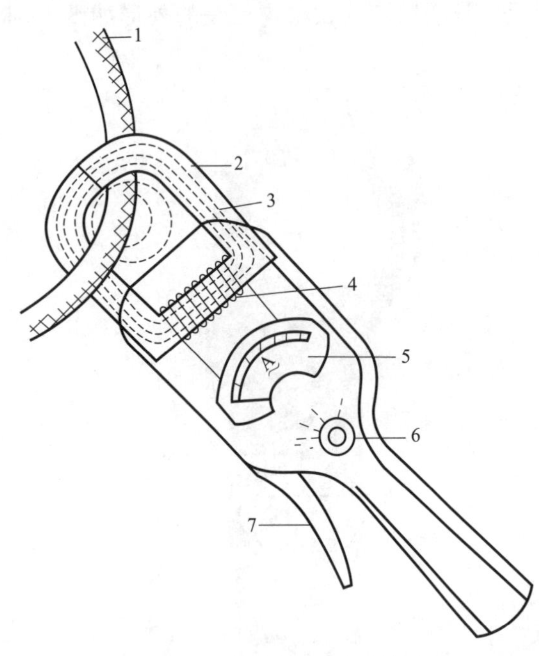

图 1-32 钳形电流表的结构图
1—载流导线；2—铁芯；3—磁通；4—线圈；
5—电流表；6—改变量程的旋钮；7—扳手

② 用钳形电流表检测电流时，一定要夹住一根被测导线（电线），如图 1-32 所示。若夹住两根（平行线）则不能检测电流。

③ 钳形电流表一般通过转换开关来改变量程，也有通过更换表头来改变量程的。测量时，应对被测电流进行粗略的估计，选好适当的量程。如被测电流无法估计时，应先将转换开关置于最高挡，然后根据测量值的大小，变换到合适的量程。对于指针式电流表，应使指针偏转满刻度的 2/3 以上。

④ 应注意不要在测量过程中带电切换量程，应该先将钳口打开，将载流导线退出钳口，再切换量程，以保证设备及人身安全。

⑤ 进行测量时，被测载流导线应置于钳口的中心位置，以减少测量误差。

⑥ 为了使读数准确，钳口的结合面应保持良好的接触。当被测量的导线被卡入钳形电流表的钳口后，若发现有明显噪声或表针振动厉害，可将钳口重新开合一次；若噪声依然存在，应检查钳口处是否有污物，若有污物，可用汽油擦净。

⑦ 在变、配电所或动力配电箱内要测量母排的电流时，为了防止因钳形电流表钳口张开而引起相间短路，最好在母排之间用绝缘隔板隔开。

⑧ 测量 5A 以下的小电流时，为得到准确的读数，在条件允许时，可将被测导线多绕几圈放进钳口内测量，实际电流值应为仪表读数除以钳口内的导线根数。

⑨ 为了消除钳形电流表铁芯中剩磁对测量结果的影响，在测量较大的电流之后，若立即测量较小的电流，应将钳口开、合数次，以消除铁芯中的剩磁。

⑩ 禁止用钳形电流表测量高压电路中的电流及裸线电流，以免发生事故。

⑪ 钳形电流表不用时，应将其量程转换开关置于最高挡，以免下次误用而损坏仪表。并将其存放在干燥的室内，钳口铁芯相接处应保持清洁。

⑫ 在使用带有电压测量功能的钳形电流表时，电流、电压的测量须分别进行。

⑬ 在使用钳形电流表时，为了保证安全，一定要戴上绝缘手套，并要与带电设备保持足够的安全距离。

⑭ 在雷雨天气，禁止在户外使用钳形电流表进行测试工作。

1.5.4 绝缘电阻表

(1) 绝缘电阻表的特点

绝缘电阻表俗称摇表，又称兆欧表或绝缘电阻测量仪。它是专供用来检测电气设备、供电线路绝缘电阻的一种可携式仪表。绝缘电阻表标度尺上的单位是兆欧，单位符号为 MΩ。它本身带有高压电源。

绝缘电阻表是电力、邮电、通信、机电安装和维修以及利用电力作为工业动力或能源的工业企业部门常用且必不可少的仪表。它适用于测量各种绝缘材料的电阻值及变压器、电机、电缆及电气设备等的绝缘电阻。

电气设备的绝缘性能是评价其绝缘好坏的重要标志之一，也是评价电气产品生产质量和电气设备修理质量的重要指标，而电气设备绝缘性能是通过绝缘电阻反映出来的。

测定电气设备的绝缘电阻，是指带电部分与外露非带电金属部分（外壳）之间的绝缘电阻。按不同的产品，施加一直流高压，如 50V、100V、250V、500V、1000V、2500V、5000V 等，规定一个最低的绝缘电阻值（例如有的标准规定每千伏电压，绝缘电阻不小于 1MΩ 等）。如果测得某电气设备的绝缘电阻值低于该类设备规定的最低绝缘电阻值，则说明该电气设备的绝缘结构中可能存在某种隐患或绝缘受损。当突然接通或切断电源（或出现其他缘故）时，电路可能产生过电压，在绝缘受损处产生击穿，造成对人身安全的威胁。

测量绝缘电阻必须在测量端施加一高压，直流高压的产生一般有三种方法。第一种是手摇发电机式（摇表名称来源）；第二种是通过市电变压器升压，整流得到直流高压；这是一般市电式绝缘电阻表采用的方法；第三种是利用晶体管振荡式或专用脉宽调制电路来产生直流高压，这是一般电池式和市电式的绝缘电阻表采用的方法。

(2) 绝缘电阻表的分类

绝缘电阻表的种类很多，但基本结构相同，主要由一个磁电系的比率表和高压电源（常用手摇发电机或晶体管电路产生）组成。绝缘电阻表有许多类型，按照工作原理可分为采用手摇发电机的绝缘电阻表和采用晶体管电路的绝缘电阻表；按绝缘电阻的读数方式可分为指针式绝缘电阻表和数字式绝缘电阻表。采用手摇发电机的指针式绝缘电阻表的外形如图 1-33 所示。

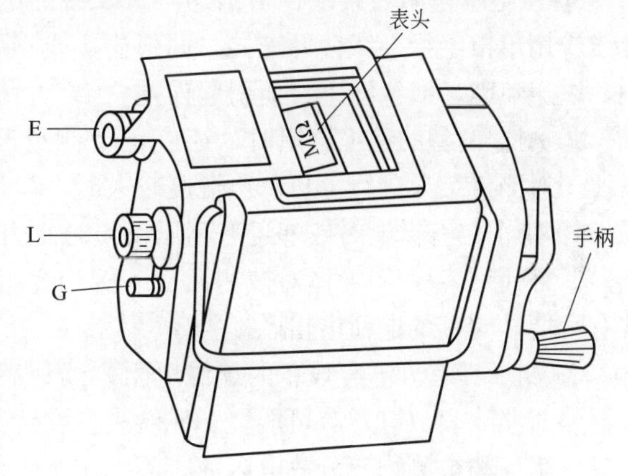

图 1-33　手摇发电机的绝缘电阻表

(3) 绝缘电阻表的选择

绝缘电阻表的选择主要是选择它的电压及测量范围。高压电气设备绝缘电阻要求高，须选用电压高的绝缘电阻表进行测试；低压电气设备内部绝缘材料所能承受的电压不高，为保证设备安全，应选择电压低的绝缘电阻表。

① 电压等级的选择　选用绝缘电阻表电压时，应使其额定电压与被测电气设备或线路的工作电压相适应，不能用电压过高的绝缘电阻表测量低电压电气设备的绝缘电阻，以免损坏被测设备的绝缘。不同额定电压的绝缘电阻表的使用范围见表 1-1。

表 1-1　不同额定电压的绝缘电阻表使用范围

被测对象	被测设备额定电压/V	绝缘电阻表额定电压/V
电力变压器、发电机、电动机线圈的绝缘电阻	500 以上	1000～2500
电气设备绝缘电阻	500 以下	500
电气设备绝缘电阻	500 以上	1000～2500

应按被测电气元件工作时的额定电压来选择仪表的电压等级。测量埋置在绕组内和其他发热元件中的热敏元件等的绝缘电阻时，一般应选用 250V 规格的绝缘电阻表。

② 测量范围的选择　在选择绝缘电阻表测量范围时，应注意不能使绝缘电阻表的测量范围过多地超出所需测量的绝缘电阻值，以减少误差的产生。另外，还应注意绝缘电阻表的起始刻度，对于刻度不是从零开始的绝缘电阻表（例如从 1MΩ 或 2MΩ 开始的绝缘电阻表），一般不宜用来测量低电压电气设备的绝缘电阻。因为这种电气设备的绝缘电阻值较小，有可能小于 1MΩ，在仪表上得不到读数，容易误认为绝缘电阻值为零，而得出错误的结论。

(4) 使用前的准备与注意事项

绝缘电阻表在工作时，自身产生高电压，而测量对象又是电气设备。所以必须正确使用绝缘电阻表，否则就会造成人身或设备事故。使用前，首先要做好以下各种准备：

① 测量前，必须将被测设备电源切断，并对地短路放电，决不允许设备带电进行测量，以保证人身和设备的安全。

② 对可能感应出高压电的设备，必须消除这种可能性后，才能进行测量。

③ 被测物表面要清洁，减小接触电阻，确保测量结果的正确性。

④ 测量前要检查绝缘电阻表是否处于正常工作状态。

⑤ 绝缘电阻表使用时应放在平稳、牢固的地方，且远离大的外电流导体和外磁场。做好上述准备工作后就可以进行测量了。在测量时，还要注意兆欧表的正确接线，否则将引起不必要的误差甚至错误。

⑥ 从绝缘电阻表接线柱引出的测量软线的绝缘应良好。绝缘电阻表与被测设备间的连接线应用单根绝缘导线分开连接。两根连接线不可缠绞在一起，也不可与被测设备或地面接触，以避免因导线绝缘不良而引起误差。

⑦ 测量设备的绝缘电阻时，还应记下测量时的温度、湿度、被测试物的有关状况等，以便于对测量结果进行分析。当湿度较大时，应接屏蔽线。

⑧ 禁止在有雷电时或邻近有高压设备时使用绝缘电阻表，以免发生危险。

⑨ 测量之后，用导体对被测元件（例如绕组）与机壳之间放电后拆下引接线。直接拆线有可能被储存的电荷电击。

⑩ 测量具有大电容设备的绝缘电阻，读数后不能立即断开兆欧表，否则已被充电的电容器将对兆欧表放电，有可能烧坏兆欧表。在读数后应首先断开测试线，然后停止测试，在绝缘电阻表和被测物充分放电以前，不能用手触及被试设备的导电部分。

(5) 接线方法

绝缘电阻表的接线柱共有三个：一个为“L”（即线端），一个为“E”（即地端），再一个为“G”（即屏蔽端，也叫保护环）。一般被测绝缘电阻都接在“L”和“E”端之间，但当被测绝缘体表面漏电严重时，必须将被测物的屏蔽层或外壳（即不需测量的部分）与“G”端相连接。

由此可见，要想准确地测量出电气设备等的绝缘电阻，必须对兆欧表进行正确的接线。用绝缘电阻表测量绝缘电阻的正确接法如图 1-34 所示。测量电气设备对地电阻时，L 端与回路的裸露导体连接，E 端连接接地线或金属外壳；测量回路的绝缘电阻时，回路的首端与尾端分别与 L、E 端连接；测量电缆的绝缘电阻时，为防止电缆表面泄漏电流对测量精度产生影响，应将电缆的屏蔽层接至 G 端。否则，将失去测量的准确性和可靠性。

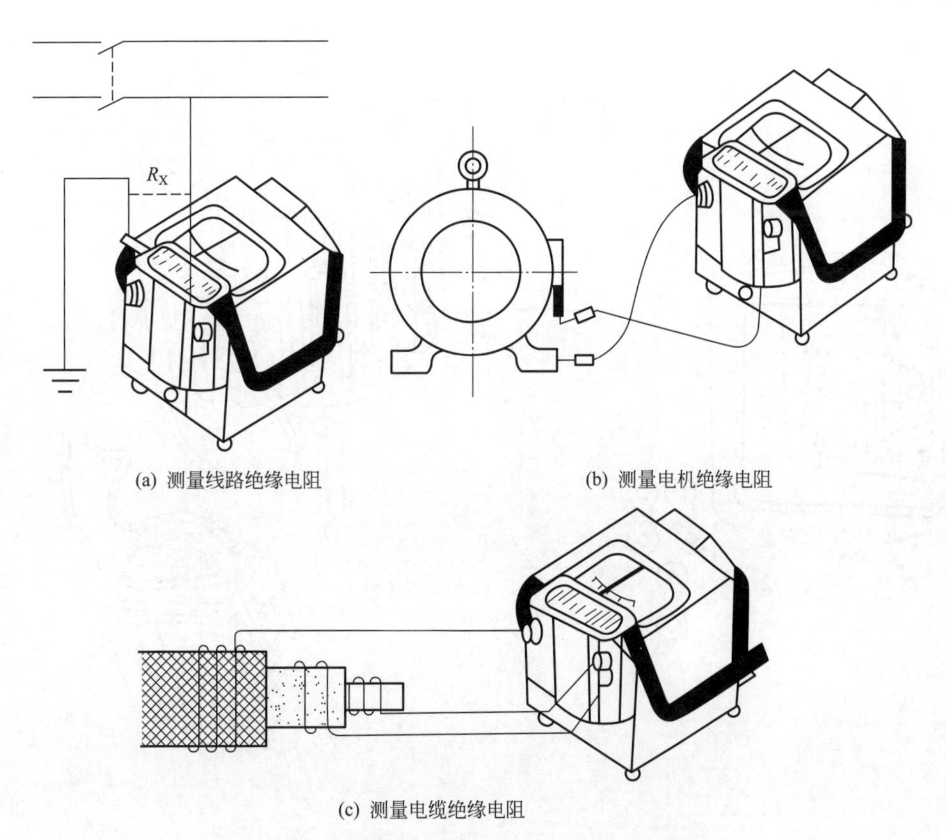

(a) 测量线路绝缘电阻　　(b) 测量电机绝缘电阻

(c) 测量电缆绝缘电阻

图 1-34　用绝缘电阻表测量绝缘电阻的正确接法

(6) 手摇发电机供电的绝缘电阻表的使用方法与注意事项

① 在使用绝缘电阻表测量前，先对其进行一次开路和短路试验，以检查绝缘电阻表是否良好。试验方法如图 1-35 所示。将绝缘电阻表平稳放置，先使“L”和“E”两个端钮开路，再摇动手摇发电机的手柄，使发电机转速达到额定转速（转速约 120r/min），这时指针应指向标尺的“∞”位置（有的绝缘电阻表上有“∞”调节器，可调节使指针指在“∞”位置）；然后将“L”和“E”两个端钮短接，缓慢摇动手柄，指针应指在“0”位。

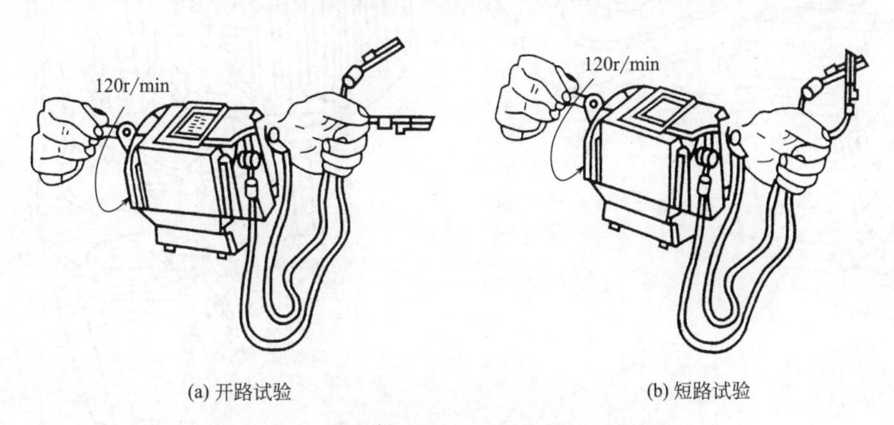

(a) 开路试验　　(b) 短路试验

图 1-35　绝缘电阻表的开路试验与短路试验

② 测量接线如图 1-34 所示。测量时，应将兆欧表保持水平位置，一般左手按住表身，

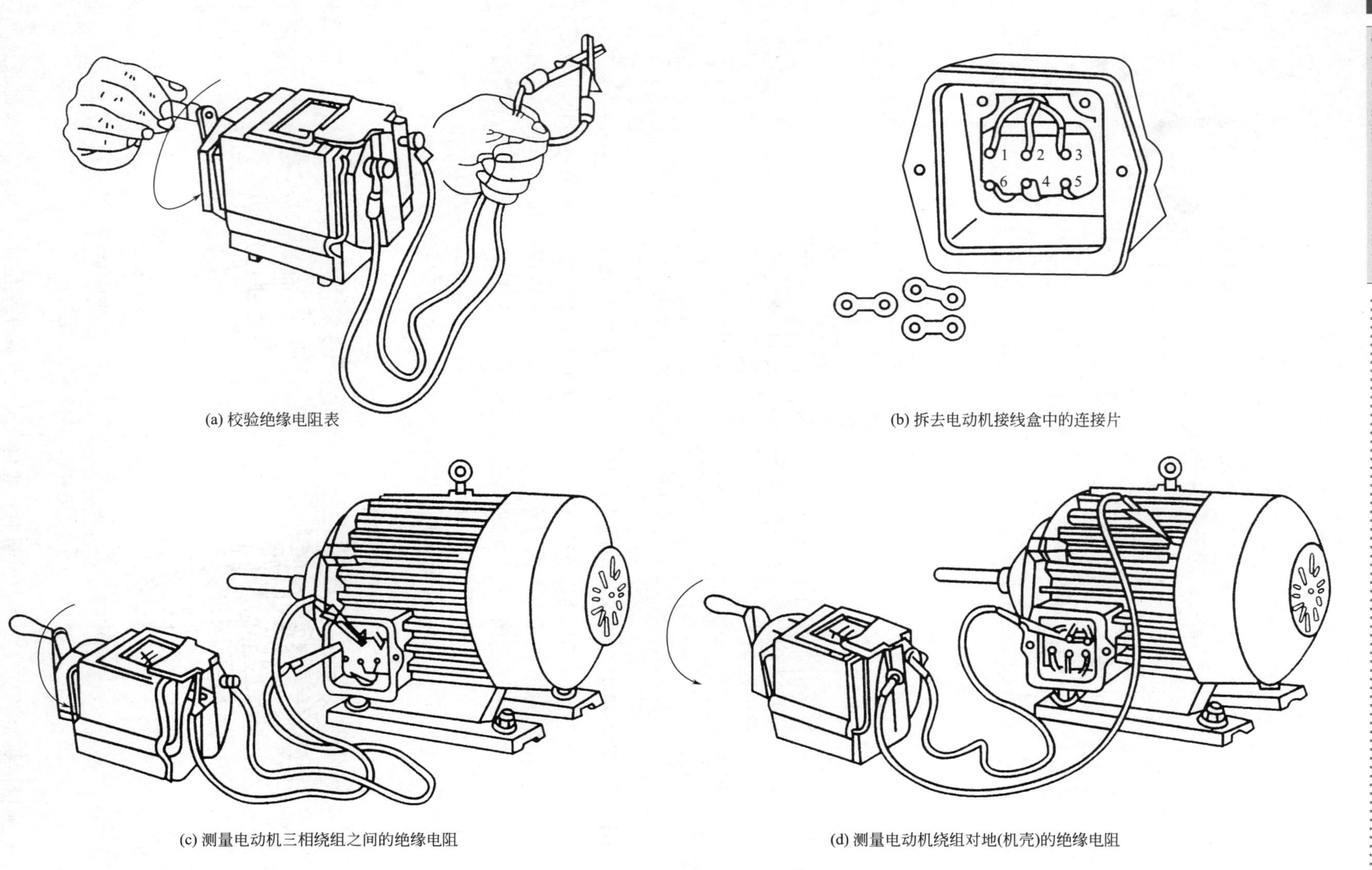

(a) 校验绝缘电阻表

(b) 拆去电动机接线盒中的连接片

(c) 测量电动机三相绕组之间的绝缘电阻

(d) 测量电动机绕组对地(机壳)的绝缘电阻

图 1-36　用绝缘电阻表测量电动机的绝缘电阻

右手摇动绝缘电阻表摇柄。

③ 摇动绝缘电阻表时，不能用手接触兆欧表的接线柱和被测回路，以防触电。

④ 摇动绝缘电阻表后，各接线柱之间不能短接，以免损坏。

⑤ 测量时，摇动手柄的速度由慢逐渐加快，并保持120r/min左右的转速，测量1min左右，摇动到指示值稳定后读数。这时读数才是准确的结果。如果被测设备短路，指针指零，应立即停止摇动手柄，以防表内线圈发热而损坏仪表。

⑥ 当绝缘电阻表没有停止转动和被测物没有放电前，不可用手触及被测物的测量部分，或进行拆除导线的工作。在测量大电容的电气设备绝缘电阻时，在测定绝缘电阻后，应先将“L”连接线断开，再松开手柄，以免因被测设备向绝缘电阻表倒充电而损坏仪表。

(7) 用绝缘电阻表测量电动机的绝缘电阻

用绝缘电阻表（又称兆欧表）测量电动机绝缘电阻的方法步骤如图1-36所示。

① 校验绝缘电阻表。首先把绝缘电阻表放平，将绝缘电阻表测试端短路，并慢慢摇动绝缘电阻表的手柄，指针应指在“0”位置上；然后将测试端开路，再摇动手柄（约120r/min），指针应指在“∞”位置上。测量时，应将绝缘电阻表平置放稳，摇动手柄的速度应均匀。

② 将电动机接线盒内的连接片拆去。

③ 测量电动机三相绕组之间的绝缘电阻。将两个测试夹分别接到任意两相绕组的端点，以120r/min左右的匀速摇动绝缘电阻表1min后，读取绝缘电阻表指针稳定的指示值。

④ 用同样的方法，依次测量每相绕组与机壳的绝缘电阻。但应注意，绝缘电阻表上标有“E”或“接地”的接线柱应接到机壳上无绝缘的地方。

⑤ 测量单相异步电动机的绝缘电阻时，应将电容器拆下（或短接），以防将电容器击穿。

⑥ 新安装或长期停用的电动机启动前，应当用绝缘电阻表检查电动机绕组之间及绕组对地（机壳）的绝缘电阻。通常对额定电压为380V的电动机，采用500V兆欧表测量，其绝缘电阻值不得小于0.5MΩ，否则应进行烘干处理。

(8) 用绝缘电阻表测量电冰箱的绝缘电阻

用绝缘电阻表测量电冰箱的绝缘电阻的接线方法如图1-37所示，测量方法同上。读数完毕，将被测设备放电。放电方法是将测量时使用的地线从绝缘电阻表上取下来与被测设备

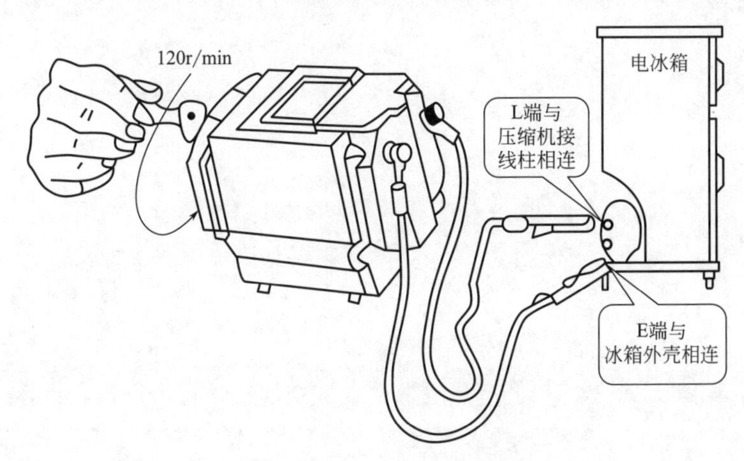

图1-37　绝缘电阻表与被测设备连接

短接一下（不是绝缘电阻表放电），如图 1-38 所示。

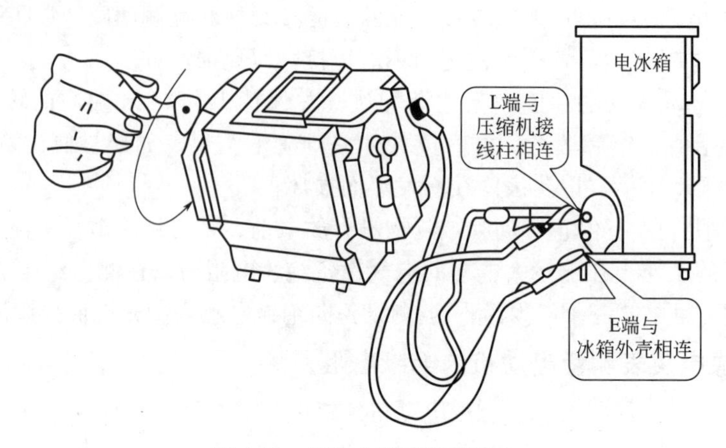

图 1-38　绝缘电阻表拆线放电

第2章

导线的连接及绝缘处理

2.1 家装常用电工材料

2.1.1 常用导线

导线又称电线，分为裸导线和绝缘电线。导线线芯要求导电性能好、机械强度大、质地均匀、无裂纹、耐腐蚀性好；绝缘层要求绝缘性能好、质地柔韧并具有一定的机械强度、能耐酸、碱、油等的侵蚀。导线按其用途又可分为固定敷设电线、绝缘软电线、仪器设备用电线、屏蔽电线和户外绝缘电线等。固定敷设电线分为橡胶绝缘电线和聚氯乙烯绝缘电线。常用绝缘导线的型号及主要用途见表2-1。

表2-1 绝缘电线的型号及用途

名称	型号	用途
聚氯乙烯绝缘铜芯线 聚氯乙烯绝缘铜芯软线 聚氯乙烯绝缘聚氯乙烯护套铜芯线 聚氯乙烯绝缘铝芯线 聚氯乙烯绝缘铝芯软线 聚氯乙烯绝缘聚氯乙烯护套铝芯线	BV BVR BVV BLV BLVR BLVV	用于交流500V及以下的电气设备和照明装置的连接，其中BVR型软线适用于要求电线比较柔软的场合
橡胶绝缘铜芯线 橡胶绝缘铝芯线	BX BLX	用于交流500V及以下、直流1000V及以下的户内外架空、明敷、穿管固定敷设的照明及电气设备电路
橡胶绝缘铜芯软线	BXR	用于交流500V及以下、直流1000V及以下电气设备及照明装置要求电线比较柔软的室内安装
聚氯乙烯绝缘平型铜芯软线 聚氯乙烯绝缘绞型铜芯软线	RVB RVS	用于交流250V及以下的移动式日用电器的连接
聚氯乙烯绝缘聚氯乙烯护套铜芯软线	RVZ	用于交流500V及以下的移动式日用电器的连接
复合物绝缘平型铜芯软线 复合物绝缘绞型铜芯软线	RFB RFS	用于交流250V或直流500V及以下的各种日用电器、照明灯座等设备的连接

室内布线使用的绝缘导线，根据芯线材料不同，绝缘电线可分为铜芯导线和铝芯导线，铜芯导线的电阻率小，导电性能较好，铝芯导线的电阻率比铜芯导线稍大些，但价格低；根据芯线的数量不同，绝缘电线可分为单股线和多股线，多股线是由几股或几十股芯线绞合在一起形成的。单股和多股芯线的绝缘导线如图 2-1 所示。

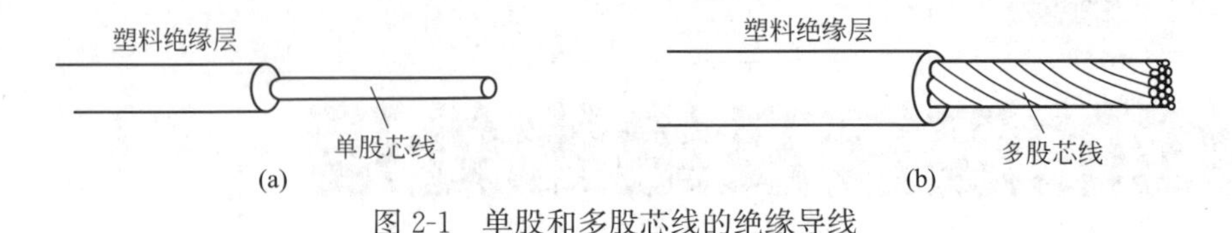

图 2-1　单股和多股芯线的绝缘导线

(1) 室内配电常用导线的类型

① BV 型导线（单股铜芯线）　B 表示布线用，V 表示聚氯乙烯绝缘。BV 型导线又称铜芯聚氯乙烯绝缘导线。它用较粗硬的单股铜丝作为芯线，如图 2-1(a) 所示，导线规格是以芯线的截面积来表示的，常用规格有 1.0mm^2（BV-1）、1.5mm^2（BV-1.5）、2.5mm^2（BV-2.5）、4mm^2（BV-4）、6mm^2（BV-6）、10mm^2（BV-10）、16mm^2（BV-16）、25mm^2（BV-25）等。

BV 型铜芯聚氯乙烯绝缘线是家居装修中常采用的线种。截面积为 1.0mm^2 和 1.5mm^2 的导线常用于照明回路；2.5～6mm^2 的导线常用于插座回路；10～25mm^2 的导线常用于照明干线进户线。

② BVR 型导线（多股铜芯软线）　B 表示布线用，V 表示聚氯乙烯绝缘，R 表示软导线。BVR 型导线又称铜芯聚氯乙烯绝缘软导线，它采用多股较细的铜丝绞合在一起作为芯线，其硬度适中，容易弯折。BVR 型导线如图 2-1(b) 所示。因 BVR 型导线较 BV 型导线柔软性更好，容易弯折且不易断，故布线更方便。BVR 型导线的缺点是接线容易出现不牢固。接线头最好进行挂锡处理，另外 BVR 型导线的价格要贵一些。

BVR 型铜芯聚氯乙烯绝缘软导线主要用于照明灯具的连接。

③ BVV 型导线（护套线）　B 表示布线用，V 表示聚氯乙烯绝缘，V 表示聚氯乙烯护套。BVV 型导线又称铜芯聚氯乙烯绝缘聚氯乙烯护套导线，BVV 型导线的外形与结构如图 2-2 所示。根据护套内导线的数量不同，可分为单芯护套线、两芯护套线和三芯护套线等。室内暗装布线时，由于导线已有 PVC 电线管保护，因此一般不采用护套线。护套线常用于明装布线。

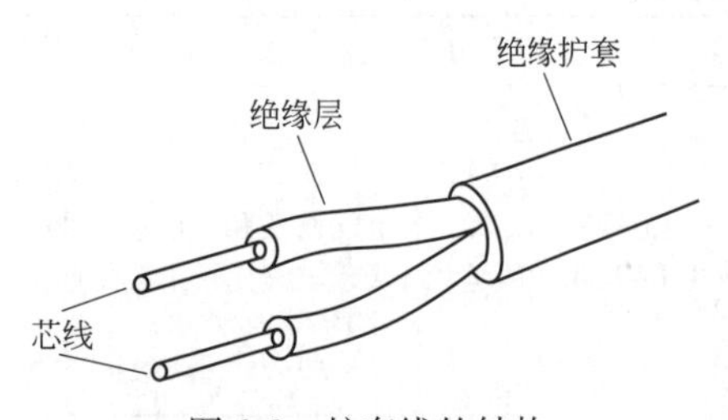

图 2-2　护套线的结构

BVV 型铜芯聚氯乙烯绝缘聚氯乙烯护套导线一般用于家装中照明、插座回路。该导线一般用卡钉明敷设在墙、顶面等。BVV 型导线也可以用作临时用电线。

(2) 室内配电导线的选择

① 导线颜色的选择　室内配电导线有红、绿、黄、蓝和黄绿双色五种颜色。我国住宅用户一般为单相电源进户，进户线有三根，分别是相线（L）、中性线（N）和接地线（PE）。在选择进户线时，相线应选择黄、红或绿线；中性线选择淡蓝色线；接地线选择黄绿双色线。三根进户线进入配电箱后分成多条支路，各支路的接地线必须为黄绿双色线；中

性线的颜色必须采用淡蓝色线；而各支路的相线可都选择黄线，也可以分别采用黄、绿、红三种颜色的导线，如一条支路的相线选择黄线，另一条支路的相线选择红线或绿线。支路相线选择不同颜色的导线，有利于检查区分线路。

② 导线截面积的选择　进户线一般选择截面积在 $10\sim25mm^2$ 的 BV 型或 BVR 型导线；照明线路一般选择截面积为 $1.5\sim2.5mm^2$ 的 BV 型或 BVR 型导线；普通插座一般选择截面积为 $2.5\sim4mm^2$ 的 BV 型或 BVR 型导线；空调及浴霸等大功率线路一般选择截面积为 $4\sim6mm^2$ 的 BV 型或 BVR 型导线。

(3) 导线优劣的鉴别

电线电缆是用户在用电过程中必不可少的材料，其质量的好坏，直接关系到千家万户的用电安全。家装离不开电线，尤其是旧房，电线虽小但“任务”重大。好多火灾都是由于电线线路老化，配置不合理，或者使用电线质量低劣造成的。消费者在购买电线时一定要擦亮双眼，仔细鉴别，防患于未然。因此，在购买或选用时，如何快速、准确检查电线质量的好坏，是广大电工必须掌握的技能。

选购电线应在正规商场购买，认准国家电工认证标记（长城图案）和电线上印有的商标、规格、电压等。

那么，购买电线时怎样鉴别优劣呢？

① 看包装、看认证　成卷的电线包装牌上一般应具有合格证、厂名、厂址、检验章、商标、规格、电压、“长城标志”、生产许可证号、质量体系认证书等。

② 看颜色　铜芯线的横断面优等品紫铜颜色光亮、色泽柔和。如果铜芯黄中偏红，说明所用的铜材质量较好；如果黄中发白，说明所用的铜材质量较差。

③ 手感　取一根电线头用手反复弯曲，手感柔软、抗疲劳强度好、塑料或橡胶手感弹性大、电线绝缘体上没有龟裂的电线为优质品。

④ 观察燃烧是否产生明火　电线外层塑料皮应色泽鲜亮、质地细密，用打火机点燃没有明火的为优质品。

⑤ 检查线芯是否居中　取一段导线，察看线芯是否位于绝缘层的正中，即绝缘厚度是否均匀。线芯不居中时，绝缘较薄的一面，很容易被电流击穿。

⑥ 检查电线的长度、线芯是否弄虚作假　电线长度的误差不能超过5%，截面线径的误差不能超过0.02%。如果在长度与截面上有弄虚作假、缺斤短两的现象，一般属于低劣产品。

⑦ 检查绝缘层　电线的绝缘层应完整无损。

2.1.2 常用电缆

(1) 常用电缆的型号、名称和用途

电缆用于电力设备的连接和电力线路中，它除具有一般电线的性能外，还具有芯线间绝缘电阻高、不易发生短路和耐腐蚀等优点。其品种繁多，按其传输电流的性质分为交流电缆、直流电缆和通信电缆三类。其中，交流系统中常用的有电力电缆、控制电缆、通用橡套电缆和电焊机用电缆等。

常用电缆的型号、名称和用途见表 2-2。

表 2-2 常用电缆的型号、名称和用途

名称	型号	主要用途
轻型通用橡套软电缆	YQ	主要用于连接交流电压 250V 及以下的轻型移动电气设备
	YQW	主要用于连接交流电压 250V 及以下的轻型移动电气设备，并具有一定的耐油、耐气候性能
中型通用橡套软电缆	YZ	主要用于连接交流电压 500V 及以下的各种移动电气设备
	YZW	主要用于连接交流电压 500V 及以下的各种移动电气设备，并具有一定的耐油、耐气候性能
重型通用橡套软电缆	YC	主要用途同 YZ，并能承受较大的机械外力作用
	YCW	主要用途同 YZ，并具有耐气候和一定的耐油性能
电焊机用橡套铜芯软电缆 电焊机用橡套铝芯软电缆	YH YHL	用于供电焊机二次侧接线及连接电焊钳
铜芯聚氯乙烯绝缘聚氯乙烯护套控制电缆	KVV KVVP	用于供交流电压 450V/750V 及以下控制、监视回路及保护线路等场合。另外 KVVP 型控制电缆还具有屏蔽作用
聚氯乙烯绝缘聚氯乙烯护套电力电缆	VV VLV	主要用途是固定敷设，用来供交流 500V 及以下或直流 1000V 以下的电力电路使用

(2) 常用电缆的主要类型

将一根或数根导线分别裹以绝缘材料，外面包裹绝缘护套后就构成了电缆。交流系统中常用的电缆有电力电缆、通用橡套电缆、控制电缆等。

① 电力电缆。此类电缆主要用于电能的传输与分配。按绝缘材料分为油浸纸绝缘、塑料绝缘、橡胶绝缘等。油浸纸绝缘电缆允许运行温度较高、耐压强度高、介质损耗低、使用寿命长，适用于重要回路电能输送。塑料电缆最常用的是聚氯乙烯绝缘电缆（PVC）和交联聚乙烯电缆（XLPE）。这两种电缆绝缘层用热塑料挤包制成，护套采用聚氯乙烯护套，当需要加强力学性能时，可在护套内、外层间用钢带或钢丝铠装，称为铠装电缆，适合高落差敷设。前者的主要特点是化学稳定性高、材料来源充足、安装工艺简单、维修方便。但工作温度明显影响其力学性能，长期工作允许温度不超过 65℃，不低于 0℃。后者具有良好的介电性质，但抗电晕、游离放电性能差，耐热性能好，最高额定温度 90℃。

② 移动式通用橡套软电缆。此类电缆适用于交流 450V/750V 及以下家用电器、电动工具和各种移动电气设备。电缆线芯采用多股软铜线绞制而成，绝缘采用耐热无硫橡胶，外面包裹橡套。长期工作温度不超过 65℃。按电缆机械承载力可分为轻型、中型、重型三种。

电缆型号用字母命名，第一位字母为 Y，表示移动式电缆；第二位字母表示电缆机械承载能力，其中“Q”——轻型，“Z”——中型，“C”——重型；第三位字母（可以没有）“W”——有一定的耐气候性和耐油性，适合户外使用。

③ 控制电缆。控制电缆主要适用于直流或交流 50～60Hz、额定电压 600V/1000V 及以下的控制、信号、保护及测量线。常用于电气控制系统和配电装置内的固定敷设。通常芯线截面积在 $10mm^2$ 以下，多采用铜导体。型号的编制由字母加数字组成，第一位字母“K”表示控制电缆；第二位字母表示线芯材质；第三位字母表示绝缘材料类型；第四位由字母加数字组成，字母表示护套屏蔽类型，两位数字表示护套的材质，最后一位数字表示派生特性。

2.1.3　常用绝缘材料

(1) 绝缘材料的耐热等级（见表 2-3）

表 2-3　绝缘材料的耐热等级

级　别	绝缘材料	极限工作温度/℃
Y	木材、棉花、纸、纤维等天然的纺织品，以乙酸纤维和聚酰胺为基础的纺织品，以及易于热分解和溶化点较低的塑料	90
A	工作于矿物油中的和用油或油树脂复合胶浸过的 Y 级材料、漆包线、漆布、漆丝及油性漆、沥青漆等	105
E	聚酯薄膜和 A 级材料复合，玻璃布、油性树脂漆、聚乙烯醇缩醛高强度漆包线、乙酸乙烯耐热漆包线	120
B	聚酯薄膜，经合适树脂浸渍涂覆的云母、玻璃纤维、石棉等制品、聚酯漆、聚酯漆包线	130
F	以有机纤维材料补强和石棉带补强的云母片制品、玻璃丝和石棉、玻璃漆布、以玻璃丝布和石棉纤维为基础的层压制品，以无机材料作补强和石棉带补强的云母粉制品、化学热稳定性较好的聚酯和醇酸类材料、复合硅有机聚酯漆	155
H	无补强或以无机材料为补强的云母制品、加厚的 F 级材料、复合云母、有机硅云母制品、硅有机漆、硅有机橡胶聚酰亚胺复合玻璃布、复合薄膜、聚酰亚胺漆等	180
C	耐高温有机黏合剂和浸渍剂及无机物如石英、石棉、云母、玻璃和电瓷材料等	180 以上

(2) 电工用黏带

电工常用黏带的性能和用途见表 2-4。

表 2-4　电工常用黏带的性能和用途

名称	耐热等级	厚度/mm	用　途
聚酯薄膜黏带	E	0.06～0.02	耐热、耐高压，强度高。用于高低压绝缘密封
聚乙烯薄膜黏带	Y	0.22～0.26	较柔软，黏性强，耐热差。用于一般电线电缆接头包扎绝缘
聚酰亚胺薄膜黏带	H	0.05～0.08	具有良好的耐水性、耐酸性、耐溶性、抗燃性和抗氟利昂性。适用于 H 级电机、电气线圈绕包绝缘和槽绝缘
有机硅玻璃布黏带	H	0.12～0.15	有较高耐热性、耐寒性和耐潮性，以及较好的电气性能和机械性能。可用于 H 级电机、电气线圈绝缘和导线连接绝缘
硅橡胶玻璃布黏带	H	0.19～0.25	具有耐热、耐潮、抗振动、耐化学腐蚀等特性，但抗拉强度较低。适用于高压电机线圈绝缘
自黏性橡胶黏带	E	—	具有耐热、耐潮、抗振动、耐化学腐蚀等特性，但抗拉强度较低。适用于电缆头密封

2.2 导线接头应满足的基本要求

在配线过程中，因出现线路分支或导线太短，经常需要将一根导线与另一根导线连接。在各种配线方式中，导线的连接除了针式绝缘子、鼓形绝缘子、蝶形绝缘子配线可在布线中间处理外，其余均需在接线盒、开关盒或灯头盒等内处理。导线的连接质量对安装的线路能否安全可靠运行影响很大。常用的导线连接方法有绞接、绑接、焊接、压接和螺栓连接等。其基本要求如下：

① 剖削导线绝缘层时，无论是用电工刀还是用剥线钳，都不得损伤线芯。

② 接头应牢固可靠，连接电阻要小。而且，其接头的机械强度应不小于同截面导线的80％。

③ 导线的接头应在接线盒内连接；不同材料导线不准直接连接；分支线接头处，干线不应受到来自支线的横向拉力。

④ 绝缘导线除芯线连接外，在连接处应用绝缘带（塑料带、黄蜡带等）包缠均匀、严密，绝缘强度不低于原有绝缘强度。

⑤ 在接线端子的端部与导线绝缘层的空隙处，也应用绝缘带包缠严密，最外层处还得用黑胶布扎紧一层，以防机械损伤。

⑥ 单股铝线与电气设备端子可直接连接；多股铝芯线应采用焊接或压接端子后再与电气设备端子连接，压模规格同样应与线芯截面相符。

⑦ 单股铜线与电气器具端子可直接连接。

⑧ 截面积超过2.5mm^2 多股铜线连接应采用焊接或压接端子后再与电气器具连接，采用焊接方法应先将线芯拧紧，经搪锡后再与器具连接，焊锡应饱满；焊后要清除残余焊药和焊渣，不应使用酸性焊剂。用压接法连接，压模的规格应与线芯截面相符。

导线连接过程大致可分为三个步骤，即导线绝缘层的剖削、导线线头的连接和导线连接处绝缘层的恢复。

2.3 导线绝缘层的剖削

2.3.1 剖削导线绝缘层的常用方法

在绝缘导线连接之前，必须把导线端头的绝缘层剥掉，绝缘层的剥切长度因接头方式和导线截面的不同而不同。绝缘层的剥切方法要正确，通常有单层剥法、分段剥法和斜削法三种，如图2-3所示。一般塑料绝缘线用单层剥法，橡皮绝缘线采用分段剥法或斜削法。剥切绝缘层时，不应损伤线芯。

剖削（剥切）导线的绝缘层，常采用电工刀、钢丝钳或剥线钳来进行。对于规格较大（截面积在4mm^2 以上）的塑料线或护套线，通常用电工刀剖削导线的绝缘层。

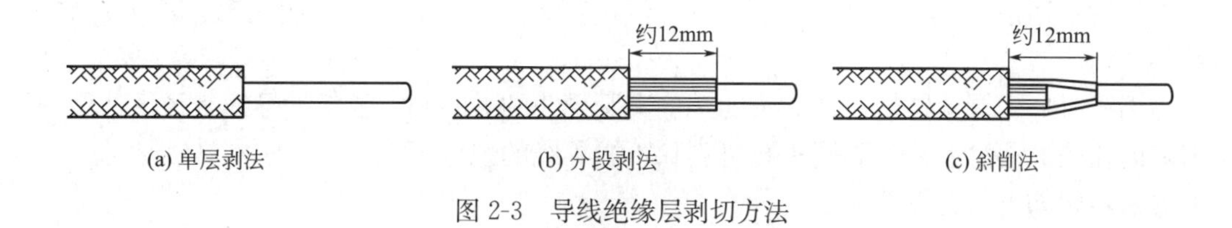

图 2-3　导线绝缘层剥切方法

2.3.2　导线线头绝缘层的剖削

塑料软线绝缘层用剥线钳或钢丝钳剖削。剖削方法与用钢丝钳剖削塑料硬线绝缘层的方法相同。塑料软线不可用电工刀剖削，因为塑料软线由多股铜丝组成，用电工刀容易损伤线芯。

（1）用钢丝钳剖削塑料硬线的绝缘层

线芯截面积为 $4mm^2$ 及以下的塑料硬线，一般用钢丝钳进行剖削。剖削方法如下：

① 用左手捏住导线，在需剖削线头处，用钢丝钳刀口轻轻切破绝缘层，但不可切伤线芯。

② 用左手拉紧导线，右手握住钢丝钳头部用力向外勒去塑料层，如图 2-4 所示。在勒去塑料层时，不可在钢丝钳刀口处加剪切力，否则会切伤线芯。剖削出的线芯应保持完整无损，如有损伤，应重新剖削。

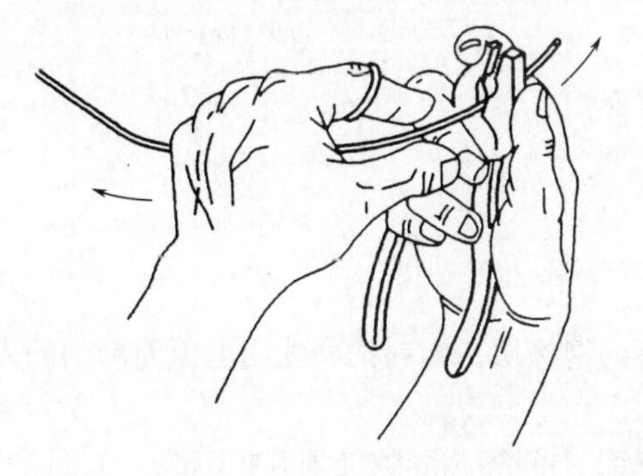

图 2-4　用钢丝钳剖削塑料硬线绝缘层

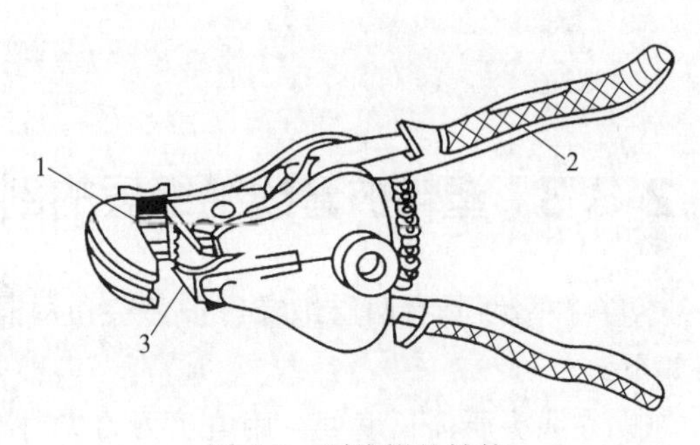

图 2-5　剥线钳的结构
1—刃口；2—钳柄；3—压线口

（2）用电工刀剖削塑料硬线的绝缘层

线芯截面积大于 $4mm^2$ 的塑料硬线，可用电工刀来剖削绝缘层。用电工刀剖削导线绝缘层的操作方法可参看第 1 章中的 1.3.5 节。

（3）用剥线钳剖削导线的绝缘层

剥线钳主要由钳头和钳柄两部分组成，剥线钳的钳柄上套有额定工作电压 500V 的绝缘套管，其结构如图 2-5 所示。剥线钳的钳头部分由刃口和压线口构成，剥线钳的钳头有多个不同孔径的切口，用于剖削不同规格导线的绝缘层。

剥线钳是内线电工，电动机修理、仪器仪表电工，家装电工常用的工具之一。专供电工剥除电线头部的表面绝缘层用。其特点是操作简便、绝缘层切口整齐且不会损伤线芯。

剥线钳是用来剖削 $6mm^2$ 以下小直径导线绝缘层的专用工具。使用时，左手持导线，右手握钳柄。

当剥线时，先握紧钳柄，使钳头的一侧夹紧导线的另一侧。要根据导线直径，选用剥线钳刀片的孔径。通过刀片的不同刃孔可剥除不同导线的绝缘层。

方法步骤如下（见图 2-6）：

① 使用剥线钳时，线头应放在大于线芯直径的切口上。

② 将准备好的电缆放在剥线工具的刀刃中间，选择好要剥线的长度。

③ 握住剥线工具手柄，将电缆夹住，缓缓用力使电缆外表皮慢慢剥落，而且用力要适当，否则易损伤线芯。

④ 松开工具手柄，取出电缆线，这时电缆金属整齐露在外面，其余绝缘塑料完好无损。

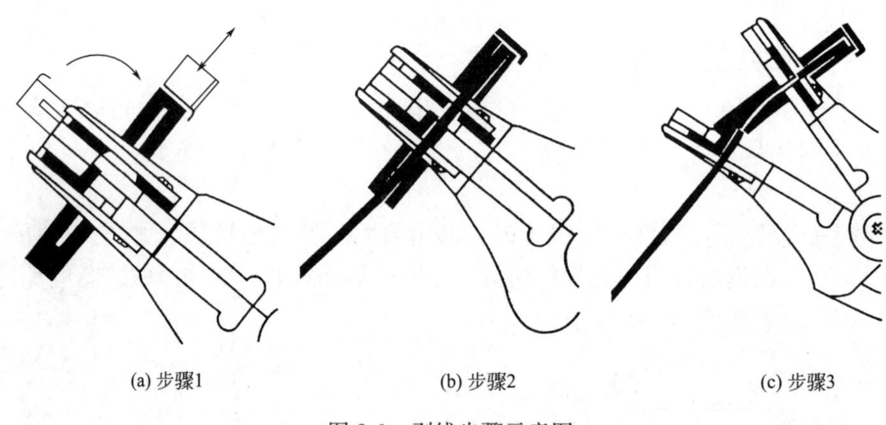

(a) 步骤1　(b) 步骤2　(c) 步骤3

图 2-6　剥线步骤示意图

2.3.3 塑料护套线绝缘层的剖削

塑料护套线具有两层绝缘：护套层和每根线芯的绝缘层。塑料护套线用电工刀剖削的方法如下：

① 在线头所需长度处，用电工刀刀尖对准护套线中间线芯缝隙处划开护套线，如图 2-7（a）所示。如果偏离线芯缝隙处，电工刀可能会划伤线芯。

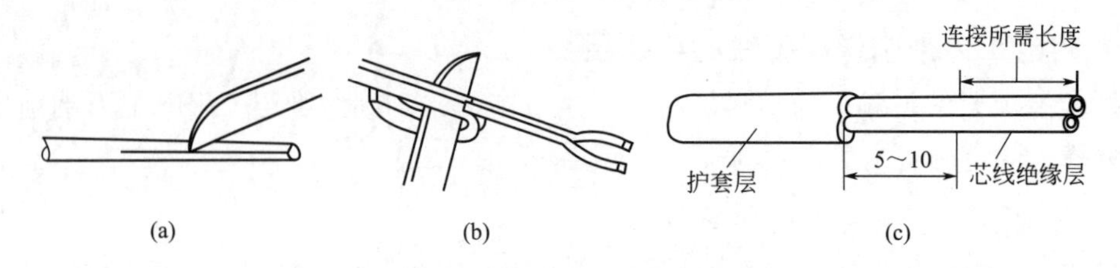

(a)　(b)　(c)

图 2-7　护套线的护套层的剖削

② 向后扳翻护套层，用电工刀把它齐根切去，如图 2-7(b) 所示。

③ 导线绝缘层的剖削方法如同塑料线，在绝缘层的切口与护套层切口之间应留 5～10mm 的距离，如图 2-7(c) 所示。

2.4　导线与导线的连接

2.4.1　铜芯导线的直接连接

铜芯导线的直接连接又称为直线连接。根据导线截面的不同，铜芯导线的连接常采用绞接法和绑接法。

绞接法适用于 4mm² 及以下的小截面单芯铜线直线连接（又称直接连接）和分线连接（又称分支连接）。

绑接法又称缠卷法。分为加辅助线和不加辅助线两种，一般适用于 6mm² 及以上的单芯线的直线连接和分线连接。

(1) 同截面积导线的一字形直接连接

同截面积导线的一字形直接连接如图 2-8 所示。连接时，先把两线端 X 形相交，互相绞合 2～3 圈，再扳直与连接线成 90°，将导线两端分别在另一线芯上紧密地缠绕 5～6 圈，将多余的线头剪去，使端部紧贴导线，并去掉切口毛刺如图 2-8(a) 所示。双线芯连接时，两个连接处应错开一定距离，如图 2-8(b) 所示。

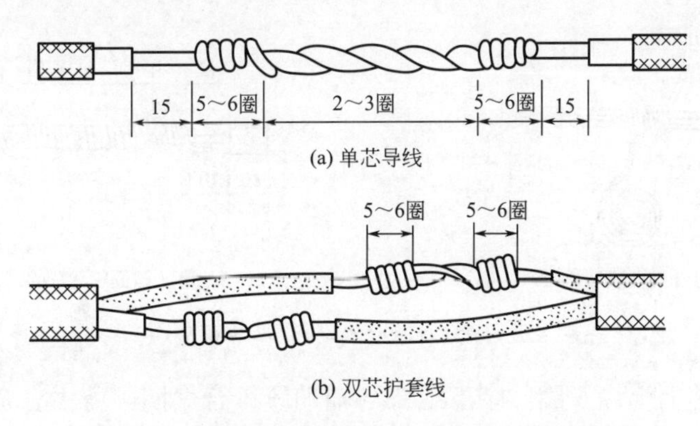

图 2-8　同截面积导线的一字形直接连接示意图

(2) 不同截面积导线的一字形直接连接

不同截面积导线的一字形直接连接如图 2-9 所示。连接时按图 2-9(a)～(d) 的顺序操作即可。

(3) 软线与单股导线的连接

软线与单股导线的连接如图 2-10 所示。先将软线的线芯在单股导线上缠绕 7～8 圈，再把单股导线的线芯向后弯曲压实即可。

(4) 较大截面积的单芯导线直线连接

对于较大截面积（6mm² 及以上）的单芯导线直线连接采用绑接法。连接时，先将两线头用钳子适当弯起，然后并在一起。加辅助线（添一根同径芯线）后，一般用一根 1.5mm² 的裸铜线作绑线，从中间开始缠绑，如图 2-11(a) 所示。缠绑长度约为导线直径的 10 倍。

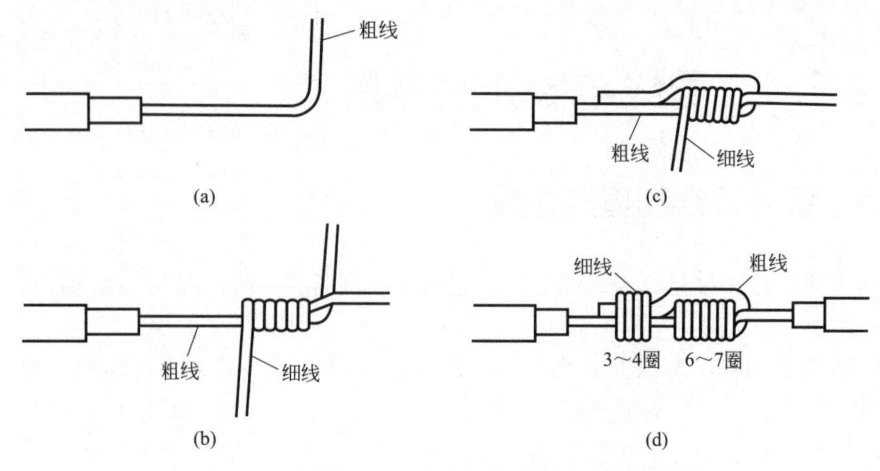

图 2-9　不同截面积导线的一字形直接连接示意图

图 2-10　软线与单股导线的连接示意图

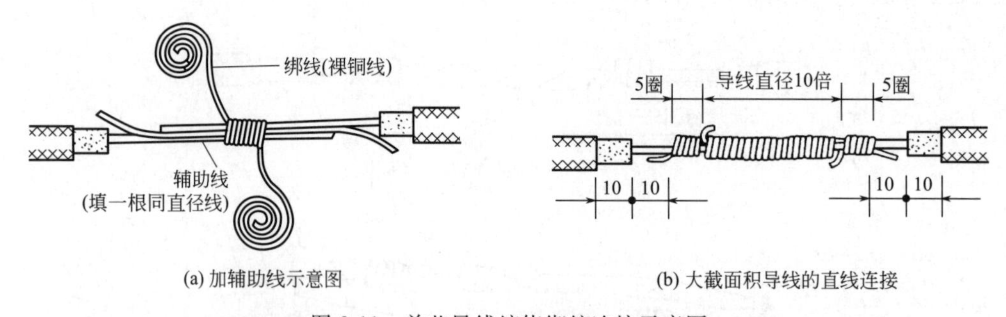

图 2-11　单芯导线缠绕绑绞连接示意图

两头再分别在一线芯上缠绕 5 圈，余下线头与辅助线绞合 2 圈，剪去多余部分，如图 2-11(b) 所示。

(5) 多股铜芯导线的直线连接

① 先将已除去绝缘层及氧化层的两根线头分别散开并拉直，在靠近绝缘层的 1/3 线芯处将该段线芯绞紧，把余下的 2/3 线头分散成 30°伞状，将导线逐根拉直，如图 2-12(a) 所示。

② 把两个分散成伞状的线头隔根对叉，如图 2-12(b) 所示。然后放平两端对叉的线头，如图 2-12(c) 所示。

③ 把一端的 7 股线芯按 2、2、3 股分成三组，把第一组的 2 股线芯扳起，垂直于线头，如图 2-12(d) 所示。然后按顺时针方向紧密缠绕 2 圈，将余下的线芯向右与线芯平行方向扳平，如图 2-12(e) 所示。

④ 将第二组 2 股线芯扳成与线芯垂直方向，如图 2-12(f) 所示。然后按顺时针方向紧压着前两股扳平的线芯缠绕 2 圈，也将余下的线芯向右与线芯平行方向扳平。

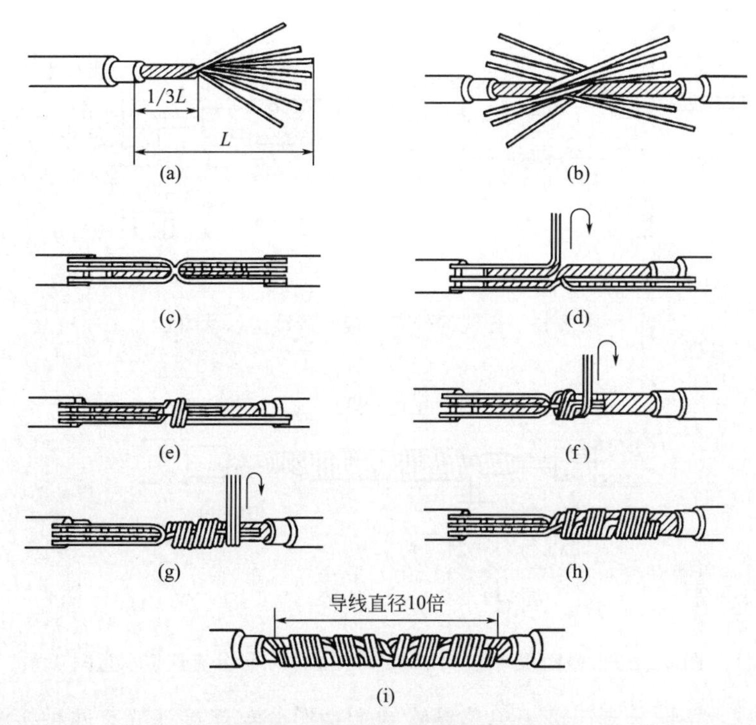

图 2-12 多股铜芯导线的直线连接

⑤ 将第三组的 3 股线芯扳于线头垂直方向，如图 2-12(g) 所示。然后按顺时针方向紧压线芯向右缠绕。

⑥ 缠绕 3 圈后，切去每组多余的线芯，钳平线端，如图 2-12(h) 所示。

⑦ 用同样方法再缠绕另一边线芯。

⑧ 全部缠绕完之后如图 2-12(i) 所示。

2.4.2 铜芯导线的分支连接

铜芯导线的分支连接又称为分线连接。分支连接又分为丁字形（又称 T 形）分支连接和十字分支连接。

(1) 单芯导线的分支连接

① 单芯导线丁字形分支连接　单芯导线的丁字形分支连接如图 2-13 所示。连接时，要把支线芯线线头与干线芯线十字相交，使支线芯线根部留出 3～5mm。较小截面积的芯线按图 2-13(a) 所示的方法先环绕成结状，再把支线线头抽紧扳直，紧密地并缠 6～8 圈，然后剪去多余芯线，去掉切口毛刺。较大截面积的芯线绕成结状后不易平服，可在绕接处先用手将支线在干线上粗绕 1～2 圈，再用钢丝钳紧密绕 5 圈，如图 2-13(b) 所示，将余线割掉；或直接用钢丝钳将导线密绕 5 圈，然后剪去多余芯线。

对于 $6mm^2$ 以上的单芯导线的丁字形分支连接可以采用绑接法（又称缠绕绑绞接法）。单芯导线采用绑接法进行丁字形分支连接时，先将分支导线折成 90°，其端部也稍作弯曲，然后将分支导线紧靠干线，用单股裸线紧密缠绕，其公卷长度为导线直径的 10 倍，再单绕 5 圈，如图 2-14 所示。

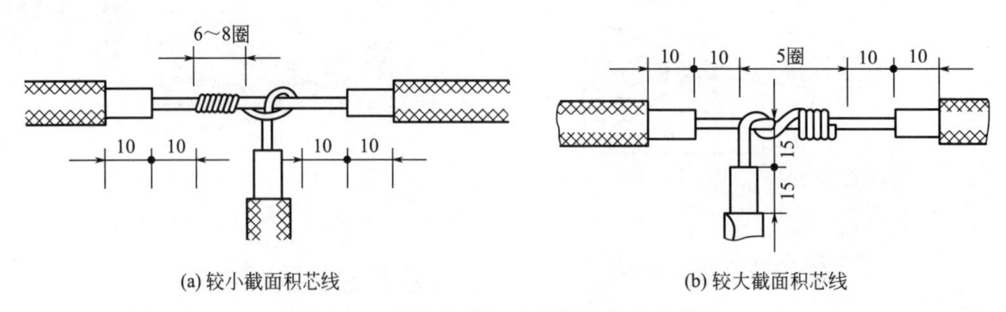

(a) 较小截面积芯线　　(b) 较大截面积芯线

图 2-13　导线的分支连接绞接接法示意图

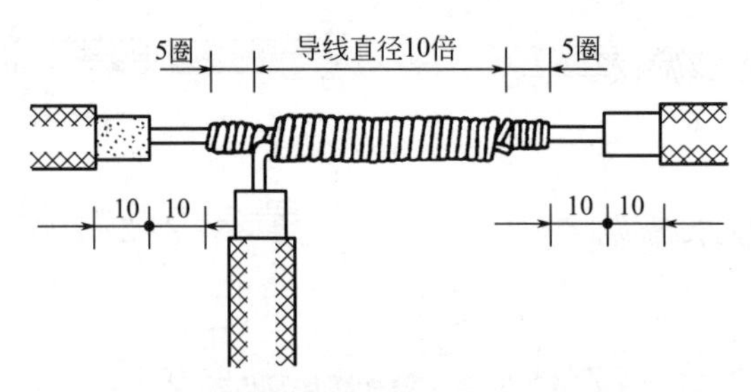

图 2-14　大截面积单芯导线缠绕绑接法丁字形分支连接示意图

② 单芯导线十字形分支连接　单芯导线的十字形分支连接一般有两种接法。一种接法是先将两根支线并排在干线上粗绞 2～3 圈，再用钳子紧密缠绕 5 圈，余线割弃，如图 2-15(a) 所示。另一种接法是将两根支线分别在干线的两边紧密缠绕 5 圈，如图 2-15(b) 所示。

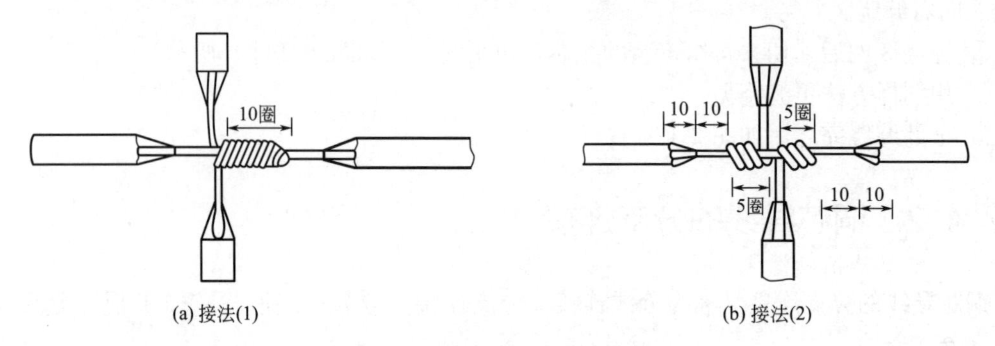

(a) 接法(1)　　(b) 接法(2)

图 2-15　单芯线十字分支连接

(2) 多股导线与单股导线的分支连接

多股导线与单股导线的丁字形分支连接如图 2-16 所示。先在多股导线的一端，用螺钉旋具将多股导线分成两组，如图 2-16(a) 所示；然后将单股导线插入多股导线的线芯，但不要插到底，应与绝缘切口留有 5mm 的距离，以便于包扎绝缘，如图 2-16(b) 所示；最后将单股导线按顺时针方向紧密缠绕 10 圈，然后切断余线，如图 2-16(c) 所示。

(3) 多股铜芯导线的丁字形分支连接

多股铜芯线的丁字形分支连接方法有两种：复卷分支连接、单卷分支连接。

① 复卷分支连接

a. 把除去绝缘层及氧化层的分支线芯散开钳直，在距绝缘层 1/8 线头处将线芯绞紧，如图 2-17(a) 所示。

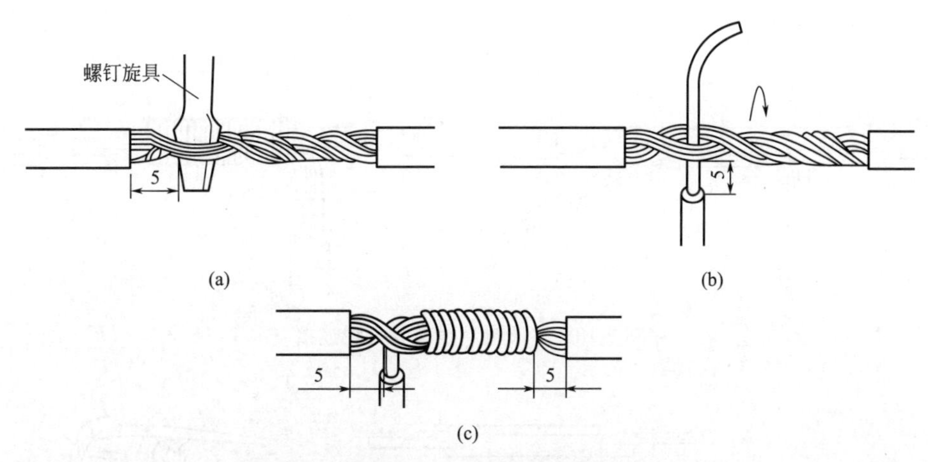

图 2-16 多股导线与单股导线的连接示意图

b. 把余下部分的线芯分成两组，一组 4 股，另一组 3 股，并排列整齐。

c. 用螺钉旋具把已除去绝缘层的干线线芯撬开，把支线线芯中的一组插入干线线芯中间，把支线线芯中的另一组放在干线线芯的旁边，如图 2-17(b) 所示。

d. 把支线线芯中的一组导线往干线的一边按顺时针方向紧紧缠绕 3～4 圈，如图 2-17(c) 所示，然后剪去多余线头，钳平线端。

e. 再把支线线芯中的另一组导线按顺时针方向往干线的另一边缠绕 4～5 圈，如图 2-17(d) 所示，然后剪去多余线头，钳平线端。

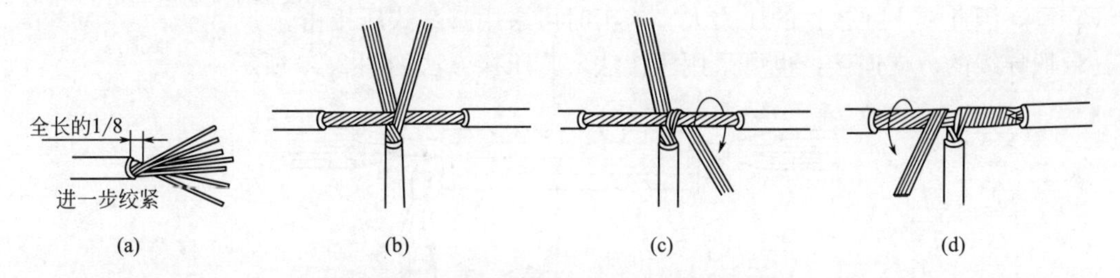

图 2-17 多股铜芯导线的复卷分支连接

② 单卷分支连接 连接时，先剥开导线绝缘层，将支线的端头松开折成 90°并靠紧干线，在绑线端部相应长度处弯成半圆形。再将绑线（裸铜线）的短端弯成与半圆形成 90°并与支线靠紧，用绑线的长端缠绕。当长度达到接合处导线直径的 5 倍时，再将两端部绞捻 2 圈，剪去余线。如图 2-18 所示。

2.4.3 铝芯导线的压接

套管压接法突出的优点是操作工艺简便，适合现场施工。压接前，先选好合适的压接管，清除线头表面和压接管内壁上的氧化层和污物，涂上凡士林，如图 2-19(a) 所示。将两根线头相对插入并穿出压接管，使两线端各自伸出压接管 25～30mm，如图 2-19(b) 所示。用压接钳压接，如图 2-19(c) 所示。如果压接钢芯铝绞线，则应在两根芯线之间垫上一层铝质垫片，如图 2-19(d) 所示。压接钳在压接管上的压坑数目，室内线头通常为 4 个，室外线头通常为 6 个。

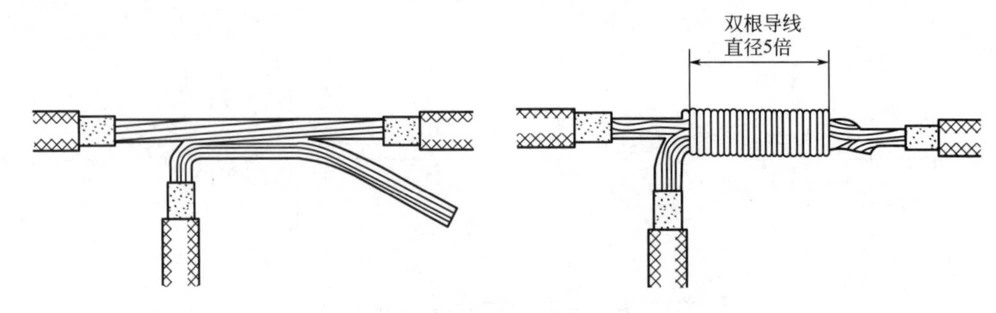

图 2-18 多股铜芯线单卷分线连接

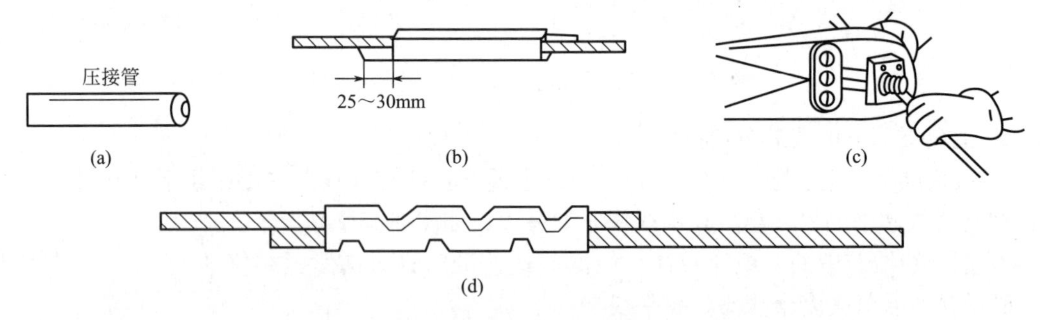

图 2-19 铝芯导线用压接管压接

铜导线的压接与铝导线基本相同。铜导线的压接钳基本上与铝线压接钳相同，但由于铜导线较硬，因此要求压接钳的压力大。施工时可采用脚踏式压接钳。

单股导线的分支连接，也可采用压接法，其压接方法如图 2-20 所示。

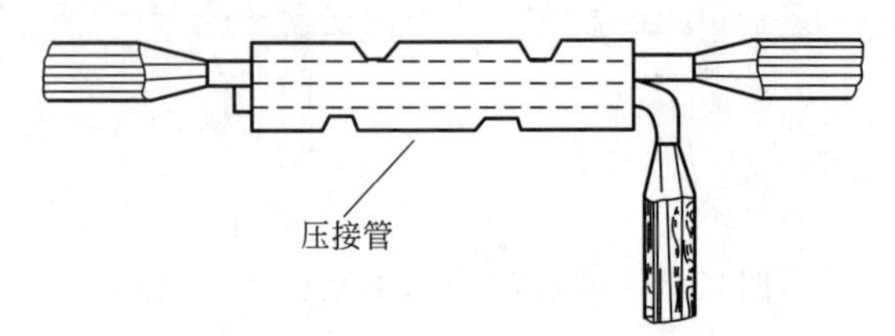

图 2-20 采用压接管的分支连接

2.4.4 单芯绝缘导线在接线盒内的连接

(1) 单芯铜导线

连接时，先将连接线端相并合，在距绝缘层 15mm 处用其中的一根芯线在其连接线端缠绕 2 圈，然后留下适当长度余线剪断折回并压紧，以防线端部扎破所包扎的绝缘层，如图 2-21(a) 所示。

三根及以上单芯铜导线连接时，可采用单芯线并接方法进行连接。先将连接线端相并合，在距绝缘层 15mm 处用其中的一根线芯，在其连接线端缠绕 5 圈剪断，然后把余下的线头折回压在缠绕线上，最后包扎好绝缘层，如图 2-21(b) 所示。

注意，在进行导线下料时，应计算好每根导线的长度，其中用来缠绕的线应长于其他

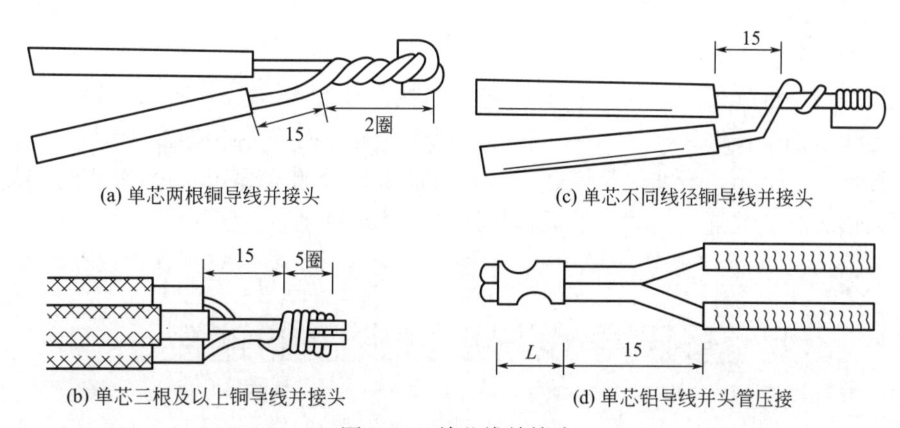

(a) 单芯两根铜导线并接头　(c) 单芯不同线径铜导线并接头

(b) 单芯三根及以上铜导线并接头　(d) 单芯铝导线并头管压接

图 2-21　单芯线并接头

线，一般不能用盒内的相线去缠绕并接的导线，这样将会导致盒内导线留头短。

(2) 异径单芯铜导线

不同直径的导线连接时先将细线在粗线上距绝缘层 15mm 处交叉，并将线端部向粗线端缠绕 5 圈，再将粗线端头折回，压在细线上，如图 2-21(c) 所示。注意，如果细导线为软线，则应先进行挂锡处理。

(3) 单芯铝导线

在室内配线工程中，对于 $10mm^2$ 及以下的单芯铝导线的连接，主要采用铝套管进行局部压接。压接前，先根据导线截面和连接线根数选用合适的压接管；再将要连接的两根导线的线芯表面及铝套管内壁氧化膜清除；然后最好涂上一层中性凡士林油膏，使其与空气隔绝不再被氧化。压接时，先把线芯插入适合线径的铝管内，用端头压接钳将铝管线芯压实两处，如图 2-21(d) 所示。

单芯铝导线端头除用压接管并头连接外，还可采用电阻焊的方法将导线并头连接。单芯铝导线端头熔焊时，其连接长度应根据导线截面大小确定。

2.4.5 多芯绝缘导线在接线盒内的连接

(1) 铜绞线

铜绞线一般采用并接的方法进行连接。并接时，先将绞线破开顺直并合拢，用多芯导线分支连接缠绕法弯制绑线，在合拢线上缠绕。其缠绕长度（A 尺寸）应为两根导线直径的 5 倍，如图 2-22(a) 所示。

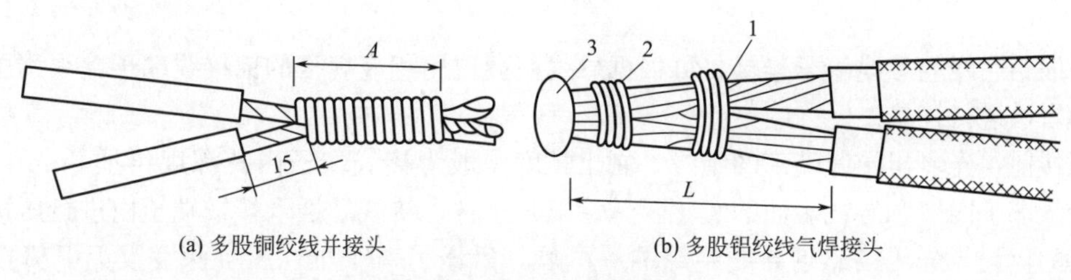

(a) 多股铜绞线并接头　(b) 多股铝绞线气焊接头

图 2-22　多股绞线的并接头

1—石棉绳；2—绑线；3—气焊

A—缠绕长度；L—长度（由导线截面确定）

(2) 铝绞线

多股铝绞线一般采用气焊焊接的方法进行连接，如图 2-22(b) 所示。焊接前，一般在靠近导线绝缘层的部位缠以浸过水的石棉绳，以避免焊接时烧坏绝缘层。焊接时，火焰的焰心应离焊接点 2～3mm，当加热至熔点时，即可加入铝焊粉（焊药）。借助焊粉的填充和搅动，端面的铝芯融合并连接起来。然后焊枪逐渐向外端移动，直至焊完。

2.5 多股导线与接线端子的连接

2.5.1 多股铜芯导线与接线端子的连接

多股铜芯绝缘导线与接线端子连接时，应根据导线截面积选用相应规格的铜接线端子，其连接方法有两种：一种是钎焊法，先将多股铜芯导线拧紧搪锡再与接线端子钎焊，如图 2-23(a) 所示；另一种是压接法，即将多股铜芯导线与接线端子压接在一起，如图 2-23(b) 所示。

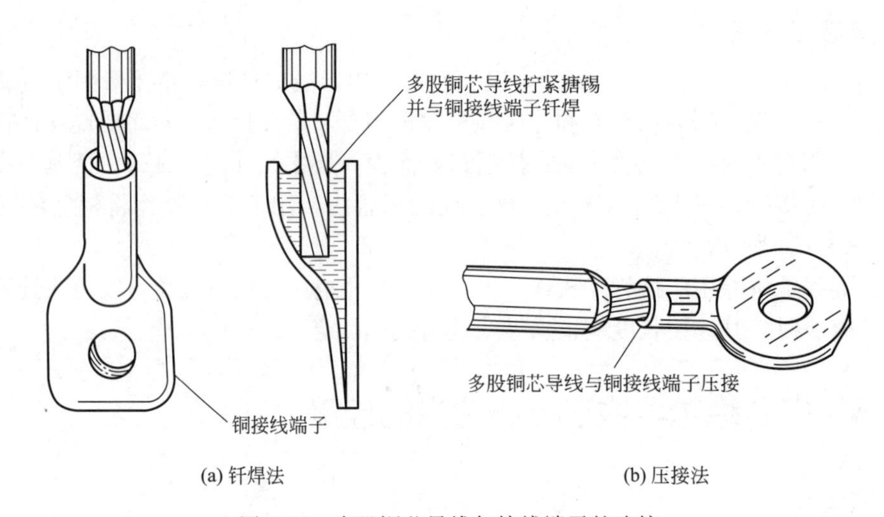

(a) 钎焊法　　(b) 压接法

图 2-23　多股铜芯导线与接线端子的连接

2.5.2 多股铝芯导线与接线端子的连接

多股铝芯线与接线端子连接，可根据导线截面选用相应规格的铝接线端子，采用压接或气焊的方法进行连接。

压接前，先剥出导线端部的绝缘，剥出长度一般为接线端子内孔深度再加 5mm；然后除去接线端子内壁和导线表面的氧化膜，涂以凡士林，将线芯插入接线端子内进行压接。划好相应的标记，先压接靠近导线绝缘的一个坑，后压另一个坑，压坑深度以上下模接触为宜，压坑在端子的相对位置如图 2-24 及表 2-5 所示。压好后，用锉刀挫去压坑边缘因被压而翘起的棱角，并用砂布打光，再用蘸有汽油的抹布擦净即可。

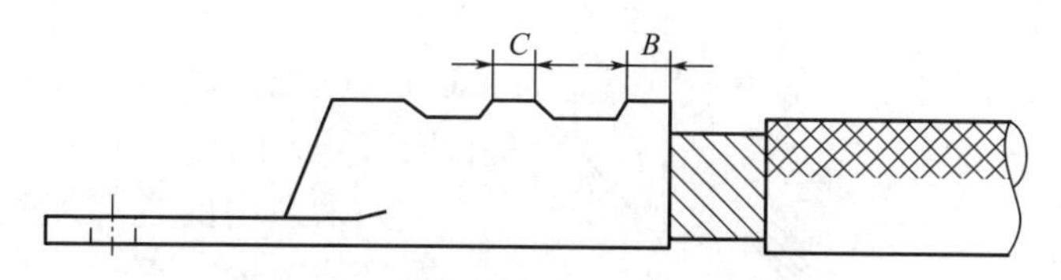

图 2-24 铝接线端子压接工艺尺寸图

表 2-5 铝接线端子压接尺寸

导线截面/mm^2	16	25	35	50	70	95	120	150	185	240
C/mm	3	3	5	5	5	5	5	5	5	6
B/mm	3	3	3	3	3	3	4	4	5	5

2.6 导线与接线桩的连接

在各种用电器和电气设备上，均设有接线桩（又称接线柱）供连接导线使用。常用的接线桩有平压式、针孔式和瓦形接线桩等。

2.6.1 导线与平压式接线桩的连接

导线与平压式接线桩的连接，可根据线芯的规格，采用相应的连接方法。对于截面积在 $10mm^2$ 及以下的单股铜导线，可直接与器具的接线端子连接。先把线头弯成羊角圈，羊角圈弯曲的方向应与螺钉拧紧的方向一致（一般为顺时针），且圈的大小及根部的长度要适当。接线时，先在羊角圈上面依次垫上一个弹簧垫和一个平垫，再将螺钉旋紧即可，如图 2-25 所示。

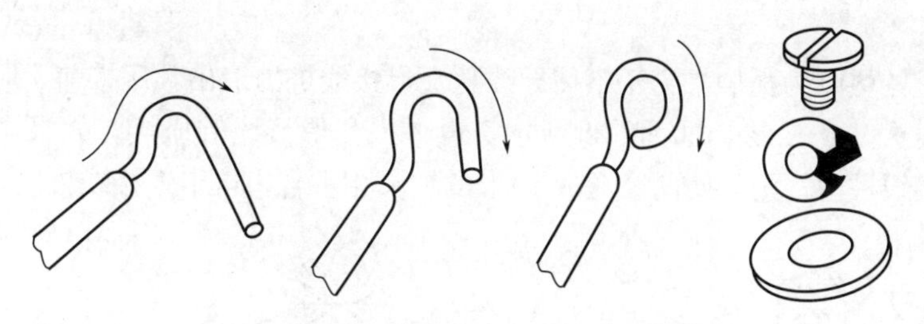

图 2-25 单股导线与平压式接线桩连接

$2.5mm^2$ 及以下的多股铜软线与器具的接线桩连接时，先将软线芯做成羊角圈，挂锡后再与接线桩固定。注意，导线与平压式接线桩连接时，导线线芯根部无绝缘层的长度不要太长，根据导线粗细以 1～3mm 为宜。

2.6.2 导线与针孔式接线桩的连接

导线与针孔式接线桩连接时，如果单股芯线与接线桩插线孔大小适宜，则只需把线芯插

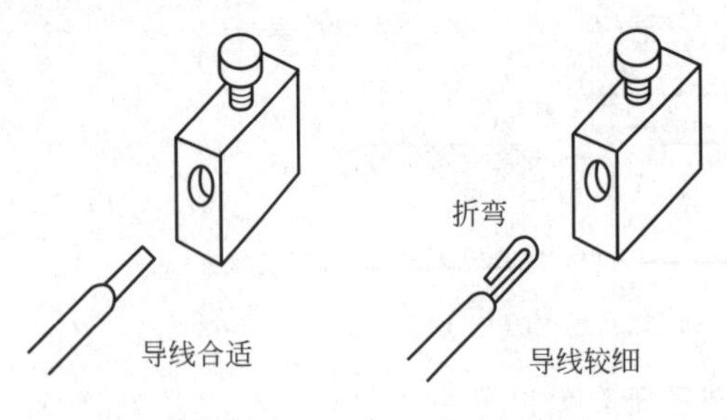

图 2-26 单股导线与针孔式接线桩连接

入针孔，旋紧螺钉即可。如果单股线芯较细，则应把线芯折成双根，再插入针孔进行固定，如图 2-26 所示。

如果采用的是多股细丝的软线，必须先将导线绞紧，再插入针孔进行固定，如图 2-27 所示。如果导线较细，可用一根导线在待接导线外部绑扎，也可在导线上面均匀地搪上一层锡后再连接；如果导线过粗，插不进针孔，可先将线头剪断几股，再将导线绞紧，然后插入针孔。

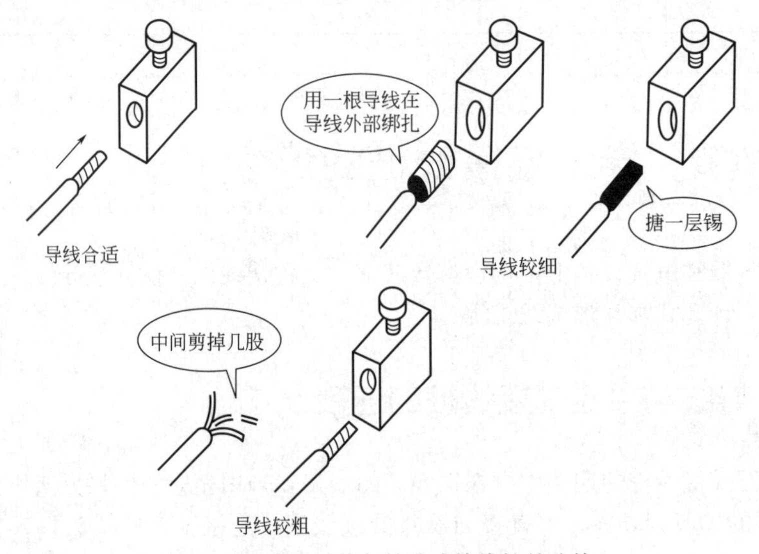

图 2-27 多股导线与针孔式接线桩的连接

2.6.3 导线与瓦形接线桩的连接

瓦形接线桩的垫圈为瓦形。为了不使导线从瓦形接线桩内滑出，压接前，应先将已除去氧化层和污物的线头弯成 U 形，如图2-28 所示，再卡入瓦形接线桩压接。如果需要把两个线头接入一个瓦形接线桩内，则应使两个弯成 U 形的线头相重合，再卡入接线桩内，进行压接。

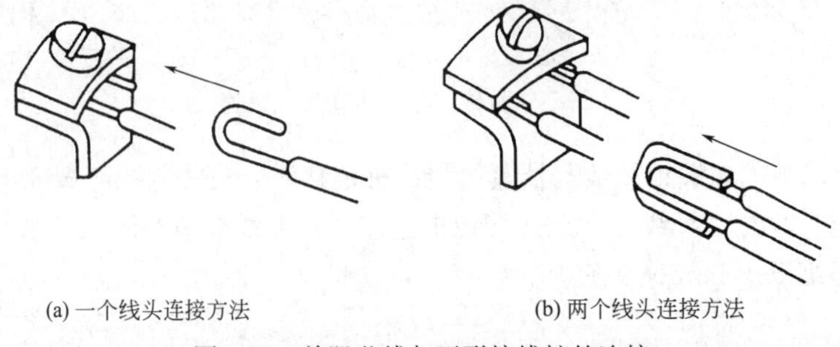

(a) 一个线头连接方法　(b) 两个线头连接方法

图 2-28 单股芯线与瓦形接线桩的连接

注意，导线与针孔式接线桩连接时，应使螺钉顶压牢固且不伤线芯。如果用两根螺钉顶压，则线芯必须插到底，保证两个螺钉都能压住线芯。且要先拧紧前端螺钉，再拧紧另一个螺钉。

2.7　导线连接后的绝缘处理

2.7.1　导线直线连接后的包缠

绝缘带的包缠一般采用斜叠法，使每圈压叠带宽的半幅。包缠时，先将黄蜡带从导线左边完整的绝缘层上开始包缠，包缠两根带宽后方可进入无绝缘层的芯线部分，如图 2-29(a) 所示。另外，黄蜡带与导线应保持约 45°的倾斜角，每圈压叠带宽的 1/2，如图 2-29(b) 所示。

包缠一层黄蜡带后，将黑胶布接在黄蜡带的尾端，按另一斜叠方向包缠一层黑胶布，也要每圈压叠带宽的 1/2，如图 2-29(c)、(d) 所示。绝缘带的终端一般还要再反向包缠 2～3 圈，以防松散。

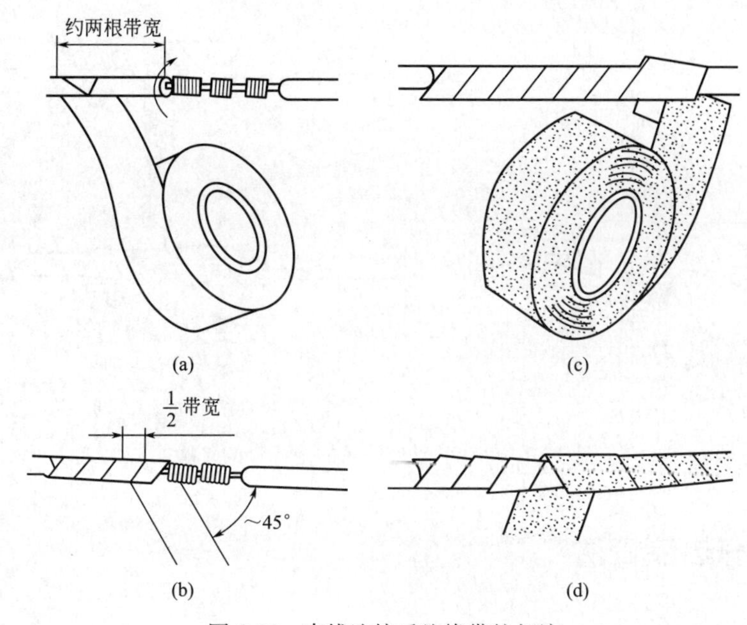

图 2-29　直线连接后绝缘带的包缠

注意事项：

① 用于 380V 线路上的导线恢复绝缘时，应先包缠 1～2 层黄蜡带，然后包缠一层黑胶布。

② 用于 220V 线路上的导线恢复绝缘时，应先包缠一层黄蜡带，然后包缠一层黑胶布；也可只包缠两层黑胶布。

③ 包缠时，要用力拉紧，使之包缠紧密坚实，不能过疏。更不允许露出芯线，以免造成触电或短路事故。

④ 绝缘带不用时，不可放在温度较高的场所，以免失效。

2.7.2　导线分支连接后的包缠

导线分支连接后的包缠方法如图 2-30 所示，在主线距离切口两根带宽处开始起头。先用自黏性橡胶带缠包，便于密封防止进水，如图 2-30(a) 所示。包扎到分支线处时，用一只手指顶住左边接头的直角处，使胶带贴紧弯角处的导线，并使胶带尽量向右倾斜缠绕，如图 2-30(b) 所示。当缠绕右侧时，用手顶住右边接头直角处，胶带向左缠，与下边的胶带成 X 状，然后向右开始在支线上缠绕。方法类同直线连接后绝缘带的包缠，并应重叠 1/2 带宽，如图 2-30(c) 所示。在支线上包缠好绝缘，回到主干线接头处。贴紧接头直角处再向导线右侧包扎绝缘，如图 2-30(d) 所示。包缠至主线的另一端后，再按上述方法包缠黑胶布即可。

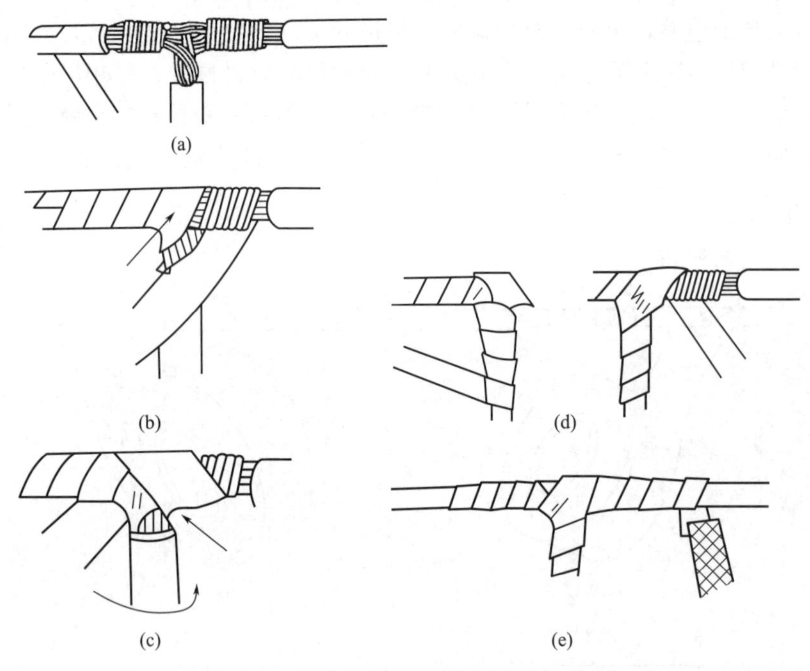

图 2-30 导线分支连接后的绝缘带的包缠

2.7.3 穿热缩管法

(1) 热缩管的用途与特点

热缩管通常由聚烯烃材料制成，加热后收缩，能起到绝缘防护的作用。热缩套管具有优良的阻燃、绝缘性能，非常柔软有弹性，收缩温度低，收缩快，可广泛应用于电线的连接、电线端部处理、焊点保护、线束标识、电阻电容的绝缘保护等。

热缩管具有密封、绝缘、外观干净、整洁、使用安全、方便、快捷等优点，可适用于各种电器产品、灯饰、家庭配线工程等。

(2) 热缩管的选择

因为热缩管有不同的热缩倍率，热缩管的规格一般是指套管收缩后允许的最大内径与收缩倍率相乘的积。如收缩后允许的最大内径为 2mm（即收缩后内径≤2mm），收缩倍率为 2，则此套管的规格为：$\phi4$；若收缩倍率为 3，则此套管的规格为：$\phi6$。所以，在选型的时候，我们一定要遵守热缩管收缩前的内径>被套物体，以及热缩管收缩后的内径<被套物体的原则。

(3) 热缩管的使用方法

① 准备好热缩管、导线、剪刀和打火机(或家用热吹风机等)。

② 用剪刀剪取所需要用到的热缩管(可以先量好需要用的热缩管的长度,避免浪费)。

③ 将热缩管套入其中的一根导线。

④ 将两根导线缠绕在一起(这里注意:一定要缠紧、缠结实)。

⑤ 将热缩管放在两根电源线缠绕的地方。

⑥ 让打火机的火焰(或热吹风机)靠近热缩管,使它缩小(紧紧地包裹住电源线即可,记住一定不要烧过!)

若是导线的并接头,则应先将两根导线并接在一起,再用热缩管套住导线的并接头,然后用打火机进行加热;当热缩管的头部加热后可用尖嘴钳钳压封口。

(4) 热缩管使用注意事项

打火机是比较常用的加热工具,但是火焰外温高达上千度,远大于热缩管的收缩温度。所以在使用打火机烘烤的时候一定要注意来回移动,让热缩管整体受热均匀,防止烧坏热缩管或使热缩管外形变得难看。

2.7.4 带压线帽法

(1) 压线帽的用途与特点

压线帽是专用于线缆紧固铰接的连接器件。常规的压线帽均采用 PA66(聚酰胺)注塑生产制成,内部附装铜管(或铝管),以达到夹紧线缆的目的。常见的有如下类型产品:安全型压线帽、螺旋式压线帽、双翼螺旋式压线帽、定位型压线帽等。

压线帽适用于各种电器产品、灯饰、家庭配线工程等接线,使用安全、方便、快捷,而且成本低,适宜大批量广泛使用。

采用压线帽能夹住导线,使导线接触良好,即使强烈振动也不脱落。

(2) 压线帽的使用方法

① 按规格选用适当的压线帽。

② 将导线绝缘层剥去 10~12mm(根据压接帽的型号决定)。

③ 清除氧化物。

④ 将线芯绞合在一起,插入压线帽的压接管内。若填不实,可将线芯折回头(剥长加倍),填满为止。

⑤ 线芯插到底后,导线绝缘应和压接管平齐,并在帽壳内。

⑥ 用专用压接钳压紧对应部位即可。

(3) 压线帽使用注意事项

① 线要放到位 导线在压线帽内一定要放到位,尽量避免导线在压线帽内上下、左右晃动,以防止压制完成后线材接触不良。

② 压线口要合适 压制压线帽时,一定要选择合适的压线口,过大了压不紧;过紧了不但会压坏线材和压线帽,还会损坏压线钳。

第3章

室内配电线路

3.1 室内配线的基本知识

3.1.1 室内配电线路的种类及适用的场合

(1) 室内配电线路的种类

室内配电线路是指敷设在建筑物内，接到用电器具的供电线路和控制线路。室内配线分为明配线和暗配线两种。导线沿墙壁、天花板、房梁以及柱子等明敷设的配线，称为明配线；导线穿入管中并埋设在墙壁内、地坪内或装设在顶棚内的配线，称为暗配线。

按配线方式的不同室内配线可分为瓷夹板配线、塑料夹板配线、绝缘子配线、槽板配线、钢管配线、塑料管配线、钢索配线等。

(2) 常用室内配电线路适用的场合

① 瓷夹板配线。适用于负荷较小的干燥场所，如办公室、住宅内照明的明配线。

② 鼓形绝缘子配线。适用于负荷较大的干燥或潮湿场所。

③ 针式绝缘子配线。适用于负荷较大、线路较长而且受拉力较大的干燥或潮湿场所。

④ 槽板配线。适用于负荷较小、要求美观的干燥场所。

⑤ 金属管配线。适用于导线易受损伤、易发生火灾的场所。有明管配线和暗管配线两种。

⑥ 塑料管配线。适用于潮湿或有腐蚀性的场所。有明管配线和暗管配线两种。

⑦ 钢索配线。适用于屋架较高、跨度较大的大型厂房，多数应用在照明线上，用于固定导线和灯具。

3.1.2 室内配电线路应满足的技术要求

室内配线不仅要求安全可靠，而且要使线路布置合理、整齐美观、安装牢固。其一般技术要求如下：

① 导线的额定电压应不小于线路的工作电压；导线的绝缘应符合线路的安装方式和敷设的环境条件。导线的截面积应能满足电气性能和力学性能要求。

② 配线时应尽量避免导线接头。导线必须接头时，接头应采用压接或焊接。导线连接和分支处不应受机械力的作用。穿管敷设导线，在任何情况下都不能有接头，必要时尽量将接头放在接线盒的接线柱上。

③ 在建筑物内配线要保持水平或垂直。水平敷设的导线，距地面不应小于 2.5m；垂直敷设的导线，距地面不应小于 1.8m。否则，应装设预防机械损伤的装置加以保护，以防漏电伤人。

④ 导线穿过墙壁时，应加套管保护，管内两端出线口伸出墙面的距离应不小于 10mm。在天花板上走线时，可采用金属软管，但应固定稳妥。

⑤ 配线的位置应尽可能避开热源和便于检查、维修。

⑥ 弱电线不能与大功率电力线平行，更不能穿在同一管内。如因环境所限，必须平行走线时，则应远离 50cm 以上。

⑦ 报警控制箱的交流电源应单独走线，不能与信号线和低压直流电源线穿在同一管内。

⑧ 为了确保用电安全，室内电气管线和配电设备与其他管道、设备间的最小距离不得小于表 3-1 所规定的数值。否则，应采取其他保护措施。

表 3-1 室内电气管线和配电设备与其他管道、设备间的最小距离 m

类别	管线及设备名称	管内导线	明敷绝缘导线	裸母线	配电设备
平行	煤气管	0.1	1.0	1.0	1.5
	乙炔管	0.1	1.0	2.0	3.0
	氧气管	0.1	0.5	1.0	1.5
	蒸汽管	1.0/0.5	1.0/0.5	1.0	0.5
	暖水管	0.3/0.2	0.3/0.2	1.0	0.1
	通风管	—	0.1	1.0	0.1
	上、下水管	—	0.1	1.0	0.1
	压缩气管	—	0.1	1.0	0.1
	工艺设备	—	—	1.5	
交叉	煤气管	0.1	0.3	0.5	—
	乙炔管	0.1	0.5	0.5	—
	氧气管	0.1	0.3	0.5	—
	蒸汽管	0.3	0.3	0.5	—
	暖水管	0.1	0.1	0.5	—
	通风管	—	0.1	0.5	—
	上、下水管	—	0.1	0.5	—
	压缩气管	—	0.1	0.5	—
	工艺设备	—	—	1.5	—

注：表中有两个数据者，第一个数值为电气管线敷设在其他管道之上的距离；第二个数值为电气管线敷设在其他管道下面的距离。

3.1.3 室内配线的施工步骤

室内配线无论采用什么配线方式，其施工步骤基本相同。通常包括以下工序：

(1) 定位

首先根据施工图确定配电箱、灯具、插座、开关、接线盒等设备预埋件的位置。然后确定导线敷设位置；确定导线敷设位置后，确定导线起始端、穿墙位置、转角、终端等处的位置。最后确定导线敷设路径中瓷夹板、鼓形绝缘子等固定件的安装位置并做出标记。

确定走线时应注意以下几点：

① 走线要求横平竖直，路径短且美观实用，走线尽量减少交叉和弯折次数。

② 强电、弱电不要同管槽走线，以免形成干扰；强电和弱电的管槽之间的距离应在20cm以上。

③ 梁、柱和承重墙上尽量不要设计横向走线；若必须横向走线，长度不要超过20cm，以免影响房屋的承重结构。

(2) 划线

划线工作应考虑所配线路的整洁美观，尽可能沿房屋线脚、墙角等处敷设，并与用电设备的进线口对正。划线时，用铅笔（或粉笔、弹线工具等）划出配线的安装线路，并在每个灯具、开关、插座的固定点中心画一个“×”号，以便在这些位置开槽凿孔，埋设电线管。如果室内墙壁已粉刷，则划线时不要弄脏粉刷层表面。

(3) 凿孔与预埋紧固件

按照划线的定位点凿眼。在砖墙上凿眼，可使用小扁凿或电钻；在混凝土结构上凿眼，可使用冲击钻或电锤；在墙壁和地面开槽时，可使用云石切割机。在墙上凿穿墙孔时，可使用长凿；当墙孔即将打通时，应减小手锤的锤击力，以免在墙壁的另一面打掉大块砖墙壁，也可避免长凿冲出墙外伤人。

(4) 埋设保护管

该项工作最好在土建砌墙时或其他混凝土结构施工中预埋。瓷管预埋可先用竹管或塑料管代替；当拆除模板后，将竹管取出换上瓷管。塑料管可代替瓷管使用，直接埋入混凝土构造中即可。

(5) 敷设导线

装设绝缘支持物、线夹或管子；将导线连接、分支和封端，并将导线出线端与设备连接。

(6) 安装用电器和电气装置

安装好所有开关、插座、灯具、家用电器及其他用电装置。

(7) 通电试验，全面验收

检查线路外观质量，进行绝缘测试、通电试验及全面验收。

3.2 塑料护套线配线

3.2.1 施工前的准备

(1) 划线定位

塑料护套线的敷设应横平竖直。首先，根据设计要求，按线路走向，用粉线沿建筑物表面，由始至终划出线路的中心线。其次，标明照明器具、穿墙套管及导线分支点的位置，以及接近电气器具的支持点和线路转角处导线支持点的位置。

塑料护套线支持点的位置，应根据电气器具的位置及导线截面的大小来确定。塑料护套线布线在终端、转弯中点，电气器具或接线盒的边缘固定点的距离为50～100mm；直线部位的导线中间固定点的距离为150～200mm，均匀分布。两根护套线敷设遇到十字交叉时，交叉口的四方均应设有固定点。

(2) 固定线卡

塑料护套线一般应采用专用的铝片线卡（又称钢精轧头）或塑料钢钉线卡（又称单钉夹）进行固定。按固定方式的不同，铝片线卡又分为钉装式和粘接式两种，如图3-1所示。用铝片线卡固定护套线，应在铝片线卡固定牢固后再敷设护套线；而用塑料钢钉线卡固定护套线，则应边敷设护套线边进行固定。铝片线卡和塑料钢钉线卡的规格应根据导线型号及数量来选择。

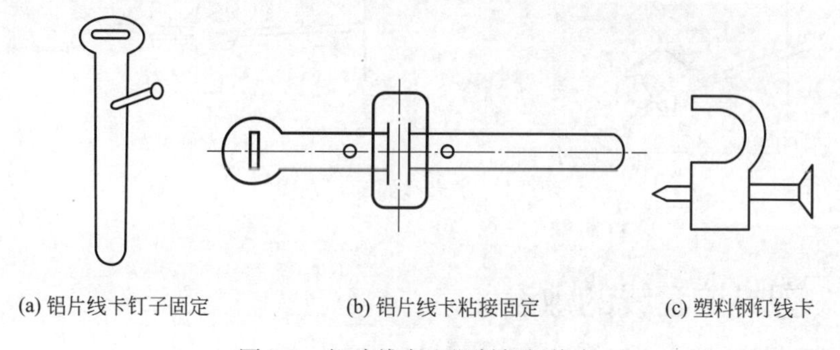

(a) 铝片线卡钉子固定　(b) 铝片线卡粘接固定　(c) 塑料钢钉线卡

图3-1　铝片线卡和塑料钢钉线卡

① 钉装固定铝片线卡　铝片线卡应根据建筑物的具体情况选择。塑料护套线在木结构、已预埋好木砖的建筑物表面敷设时，可用钉子直接将铝片线卡钉牢，作为护套线的支持物；在抹有灰层的墙面上敷设时，可用钉子直接固定铝片线卡；在混凝土结构或砖墙上敷设时，可用钢钉将铝片线卡直接钉入建筑物混凝土结构或砖墙上。

在固定铝片线卡时，应使钉帽与铝片线卡一样平，以免划伤线皮。固定铝片线卡时，也可采用冲击钻打孔。埋设木楔或塑料胀管到预定位置，作为护套线的固定点。

② 粘接固定铝片线卡　粘接法固定铝片线卡，一般适用于比较干燥的室内，应粘接在未抹灰或未刷油的建筑物表面上。护套线在混凝土梁或未抹灰的楼板上敷设时，应用钢丝刷先将建筑物粘接面的粉刷层刷净，再用环氧树脂将铝片线卡粘接在选定的位置。

由于粘接法施工比较麻烦，因此应用不太普遍。

③ 塑料钢钉线卡的固定　塑料钢钉线卡是固定塑料护套线的较好支持件，且施工方法简单，特别适用于在混凝土或砖墙上固定护套线。在施工时，先将塑料护套线两端固定收紧，再在线路上确定的位置直接钉牢塑料线卡上的钢钉即可。

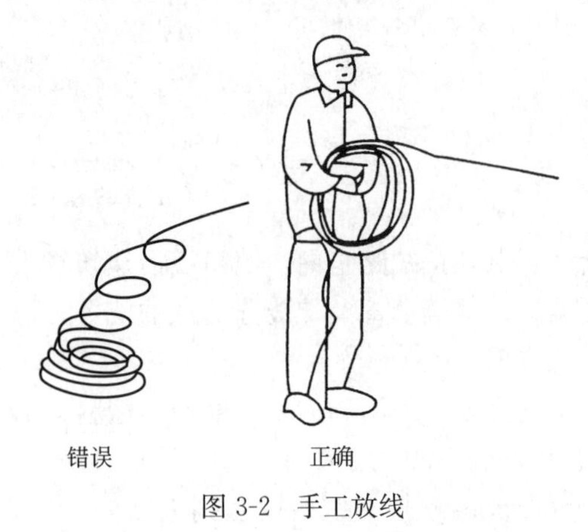

图 3-2　手工放线

(3) 放线

放线是保证护套线敷设质量的重要一步。不能将整盘护套线搞乱，不可使护套线产生扭曲。所以，放线时需要操作者合作，一人把整盘线按图 3-2 所示套入双手中，另一人握住线头向前拉。放出的线不能在地上拖拉，以免擦破或弄脏电线的护套层。放完线后，将护套线放在地上，量好长度，并留出一定余量后剪断。

如果不小心将导线弄乱或扭曲，需设法勒直，其方法如下：

① 把线平放在地上（地面要平），一人踩住导线一端，另一人握住导线的另一端拉紧，用力在地上甩直。

② 将导线两端拉紧，用破布包住导线，用手沿导线全长捋直。

③ 采用来回拉线法或拉动圆木法将导线勒直，如图 3-3 所示。

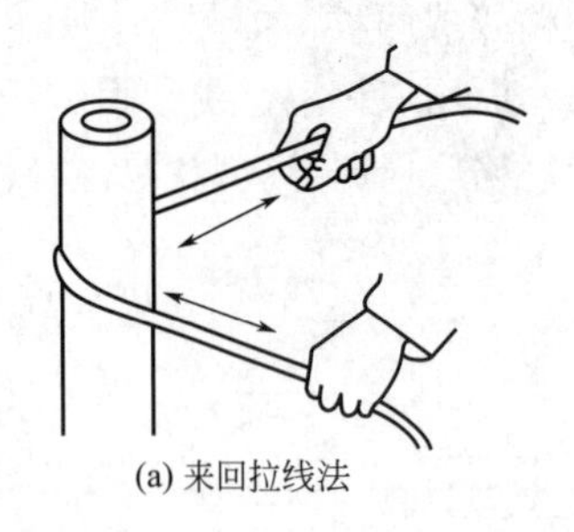

(a) 来回拉线法

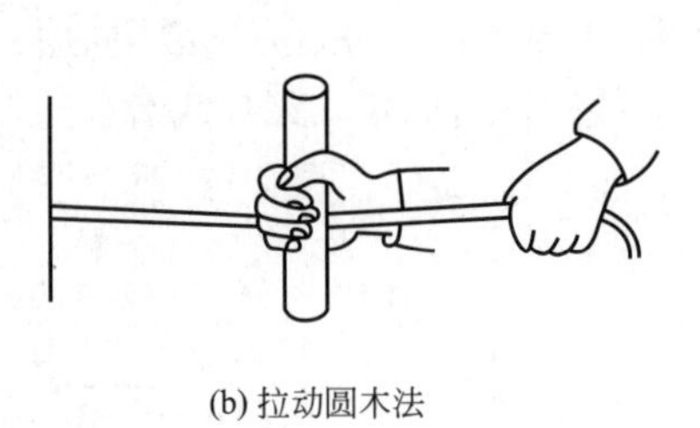

(b) 拉动圆木法

图 3-3　护套线的勒直方法

3.2.2 塑料护套线的敷设

① 塑料护套线的敷设必须横平竖直。敷设时，一只手拉紧导线，另一只手将导线固定在铝片线卡上，如图 3-4(a) 所示。

② 由于护套线不可能完全平直无曲，因此在敷设线路时可采取勒直、勒平和收紧的方法校直。为了固定牢靠、连接美观，护套线经过勒直和勒平处理后，在敷设时还应把护套线尽可能地收紧，把收紧后的导线夹入另一端的瓷夹板等临时位置上，再按顺序逐一用铝片线卡夹持。如图 3-4(b) 所示。

③ 用铝片线卡夹持护套线时，应注意护套线必须置于线卡钉位或粘接位的中心，在扳起铝片线卡首尾的同时，应用手指顶住支持点附近的护套线。铝片线卡的夹持方法如图 3-5 所示。另外，在夹持护套线时应注意检查，若有偏斜，应用小锤轻敲线卡进行校正。

④ 用塑料钢钉线卡固定护套线时，钉子应交替安排在导线的上、下方，如图 3-6(a) 所示；在护套线转弯处，应在转弯前后各安排一个钢钉线卡，如图 3-6(b) 所示；在护套线交叉

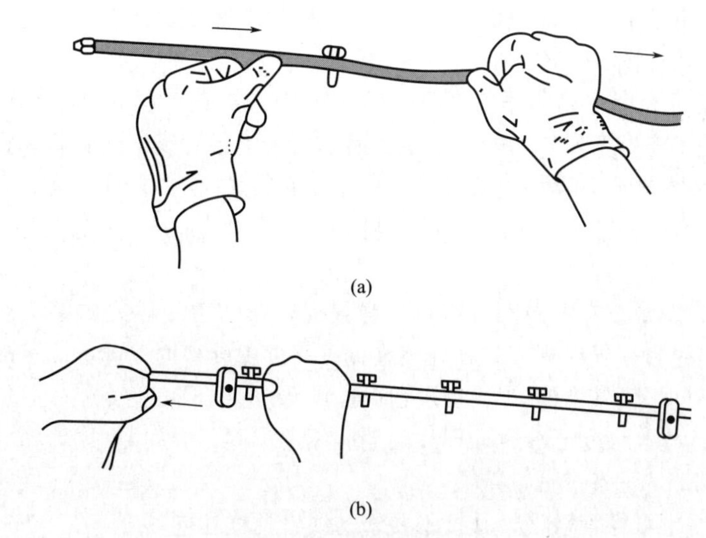

图 3-4　护套线的敷设方法

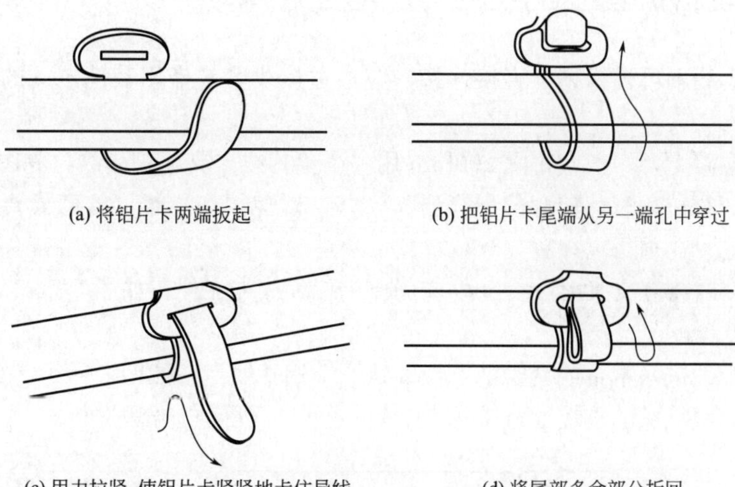

(a) 将铝片卡两端扳起　(b) 把铝片卡尾端从另一端孔中穿过

(c) 用力拉紧，使铝片卡紧紧地卡住导线　(d) 将尾部多余部分折回

图 3-5　钢精轧头收紧夹持护套线

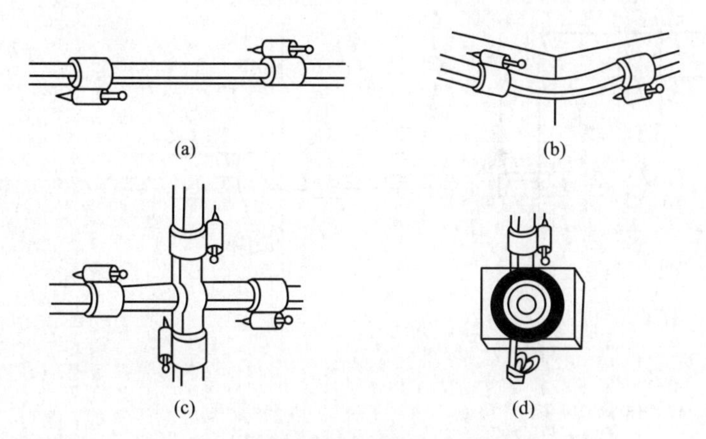

图 3-6　用塑料钢钉线卡固定护套线

处，应使用四个钢钉线卡，如图 3-6(c) 所示；在护套线进入接线盒（开关或插座）前，应使用一个钢钉线卡，如图 3-6(d) 所示。

⑤ 护套线在转角部位和进入电气器具、木（塑料）台或接线盒前以及穿墙处等部位时，如出现弯曲和扭曲，应顺弯按压，待导线平直后，再夹上铝片线卡或塑料钢钉线卡。

⑥ 多根护套线成排平行或垂直敷设时，应上下或左右紧密排列，间距一致，不得有明显空隙。所敷设的线路应横平竖直，不应松弛、扭绞和曲折，平直度和垂直度不应大于 5mm。

⑦ 塑料护套线需要改变方向而进行转弯敷设时，弯曲后的导线应保持平直。为了防止护套线开裂，敷设时宜使导线平直。护套线在同一平面上转弯时，弯曲半径应不小于护套线宽度的 3 倍；在不同平面转弯时，弯曲半径应不小于护套线厚度的 3 倍。

⑧ 护套线跨越建筑物变形缝时，导线两端应固定牢固；中间变形缝处要留有适当余量，以防止导线受损伤。

⑨ 塑料护套线也可穿管敷设，其技术要求与线管配线相同。

3.2.3 塑料护套线配线的方法与注意事项

① 塑料护套线不可在线路上直接连接，应通过接线盒或借用其他电器的接线柱等进行连接。

② 在直线电路上，一般应每隔 200mm 用一个铝片线卡夹住护套线，如图 3-7(a) 所示。

③ 塑料护套线转弯时，转弯的半径要大一些，以免损伤导线。转弯处要用两个铝片线卡夹住，如图 3-7(b) 所示。

④ 两根护套线相互交叉时，交叉处应用 4 个铝片线卡夹住，如图 3-7(c) 所示。护套线应尽量避免交叉。

⑤ 塑料护套线进入木台或套管前，应固定一个铝片线卡，如图 3-7(d)、(e) 所示。

⑥ 塑料护套线接头的连接通常采用图 3-7(f)～(h) 所示的方法进行。

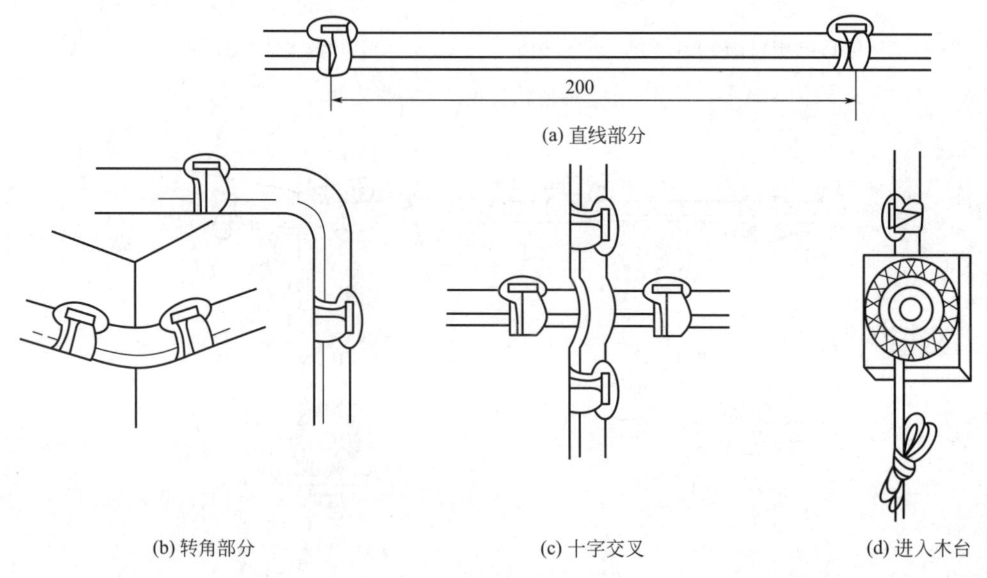

图 3-7

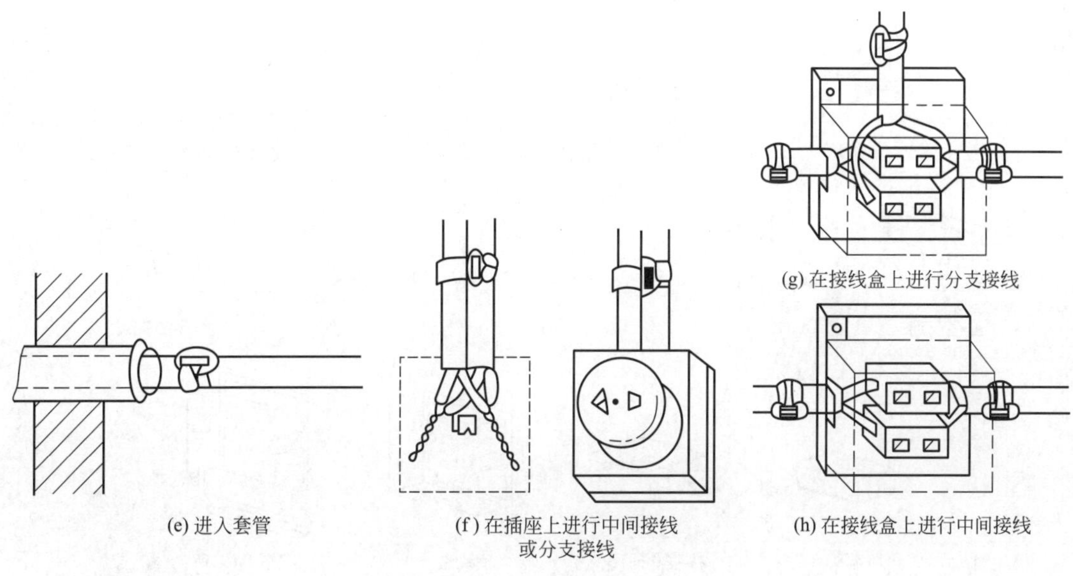
(e) 进入套管　(f) 在插座上进行中间接线或分支接线　(g) 在接线盒上进行分支接线　(h) 在接线盒上进行中间接线

图 3-7　塑料护套线路的安装方法

⑦ 塑料护套线进行穿管敷设时，板孔内穿线前，应将板孔内的积水和杂物清除干净。板孔内所穿入的塑料护套线，不得损伤绝缘层，并便于更换导线，导线接头应设在接线盒内。

⑧ 环境温度低于－15℃时，不得敷设塑料护套线，以防塑料发脆造成断裂，影响施工质量。

3.3　线槽配线

3.3.1　线槽的种类与特点

线槽配线（又称槽板配线）是把绝缘导线敷设在线槽内，上面用盖板把导线盖住的配线方式。线槽分为木制线槽、塑料线槽和金属线槽等。线槽配线比瓷夹板配线整齐、美观，也比钢管配线价格便宜。一般适用于用电负荷较小、导线较细的办公室、生活间等干燥的房屋内。

PVC 线槽是一种主要用在电气设备内部布线的材料，当然房屋装修也经常应用。其具有绝缘、防弧、阻燃自熄等特点。使用 PVC 线槽布线，不仅配线方便而且布线十分的整齐，安装可靠，便于维修保养。

图 3-8　常用 PVC 线槽的外形

塑料线槽配线应在建筑物墙面、顶棚抹灰或装饰工程结束后进行。敷设场所的温度不得低于－15℃。常用 PVC 线槽的外形如图 3-8 所示；常用 PVC 线槽附件如图 3-9 所示。

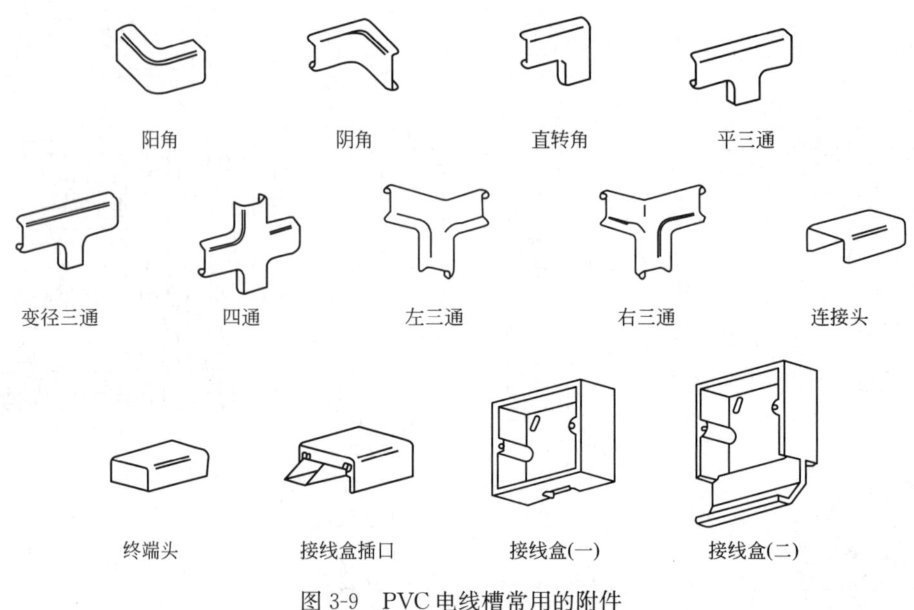

图 3-9 PVC 电线槽常用的附件

3.3.2 塑料线槽配线的方法步骤

(1) 线槽的选择

选择塑料线槽时，应根据设计要求和允许容纳导线的根数来选择线槽的型号和规格。选择的线槽应有产品合格证件，线槽内外应光滑无棱刺，且不应有弯曲、翘边等现象。

电气工程中，常用线槽的型号有 VXC2 型塑料线槽、VXC25 型线槽和 VXCF 型分线式线槽。其中，VXC2 型塑料线槽可应用于潮湿和酸碱腐蚀的场所。

(2) 线槽的固定

塑料线槽敷设时，宜沿建筑物顶棚与墙壁交角处的墙上及墙角和踢脚板上口线上敷设。线槽槽底的固定方法有以下几种。

① 用伞形螺栓固定　在石膏板墙或其他护板墙上，可用伞形螺栓固定线槽的槽底。根据定位标记，找出固定点位置，把线槽的底板横平竖直地紧贴建筑物表面，钻好孔后将伞形螺栓的两个伞叶掐紧合拢插入孔中，待合拢的伞叶自行张开后，再用螺母紧固即可。露出线槽内的部分应加套塑料管。固定槽底板时，应先固定两端再固定中间。伞形螺栓安装做法如图 3-10(a) 所示。

② 用塑料胀管固定　在混凝土墙、砖墙上，可采用塑料胀管固定塑料线槽的槽底。根据胀管直径和长度选择钻头，在标出的固定点位置上钻孔，钻的孔应与墙面垂直，不应歪斜、豁口。钻好孔后，将孔内残存的杂物清理干净，用木槌把塑料胀管垂直敲入孔中，并与建筑物表面平齐，再用石膏将缝隙填实抹平。用半圆头木螺钉加垫圈将线槽底板固定在塑料胀管上，使槽底紧贴在建筑物表面，其固定方法如图 3-10(b) 所示。

③ 用木砖固定　若采用木砖固定，应配合土建结构施工时预埋木砖，加气砖墙或砖墙也可剔洞后再埋木砖。梯形木砖较大的一面应朝洞里，木砖的外表面与建筑物的表面平齐，

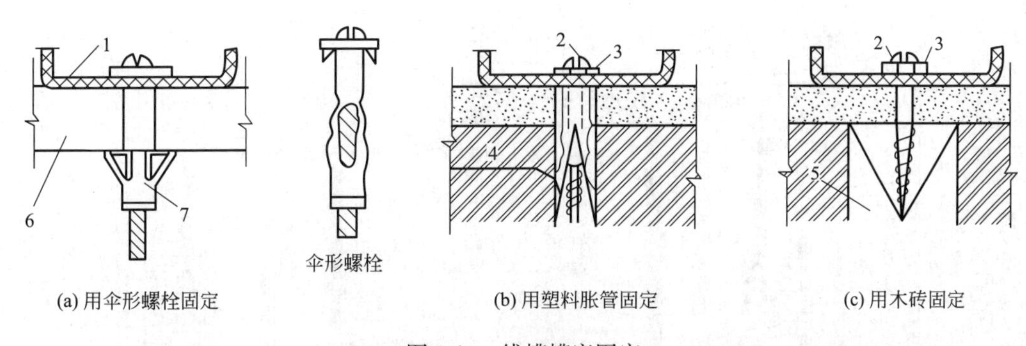

(a) 用伞形螺栓固定　(b) 用塑料胀管固定　(c) 用木砖固定

图 3-10　线槽槽底固定

1—槽底；2—木螺钉；3—垫圈；4—塑料胀管；5—木砖；6—石膏壁板；7—伞形螺栓

然后用水泥砂浆抹平。待凝固后，再把线槽底板用木螺钉固定在木砖上，如图 3-10(c) 所示。

塑料线槽槽底的固定点应根据线槽规格而定。固定线槽时，应先固定两端再固定中间，端部固定点距槽底终点不应小于 50mm。固定好后的槽底应紧贴建筑物表面，布局合理、横平竖直，线槽的水平度与垂直度允许偏差均不大于 5mm。

(3) 线槽的连接

分支接头、线槽附件如直转角、平三通、接头、插口、盒、箱，应采用相同材质的定型产品。槽底、槽盖与各种附件相对接时，接缝处应严实平整，固定牢固。

(4) 塑料线槽内导线的敷设

对于塑料线槽，导线应在线槽槽底固定后开始敷设。导线敷设完成后，再固定盖板。导线在线槽内敷设时，应注意以下几点。

① 强、弱电线路不应同时敷设在同一根线槽内。同一路径无抗干扰要求的线路，可以敷设在同一根线槽内。

② 放线时先将导线放开抻直，从始端到终端边放边整理，导线应顺直，不得有挤压、背扣、扭结和受损等现象。

③ 电线、电缆在塑料线槽内不得有接头，导线的分支接头应在接线盒内进行。从室外引进室内的导线在进入墙内的一段应使用橡胶绝缘导线，严禁使用塑料绝缘导线。

④ 导线敷设到灯具、开关及插座等处时，一般要留出 100mm 左右的出线头，以便连接。

(5) 安装槽盖

线槽槽盖一般为卡装式。安装时，槽盖的长度要比槽底的长度短一些，供作装饰配件就位用。塑料线槽槽盖如不使用装饰配件时，槽盖与槽底应错位搭接。

在建筑物的墙角处线槽进行转角及分支布置时，应使用左三通或右三通。分支线槽布置在墙角的左侧时应使用左三通；分支线槽布置在墙角的右侧时应使用右三通。塑料线槽布线在线槽的末端应使用附件堵头封堵。线槽附件在线槽布线时的安装位置如图 3-11 所示。

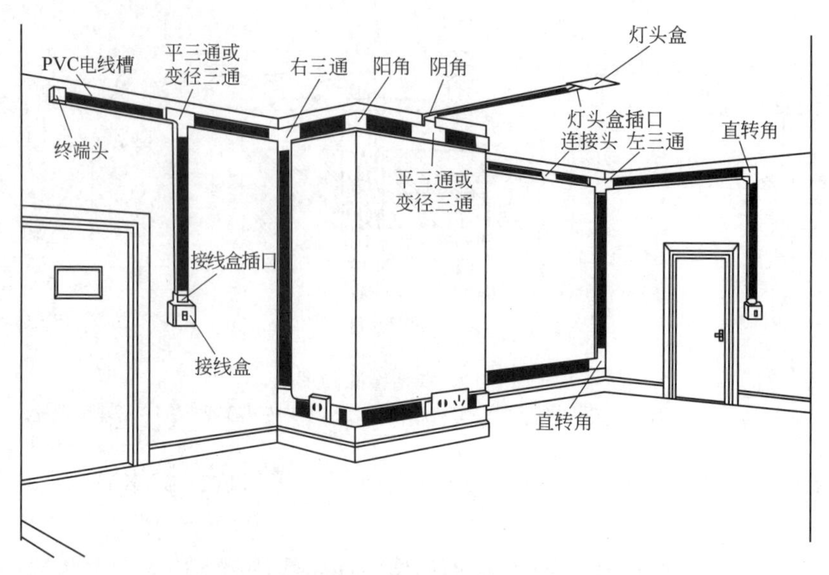

图 3-11 线槽附件在线槽布线时的安装位置

3.4 线管配线

3.4.1 线管配线的种类及应用场合

把绝缘导线穿在管内配线称为线管配线。线管配线适用于潮湿、易腐蚀、易遭受机械损伤和重要的照明场所，具有安全可靠、整洁美观、可防止机械损伤以及发生火灾的危险性较小等优点。但这种配线方式用的材料较多，安装和维修不便，工程造价较高。

线管配线一般分为明配和暗配两种。明配是把线管敷设在墙壁、桁梁等表面明露处，要求配线横平竖直、整齐美观；暗配是把线管敷设在墙壁、楼板内等处，要求管路短、弯头少，以便于穿线。

用于穿导线的常用线管主要有水煤气管、薄钢管、金属软管、塑料管和瓷管五种。

① 水煤气管适用于比较潮湿场所的明配及地下埋设。

② 薄壁管又称为电线管，这种管子的壁厚较薄，适用于比较干燥的场所敷设。

③ 塑料管分为硬质塑料管和半硬塑料管两种。

硬质塑料管又分为硬质聚氯乙烯管和硬质 PVC 管。主要适用于存在酸碱等腐蚀介质的场所，但不得在高温及易受机械损伤的场所敷设。

半硬塑料管又分为难燃平滑塑料管和难燃聚氯乙烯波纹管两种。它主要适用于一般居住和办公建筑的电气照明工程中。但由于其材质柔软，承受外力能力较低，因此一般只能用于暗配的场所。

④ 金属软管又称蛇皮管，主要用于活动的地点。

⑤ 瓷管可分为直瓷管、弯头瓷管和包头瓷管三种。在导线穿过墙壁、楼板及导线交叉敷设时，它能起到保护作用。

家装线管配线一般采用PVC塑料管（又称PVC阻燃电线管）。线管配线方法有明敷设和暗敷设两种。目前家居装修绝大多数采用电线管暗敷设布线方式，只有少数场合（如吊顶内的布线）采用电线管明敷设方式。

3.4.2 PVC电线管配线的技术要求

(1) 导线的最小截面积

管内导线一般不应超过10根。多根导线穿管时，导线截面积（包括绝缘层）总和不应超过管内截面积的40%。导线最小截面积：铜芯导线不得小于1.0mm^2；铝芯导线不得小于2.5mm^2。导线绝缘强度不应低于交流500V。

(2) 管内导线不允许有接头

穿进管内的导线，必须完好无损，管内不许有接头，所有导线的接头和分支均应在接线盒中进行，接头需用黄蜡布、胶布带包扎好。管内不允许穿入绝缘破损后经过绝缘胶布包缠的导线。

(3) 导线的电压等级

不同变压器的电源线、电流不平衡的几根导线、不同电压等级的线路，不得装入同一根管内。互为备用的线路（如工作照明线路与应急照明线路）的导线也不得装入同一管内，否则将失去备用的意义。

(4) 减少转角或弯曲

管内配线应尽可能减少转角或弯曲，转角越多，穿线越困难。为便于穿线，规定线管超过下列长度，必须加装接线盒。

① 无弯曲转角时，不超过45m。

② 有一个弯曲转角时，不超过30m。

③ 有两个弯曲转角时，不超过20m。

④ 有三个弯曲转角时，不超过12m。

(5) 在混凝土内暗管敷设

在混凝土内暗敷设的线管，必须使用壁厚为3mm以上的线管；当线管的外径超过混凝土厚度的1/3时，不得将线管埋在混凝土内，以免影响混凝土的强度。

(6) 明管敷设管卡的间距

采用硬塑料管敷设时，应注意以下几点：

① 管径在20mm及以下时，管卡间距为1m。

② 管径在25～40mm及以下时，管卡间距为1.2～1.5m。

③ 管径在50mm及以上时，管卡间距为2m。

硬塑料管也可在角铁支架上架空敷设，支架间距不能大于上述距离要求。

(7) 穿过楼板时要用钢管保护

硬塑料管穿过楼板时，在距楼面0.5m的一段塑料管需要用钢管保护。

(8) 特殊室内的线管连接处应密封

敷设在含有对绝缘导线有害的蒸气、气体或多尘房屋内的线管以及敷设在可能进入油、水等液体的场所的线管，其连接处应密封。为了达到密封的目的，在与出线盒、电器装置连接的管子口，都要用绝缘填料（温度不超过 65～70℃）灌封，长度为 20～30mm。

(9) 不得用力强行穿线

在施工时应该先安装管路，然后穿导线，这样就可以避免将来进行换线时，出现导线无法抽动的现象。管内穿线困难时应查找原因，不得用力强行穿线，以免损伤导线的绝缘层或线芯。

3.4.3 PVC 电线管及配件的选用

(1) PVC 电线管布线的优点

PVC 电线管具有抗压力强、防潮、耐酸碱、防鼠咬、阻燃、绝缘等优点，可浇注于混凝土内，也可预埋在墙壁的线管槽中，还可明装于室内及吊顶等场所。可以对电线、电话线、有线电视线路等起到良好的保护作用。因此，目前家居装修电气工程的线路敷设基本都采用 PVC 电线管配线。

(2) PVC 电线管的类型

根据形状的不同，PVC 电线管可分为圆管（用于墙壁及地面布线，也可用于吊顶内布线）和波纹管（一般用于吊顶内布线）。常用的圆管的外形如图 3-12(a) 所示；波纹管的外形如图 3-12(b) 所示。根据管壁的薄厚不同，可分为轻型管（主要用于吊顶内布线）、中型管（用于明装或暗装）、重型管（埋藏于混凝土中）。

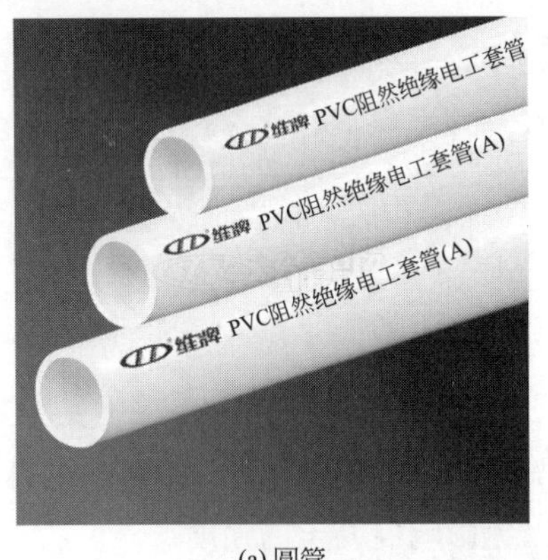

(a) 圆管

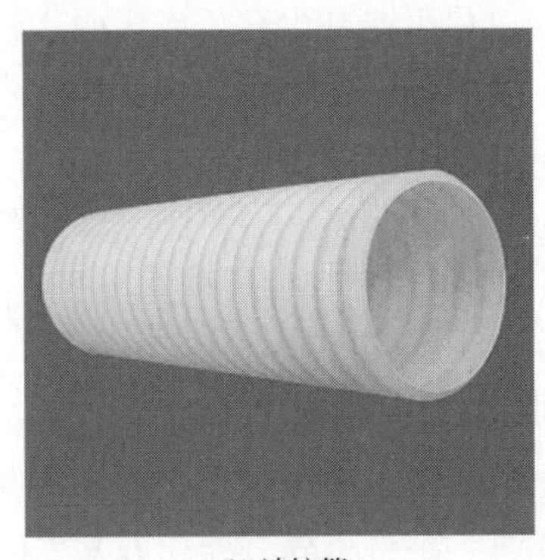

(b) 波纹管

图 3-12 常用 PVC 电线管

适用于家居布线的圆形 PVC 电线管的管径有 16mm、20mm 和 25mm 等几种类型。

(3) PVC 电线管的配件

根据布线的要求，PVC 电线管的配件有三通、弯头、入盒接头、接头、管卡、变径接头、明装三通、明装弯头、分线盒等，其外形分别如图 3-13 所示。PVC 电线管管径不同，配件的口径也不同，应选择同口径的配件与之配套。

(4) PVC 电线管的选择

按受热性能，塑料管可分为热塑性、热固性两大类。

在受热时发生软化或熔化，可塑制成一定的形状，冷却后又变硬；再受热到一定程度又

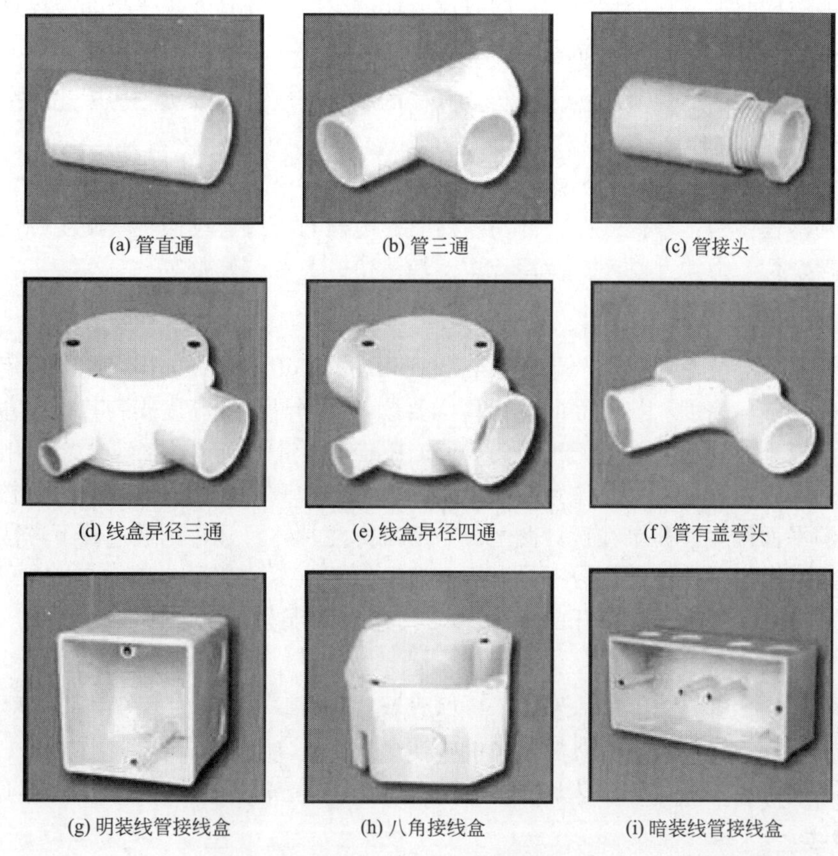

(a) 管直通　(b) 管三通　(c) 管接头

(d) 线盒异径三通　(e) 线盒异径四通　(f) 管有盖弯头

(g) 明装线管接线盒　(h) 八角接线盒　(i) 暗装线管接线盒

图 3-13　PVC 电线管的配件

重新软化，冷却后又变硬。这种过程能够反复进行多次的塑料称为热塑性塑料。如聚乙烯、聚苯乙烯等。

在受热时也发生软化，可以塑制成一定的形状，但受热到一定的程度后，就硬化定型，再加热也不会变软和改变形状的塑料称为热固性塑料。也就是说，如第一次热固化后，第二次受热不能再软化的塑料则称为热固性塑料，如酚醛塑料等。

一般在施工中大部分都采用热塑性硬塑料管、聚氯乙烯半硬性塑料管和可弯硬塑料管。布线用塑料电线管及其配件必须由阻燃处理的材料制成，氧指数应大于或等于 27%，有离火自熄的性能；使用在吊顶内的硬质塑料电线管，氧指数应大于或等于 30%。

明敷硬塑料管要求有一定的机械强度，管壁厚度应大于 2mm；弯曲时不能产生凹裂，要有较大的耐冲击韧性和较小的热膨胀系数；外观要求光洁、美观、平直。暗敷设硬塑料管要便于弯曲，要能承受一定的压力，要有较高的温度软化点，并且要富有弹性，管壁厚度应大于 3mm。不得使用软塑料管和半硬塑料管暗敷设。

在工程中选择硬质塑料管，应根据管内所穿导线截面、根数选择管径。一般情况下，管内导线总截面积（包括外护层）不应大于管内横截面积的 40%。

3.4.4　开电线槽

开电线槽简称开槽，其主要用于电线管的暗敷设配线，即用于放置穿有电线的 PVC 管，这样可以保证墙壁的平整性不受影响，同时，又保证了电线具有的相应功能与保护措施。

(1) 开槽的基本要求和基本程序

开电线槽具有一定的规范和操作技巧，开槽的难易程度主要取决于房屋建筑结构以及应用的建筑用砖。

开电线槽的基本要求是：满足线路与线管要求、横平竖直。

开槽的基本程序是：掌握线路、开关、灯具、电气布局或者读懂电气施工图，确定电气有关项目实际定位、弹线/画标志框/写标志、切槽边、去块、修整等。

(2) 放线定位

开关、插座、灯位盒，必须严格按实际图纸和规范来定位。开关插座的测量定位分为三个方面：平面位置、高度、与墙面凹凸距离。要按各种器具设计高度安装其接线盒。对剪力墙上的线盒，以土建柱筋上的红记顶端为50cm基准来测量，同时各接线盒之间用水平管复测标高是否一致。接线盒的平面位置必须以轴线为基准来测定，用土建墙线来复核。

开关盒的平面位置，如果在设计图上没有明确标注具体尺寸，则通过以下方法定位：

① 墙中的开关应与灯位盒对齐。

② 门边的开关一般应在门开的一侧，开关盒与门洞边净距15cm（如加上门框则为20cm）。

③ 如果门垛窄于37cm，则开关安在转角的另一面墙上，开关盒边距转角20cm。

④ 如果墙垛宽37～60cm，则开关设在墙垛中心线上。

⑤ 壁灯的灯位盒应在2.4m以上，低于2.4m应加PE线。壁灯开关宜在其垂直正下方。

(3) 弹线

弹线是根据事先设计要求的线槽进行具体位置的定位。如果不弹线，则可能开的线槽不整齐，大小不一，有的可能放不下线管，造成修修补补，浪费工时。弹线的基本要求是横平竖直、清晰明了。因此，可借助定位仪、水平仪等工具进行水准定位。弹线技巧如下：

① 首先，根据需要布线的高度，距离地板画两处高度标志；再用一根软塑料管装上水，将软塑料管的一端固定在其中某一个高度标志处，用软塑料管的另外一端检测另一处高度标志是否相符，若不符合，则应进行调整；然后将调整好的两个标志处连接起来画水平线。

② 画水平线可以采用墨斗弹线实现。

③ 画垂直线可以采用吊线定垂直两点，再利用墨斗弹线实现。

④ 具体尺寸可以利用钢尺、卷尺测量。

⑤ 对于开关盒、接线盒的定位画线，一般在弹线时一起完成。

(4) 开槽方法

弹线以后就可以利用切割机、开槽机或锤子和錾子进行开槽。开槽的方法步骤如下：

① 首先利用切割机等将线槽切到一定的深度（即切槽边）。

② 再利用电锤或手锤凿到一定的深度（即去块）。

③ 最后修整毛坯线槽，使线槽深度符合要求，槽底尽量平整。

(5) 开槽注意事项

① 开槽时要灌水，这样可以防止升温，保护切割机刀刃，另外，也可以减少灰尘。

② 开槽深度一般为线管的直径＋12mm的抹灰层。不过，实际中若选用16mm的PVC

管，则开槽深度为20mm；若选用20mm的PVC管，则开槽深度为25mm。同一房间开槽深度应一致。

③ 开槽宽度一般认为只要能够将线管放进去即可。但是，考虑抹灰固定牢靠，线槽宽度一般为线管宽度+2mm。如果是“多管一槽”，即一个槽内PVC管超过2根，则管与管应留大于或等于15mm的间隙。

④ 家居装饰电工开槽可能涉及顶棚、地面、墙壁。那么，开槽次序应先地面后顶面，再墙面。

⑤ 开槽时均不能打断柱、梁、承重墙以及轻体墙内的钢筋，否则，会影响建筑物质量。

⑥ 不得开横槽。空心板顶棚，禁忌横向开槽。对于轻体墙上开横槽虽然不影响整体房屋的结构，但对轻体墙本身的结构有影响。因此也不允许开横槽。如果业主要求，则必须事先取得物业的同意，在承重墙上应开小于80cm的横槽。

3.4.5 PVC电线管的加工与连接

(1) 硬质PVC管的切断

配管前应根据管子每段所需的长度进行切断。切断可使用钢锯条锯断、专用剪管刀剪断，在预制时还可使用砂轮切割机成捆切断。不论是用哪种方法，都应该一切到底，禁止用手来回折断。切口应垂直，切口的毛刺应随手清理干净。

管径为32mm及以下小管径的管材可使用剪管刀截断线管。操作时先打开剪管刀手柄，把PVC管放入刀口内，握紧手柄，边转动管子边进行剪切，如图3-14所示。刀口切入管壁后，应停止转动，继续剪切，直至管子被剪断。截断后，可用剪管刀的刀背将切口倒角，使切口平整。剪管刀的刀口有限，无法剪切直径过大的PVC管，而钢锯则无此限制，但是钢锯的断管效率不如剪管刀。不管是剪断还是锯断PVC管，都应将管口修理平整。

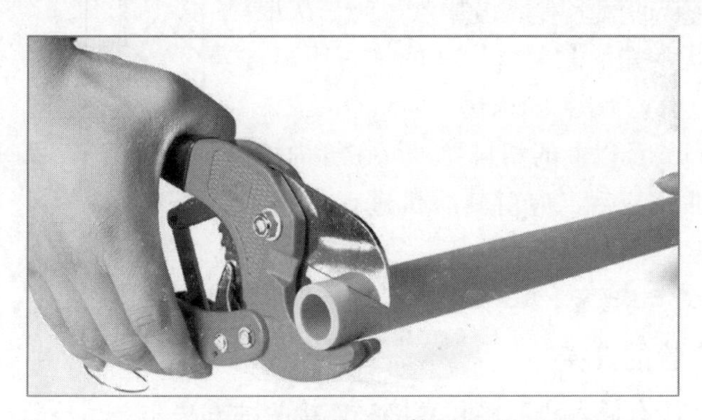

图3-14 剪管刀的使用方法

(2) PVC管的弯制

PVC管不能直接弯折，需要借助弯管工具来弯管，否则容易弯瘪。管径小于32mm的管材常采用冷弯方式，冷弯方式有弹簧弯管和弯管器弯管；管径大于32mm以上的管材宜采用热弯。这样制作的弯头，才能保证和直管同样的管径。

① 冷弯法 PVC管的柔韧性很好，在常温下即可用弯簧来直接弯曲，较为简便易行。将弯簧插入管内需要弯曲处，两手分别握住弯曲处弯簧两端，膝盖顶住被弯曲处略微移动，

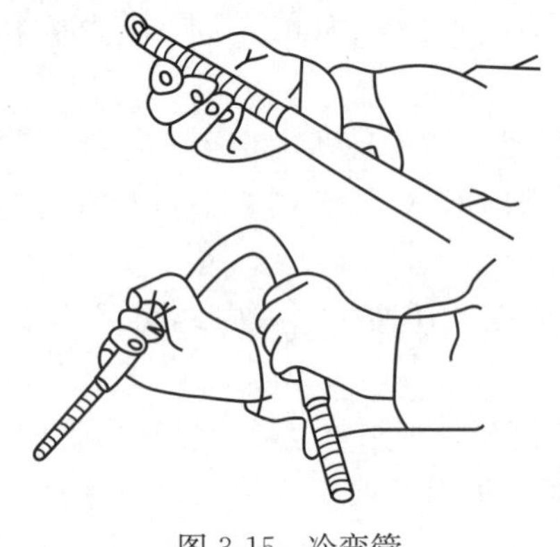

图 3-15　冷弯管

双手均匀用力，煨至比所需角度略小，待松手后弯管回弹，便可获得所需角度，如图 3-15 所示。弯簧的一端应拴上铁丝或细绳。当弯制较长的管时，弯簧不易取出；弯管完成后，逆时针转动弯簧，使之外径收缩，同时往外拉即可取出弯簧。

当在硬质 PVC 塑料管端部冷弯 90°弯曲或鸭脖弯时，如用手冷弯有一定的困难，可在管口处外套一个内径略大于线管外径的钢管，一只手握住管子，另一只手扳动钢管即可弯出管端长度适当的 90°弯曲。

此外，硬质 PVC 电线管还可以使用手板弯管器冷弯管，将已插好弯簧的管子插入配套的弯管器，手扳一次即可弯出所需的弯管。

② 热弯法　管径大于 32mm 的电线管，可采用填沙热弯法。先把电线管的一端用木塞堵好；然后用干沙灌入敦实，将另一端用木塞堵好；最后加热弯制成形。热源可用热风、喷灯、电炉子等，应使加热部分均匀受热，掌握好加热温度和加热长度，不能将管烤伤、变色。

对于管径 20mm 及以下的塑料管，可直接加热煨弯，加热时应均匀转动管身，达到适当温度后，应立即将管放在平木板上煨弯，也可采用模具煨弯。当弯曲成形后将弯曲部位插入冷水中冷却定型。

若将塑料管的端部弯成 90°，管端部位应与圆管垂直，有利于瓦工砌筑；管端不应过长，应保证线管与接线盒连接后管子在墙体中间的位置，如图 3-16(a) 所示。若将塑料管的端部弯成鸭脖弯，应一次煨成所需的长度和形状，并注意两管段间的平行距离，且端部短管段不应过长，如图 3-16(b) 所示。

对于管径在 25mm 及以上的塑料管，可在管内填砂煨弯。塑料管弯曲完成后，应对其质量进行检查。管子的弯曲半径不应小于管外径的 6 倍。管的弯曲处不应有折皱、凹穴和裂缝现象，弯瘪程度不应大于线管外径的 10%。

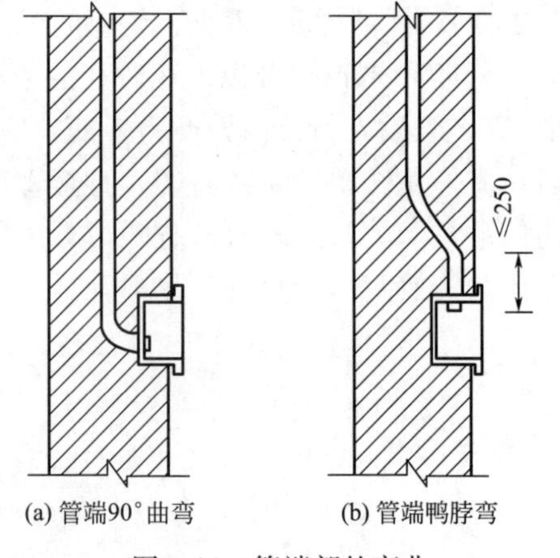

图 3-16　管端部的弯曲

(3) 硬质 PVC 管的连接

硬质塑料管的连接有插入法连接和套接法连接两种方法。

① 插入法连接　连接前，先将待连接的两根管子的管口，一个加工成内倒角（作阴管），另一个加工成外倒角（作阳管），如图 3-17(a) 所示。再用汽油或酒精把管子的插接段的油污擦干净，接着将阴管插接段（长度为 1.2～1.5 倍管子直径）放在电炉或喷灯上加热至 145℃左右呈柔软状态后，将阳管插入部分涂一层胶合剂（如过氯乙烯胶水），然后迅速插入阴管，并立即用湿布冷却，使管子恢复原来硬度，如图 3-17(b) 所示。

② 套接法连接　PVC 管一般采用套管连接，连接管管端 1～2 倍外径长的地方必须清理干净，然后涂上粘接剂，插入套管内至套管中心处，两根管对口紧密，保持一会儿使之粘接

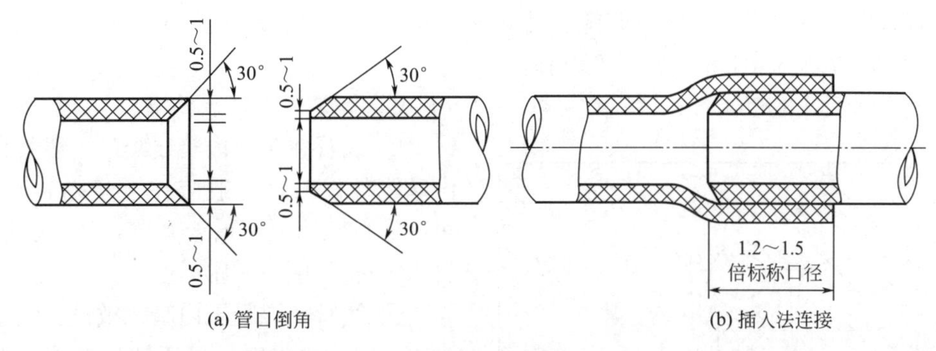

图 3-17　硬质塑料管的插入法连接

牢固，如图 3-18 所示。套管可采用成品套管接头，也可采用大一号的 PVC 管来加工。自制套管时，套管长度为被连接管外径的 2.5～3 倍。用来作套管的 PVC 管其内径应当与被连接管的外径配合紧密无缝隙。

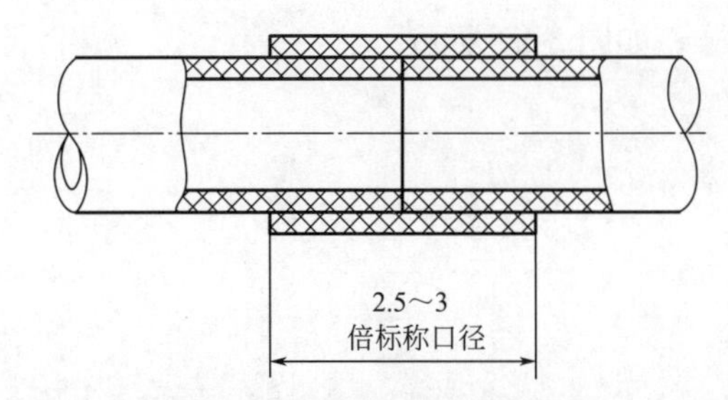

图 3-18　硬质塑料管的套接法连接

(4) PVC 电线管与盒（箱）的连接固定

PVC 电线管布线常用的接线盒如图 3-19 所示。PVC 电线管与塑料接线盒（或配电箱）连接时，将接线盒（箱）壁上的敲落孔用钢丝钳敲击成圆孔。电线管的外径应与盒（箱）的敲落孔相一致，管口平整、光滑，一管一孔顺直进入盒（箱），电线管的露出长度不小于 5mm。多根电线管进入配电箱时长度应一致、排列间距应均匀。电线管与盒（箱）的连接应固定牢固。

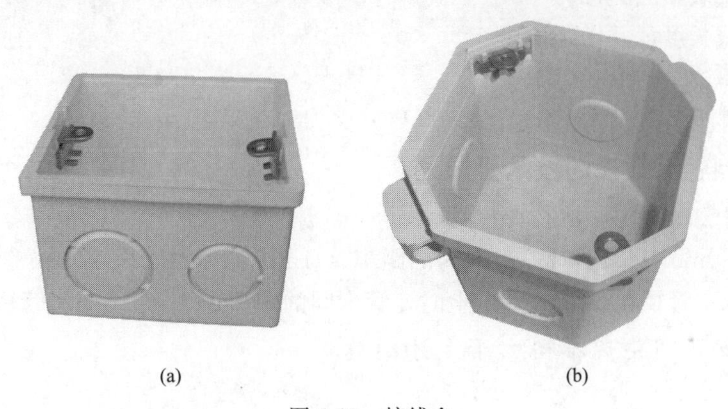

图 3-19　接线盒

3.4.6　硬塑料电线管的暗敷设

① 线管暗敷设的过程如下：

a. 确定电器的安装位置，包括确定灯头盒、接线盒和管子的上下进出口的位置。

b. 测量暗敷设管路的长度。

c. 将接线盒、灯头盒、开关盒、电线管等电器拿到施工现场，根据建筑施工的情况进行预埋，并且穿入引线。

d. 将管口、盒口用木塞或专有塑料盖堵塞，防止水泥浆、垃圾进入管子内，埋入墙体的管子与表面的最小净距不应小于15mm。

e. 对照图纸，检查线管、接线盒、灯头盒、开关盒等是否有安装差错。

② 线管在砖墙内暗线敷设：线管在砖墙内暗线敷设时，一般应在土建砌砖时预埋，否则应在砖墙上留槽或开槽，然后在砖缝内打入木榫并用钉子固定。

③ 线管在混凝土内暗线敷设：线管在混凝土内暗线敷设时，可用铁丝将管子绑扎在钢筋上，也可用钉子钉在模扳上，用垫块将管子垫高15mm以上，使管子与混凝土模板间保持足够的距离，并防止浇灌混凝土时管子脱开，如图3-20所示。

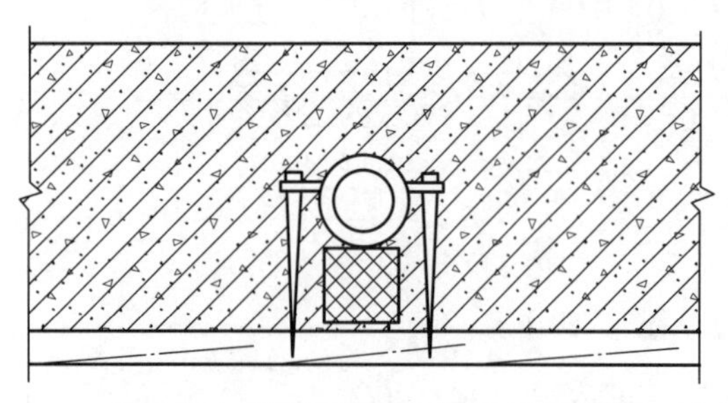

图3-20 线管在混凝土模板上的固定

3.4.7 硬塑料电线管的明敷设

(1) 硬塑料管明敷设的过程

硬塑料管明敷设的过程如下：

① 确定电器的安装位置。

② 画出线路的走向中心，要求横平竖直；横平竖直是以地面（水平）为基准。

③ 画出管卡或固定支架的位置。

④ 打眼并安装紧固配件。

⑤ 测量管线长度，并做好记录。

⑥ 根据建筑物结构形状弯管。

⑦ 进行整体安装。

(2) 硬塑料管明敷设的技术要求

硬塑料管明敷设的技术要求如下：

① 管径在20mm及以下时，管卡间的距离为1m；管径在25～40mm时，管卡间的距离为1.2～1.5m；管径在50mm及以上时，管卡间的距离为2m。硬塑料管也可在角铁支架上架空敷设，支架间距离不得大于上述距离标准。

② 需穿过楼板时，在距楼板0.5m的一段塑料管要套钢管保护。

③ 硬塑料管与蒸汽管平行敷设时，两管之间距离不应小于0.5m。

④ 因为硬聚氯乙烯塑料管的热膨胀系数比钢管大，所以硬塑料管敷设时要考虑热膨胀。一般应在管路直线部分每隔30m加装一个补偿装置，如图3-21所示。该装置实质上是在硬塑料管之间插入一节塑料波纹管。也可在硬塑料管之

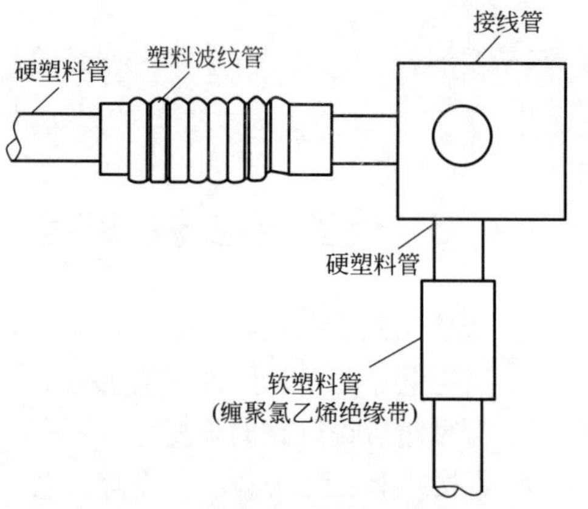

图3-21 硬塑料管温度补偿装置

间套接软塑料管，再包缠聚氯乙烯绝缘带。其目的是确保在硬塑料管膨胀时有收缩活动余地。

(3) 线管的固定

明敷线管采用管卡固定。固定位置一般在接线盒、配电箱及穿墙管等距离 100～300mm 处和线管弯头的两边。直线上的管卡间距根据线管的直径和壁厚的不同为 1～2m。管卡固定如图 3-22 所示。

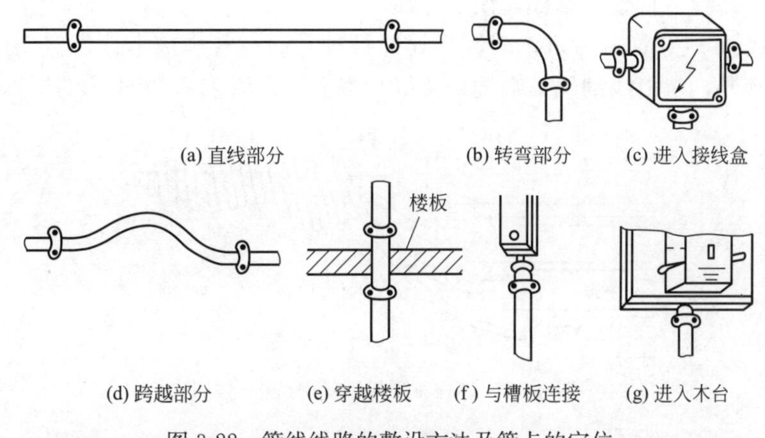

图 3-22　管线线路的敷设方法及管卡的定位

3.4.8　线管的穿线

① 在穿线前，应先将管内的积水及杂物清理干净。

② 选用 ϕ1.2mm 的钢丝作引线，当线管较短且弯头较少时，可把钢丝引线由管子一端送向另一端；如果弯头较多或线路较长，将钢丝引线从管子一端穿入另一端有困难时，可从管子的两端同时穿入钢丝引线，此时引线端应弯成小钩，如图 3-23 所示。当钢丝引线在管中相遇时，先用手转动引线使其勾在一起，然后把一根引线拉出，即可将导线牵入管内。

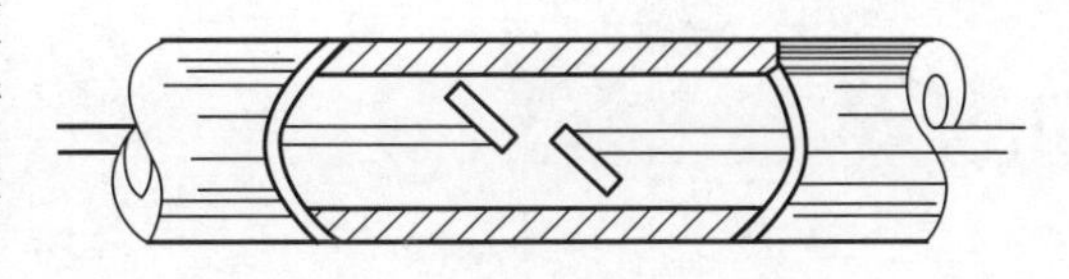

图 3-23　管两端穿入钢丝引线

③ 导线穿入线管前，在线管口应先套上护圈，接着按线管长度与两端连接所需的长度余量之和截取导线，削去两端绝缘层，同时在两端头标出同一根导线的记号。再将所有导线按图 3-24 所示的方法与钢丝引线缠绕，一个人将导线理成平行束并往线管内输送，另一个人在另一端慢慢抽拉钢丝引线，如图 3-25 所示。

图 3-24　导线与引线的缠绕

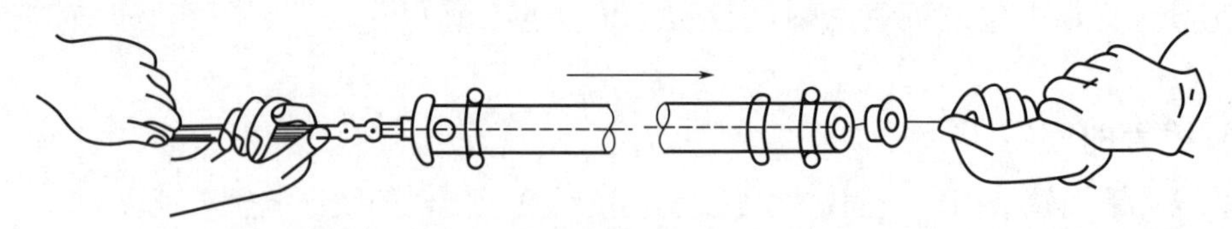

图 3-25　导线穿入管内的方法

④ 在穿线过程中，如果线管弯头较多或线路较长，穿线发生困难时，可使用滑石粉等润滑材料来减小导线与管壁的摩擦，便于穿线。

⑤ 如果多根导线穿管，为防止因缠绕处外径过大而在管内被卡住，应先把导线端部剥出线芯，斜错排开，与引线钢丝一端缠绕接好，然后拉入管内，如图 3-26 所示。

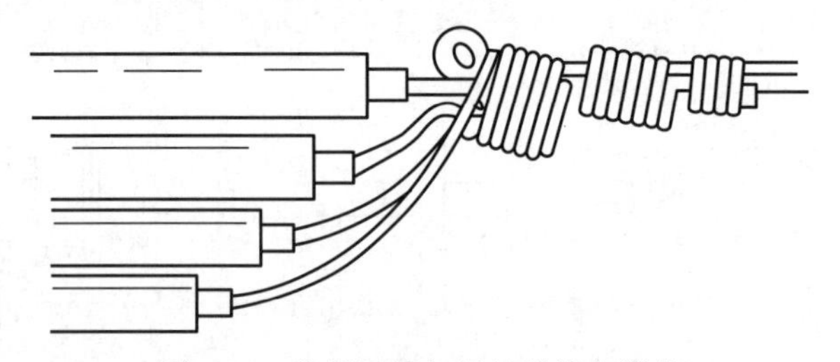

图 3-26　多根导线与钢丝引线的绑扎

第4章

室内配电装置的安装

4.1 常用低压电器的选择与安装

4.1.1 开启式负荷开关

(1) 开启式负荷开关的用途与特点

开启式负荷开关又叫胶盖瓷底刀开关（俗称胶盖闸），是由刀开关和熔丝组合而成的一种电器。主要适用于交流频率为50Hz，额定电压为单相220V、三相380V，额定电流至100A的电路中的总开关、支路开关以及电灯、电热器等操作开关，作为手动不频繁地接通与分断有负载电器及小容量线路的短路保护之用的负荷开关。开启式负荷开关具有结构简单、价格低廉、使用维修方便等优点，目前已广泛应用于工业、农业、矿山、交通、家庭等各个行业。

(2) 开启式负荷开关的分类

开启式负荷开关的类型主要有HK1、HK2、HK4和HK8等系列产品。按极数分为两极和三极两种，两极式产品的额定电压为220V（或250V），额定电流有10A、15A、30A三种（或10A、16A、32A、63A四种）；三极式产品的额定电压为380V，额定电流有15A、30A、60A三种（或16A、32A、63A三种）。

(3) 开启式负荷开关的结构

开启式负荷开关的种类很多，图4-1是常用开启式负荷开关的外形。

开启式负荷开关的结构如图4-2所示，主要由瓷质手柄、触刀（又称动触头）、触刀座、进线座、出线座、熔丝、瓷底座、上胶盖、下胶盖及紧固螺帽等零件装配而成。各系列产品的结构只是在胶盖方面有些不同，如有的上胶盖做成半圆形，有利于熄灭电弧；下胶盖则做成平的。

(4) 开启式负荷开关的工作原理

开启式负荷开关的全部导电零件都固定在一块瓷底板上面。触刀的一端固定在瓷质手柄

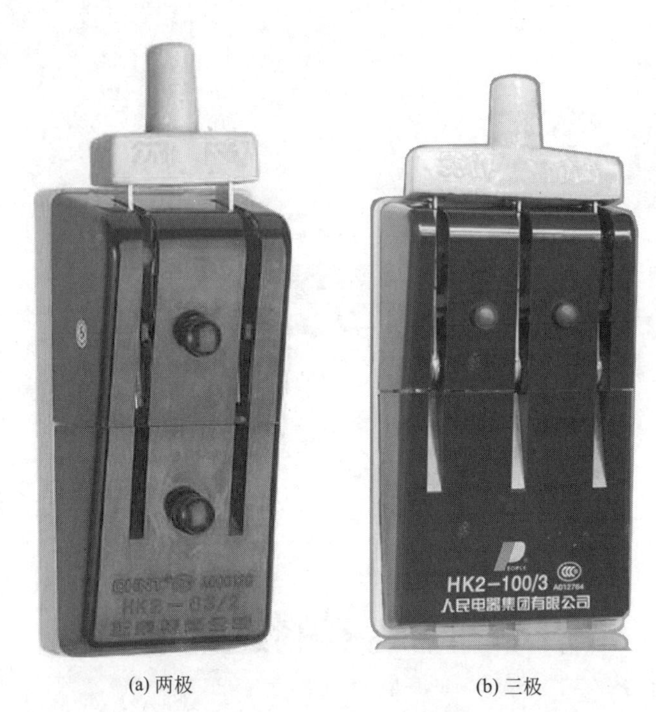

(a) 两极　　(b) 三极

图 4-1　开启式负荷开关的外形图

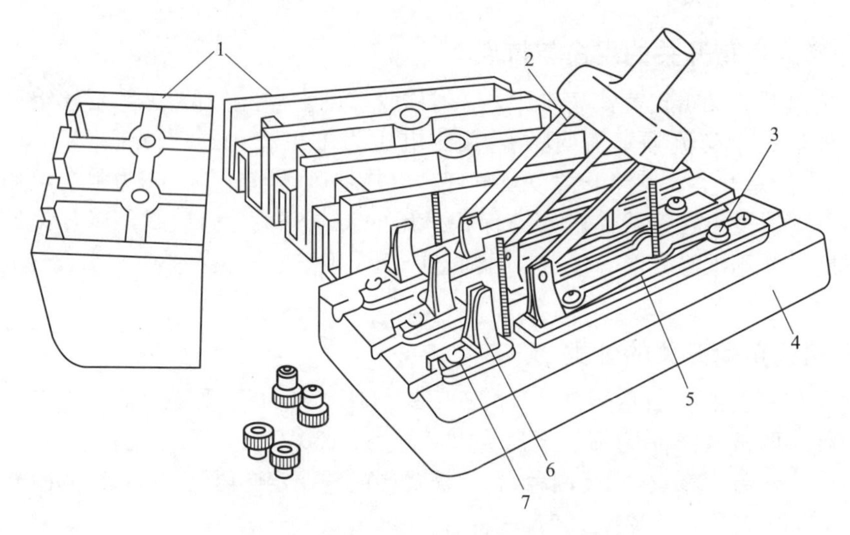

图 4-2　开启式负荷开关的结构

1—胶盖；2—闸刀；3—出线座；4—瓷底座；5—熔丝；6—夹座；7—进线座

上，另一端固定在触刀座上，并可绕着触刀座上的铰链转动。操作人员手握瓷柄朝上推的时候，触刀绕铰链向上转动，插入插座，将电路接通；反之，触刀就绕铰链向下转动，脱离插座，将电路切断。

(5) 开启式负荷开关的选择

① 额定电压的选择　开启式负荷开关用于照明电路时，可选用额定电压为 220V 或 250V 的二极开关；用于小容量三相异步电动机时，可选用额定电压为 380V 或 500V 的三极

开关。

② 额定电流的选择 在正常的情况下，开启式负荷开关一般可以接通或分断其额定电流。因此，当开启式负荷开关用于普通负载（如照明或电热设备）时，负荷开关的额定电流应等于或大于开断电路中各个负载额定电流的总和。

当开启式负荷开关被用于控制电动机时，考虑到电动机的启动电流可达额定电流的4～7倍。因此不能按照电动机的额定电流来选用，而应把开启式负荷开关的额定电流选得大一些，换句话说，即负荷开关应适当降低容量使用。根据经验，负荷开关的额定电流一般可选为电动机额定电流的3倍左右。

(6) 开启式负荷开关的安装

① 开启式负荷开关必须垂直地安装在控制屏或开关板上，并使进线座在上方（即在合闸状态时，手柄应向上），不准横装或倒装，更不允许将负荷开关放在地上使用。

② 接线时，电源进线应接在上端进线座，而用电负载应接在下端出线座。这样当开关断开时，触刀（闸刀）和熔丝上均不带电，以保证换装熔丝时的安全。

③ 刀开关和进出线的连接螺钉应牢固可靠、接触良好，否则接触处温度会明显升高，引起发热甚至发生事故。

(7) 开启式负荷开关的使用与维护

① 开启式负荷开关的防尘、防水和防潮性能都很差，不可放在地上使用，更不应在户外、特别是农田作业中使用，因为这样使用时易发生事故。

② 开启式负荷开关的胶盖和瓷底板（座）都易碎裂，一旦出现碎裂，就不宜继续使用，以防发生人身触电伤亡事故。

③ 由于过负荷或短路故障而使熔丝熔断，待故障排除后需要重新更换熔丝时，必须在触刀（闸刀）断开的情况下进行，而且应换上与原熔丝相同规格的新熔丝，并注意勿使熔丝受到机械损伤。

④ 更换熔丝时，应特别注意观察绝缘瓷底板（座）及上、下胶盖部分。这是由于熔丝熔化后，在电弧的作用下，绝缘瓷底板（座）和胶盖内壁表面附着一层金属粉粒，这些金属粉粒将会造成绝缘部分的绝缘性能下降，甚至不绝缘，致使重新合闸送电的瞬间，易造成开关本体相间短路。因此，应先用干燥的棉布或棉丝将金属粉粒擦净，再更换熔丝。

⑤ 当负载较大时，为防止开关本体相间短路现象的发生，通常将开启式负荷开关与熔断器配合使用。熔断器装在开关的负载一侧，开关本体不再装熔丝，在应装熔丝的接点上安装与线路导线截面积相同的铜线。此时，开启式负荷开关只作开关使用，短路保护及过负荷保护由熔断器完成。

4.1.2 插入式熔断器

(1) 结构与特点

插入式熔断器又称瓷插式熔断器，指熔断体靠导电插件插入底座的熔断器。它具有结构简单、价格低廉、更换熔体方便等优点，被广泛用于照明电路和小容量电动机的短路保护。

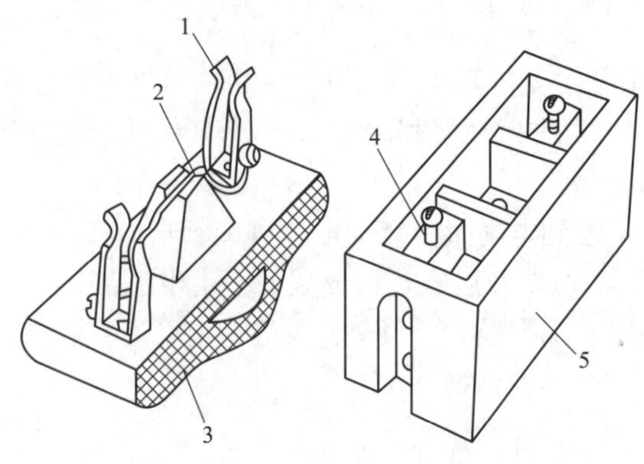

图 4-3 RC1A 系列插入式熔断器结构
1—动触头；2—熔丝；3—瓷盖；4—静触头；5—瓷座

常用的插入式熔断器主要是 RC1A 系列产品，其结构如图 4-3 所示，它由瓷盖、瓷座、动触头、静触头和熔丝等组成。

(2) 适用场合

RC1A 系列插入式熔断器主要用于交流 50Hz、额定电压 380V 及以下、额定电流至 200A 的线路末端，供配电系统作为电缆、导线及电气设备（如电动机、负荷开关等）的短路保护用。

RC1A 系列插入式熔断器的分断能力较低、保护特性较差，但由于其价格低廉、操作简单、使用方便，因此，目前仍在工矿企业以及民用照明电路中广泛使用。

(3) 熔断器选择的一般原则

① 应根据使用条件确定熔断器的类型。

② 选择熔断器的规格时，应首先选定熔体的规格，然后根据熔体去选择熔断器的规格。

③ 熔断器的保护特性应与被保护对象的过载特性有良好的配合。

④ 在配电系统中，各级熔断器应相互匹配，一般上一级熔体的额定电流要比下一级熔体的额定电流大 2～3 倍。

⑤ 对于保护电动机的熔断器，应注意电动机启动电流的影响。熔断器一般只作为电动机的短路保护，过载保护应采用热继电器。

(4) 熔体额定电流的选择

① 对于照明电路和电热设备等电阻性负载，因为其负载电流比较稳定，可用作过载保护和短路保护，所以熔体的额定电流（I_{rn}）应等于或稍大于负载的额定电流（I_{fn}），即

$$I_{rn}=1.1I_{fn}$$

② 由于电动机的启动电流很大，因此对电动机只宜作短路保护。对于保护长期工作的单台电动机，考虑到电动机启动时熔体不能熔断，即

$$I_{rn}\geqslant(1.5\sim2.5)I_{fn}$$

式中，轻载启动或启动时间较短时，系数可取近 1.5；带重载启动、启动时间较长或启动较频繁时，系数可取近 2.5。

(5) 熔断器的安装

① 安装前，应检查熔断器的额定电压是否大于或等于线路的额定电压；熔断器的额定分断能力是否大于线路中预期的短路电流；熔体的额定电流是否小于或等于熔断器支持件的额定电流。

② 熔断器一般应垂直安装，应保证熔体与触刀以及触刀与刀座的接触良好，并能防止电弧飞落到临近带电部分上。

③ 安装时应注意不要让熔体受到机械损伤，以免因熔体截面变小而发生误动作。

④ 安装时应注意使熔断器周围介质温度与被保护对象周围介质温度尽可能一致，以免保护特性产生误差。

⑤ 安装必须可靠，以免有一相接触不良，出现相当于一相断路的情况，致使电动机因

断相运行而烧毁。

⑥ 熔断器两端的连接线应连接可靠，螺钉应拧紧。如接触不好，会使接触部分过热，热量传至熔体，使熔体温度过高，引起误动作。有时因接触不好产生火花，将会干扰弱电装置。

⑦ 熔断器的安装位置应便于更换熔体。

(6) 熔断器的使用与维护

① 熔体烧断后，应先查明原因，排除故障。分清熔断器是在过载电流下熔断，还是在分断极限电流下熔断。一般在过载电流下熔断时响声不大，熔体仅在一两处熔断，且管壁没有大量熔体蒸发物附着和烧焦现象；而分断极限电流熔断时与上面情况相反。

② 更换熔体时，必须选用原规格的熔体，不得用其他规格熔体代替，也不能用多根熔体代替一根较大熔体，更不准用细铜丝或铁丝来替代，以免发生重大事故。

③ 更换熔体（或熔管）时，一定要先切断电源，将开关断开，不要带电操作，以免触电，尤其不得在负荷未断开时带电更换熔体，以免电弧烧伤。

④ 熔断器的插入和拔出应使用绝缘手套等防护工具，不准用手直接操作或使用不适当的工具，以免发生危险。

⑤ 更换瓷插式熔断器熔丝时，熔丝应沿螺钉顺时针方向弯曲一圈，压在垫圈下拧紧。

⑥ 更换熔体前，应先清除接触面上的污垢，再装上熔体。且不得使熔体发生机械损伤，以免因熔体截面变小而发生误动作。

⑦ 更换熔体时，不要使熔体受机械和扭伤。熔体一般软而易断，容易发生断裂或截面减小，这将降低额定电流值，影响设备运行。

4.1.3　低压断路器

(1) 断路器的用途与分类

低压断路器俗称自动空气开关，其功能相当于刀开关、熔断器的组合，主要用于低压电网中，既可手动又可电动分合电路，且可对电路或用电设备实现过载、短路和欠电压等保护，也可以用于不频繁启动电动机，是一种重要的控制和保护电器。断路器装有灭弧装置。因此，它可以安全地带负载合闸与分闸。

断路器具有动作值可调整、兼具过载和短路保护两种功能、安装方便、分断能力强的特点，特别是在分断故障电流后一般不需要更换零部件。因此应用非常广泛。

低压断路器的种类较多，按用途分为保护电动机用、保护配电线路用、保护照明线路用、剩余电流保护用断路器；按结构形式可分为万能式（也称为框架式）断路器和塑料外壳式（简称为塑壳式）断路器；按极数可分为单极、双极、三极和四极断路器。

(2) 家装常用低压断路器的特点

家装常用断路器通常是指额定电压在500V以下，额定电流在100A以下的小型低压断路器。这一类型断路器体积小、安装方便、工作可靠，适用于照明线路、小容量动力设备作过载与短路保护，广泛用于工业、商业、高层建筑和民用住宅等各种场合，逐渐取代开启式负荷开关。

① DZ47-63系列小型塑料外壳式断路器　DZ47-63系列小型塑料外壳式断路器是目前流

行的具有过载和短路双重保护的高分断能力的小型断路器，适用于交流 50Hz，单极 230V，二、三、四极 400V，电流至 63A 的线路中作过载和短路保护，同时也可以在正常情况下不频繁地通断电气装置和照明电路，尤其适用于作为工业、商业和高层建筑的照明配电开关。DZ47-63 系列小型塑料外壳式断路器按用途可分为两种：DZ47-63C 型适用于照明保护；DZ47-63D 型适用于电动机保护。

DZ47S-63 型带分励脱扣断路器适用于交流 50/60Hz、额定电压 400V 及以下、额定电流至 63A 线路的过载和短路保护之用，同时可对线路进行远距离控制分断，也可作为线路不频繁操作转换之用。其外形如图 4-4 所示。

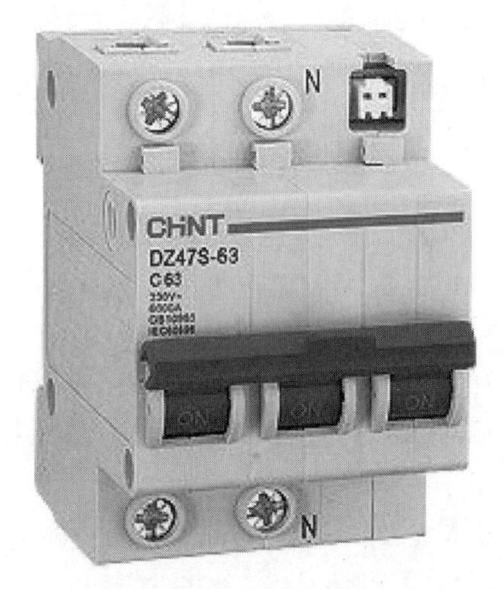

图 4-4 DZ47S-63 系列小型塑料外壳式断路器

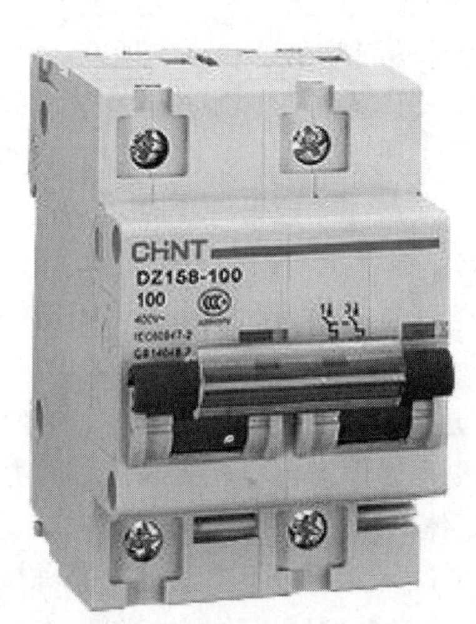

图 4-5 DZ158-100 型塑料外壳式断路器

② DZ158-100 型塑料外壳式断路器 DZ158-100 型塑料外壳式断路器具有外形美观小巧、重量轻、性能优良可靠、分断能力较强、脱扣迅速、导轨安装、使用寿命长等优点。主要适用于交流 50Hz，单极、两极 230/400V，三、四极 400V 线路的过载、短路保护，同时也可以在正常情况下不频繁地通断电器装置和照明线路，其外形如图 4-5 所示。

③ NB1-63H 型高分断小型断路器 NB1-63H 型高分断小型断路器适用于交流 50/60Hz、额定电压 400V 及以下、额定电流至 63A 线路的过载和短路保护，也可以用于正常情况下线路的不频繁操作转换。该断路器适用于工业、商业、高层和民用住宅等各种场所。其外形如图 4-6 所示。

图 4-6 NB1-63H 型高分断小型断路器

(3) 低压断路器的工作原理

小型低压断路器的主触点是靠手动操作合闸的。主触点闭合后，自由脱扣机构将主触点锁在合闸位置上。过电流脱扣器的线圈和热脱扣器的热元件与主电路串联，欠电压脱扣器的线圈和电源并联。

当电路发生短路或严重过载时，过电流脱扣器的衔铁吸合，使自由脱扣机构动作，主触点断开主电路。

当电路过载时，热脱扣器的热元件发热使双金属片弯曲，推动自由脱扣机构动作，主触点断开主电路。

当电路欠电压时，欠电压脱扣器的衔铁释放，也使自由脱扣机构动作，主触点断开主电路。

当按下分励脱扣按钮时，分励脱扣器衔铁吸合，使自由脱扣机构动作，主触点断开主电路。

(4) 低压断路器的主要参数

① 额定电压　断路器铭牌上的额定电压是指断路器主触头的额定电压，是保证断路器触头长期正常工作的电压值。

② 额定电流　断路器铭牌上的额定电流是指断路器主触头的额定电流，是保证断路器触头长期正常工作的电流值。

③ 脱扣电流　脱扣电流是指过电流脱扣器动作的电流设定值，当电路短路或负载严重超载，负载电流大于脱扣电流时，断路器主触头分断。

④ 过载保护电流、时间曲线　过载保护电流、时间曲线，为反时限特性曲线；过载电流越大，热脱扣器动作的时间就越短。

⑤ 欠电压脱扣器线圈的额定电压　欠电压脱扣器线圈的额定电压一定要等于线路额定电压。

⑥ 分励脱扣器线圈的额定电压　分励脱扣器线圈的额定电压一定要等于控制电源电压。

⑦ 额定极限短路分断能力 I_{cu}　断路器的分断能力指标有两种：额定极限短路分断能力 I_{cu} 和额定运行短路分断能力 I_{cs}。

额定极限短路分断能力 I_{cu} 是断路器分断能力极限参数。分断几次短路故障后，断路器分断能力将有所下降。

额定运行短路分断能力 I_{cs} 是断路器的一种分断指标，即分断几次短路故障后，还能保证其正常工作。

对塑壳式断路器而言，I_{cs} 只要大于 25%I_{cu} 就算合格，目前市场上断路器的 I_{cs} 大多数在（50%～75%）I_{cu} 之间。

⑧ 限流分断能力　限流分断能力是指电路发生短路时，断路器跳闸时限制故障电流的能力。电路发生短路时，断路器触头快速打开，产生电弧，相当于在线路中串入 1 个迅速增加的电弧电阻，从而限制了故障电流的增加，降低了短路电流的电磁效应、电动效应和热效应对断路器和用电设备的不良影响，延长断路器的使用寿命。断路器断开时间越短，限流效果就越好，I_{cs} 就越接近 I_{cu}。

⑨ 动作时间　动作时间是指从网络出现短路的瞬间开始到触头分离、电弧熄灭、电路被完全分断所需要的全部时间。它包括以下三部分：

a. 断路器由正常工作电流增大到脱扣器整定电流所需的时间。

b. 断路器从过电流脱扣器得到信号开始动作起，到触头系统受到自由脱扣机构的作用，动触头开始分离并出现电弧的一般时间，这段时间习惯上称为固有时间。

c. 从动触头间产生电弧开始，到电弧完全熄灭、电流被切断为止的时间，习惯上称为燃弧时间。

注：动作时间又称为全分断时间，一般断路器的动作时间为 30～60ms，限流式和快速断路器的动作时间一般小于 20ms。

(5) 选择低压断路器电气参数的一般原则

选择低压断路器电气参数的一般原则如下：

① 断路器的额定工作电压大于或等于线路额定电压。

② 断路器的额定电流大于或等于线路计算负载电流。

③ 断路器的额定短路通断能力大于或等于线路中可能出现的最大短路电流，一般按有效值计算。

如果选用的断路器额定电流与要求相符，但额定短路通断能力小于断路器安装点的线路最大短路电流，则必须提高选用断路器的额定电流，而按线路计算负载电流选择过电流脱扣器的额定电流。如果这样还不能满足要求，则可考虑采用下述三种方案解决：

a. 采用级联保护（或称串级保护）方式，利用上一级断路器和该断路器一起动作来提高短路分断能力。采用这种方案时，需将上一级断路器的脱扣器瞬动电流整定在下级断路器额定短路通断能力的80%左右。

b. 采用限流断路器。

c. 采用断路器加后备熔断器。

④ 线路末端单相对地短路电流大于或等于1.25倍断路器瞬时（或短延时）脱扣器整定电流。

⑤ 断路器欠电压脱扣器额定电压等于线路额定电压。是否需要欠电压保护，应按使用要求而定，并非所有断路器都需要带欠电压脱扣器。在某些供电质量较差的系统，选用带欠电压保护的断路器，反而会因为电压波动造成不希望的断电。如必须带欠电压脱扣器，则应考虑有适当的延时。

⑥ 具有短延时的断路器，若带欠电压脱扣器，则欠电压脱扣器必须是延时的，其延时时间应大于或等于短路延时时间。

⑦ 断路器的分励脱扣器额定电压等于控制电源电压。

(6) 电动机保护用断路器的选用

选择断路器保护电动机时，应注意到电动机的两个特点：一是它具有一定的过载能力；二是它的启动电流通常是额定电流的几倍到十几倍。因此，电动机保护用断路器分为两类：一类只作保护而不负担正常操作；另一类需兼作保护和不频繁操作之用。后一类情况需考虑操作条件和电寿命。电动机保护用断路器的选用原则：

① 长延时电流整定值=电动机额定电流。

② 瞬时整定电流。对于保护笼型电动机的断路器，瞬时整定电流为8～15倍电动机额定电流，其值的大小取决于被保护电动机的型号、容量和启动条件。对于保护绕线转子电动机的断路器，瞬时整定电流为电动机额定电流的3～6倍，其值的大小取决于绕线转子电动机的型号、容量和启动条件。

③ 6倍长延时电流整定值的可返回时间≥电动机实际启动时间。按启动时负载的轻重，可选用可返回时间为1s、3s、5s、8s、15s中的某一挡。

(7) 导线保护断路器的选用

照明、生活用导线保护断路器，是指在生活建筑中用来保护配电系统的断路器。由于被保护的线路容量一般都不大，故多采用塑料外壳式断路器。其选用原则为：

① 长延时整定值≤线路计算负载电流。

② 瞬时动作整定值=(6～20)倍线路计算负载电流。

(8) 断路器与上下级电器保护特性配合要求

① 断路器的长延时特性应低于被保护对象（如电线、电缆、电动机、变压器等的允许过载特性）。

② 低压侧主开关短延时脱扣器与高压侧过电流保护继电器的配合级差为0.4～0.7s，视高压侧保护继电器的型式而定。

③ 低压侧主开关过电流脱扣器保护特性低于高压侧熔断器的熔化特性。

④ 上级断路器短延时整定电流大于或等于1.2倍下级断路器短延时或瞬时（若下级无短延时）整定电流。

⑤ 上级断路器的保护特性和下级断路器的保护特性不能交叉。在级联保护方式时可以交叉，但交点短路电流应为下级断路器的80%。

⑥ 断路器与熔断器配合时，一般熔断器作后备保护。应选择交接电流小于断路器的额定短路通断能力的80%；当短路电流大于交接电流时，应由熔断器动作。

⑦ 在具有短延时和瞬时动作的情况下，上级断路器瞬时整定电流小于或等于断路器的延时通断能力，大于或等于1.1倍下级断路器进线处的短路电流。

(9) 断路器的安装

① 安装前应先检查断路器的规格是否符合使用要求。

② 安装前先用500V绝缘电阻表（兆欧表）检查断路器的绝缘电阻，在周围空气温度为(20±5)℃和相对湿度为50%～70%时，绝缘电阻应不小于10MΩ，否则应烘干。

③ 安装时，电源进线应接于上母线，用户的负载侧出线应接于下母线。

④ 安装时，断路器底座应垂直于水平位置，并用螺钉固定紧，且断路器应安装平整，不应有附加机械应力。

⑤ 外部母线与断路器连接时，应在接近断路器母线处加以固定，以免各种机械应力传递到断路器上。

⑥ 在进行电气连接时，电路中应无电压。

⑦ 断路器应可靠接地。

⑧ 安装完毕后，应使用手柄或其他传动装置检查断路器工作的准确性和可靠性。如检查脱扣器能否在规定的动作值范围内动作，电磁操作机构是否可靠闭合，可动部件有无卡阻现象等。

4.1.4 漏电保护器

(1) 漏电保护器的功能

断路器具有过电流、过热和欠电压保护功能，但当用电设备绝缘性能下降而出现漏电时却无保护功能，这是因为漏电电流一般比短路电流小得多，不足以使断路器跳闸。漏电保护器是一种具有断路器功能和漏电保护功能的电器，在电路出现过电流、过热、欠电压和漏电时，均会脱扣跳闸保护。

漏电保护器又称为漏电保护开关或漏电保护断路器，英文缩写为RCD，常用漏电保护器的外形如图4-7所示。图4-7(b)～(d) 所示的漏电保护器的左边为断路器部分，右边为漏电保护部分。漏电保护部分的主要参数有漏电保护的动作电流和动作时间。对于人体来说，30mA 以下是安全电流。所以漏电保护器的动作电流一般不大于 30mA。

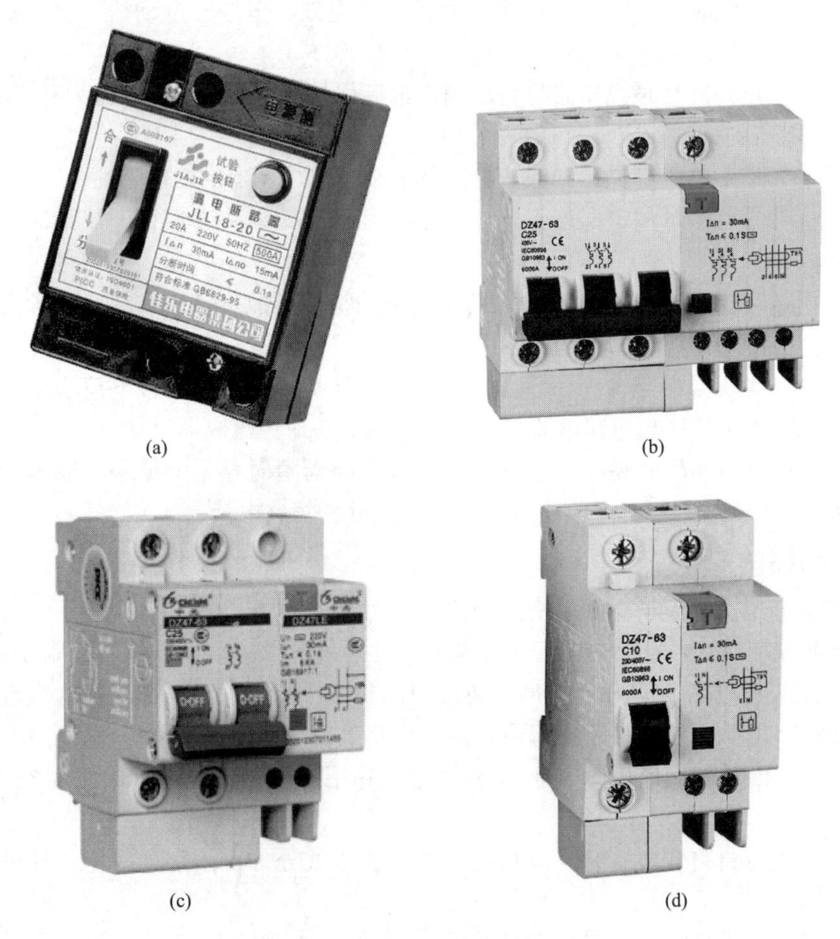

图 4-7 常用漏电保护器的外形

漏电保护器的功能是：当电网发生人身（相与地之间）触电或设备（对地）漏电时，能迅速地切断电源，可以使触电者脱离危险或使漏电设备停止运行，从而可以避免因触电、漏电引起的人身伤亡事故、设备损坏以及火灾。漏电保护器通常安装在中性点直接接地的三相四线制低压电网中，提供间接接触保护。当其额定动作电流在 30mA 及以下时，也可以作为直接接触保护的补充保护。

注意：装设漏电保护器仅是防止发生人身触电伤亡事故的一种有效的后备安全措施，而最根本的措施是防患于未然。不能过分夸大漏电保护器的作用，而忽视了根本安全措施，对此应有正确的认识。

(2) 漏电保护器的工作原理

电磁式电流动作型剩余电流保护断路器的工作原理如图 4-8 所示。其结构是在普通的塑料外壳式断路器中增加一个零序电流互感器和一个剩余电流脱扣器（又称漏电脱扣器）。

在正常运行时，即当被保护电路无触电、漏电故障时，由基尔霍夫电流定律可知，通过零序电流互感器一次侧的电流的相量和等于零，即

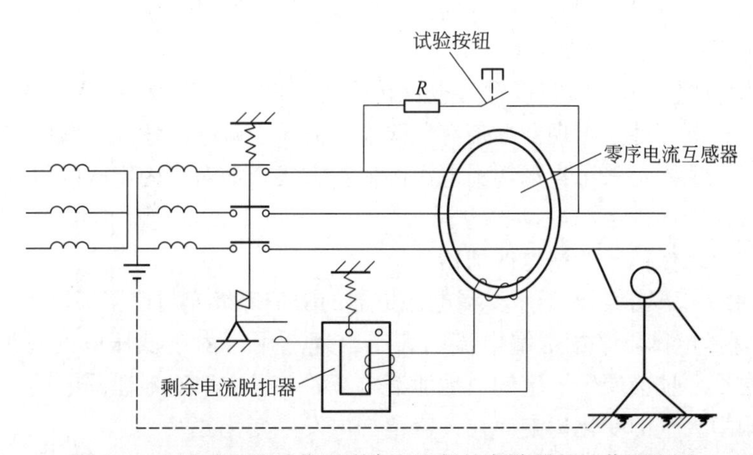

图 4-8　电磁式电流动作型剩余电流保护断路器的工作原理图

$$\dot{I}_{L1}+\dot{I}_{L2}+\dot{I}_{L3}=0$$

这样，各相电流（包括中性线电流）在零序电流互感器环形铁芯中所产生的磁通的相量和也为零，即

$$\dot{\Phi}_{L1}+\dot{\Phi}_{L2}+\dot{\Phi}_{L3}=0$$

因此，零序电流互感器的二次侧线圈没有感应电动势产生，漏电保护器不动作，系统保持正常供电。

当被保护电路出现漏电故障或人身触电时，由于漏电电流的存在，通过零序电流互感器一次侧的电流的相量和不再为零，即

$$\dot{I}_{1L}+\dot{I}_{2L}+\dot{I}_{3L}=\dot{I}_{\Delta}$$

此时，称各相电流（包括中性线电流）的相量和$\dot{I}_{\Delta}$为漏电电流（或剩余电流）。因而，在零序电流互感器的环形铁芯中所产生的磁通的相量和也不再为零，即

$$\dot{\Phi}_{1L}+\dot{\Phi}_{2L}+\dot{\Phi}_{3L}=\dot{\Phi}_{\Delta}$$

因此，零序电流互感器的二次线圈在交变磁通$\dot{\Phi}_{\Delta}$的作用下，就有感应电动势$\dot{E}_2$产生。当加到剩余电流脱扣器上的电流达到额定漏电动作电流时，剩余电流脱扣器就动作，使断路器脱扣而迅速切断被保护电路的供电电源，从而达到防止触电事故的目的。

(3) 漏电保护器的选择

① 必须选用符合国家技术标准的产品　漏电保护电器是一种关系到人身、设备安全的保护电器。因而国家对其质量的要求非常严格，用户在使用时必须选用符合国家技术标准，并具有国家认证标志的产品。

② 根据保护对象合理选用　漏电保护器的功能主要是防止人身直接接触或间接接触触电。

a. 直接接触触电保护　直接接触触电保护是防止人体直接触及电气设备的带电体而造成触电伤亡事故。直接接触触电电流就是触电保护电器的漏电动作电流。因此，从安全角度考虑，应选用额定漏电动作电流为 30mA 以下的高灵敏度、快速动作型的漏电保护器。如对于手持电动工具、移动式电气设备、家用电器等，其额定漏电动作电流一般应不超过 30mA；对于潮湿场所的电气设备，以及在发生触电后可能会产生二次性伤害的场所，如高空作业或河岸边使用的电气设备，其额定漏电动作电流一般为 10mA；对于医院中的医疗电

气设备，由于病人触电时，其心室纤颤阈值比健康人低，容易发生死亡，因此建议选用额定漏电动作电流为 6mA 的漏电保护器。

b. 间接接触触电保护 间接接触触电保护是为了防止电气设备在发生绝缘损坏时，在金属外壳等外露导电部件上出现持续带有危险电压而产生触电的危险。漏电保护器用于间接接触触电保护时，主要是采用自动切断电源的保护方式。如对于固定式的电气设备、室外架空线路等，一般应选用额定漏电动作电流为 30mA 及以上，快速动作型或延时动作型（对于分级保护中的上级保护）的漏电保护器。

③ 根据使用环境要求合理选用 漏电保护器的防护等级应与使用环境条件相适应。

④ 根据被保护电网不平衡泄漏电流的大小合理选用 由于低压电网对地阻抗的存在，即使在正常情况下，也会产生一定的对地泄漏电流，并且这个对地泄漏电流的大小还会随着环境气候，如雨雪天气的变化影响而在一定范围内发生变化。

从保护的观点，漏电保护器的漏电动作电流选择得小，无疑可以提高安全性。但是，任何供电电路和电气设备都存在正常的泄漏电流，当触电保护器的灵敏度选取过高时，将会导致漏电保护器的误动作增多，甚至不能投入运行。因此，在选择漏电保护器时，其额定漏电动作电流一般应大于被保护电网的对地不平衡泄漏电流的最大值的 4 倍。

⑤ 根据漏电保护器的保护功能合理选用 漏电保护器按保护功能分，有漏电保护专用、漏电保护和过电流保护兼用以及漏电、过电流、短路保护兼用等多种类型产品。

a. 漏电保护专用的保护器适用于有过电流保护的一般住宅、小容量配电箱的主开关，以及需在原有的配电电路中增设漏电保护器的场合。

b. 漏电、过电流保护兼用的保护器适用于短路电流比较小的分支电路。

c. 漏电、过电流和短路保护兼用的保护器适用于低压电网的总保护或较大的分支保护。

⑥ 根据负载种类合理选用 低压电网的负载有照明负载、电热负载、电动机负载（又称动力负载）、电焊机负载、电解负载、电子计算机负载等。

a. 对于照明、电热等负载可以选用一般的漏电保护专用或漏电、过电流、短路保护兼用的漏电保护器。

b. 漏电保护器有电动机保护用与配电保护用之分。对于电动机负载应选用漏电、电动机保护兼用的漏电保护器，保护特性应与电动机过载特性相匹配。

c. 电焊机负载与电动机不同，其工作电流是间歇脉冲式的，应选用电焊设备专用漏电保护器。

d. 对于电力电子设备负载，应选用能防止直流成分有害影响的漏电保护器。

e. 对于一旦发生漏电切断电源时，会造成事故或重大经济损失的电气装置或场所，如应急照明、用于消防设备的电源、用于防盗报警的电源以及其他不允许停电的特殊设备和场所，应选用报警式漏电保护器。

⑦ 额定电压与额定电流的选用 漏电保护器的额定电压和额定电流应与被保护线路（或被保护电气设备）的额定电压和额定电流相吻合。

⑧ 极数和线数的选用 漏电保护器的极数和线数型式应根据被保护电气设备的供电方式来选用。

单相 220V 电源供电的电气设备，应选用二极或单极二线式漏电保护器；三相三线 380V 电源供电的电气设备，应选用三极式漏电保护器；三相四线 380V 电源供电的电气设备，应选用三极四线或四极式漏电保护器。

(4) 漏电保护器的安装

① 安装前的检查

a. 检查漏电保护器的外壳是否完好，接线端子是否齐全，手动操作机构是否灵活有效等。

b. 检查漏电保护器铭牌上的数据是否符合使用要求，发现不相符时应停止安装使用。

② 安装与接线时的注意事项

a. 应按规定位置进行安装，以免影响动作性能。在安装带有短路保护的漏电保护器时，必须保证在电弧喷出方向有足够的飞弧距离。

b. 注意漏电保护器的工作条件，在高温、低温、高湿、多尘以及有腐蚀性气体的环境中使用时，应采取必要的辅助保护措施，以防漏电保护器不能正常工作或损坏。

c. 注意漏电保护器的负载侧与电源侧。漏电保护器上标有负载侧和电源侧时，应按此规定接线，切忌接反。

d. 注意分清主电路与辅助电路的接线端子。对带有辅助电源的漏电保护器，在接线时要注意哪些是主电路的接线端子，哪些是辅助电路的接线端子，不能接错。

e. 注意区分工作中性线和保护线。对具有保护线的供电线路，应严格区分工作中性线和保护线。在进行接线时，所有工作相线（包括工作中性线）必须接入漏电保护器，否则，漏电保护器将会产生误动作。而所有保护线（包括保护零线和保护地线）绝对不能接入漏电保护器，否则，漏电保护器将会出现拒动现象。因此，通过漏电保护器的工作中性线和保护线不能合用。

f. 漏电保护器的漏电、过载和短路保护特性均由制造厂调整好，用户不允许自行调节。

g. 使用之前，应操作试验按钮，检验漏电保护器的动作功能，只有能正常动作方可投入使用。

③ 对被保护电网的要求　安装漏电保护器后，对被保护电网应提出以下要求：

a. 凡安装漏电保护器的低压电网，必须采用中性点直接接地运行方式。电网的零线在漏电保护器以下不得有保护接零和重复接地，零线应保持与相线相同的良好绝缘。

b. 被保护电网的相线、零线不得与其他电路共用。

c. 被保护电网的负载应均匀分配到三相上，力求使各相泄漏电流大致相等。

d. 漏电保护器的保护范围较大时，宜在适当地点设置分段开关，以便查找故障，缩小停电范围。

e. 被保护电网内的所有电气设备的金属外壳或构架必须进行保护接地。当电气设备装有高灵敏度漏电保护器时，其接地电阻最大可放宽到500Ω，但预期接触电压必须限制在允许的范围内。

f. 安装漏电保护器的电动机及其他电气设备在正常运行时的绝缘电阻值应不小于0.5MΩ。

g. 被保护电网内的不平衡泄漏电流的最大值应不大于漏电保护器的额定漏电动作电流的25%。当达不到要求时，应整修线路、调整各相负载或更换绝缘良好的导线。

4.1.5　低压配电箱

(1) 安装配电箱的基本要求

① 安装配电箱（板）所需的木砖及铁件等均应在土建主体施工时进行预埋，预埋的各

种铁件都应涂刷防锈漆。挂式配电箱（板）应采用金属膨胀螺栓固定。

② 配电箱（板）要安装在干燥、明亮、不易受振，便于抄表、操作、维护的场所。不得安装在水池或水道阀门（龙头）的上、下侧。如果必须安装在上列地方的左右时，其净距必须在 1m 以上。

③ 配电箱（板）安装高度，照明配电板底边距地面不应小于 1.8m；配电箱安装高度，底边距地面为 1.5m。但住宅用配电箱也应使箱（板）底边距地面不小于 1.8m。配电箱（板）安装垂直偏差不应大于 3mm，操作手柄距侧墙面不小于 200mm。

④ 在 240mm 厚的墙壁内暗装配电箱时，其后壁需用 10mm 厚石棉板及直径为 2mm、孔洞为 10mm 的钢丝网钉牢，再用 1∶2 水泥砂浆抹好，以防开裂。墙壁内预留孔洞应比配电箱外廓尺寸略大 20mm。

⑤ 明装配电箱应在土建施工时，预埋好燕尾螺栓或其他固定件。埋入铁件应镀锌或涂油防腐。

⑥ 配电箱（板）安装垂直偏差不应大于 3mm。暗装时，其面板四周边缘应紧贴墙面，箱体与建筑物接触部分应刷防锈漆。

⑦ 配电箱（板）在同一建筑物内，高度应一致，允许偏差为 10mm。箱体一般宜突出墙面 10～20mm，尽量与抹灰面相平。

⑧ 对垂直装设的刀开关及熔断器等，上端接电源，下端接负荷；水平装设时，左侧（面对盘面）接电源，右侧接负荷。

⑨ 配电箱（板）的开关位置应与支路相对应，下面装设卡片框，标明路别及容量。

⑩ 配电箱（板）上的配线应排列整齐并绑扎成束，在活动部位要用长钉固定。盘面引出及引进的导线应留有余量以便于检修。

⑪ 配电箱的金属箱体应通过 PE 线或 PEN 线与接地装置连接可靠，使人身、设备在通电运行中确保安全。

(2) 照明配电箱的安装

照明配电箱有标准型和非标准型两种。标准型配电箱是由工厂成套生产组装的，非标准型配电箱根据实际需要自行设计制作或定做。照明配电箱的型号繁多，按其安装方式有悬挂明装和暗装两种。悬挂式配电箱可以安装在墙上或柱子上，暗装式配电箱（嵌入式安装）通常配合土建砌墙时将箱体预埋在墙内。根据制作材料可分为铁制、木制及塑料制配电箱。

① 自制配电箱注意事项　盘面可采用厚塑料板、包铁皮的木板或钢板。以采用钢板做盘面为例，将钢板按尺寸用方尺量好，画好切割线后进行切割，切割后用扁锉将棱角锉平。

盘面的组装配线如下：

a. 实物排列　先将盘面板放平，再将全部开关电器、仪表置于其上，进行实物排列。对照设计图及电器、仪表的规格和数量，选择最佳位置使之符合间距要求，并保证操作维修方便及外形美观。

b. 加工　位置确定后，先用方尺找正，画出水平线，分均孔距。然后撤去电器、仪表，进行钻孔。钻孔后除锈，刷防锈漆及灰油漆。

c. 固定电器　油漆干后装上绝缘嘴，并将全部电器、仪表摆平、找正，用螺钉固定牢固。

d. 电盘配线　根据电器、仪表的规格、容量和位置，选好导线的截面和长度，加以剪断进行组配。盘后导线应排列整齐，绑扎成束。压头时，将导线留出适当余量，削出线芯，逐个压牢，但是多股线需用压线端子。

② 明装（悬挂式）配电箱的安装　明装（悬挂式）配电箱可安装在墙上或柱子上。直接安装在墙上时，应先埋设固定螺栓，固定螺栓的规格应根据配电箱的型号和重量选择。其长度为埋设深度（一般为120～150mm）加箱壁厚度以及螺帽和垫圈的厚度，再加上3～5扣的余量长度。如图4-9所示。

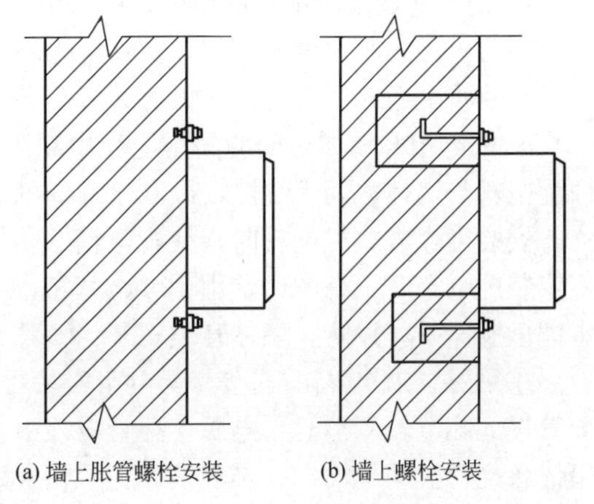

图4-9　悬挂式配电箱安装

施工时，先量好配电箱安装孔的尺寸，在墙上划好孔位，然后打洞，埋设螺栓（或用金属膨胀螺栓）。待填充的混凝土凝固后，即可安装配电箱。安装配电箱时，要用水平尺放在箱顶上，测量箱体是否水平。如果不平，可调整配电箱的位置以达到要求。同时在箱体的侧面用吊线锤，测量配电箱上、下端面与吊线的距离是否相等；如果相等，说明配电箱装得垂直。否则应查找原因，并进行调整。

配电箱安装在支架上时，应先将支架加工好，然后将支架埋设固定在地面上或固定在墙上，也可用抱箍将支架固定在柱子上，再用螺栓将配电箱安装在支架上，并调整其水平和垂直。图4-10为配电箱在支架上固定的示意图。

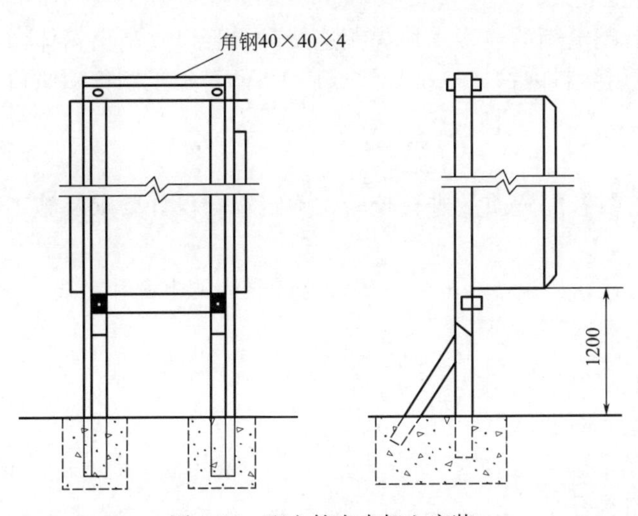

图4-10　配电箱在支架上安装

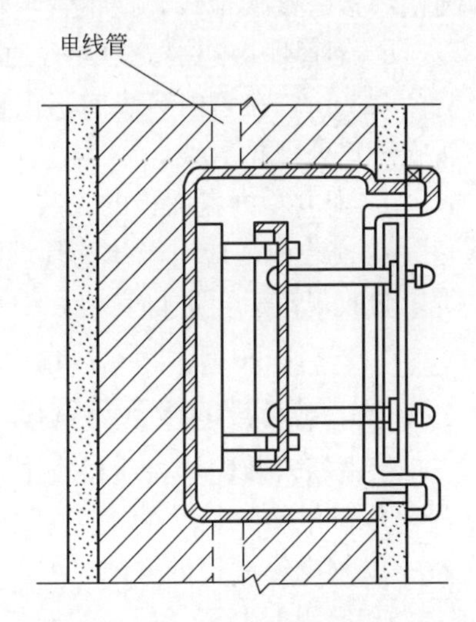

图4-11　照明配电箱暗装

③ 暗装（嵌入式）配电箱的安装　暗装配电箱就是将配电箱嵌入墙壁里。按配电箱嵌入墙体的尺寸可分为嵌入式配电箱安装和半嵌入式配电箱安装。嵌入式配电箱的安装如图4-11所示。当墙壁的厚度不能满足嵌入式安装时，可采用半嵌入式安装，使配电箱的箱体一半在墙外，一半嵌入墙内。

施工中应配合土建共同施工，在其主体施工时进行箱体预埋，配电箱的安装部位由放线员给出建筑标高线。安装配电箱的箱门前，抹灰粉刷工作应已结束。

嵌入式配电箱的安装程序如下：

a. 预留配电箱孔洞。一般在土建施工图样中先找到设计指定的箱体位置，当土建砌墙时就把与配电箱尺寸和厚度相等的木框架嵌在墙内，使墙上留出配电箱的孔洞。

b. 安装并调整配电箱的位置。一般在土建施工结束，电气配管及配线的预埋工作结束时，就可以敲去预埋的木框架，而将配电箱嵌入墙内，并对配电箱的水平和垂直进行校正；垫好垫片将配电箱固定好，并做好线管与箱体的连接固定。

c. 配电箱与墙体之间的固定。配电箱安装并固定好后，在箱体四周填入水泥砂浆，保证配电箱与墙体之间无缝隙，以利于后期的装修工作开展。

安装半嵌入式配电箱时，使配电箱的箱体一半在墙面外，一半嵌入墙内。在 240mm 墙上安装配电箱时，箱的后壁用 10mm 厚石棉板或用 10mm×10mm 钢丝网固定，并用 1∶2 水泥砂浆抹平，以防止墙体开裂。

④ 配管与配电箱的连接　配电箱安装后，电气操作人员进行管路与配电箱的连接工作。配管进入配电箱箱体时，电源、配管应该由左到右按顺序排列，并宜和各回路编号相对应。箱体各配管应间距均匀、排列整齐。入箱管路较多时要把管路固定好以防止倾斜，管入箱时应使其管口的入箱长度一致，用木板在箱内把管顶平即可。配管与箱体的连接，应根据配管的种类采用不同的方法。

a. 钢管螺纹连接。钢管与配电箱采用螺纹连接时，应先将钢管口端部套螺纹，拧入锁紧螺母；然后插入箱体内，管口处再拧紧护圈帽（也可以再拧紧一个锁紧螺母，露出 2～3 扣的螺纹长度，拧上护圈帽）。若钢管为镀锌钢管时，其与箱体的螺纹连接宜采用专用的接地线卡，用铜导线作跨接接地线；若钢管为普通钢管时，其与箱体的螺纹连接处的两端应用圆钢焊接跨接接地线，把钢管与箱体焊接起来。

b. 钢管焊接连接。暗配普通钢管与配电箱的连接采用焊接连接时，管口宜高出箱体内壁 3～5mm。在管内穿线前，在管口处用塑料内护口保护导线或用 PVC 管加工制作喇叭口插入管口处保护导线。

⑤ 配电箱内盘面板的安装

a. 安装前，应对箱体的预埋质量与线管配置质量进行校验，确定符合设计要求及施工质量验收规范后再进行安装。

b. 要清除箱内杂物，检查各种元件是否齐全、牢固，并整理好配管内的电源和导线。

(3) 配电箱的检查与调试

配电箱安装完毕，应检查下列项目：

① 配电箱（板）的垂直偏差、距地面高度。

② 配电箱周边的空隙。

③ 照明配电箱（板）的安装和回路编号。

④ 配电箱的接地或接零。

⑤ 柜内工具、杂物等应清理出柜，并将柜体内外清扫干净。

⑥ 电器元件各紧固螺钉应牢固，刀开关、空气开关等操作机构应灵活，不应出现卡滞现象。

⑦ 检查开关电器的通断是否可靠，接触面接触是否良好，辅助触点通断是否准确可靠。

⑧ 电工指示仪表与互感器的变比、极性应连接正确可靠。

⑨ 母线连接应良好，其绝缘支撑件、安装件及附件应安装牢固可靠。

⑩ 检查熔断器的熔芯规格选用是否正确，继电器的整定值是否符合设计要求，动作是否准确可靠。

⑪ 绝缘测试。配电箱中的全部电器安装完毕后，用500V绝缘电阻表对线路进行绝缘测试。测试相线与相线之间、相线与零线之间、相线与地线之间的绝缘电阻时，由两人进行摇测，绝缘电阻应符合现行国家施工验收规范的规定。并做好记录且存档。

⑫ 在测量二次回路绝缘电阻时，不应损坏其他半导体元件；测量绝缘电阻时应将其断开。

工程竣工交接验收时，应提交变更设计的证明文件和产品说明书、合格证等技术文件。

4.2 电能表的选择与安装

4.2.1 电能表的用途与分类

(1) 电能表的用途与特点

电能表是用来计量某一段时间内负载消耗电能多少的仪表，又称为“电度表”或“千瓦小时表”。它不仅能反映负载消耗的功率大小，而且还能反映出电能随时间增长积累的总和。当电能表消耗了1kW·h的电能时，即消耗了1度电，也就是平时人们所说的“电表走了一个字”。

电能表是用来测量某一段时间内发电机的电能或用户消耗电能的电工仪表。它不仅能反映出功率的大小，而且能反映出电能随时间增长积累的总和。为了能指示出不断增长的被测电能，电能表就不能简单地用指针读数，必须装有“积算机构”，将活动部分的转数通过齿轮传动机构，折算成被测电能的数值，并由一系列齿轮上的数字直接指示出来。

(2) 电能表的分类

根据电能表的用途、结构形式、工作原理、准确度等级、测量对象以及所接的电源性质和接入方式、付款方式的不同，可将电能表分成若干类别。根据其用途，一般将电能表分为测量用电能表和标准电能表两大类。标准电能表主要用于量值传递、校准等，一般不直接用于现场电能计量；测量用电能表主要用于电力系统各电量计费点的电量计量。

测量用电能表又可分成以下不同的类别：

① 按所测电源的性质分类　根据接入电源的性质可分为交流电能表和直流电能表，目前电力系统中广泛使用的是交流电能表。

② 按电能表的结构和工作原理分类　按电能表的结构和工作原理的不同可分为机械式（感应式）电能表、电子式（静止式）电能表和机电一体式（混合式）电能表。机械式电能表利用电磁感应产生力矩来驱动计数机构对电能进行计量。电子式电能表利用电子电路驱动计数机构来对电能进行计量。

③ 按电能表的安装、接线方式分类　按照电能表的安装、接线方式又可分为直接接入式电能表和间接接入式（经互感器接入式）电能表；其中，又有单相、三相三线、三相四线

电能表之分。

④ 按测量能量分类可分为单相有功、三相三线有功、三相四线有功、三相三线无功及三相四线无功电能表。

⑤ 按被测电路的电压可分为高压表及低压表两大类。所谓高压表是用来计测高压电路内电能的，例如 6kV、10kV 及以上电路；所谓低压表是用来计测 380/220V 电路内的电能的。

⑥ 按准确度等级分类　按其准确度等级一般分为 3 级、2 级、1 级、0.5 级等不同等级的电能表。

⑦ 按付款方式分类　按付款方式分类可分为普通电能表和定量电能表。根据付款方式的不同还分为投币式、磁卡式、电卡式（IC 卡）等预付费电能表。预付费电能表就是一种用户必须先买电，然后才能用电的特殊电能表，安装预付费电能表的用户必须先持卡到供电部门售电机上购电，将购得电量存入 IC 卡中，当 IC 卡插入预付费电能表时，电能表可显示购电数量，购电过程即告完成。预付费电能表不需要人工抄表，有效地解决了抄表难的问题。

在交流电路中，不论何种结构的电能表，都可根据测量对象的不同分为以下五种类型：

① 有功电能表。通过将有功功率对相应时间积分的方式测量有功电能的仪表，多用于计量用电户实际消耗的有功电能。

② 无功电能表。通过将无功功率对相应时间积分的方式测量无功电能的仪表，多用于计量无功电能。

③ 最大需量表。一般由有功电能表和最大需量指示器两部分组成，除测量有功电量外，在指定的时间区间内还能指示需量周期（我国规定为 15min）内测得的平均有功功率最大值，主要用于执行两部制电价的用电量计量。

④ 分时计度电能表。内部装有多个计度器，且每一个计度器在设定的时段内计量交流有功或无功电能量的仪表，称为分时计度电能表，又称复费率或多费率电能表。在我国，根据地区（省、直辖市）经济的发展情况，分时电价一般分为尖峰、峰、平、谷（24h 内又分为至少 8 个时段），白天与黑夜，枯水期与丰水期等不同费率；国外还有节假日、星期天等许多费率时段分别执行不同电价。早期分时计度电能表多为机械电子式，随着电子工业的发展和计算机技术的广泛应用，目前多采用电子式，即静止式分时计度电能表。

⑤ 多功能电能表。一种比分时计度电能表功能更多、数据传输功能更强的静止式电能表。多功能电能表由测量单元和数据处理单元等组成，除计量有功（无功）电能量外，还具有分时计量、测量需量等两种以上功能，并能自动显示、存储和传输数据。

常用的电能表是有功电能表和无功电能表。但无功电能表一般不单独使用，只在考核电路的功率因数时才与有功电能表组合使用。

4.2.2 机械式电能表

(1) 单相机械式电能表

单相机械式电能表的外形如图 4-12 所示，其内部结构如图 4-13 所示。

从图 4-13 可以看出，单相电能表内部垂直方向有一个铁芯，铁芯中间夹有一个铝盘，

图 4-12　单相机械式电能表的外形

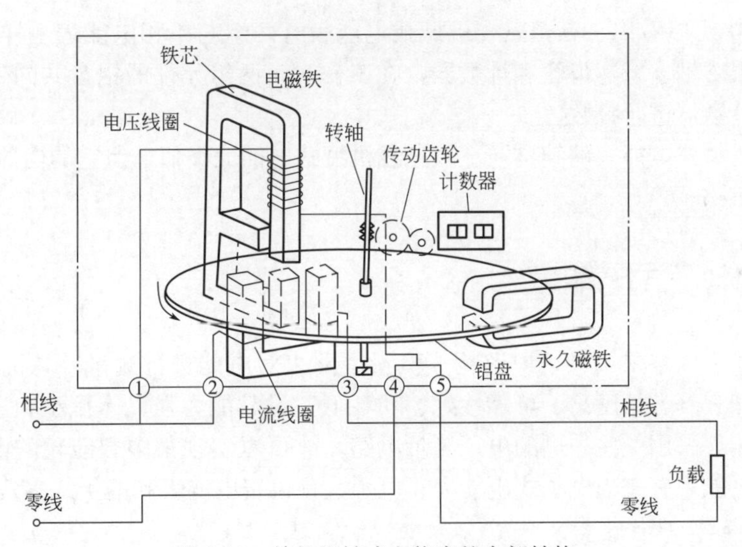

图 4-13　单相机械式电能表的内部结构

铁芯上绕着一个线径小、匝数多的电压线圈，电压线圈与负载并联。在铝盘的下方水平放置着一个铁芯，铁芯上绕有一个线径粗、匝数少的电流线圈，电流线圈与负载串联。当电能表按图示方法与电源及负载连接好以后，电压线圈与电流线圈中均有电流通过而都产生磁场，它们的磁场分别通过垂直和水平方向的铁芯作用于铝盘，铝盘受力转动，铝盘中央的转轴也随之转动，它通过传动齿轮驱动计数器计数。如果电源电压高、流向负载的电流大，则两个线圈产生的磁场强，铝盘转速快，通过转轴、齿轮驱动计数器的计数速度快，计算出来的电能就更多。永久磁铁的作用是让铝盘运转保持平衡。

(2) 三相三线机械式电能表

三相三线机械式电能表的外形如图 4-14 所示，其内部结构如图 4-15 所示。

图 4-14 三相三线机械式电能表的外形

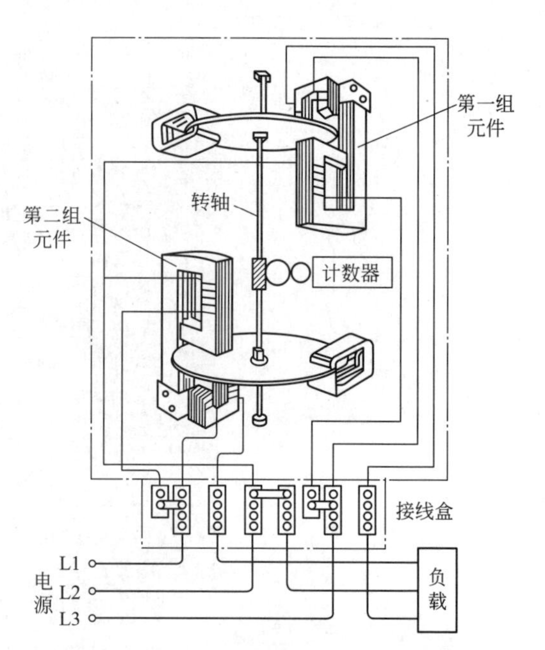

图 4-15 三相三线机械式电能表的内部结构

从图 4-15 中可以看出，三相三线机械式电能表有两组与单相电能表一样的元件，这两组元件共用一根转轴、减速齿轮和计数器，在工作时，两组元件的铝盘共同带动转轴运转，通过齿轮驱动计数器进行计数。

三相四线机械式电能表的结构与三线三线机械式电能表类似，但它的内部有三组元件共同来驱动计数机构。

4.2.3 电子式电能表

电子式电能表内部采用电子电路构成测量电路来对电能进行测量，与机械式电能表比较，电子式电能表具有精度高、可靠性好、功耗低、过载能力强、体积小和重量轻等优点。有的电子式电能表采用一些先进的电子测量电路，故可以实现很多智能化的电能测量功能。常见的电子式电能表有普通电子式电能表、电子式预付费电能表和电子式多费率电能表等。

(1) 普通电子式电能表

普通电子式电能表采用了电子测量电路对电能进行测量。根据显示方式可以分为滚轮显示电子式电能表和液晶显示电子式电能表，其外形如图 4-16 所示。

滚轮显示电子式电能表内部没有铝盘，不能带动滚轮计数器，在其内部采用了一个小型步进电动机。在测量时，电能表每通过一定的电能，测量电路会产生一个脉冲，该脉冲驱动步进电动机旋转一定的角度，带动滚轮计数器转动来进行计数。

液晶显示电子式电能表则是由测量电路输出显示信号，直接驱动液晶显示器显示电能数值。

(2) 电子式预付费电能表

电子式预付费电能表是一种先交费再用电的电能表，这种电能表内部采用了微处理器（CPU)、存储器、通信接口电路和继电器等。它在使用前，须先将已充值的购电卡插入电

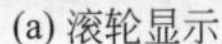
(a) 滚轮显示

(b) 液晶显示

图 4-16　普通电子式电能表的外形

能表的插槽，在内部 CPU 的控制下，购电卡中的数据被读入电能表的存储器，并在显示器上显示可使用的电能值。在用电过程中，显示器上的电能值根据电能的使用量而减少，当电能值减小到 0 时，CPU 会通过电路控制内部继电器开路，输入电能表的电能因继电器开路而无法输出，从而切断了用户的供电。

根据充值方式不同，电子式预付费电能表可以分为 IC 卡充值式、射频卡充值式和远程充值式等，图 4-17 所示电子式预付费电能表为 IC 卡充值式。射频卡充值式电能表只需将卡靠近电能表，卡内数值即会被电能表内的接收器读入存储器。远程充值式电能表有一根通信电缆与远处缴费中心的计算机连接，在充值时，只要在计算机中输入充电值，计算机就会通过电缆将有关数据送入电能表，从而实现远程充值。

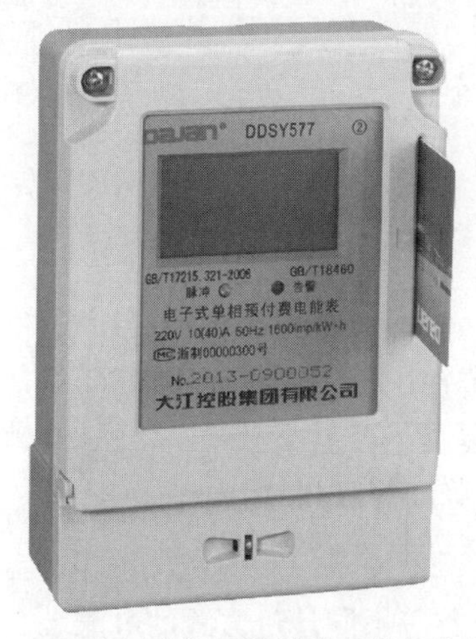

图 4-17　电子式单相预付费电能表的外形

图 4-18　电子式多费率电能表的外形

(3) 电子式多费率电能表

电子式多费率电能表又称为分时计费电能表。该电能表拥有多个计度器，可以对用户在电网负荷高峰及低谷时段的用电量分别计量，并根据多种电价分别收费。

图 4-18 是一种电子式多费率电能表，这种电能表依靠内部的单片机进行分时段计费控

制，此外还可以显示出峰、平、谷电能和总电能等数据。

4.2.4 电能表的选择

(1) 电能表类型的选择

根据供电线制，选择电能表的类型：

① 单相供电系统应选用单相电能表。

② 三相供电系统应选用三相三线两元件电能表。

③ 三相四线制供电系统应选用三相四线电能表。

(2) 电压等级的选择

根据被测电路的电压，选择电能表的电压等级。400/230V 低压系统可按供电线制选用。

(3) 电流等级的选择

根据负载大小，选择电能表的电流等级：

① 一般的低压负载，50A 以下时可选用相应电流等级的电能表。如负载电流为 20A，可选用 20A（80A）或 30A（100A）的电能表，其中括号内的数值为电能表短时允许最大负载电流。

负载电流在 50A 以上时，必须选用 5A 的电能表，并配备相应的电流互感器。电流互感器的一次电流应大于负载的额定电流（如负载电流为 200A，则应选用 250/5A 或 300/5A 的电流互感器），二次电流一律为 5A。

② 重要的低压负载必须选用 5A 的电能表，并配备相应的电流互感器，电流互感器的一次电流应大于负载的额定电流。

(4) 电能表种类的选择

根据电流的性质，选择电能表的种类：

① 交流电路必须选用交流电能表。

② 直流电路必须选用直流电能表。

(5) 准确度等级的选择

根据电能表的用途，选择电能表的准确度等级：

① 电能表用于企业或单位内部的一般经济核算时，可选用 2.0 级的电能表。

② 电能表用于企业或单位内部重要经济核算时，可选用 1.5 级的电能表。

③ 电能表作为收费依据时，应选用 1.0 级的电能表。

④ 电流/电压互感器的准确度等级应与电能表的准确度等级相符。

(6) 电能表功能的选择

根据供电部门的要求，应选择定量、限时、高峰低谷等不同计价方式的电能表。

(7) 电能表结构类型的选择

根据三相负载是否平衡，正确选用两元件、三元件三相电能表。

一般来讲，当三相电力负载非常平衡，且在运行中能够保证每相负载不变的情况下，宜选用两元件三相电能表，通常应配备电流表监视每相的负载。

当三相电力负载不太平衡，且在运行中每相负载有波动时，一般应选用三元件三相电能表。

一般条件下，三相负荷是变化的。因此，供电部门通常给用户配备三元件三相电能表，以保证计费的准确。而在一个单位内，为了减少电能表的费用，一般给三相负载配备两元件电能表。

4.2.5 电能表的接线

(1) 单相电能表的接线方法

单相电能表的原理构造示意图如图 4-19 所示、其接线示意图如图 4-20 所示。常用单相电能表共有四个接线桩头，从左至右按 1、2、3、4 编号。接线方式一般有两种。

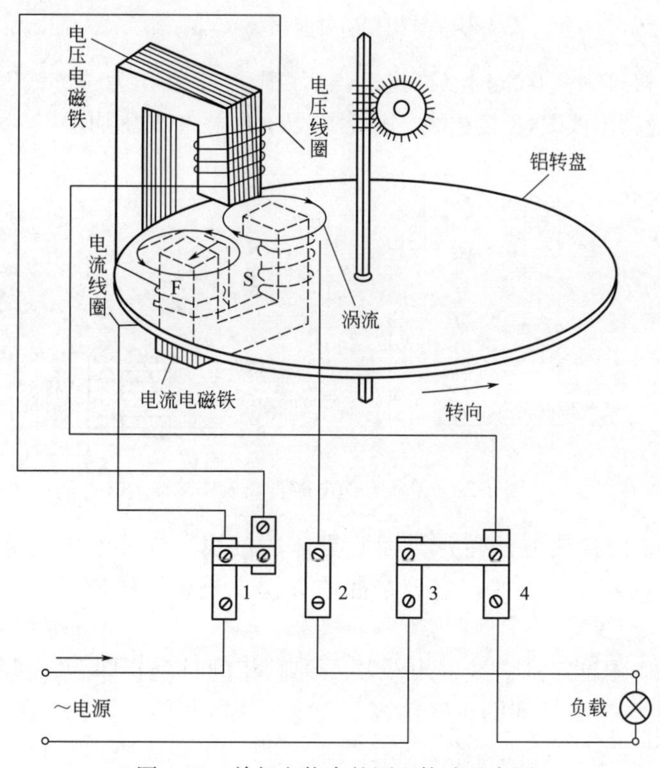

图 4-19　单相电能表的原理构造示意图

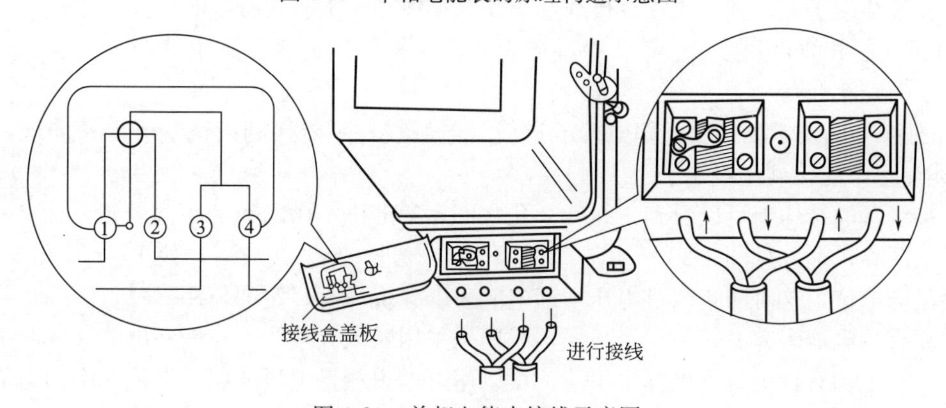

图 4-20　单相电能表接线示意图

① 跳入式　直接接入式接线时（一进一出），把 1、3 端作为“进线”（1 接相线、3 接零线），2、4 端作为“出线”（2 接相线、4 接零线），如图 4-21 所示。国产电能表统一采用这种接线方式。

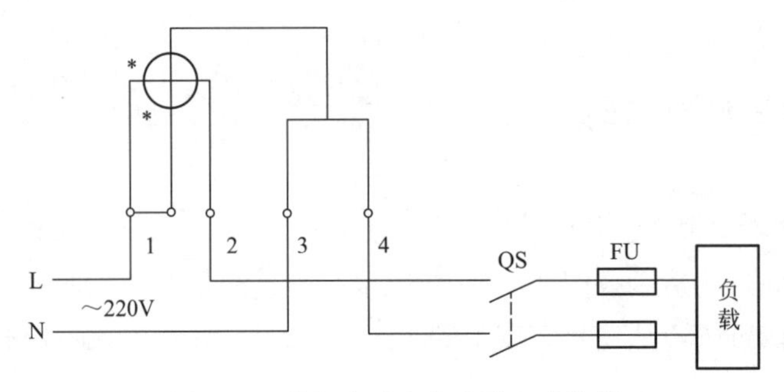

图 4-21　单相有功电能表跳入式接线

② 顺入式　直接接入式接线时（二进二出），把 1、2 端作为“进线”（1 接相线、2 接零线），3、4 端作为“出线”（3 接相线、4 接零线），如图 4-22 所示。

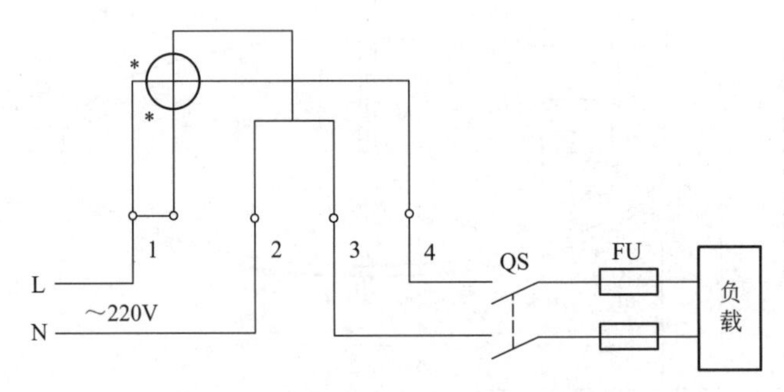

图 4-22　单相有功电能表顺入式接线

由于有些电能表的接线方法特殊，因此具体的接线方法要参照电能表接线盒盖板上的线路图。总之，对电能表接线，应该掌握的关键点是电压线圈是并联的，电流线圈是串联的。

由图 4-21 可知，电能表的进线、出线从左到右相间排列，即为一进一出（单进单出）电能表。“一进一出”接线排列的正确接线，是将电源的相线（俗称火线）接入接线盒第 1 孔接线端子上，其出线接在接线盒第 2 孔接线端子上；电源的中性线（俗称零线）接入接线盒第 3 孔接线端子上，其出线接在接线盒第 4 孔接线端子上。在接线时要注意两点：

① 进线的相线接到接线盒第 1 个端子上，不要把相线进线接到中性线孔。也不要把中性线进线接到相线孔。

② 进线与出线不要接反，即电源的进线（电源线）不能接到出线端子上；同理，出线（负载线）也不能接到进线端子上。

从接线盒的结构上可以看到 1 孔和 2 孔之间，3 孔和 4 孔之间的距离较近，而 2 孔和 3 孔之间的距离较远（见图 4-20 所示）。因此采用“一进一出”接线时，使 1、2 孔和 3、4 孔分别处于同电位，这对防止因过电压引起电能表击穿烧坏有一定的作用。

单相有功电能表究竟是采用跳入式接线还是采用顺入式接线，一般在电能表说明书或接线端子盖板上均有标记。如果标记不清，可以用万用表测量电压线圈、电流线圈的阻值来进行判断。阻值较大的线圈是电压线圈，阻值接近为零的线圈是电流线圈。

(2) 单相电能表经电流互感器接线

单相电能表容量较大时，则应采用电流互感器的方式接入，如图 4-23 所示。采用电流互感器接入时，其读数应乘以电流互感器的电流比后才为电能表的计量数。

采用经电流互感器接入式接线时，可在单相电能表接线盒的下部，对准电压线圈连接片（小挂钩）端子 2 的位置钻一个小孔，安装时只要将原来端子 1 与 2 的连接片拆除（如图 4-23 所示），电源的相线便可由新钻的小孔接到端子 2 上。

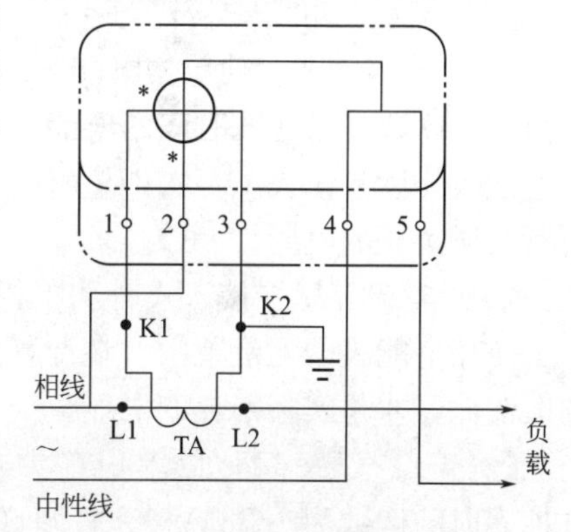

图 4-23　单相有功电能表经电流互感器接线

4.2.6 电能表的安装与使用

(1) 电能表的安装

① 电能表安装前必须进行校验/检定，其校验报告/检定证书应与其他三证共同入档保管。

② 检查表罩两个耳朵上所加封的铅印铅封是否完整。

③ 电能表应安装在室内的箱、柜内；室外安装时，必须安装在防尘防雨的箱内，且箱、柜应加锁。

④ 电能表应安装在干燥、稳固的地方，避免阳光直射，忌湿、热、霉、烟、尘、砂及腐蚀性气体。

⑤ 正确安装电能表，如有明显倾斜，容易造成计数不准、停走或空走等问题。电能表安装可挂得高些，但注意要便于抄表。

⑥ 电能表的接线必须正确，应以盒盖背面的接线图为准，同时注意拧紧螺钉和紧固一下接线盒内的小钩子。

⑦ 有电流互感器时，电流端子与电压端子的小挂钩必须摘开，连接互感器的导线应为 2.5mm^2 的绝缘铜芯线。

(2) 电能表使用注意事项

使用电能表时需要注意以下几个问题：

① 电能表装好后，合上开关，开亮电灯，转盘即从左向右转动。

② 当电能表的电流线路中无电流，而加于电压线路的电压为额定值的 80%～110%时，电能表的转盘转动不应超过一整转，否则电能表为不合格，应禁止使用。

③ 电能表在使用过程中，电路上不允许经常短路或负载超过额定值的 125%。

④ 电能表内有交流磁场存在，金属罩壳上产生感应电流是正常现象，不会耗电，也不影响安全和正确计量。若是其他原因使外壳带电，则应设法排除，以保障安全。

⑤ 电能表工作时有一些轻微响声，不会损坏机件，不影响使用寿命，也不会妨碍计量的准确性。

⑥ 电能表每月自身耗电量约 1kW·h（度）。因此若作分表使用时，每月应向总表贴补 1kW·h 电费，向总表贴补的电费与分表用电量的多少无关。

⑦ 用户在低于“最小使用电力”情况下使用电能表时，会造成计数显著不准。在低于“启动电力”的情况下使用时，转盘将停止转动。

⑧ 转盘转动的快慢跟用户用电量的多少成正比，但不同规格的表，尽管用电量相同，转动的快慢却不同；或者，虽然规格相同，用电量相同，但电能表的型号不同，转动的快慢也可能不同。所以，单纯从转盘转动的快慢来证明电能表准不准是不正确的。

(3) 电能表的读取与电能的计算

① 直接接入式有功单相电能表的读数方法　单相有功电能表计算消耗的电能是累积的，因而它的读数是某一段时间内电能的总和。直接接入式有功单相电能表的读数：用本次计量时电能表的读数减去上一次计量时电能表的读数。即为从上一次计量到本次计量这一段时间内负载所消耗的电能。

② 经电流互感器接入式有功单相电能表的读数方法　单相电能表经电流互感器后，扩大了单相电能表的测量范围。在计算用户消耗的电能时，应该用电能表消耗的电能乘以相应的电流比，才是实际消耗的电能。

【例 4-1】 某一家庭的单相有功电能表，6 月 1 日抄表时的读数为 1568kW·h，7 月 1 日抄表时的读数为 1688kW·h，问这个家庭在这一个月内共使用了多少电能？

解： 消耗电能＝本月电能表读数－上月电能表读数

$$W=1688\text{kW}\cdot\text{h}-1568\text{kW}\cdot\text{h}=120\text{kW}\cdot\text{h}$$

这个家庭在一个月内共使用了 120kW·h 的电能。即通常所说的电表走了 120 个字，或说消耗了 120 度电。

【例 4-2】 某用户的单相有功电能表配用了电流比为 300A/5A 的电流互感器，6 月 1 日抄表时的读数为 0572kW·h，7 月 1 日抄表时的读数为 0628kW·h，问本月消耗的电能为多少？

解： 消耗电能＝(本月电能表读数－上月电能表读数)×电流互感器电流比

电流比 K＝300A/5A＝60（300A 为电流互感器一次额定电流，5A 为电流互感器二次额定电流）

$$W=(0628\text{kW}\cdot\text{h}-0572\text{kW}\cdot\text{h})\times60=56\text{kW}\cdot\text{h}\times60=3360\text{kW}\cdot\text{h}$$

由此可知本用户本月消耗电能为 3360kW·h。

4.3 开关的选择与安装

4.3.1 开关的类型与选择

(1) 开关的类型

开关意为开启和关闭，开关的作用是接通和断开电路。

照明线路常用的开关有拉线开关、扳把开关、平开关（跷板式开关）等。在住宅的楼道等公共场所，为了节约用电，方便使用，还安装了延时开关（如按钮式延时开关、触摸开关、声控开关等），以使人员离开后，开关自动断电，灯自动熄灭。

根据开关的安装形式，可分为明装式和暗装式。明装式开关有拉线开关、扳把开关（平开关）等；安装时开关多采用平开关。

根据开关的结构，可分为单极开关、双极开关、三极开关、单控开关、双控开关、多控开关和旋转开关等。

开关还可以根据需要制成复合式开关，如能够随外界光线变化而接通和断开电源的光敏自动开关，用晶闸管或其他元器件改变电压以调节灯光亮度的调光开关和定时开关。

(2) 开关插座的规格

① 86 型开关。最常见的开关插座的外观是方的，外形尺寸 86mm×86mm，这种开关常叫 86 型开关。86 型为国际标准，很多发达国家都是装的 86 型，也是我国大多数地区工程和家装中最常用的开关。

② 118 型开关。118 型开关一般指的是横装的长条开关。118 型开关一般是自由组合式样的：在边框里面卡入不同的功能模块组合而成。118 型开关一般分为小盒、中盒和大盒，长尺寸分别是 118mm、154mm、195mm，宽度一般都是 74mm。118 型开关插座的优势就在于他的 DIY 风格！比较灵活，可以根据自己的需要和喜好调换颜色，拆装方便，风格自由。

③ 120 型开关。120 型常见的模块以 1/3 为基础标准，即在一个竖装的标准 120mm×74mm 面板上，能安装下三个 1/3 标准模块。模块按大小分为 1/3、2/3、1 位三种。120 型指面板的高度为 120mm，可配套一个单元、二个单元或三个单元的功能件。

120 型开关的外形尺寸有两种：一种为单连，74mm×120mm，可配置一个单元、二个单元或三个单元的功能件；一种为双连，120mm×120mm，可配置四个单元、五个单元或六个单元的功能件。

④ 146 型开关。宽是普通开关插座二倍，如有些四位开关、十孔插座等；面板尺寸一般为 86mm×146mm 或类似尺寸，安装孔中心距为 120.6mm。注意：只有长型暗盒才能安装。

(3) 开关的选择

因为开关的规格一般以额定电压和额定电流表示，所以开关的选择除考虑式样外，还要注意电压和电流。照明供电的电源一般为 220V，应选择额定电压为 250V 的开关。开关额定电流的选择应由负载（电灯和其他家用电器）的电流来决定。用于普通照明时，可选用 2.5～10A 的开关；用于大功率负载时，应先计算出负载电流，再按 2 倍负载电流的大小选择开关的额定电流。如果负载电流很大，选择不到相应的开关，则应选用低压断路器或开启式负荷开关。

① 明装式开关。明装式开关有扳把开关和拉线开关两类。扳把开关安装在墙面木台上；拉线开关也安装在墙面木台上。由于安装的位置在高处，使用时人手不直接接触开关，因此比较安全。

② 暗装式开关。暗装式开关嵌装在墙壁上与暗线相连接，既美观，又安全。安装前必须把电线、接线盒预埋在墙内，并把导线从接线盒的电线孔穿入。暗装式开关底座（接线盒）的外形如图 4-24 所示。

(4) 开关插座的检查方法

市场上开关插座品种多样、良莠不齐，消费者选购时无所适从，而开关插座不仅是一种家居功能用品，更是安全用电的主要零部件，其产品质量、性能材质对于预防火灾、降低损耗都有至关重要的作用。开关插座的检查方法如下：

① 眼观。一般好的产品外观平整、无毛刺，色泽亮丽和采用优质材料，阻燃性能良好，

(a) 金属　　(b) PVC

图 4-24　暗装式开关底座的外形

不易碎。有的产品表面虽光洁，似乎涂了一层油，但色泽苍白、质地粗大，此类材料阻燃性不好，可以用火点燃试试它的阻燃性怎么样。要是点着很快熄灭，则为好的塑料，否则就是很差的塑料。

② 手按。好的产品面板用手不会直接取下，必须借助一定的专用工具，而一般的非主流中、低档产品则很容易用手取下面盖，造成家居和公共场所的不雅。选择时用食指、拇指分按面盖对角的端点，一端按住不动；另一端用力按压。面盖松动、下陷的产品质量较差；反之则质量可信。

③ 耳听。轻按开关功能件，滑板式声音越轻微、手感越顺畅，节奏感强则质量较优；启闭时声音不纯、动感涩滞，有中途间歇状态的声音则质量较差。

④ 看结构。较通用的开关结构有两种：

a. 滑板式和摆杆式。滑板式开关声音雄厚，手感优雅舒适；摆杆式声音清脆，有稍许金属撞击声，在消灭电弧及使用寿命方面比传统的滑板式结构更稳定，技术更成熟。

b. 双孔压板接线较螺钉压线更安全。因前者增加导线与电器件接触面积，耐氧化，不易发生松动、接触不良等故障；而后者螺钉在紧固时容易压伤导线，接触面积小，导电部件易氧化、老化，导致接触不良。

⑤ 比选材。开关采用纯银触点时，其导电能力强，发热量低，安全性能高。触点采用铜质材料则性能大打折扣；插座材料采用锡磷生铜片可得到配合最好的强度、韧性、弹性等指标，比一般黄铜作簧片的插座耐用数十倍，且极少有插板时强烈的电弧烧坏插座的现象。

⑥ 看标识。市场上常用的家庭一般开关的额定电流为10A，插座电流为10A或16A以上。

⑦ 认品牌。名牌产品经时间、市场的严格考验，是消费者心目中公认的安全产品，无论是材质还是品质均严格把关，包装、运输、展示、形象设计各方面均有优质的流程。名牌电工产品不仅是一种安全电工功能用品，而且是一件件精致、优雅，能折射出高雅文化品味的艺术品。

4.3.2　开关安装的一般要求和安装位置

(1) 开关安装的一般要求

开关明装时，应先在定位处预埋木榫或膨胀螺栓（多采用塑料胀管）以固定木台，然后在木台上安装开关。开关暗装时，应装设图 4-24 所示的专用安装盒，一般是先预埋，再用水泥砂浆填充抹平，接线盒口墙面粉刷层平齐，等穿线完毕后再安装开关，其盖板或面板应端正并紧贴墙面。开关安装的一般要求如下。

① 开关结构应适应安装场所的环境，如潮湿环境应选用瓷质防水开关，多粉尘的场所应选用密闭开关。

② 应结合室内配线方式选择开关的类型。

③ 开关的额定电流不应小于所控电器的额定电流，开关的额定电压应与受电电压相符。

④ 开关的绝缘电阻不应低于 2MΩ，耐压强度不应低于 2000V。

⑤ 开关的操作机构应灵活轻巧，其动作由瞬时转换机构来完成。触点应接触可靠，除拉线开关、双投开关以外，触点的接通和断开，均应有明显标志。

⑥ 单极开关应串接在灯头的相线上，不应串接在零线回路上，这样当开关处于断开位置时，灯头及电气设备上不带电，以保证检修或清洁时的人身安全。

⑦ 开关的带电部件应使用罩盖封闭在开关内。

⑧ 住户的卧室内严禁装设床头开关。

⑨ 拉线开关的拉线应采用绝缘绳，长度不应小于 1.5m。拉线机构和拉绳以 98N 的力作用 1min，开关不应失灵。拉线开关的拉线口应与拉线方向一致，这样拉线不易拉断。

(2) 开关的安装位置

① 开关通常装在门左边或其他便于操作的地点。

② 扳把开关和翘板式开关等的安装位置如图 4-25～图 4-27 所示，开关离地面高度一般为 1.2～1.4m，离门框一般为 150～200mm。

③ 拉线开关离地面高度一般为 2.2～2.8m，离门框一般为 150～200mm；若室内净距离低于 3m，则拉线开关离大花板 200mm。

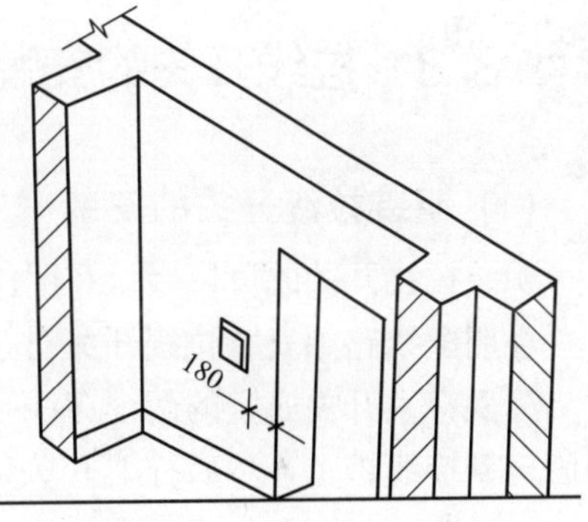

图 4-25　门旁开关盒位置

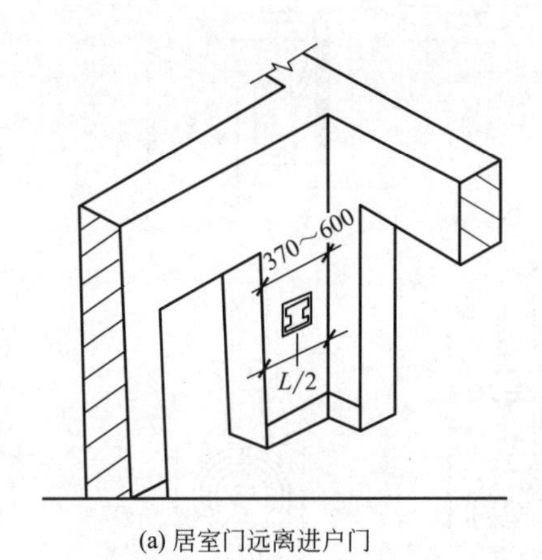

(a) 居室门远离进户门

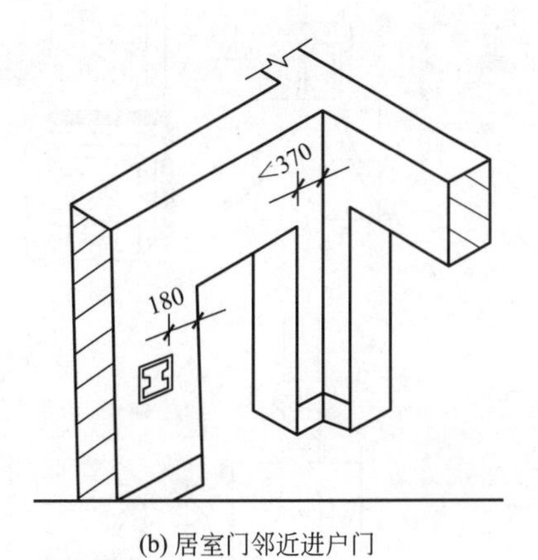

(b) 居室门邻近进户门

图 4-26　进户开关在居室门旁设置

④ 开关位置应与灯位相对应，同一室内开关的开、闭方向应一致。成排安装的开关，其高度应一致，高度差应不大于 2mm。

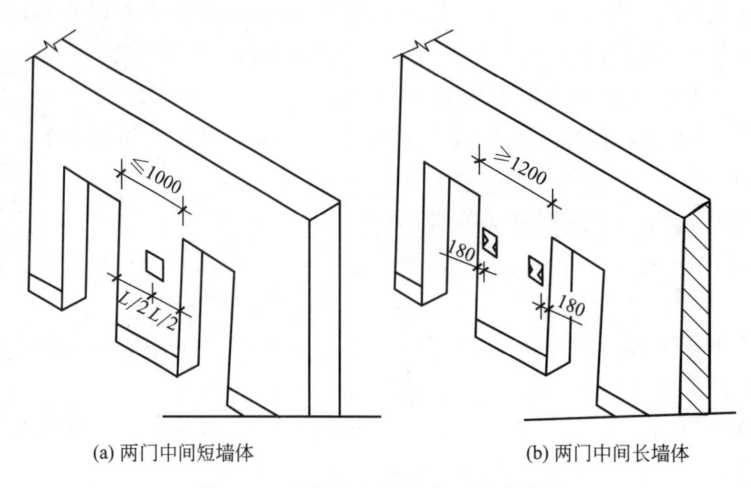

图 4-27 两门中间墙上的开关盒位置

⑤ 暗装式开关的盖板应端正、严密，与墙面齐面。明装式开关应装在厚度不小于 15mm 的木台上。

4.3.3 拉线开关的安装

(1) 明装拉线开关的安装

明装拉线开关既可以装设在明配线路中，又可以装设在暗配线路的八角盒上。

在明配线路中安装拉线开关时，应先固定好木台（绝缘台），拧下拉线开关盖，把两个线头分别穿入开关底座的两个穿线孔内，用两枚木螺钉将开关底座固定在木台上，把导线分别固定到接线桩上，然后拧上开关盖，如图 4-28 所示。明装拉线开关的拉线出口应垂直向

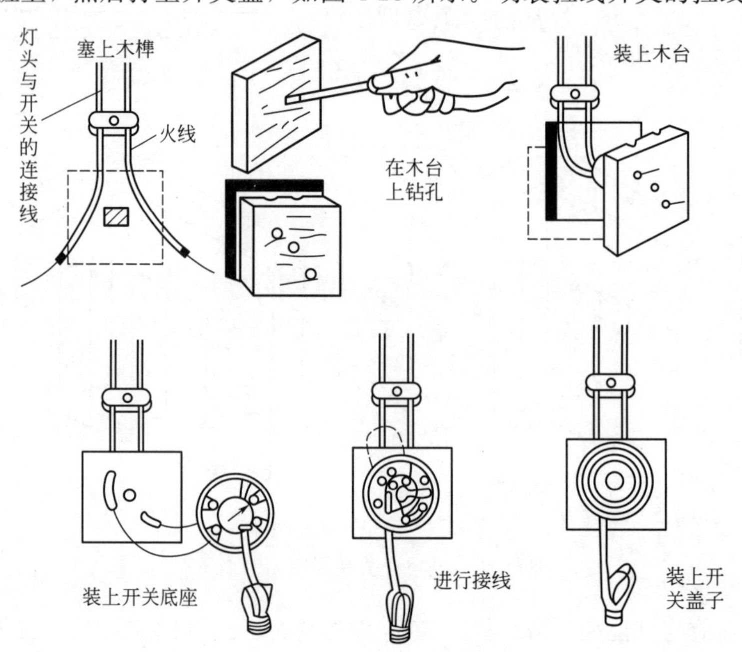

图 4-28 灯开关安装步骤和方法

下，不使拉线与盒口摩擦，防止拉线磨损断裂。

在暗配线路中将拉线开关安装在八角盒上时，应先将拉线开关与绝缘台固定好，拉线开关应在绝缘台中心。在现场一并接线及固定开关连同绝缘台。在暗配线路中，明装拉线开关的安装方法见图 4-29。

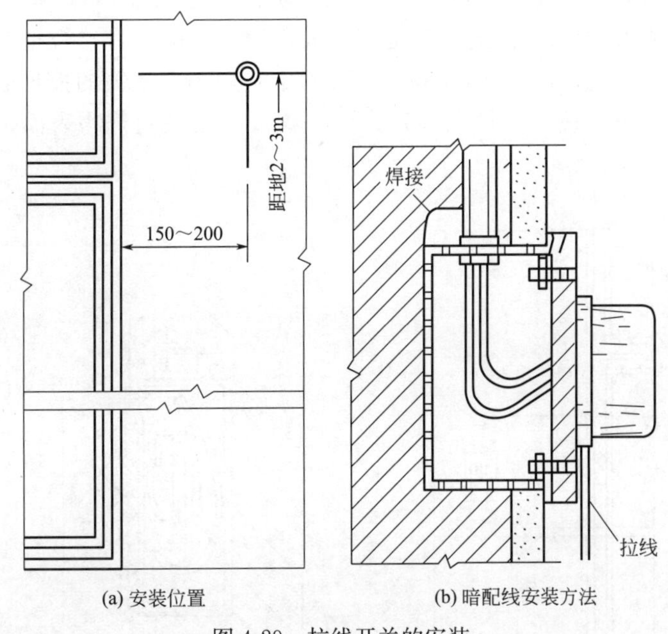

图 4-29　拉线开关的安装

(2) 暗装拉线开关的安装

暗装拉线开关应使用相配套的器具盒，把电源的相线和白炽灯灯座或荧光灯镇流器与开关连接线的线头接到开关的两个接线桩上，然后将开关连同面板固定在预埋好的盒体上，应注意面板上的拉线出口应垂直向下，如图 4-30 所示。

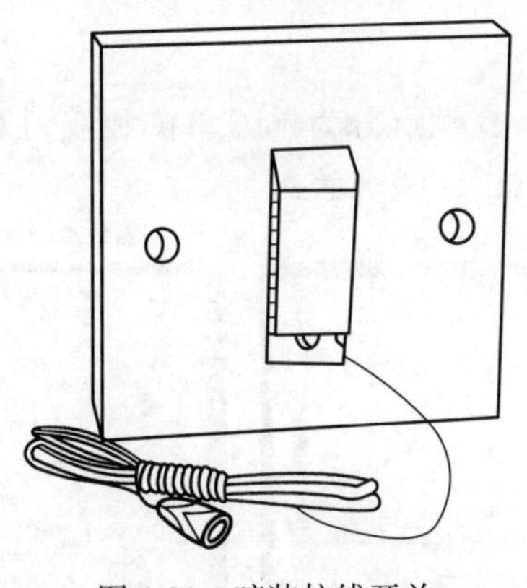

图 4-30　暗装拉线开关

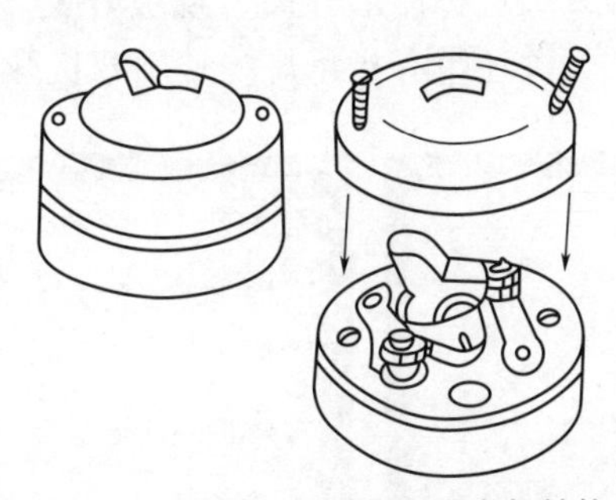

图 4-31　明扳把开关外形及内部结构

4.3.4　扳把开关的安装

(1) 明扳把开关的安装

在明配线路的场所，应安装明扳把开关。明扳把开关的外形及内部结构如图 4-31 所示。

明装明扳把开关时，需要先把绝缘台固定在墙上，再将导线甩至绝缘台以外，在绝缘台上安装开关和接线，接成扳把向上开灯、扳把向下关灯。

(2) 暗扳把开关的安装

暗装扳把开关接线时，把电源相线接到一个静触头接线桩上，另一动触头接线桩接来自灯具的导线，如图 4-32 所示。在接线时也应接成扳把向上时开灯，扳把向下时关灯（两处控制一盏灯的除外）。然后将开关芯连同支持架固定在盒上，开关的扳把必须安装正，再盖好开关盖板，用螺栓将盖板与支持架固定牢固，盖板应紧贴建筑物表面，扳把不得卡在盖板上。

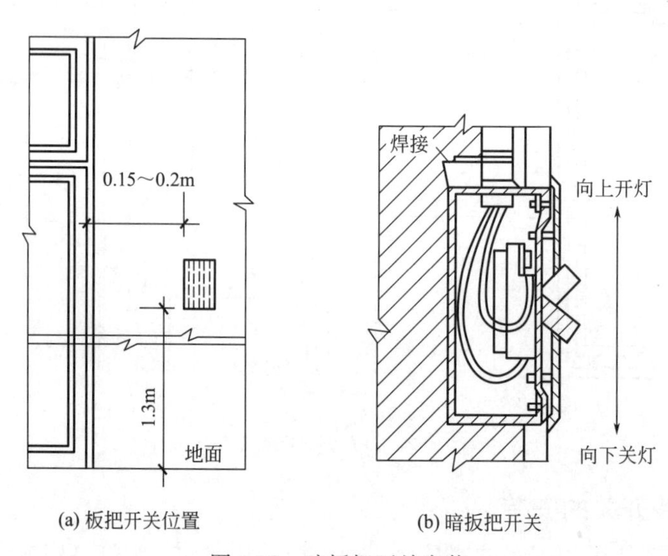

(a) 板把开关位置　　(b) 暗扳把开关

图 4-32　暗扳把开关安装

4.3.5　翘板开关的安装

翘板开关也称船形开关、跷板开关、电源开关。其触点分为单刀单掷和双刀双掷等几种，有些开关还带有指示灯。常用翘板开关的外形如图 4-33 所示。

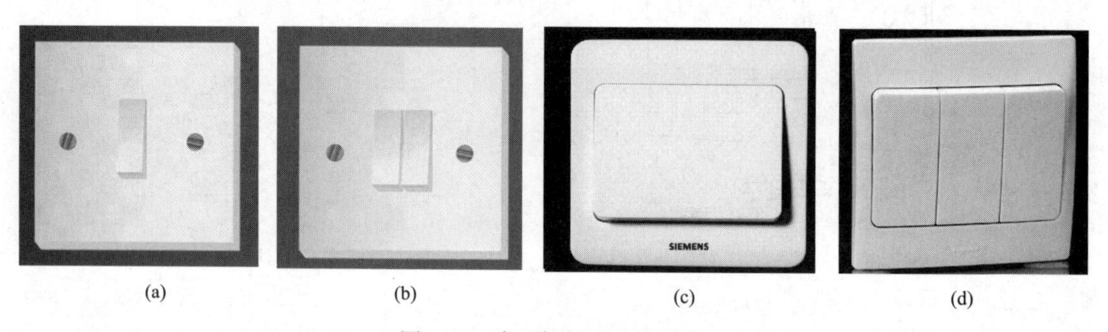

(a)　(b)　(c)　(d)

图 4-33　常用翘板开关的外形

暗装翘板开关安装接线时，应使开关切断相线，并应根据开关跷板或面板上的标志确定面板的装置方向。面板上有指示灯的，指示灯应在上面；面板上有产品标记的不能装反。

当开关的翘板和面板上无任何标志时，应装成将翘板下部按下时，开关应处于合闸的位置，将翘板上部按下时，开关应处于断开的位置。即从侧面看翘板上部突出时灯亮，下部突出时灯熄，如图 4-34 所示。

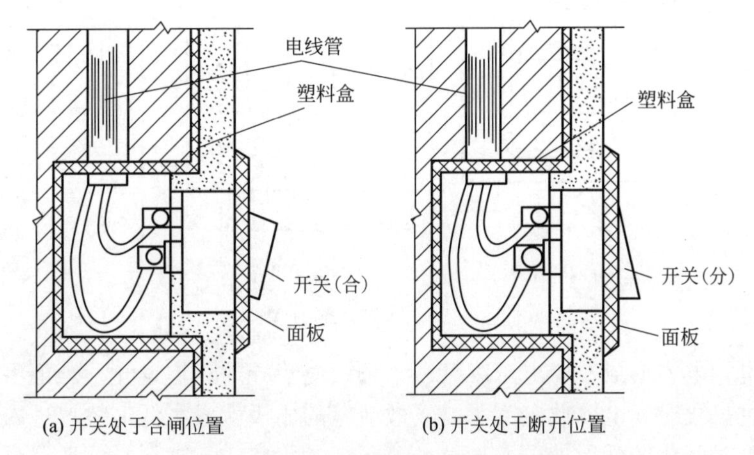

(a) 开关处于合闸位置　　(b) 开关处于断开位置

图 4-34　暗装翘板式开关通断位置

暗装翘板开关的安装方法与其他暗装开关的安装方法相同。由于暗装开关是安装在暗盒上的，因此在安装暗装开关时，要求暗盒（又称安装盒或底盒）已嵌入墙内并已穿线。暗装开关的安装如图 4-35 所示，先从暗盒中拉出导线，接在开关的接线端上，然后用螺钉将开关主体固定在暗盒上，再依次装好盖板和面板即可。

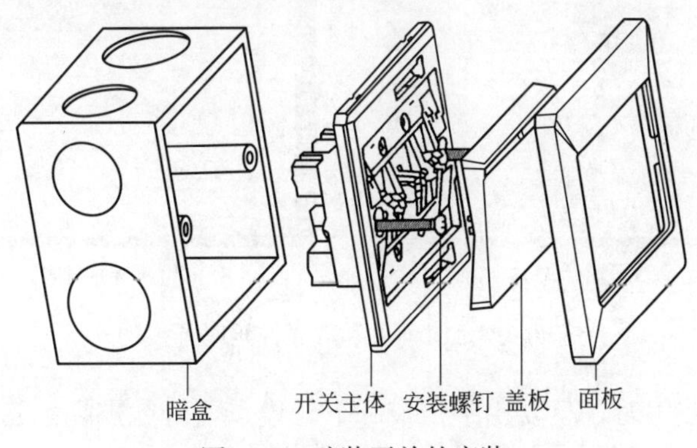

图 4-35　暗装开关的安装

4.3.6　防潮防溅开关的安装

安装在潮湿场所室内的开关，应使用面板上带有薄膜的防潮防溅开关，如图 4-36 所示。在凹凸不平的墙面上安装时，为提高电器的密封性能，需要加装一个橡胶垫，以弥补墙面不平整的缺陷。

4.3.7　触摸延时和声光控延时开关的安装

(1) 触摸式延时开关

触摸式延时开关有一个金属感应片在外面，手一触摸就产生一个信号触发三极管导通，

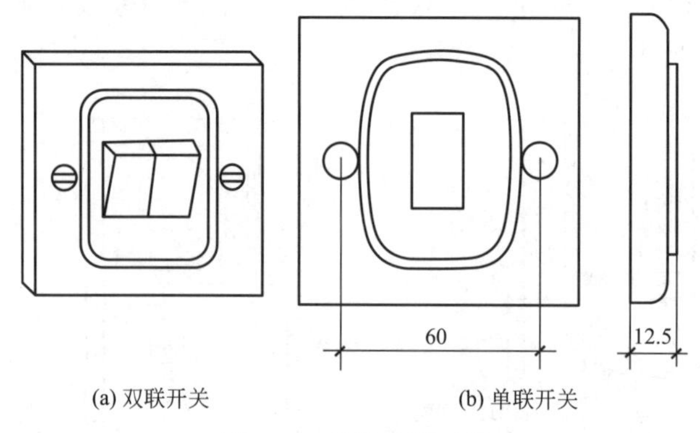

(a) 双联开关　　(b) 单联开关

图 4-36　防潮防溅开关

对一个电容充电，电容形成一个电压维持一个场效应管导通灯泡发光。当把手拿开后，停止对电容充电，过一段时间电容放电完了，场效应管的栅极就成了低电势，进入截止状态，灯泡熄灭。触摸延时开关的外形如图 4-37(a) 所示。

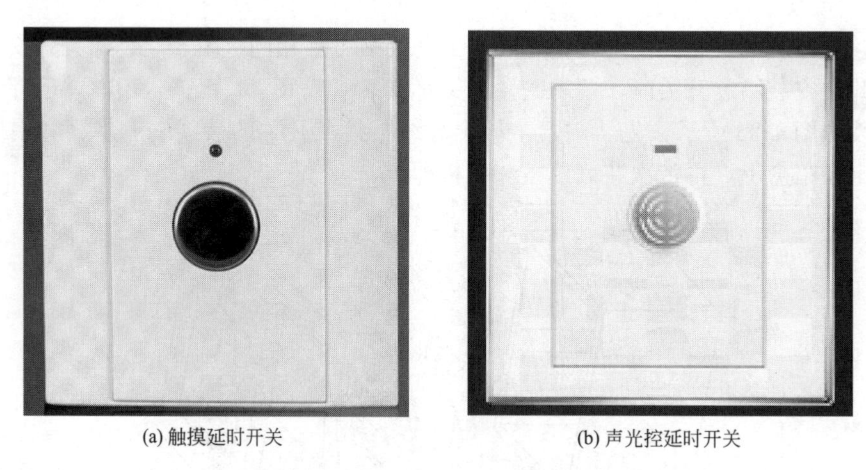

(a) 触摸延时开关　　(b) 声光控延时开关

图 4-37　触摸延时开关和声光控延时开关的外形

触摸延时开关在使用时，只要用手指摸一下触摸点，灯就点亮，延时若干分钟后会自动熄灭。两线制可以直接取代普通开关，不必改变室内布线。

触摸延时开关广泛适用于楼梯间、卫生间、走廊、仓库、地下通道、车库等场所的自控照明，尤其适合常忘记关灯的场所，避免长明灯浪费现象，节约用电。

触摸延时开关的功能特点：

① 使用时只需触摸开关的金属片即导通工作，延长一段时间后开关自动关闭。

② 应用控制，开关自动检测对地绝缘电阻，控制动作更可靠无误。

③ 无触点电子开关，延长负载使用寿命。

④ 触摸金属片地极零线电压小于 36V 的人体安全电压，使用对人体无害。

⑤ 独特的两制设计，直接代替开关使用，可带动各类负载（日光灯、节能灯、白炽灯、风扇等）。

(2) 声光控延时开关

声光控延时开关是集声学、光学和延时技术为一体的自动照明开关，其外形如图 4-37

(b) 所示。它是一种内无接触点，在特定环境光线下采用声响效果激发拾音器进行声电转换来控制用电器的开启，并经过延时后能自动断开电源的节能电子开关。广泛用于楼道、建筑走廊、洗漱室、厕所、厂房、庭院等场所，是现代极理想的新颖绿色照明开关，并延长灯泡使用寿命。

白天或光线较强时，电路为断开状态，灯不亮；当光线黑暗时或晚上来临时，开关进入预备工作状态，此时，当来人有脚步声、说话声、拍手声等声源时，开关自动打开，灯亮，并且触发自动延时电路，延时一段时间后自动熄灭，从而实现了“人来灯亮，人去灯熄”，杜绝了长明灯，免去了在黑暗中寻找开关的麻烦，尤其是上下楼道带来的不便。

常用的声光控延时开关有螺口型和面板型两大类，螺口型声光控延时开关直接设计在螺口平灯座内，不需要在墙壁上另外安装开关；面板型声光控延时开关一般安装在原来的机械开关位置处。

(3) 安装方法

触摸延时开关和面板型声光控延时开关与机械开关一样，可串联在白炽灯回路中的相线上工作。因此，无需改变原来的线路，可根据固定孔及外观要求选择合适的开关进行直接更换，接线也不需要考虑极性。

螺口型声光控开关与安装平灯座照明灯的方法一样。

安装声光控延时开关时还应注意以下几点：

① 安装位置尽可能符合环境的实际照度，避免人为遮光或者受其他持续强光干扰。

② 普通型触摸延时开关和声光控延时开关所控制的白炽灯负载不得大于60W，严禁一只开关控制多个白炽灯。当控制负载较大时，可在购买时向生产厂商特别提出。如果要控制几个白炽灯，可以加装一个小型继电器。

③ 安装时不得带电接线，并严禁灯泡灯口短路，以防造成开关损坏。

④ 安装声光控延时开关时，采光头应避开所控灯光照射。要及时或定期擦净采光头的灰尘，以免影响光电转换效果。

4.4 插座的选择与安装

4.4.1 插座的类型

插座（又称电源插座，开关插座）是指有一个或一个以上电路接线可插入的座，通过它可插入各种接线，便于与其他电路接通。电源插座是为家用电器提供电源接口的电气设备，也是住宅电气设计中使用较多的电气附件，它与人们生活有着十分密切的关系。插座按照用途可分为工业用插座、电源插座和移动插座等。

在室内外用电场所，很大一部分用电设备是可移动的。例如，用于生活的电风扇、电熨斗、洗衣机、电冰箱、电视机和台灯等；用于生产的电烙铁、电钻、电焊机、小型电炉和电烤箱等。可移动的用电设备，其电源必须通过插头从插座中引取，连接方便，不许用固定的方法在线路上直接引取。插座的作用是为移动式照明电器、家用电器或其他用电设备提供电源。

插座有明装插座和暗装插座之分，有单相两孔式、单相三孔式和三相四孔式；有一位式（一个面板上有一只插座）、多位式（一个面板上有 2～4 只插座）；有扁孔插座、扁孔和圆孔通用插座；有普通型插座、带开关插座和防溅型插座等。三相四孔式插座用于商店、加工场所等三相四线制动力用电，电压规格为 380V，电流等级分为 15A、20A、30A 等几种，并设有接地（接零）保护桩头，用来接保护地线（零线），以确保用电安全。家庭供电为单相电源，所用插座为单相插座，分为单相两孔插座和单相三孔插座。单相三孔插座设有接地（接零）保护桩头。单相插座的电压规格为 250V。

暗装插座和开关常选择 86mm 系列电气装置件，外形采用平面直角，线条横竖分明、美观大方。部分常用明装插座的外形如图 4-38 所示；部分常用暗装插座的外形如图 4-39 所示。

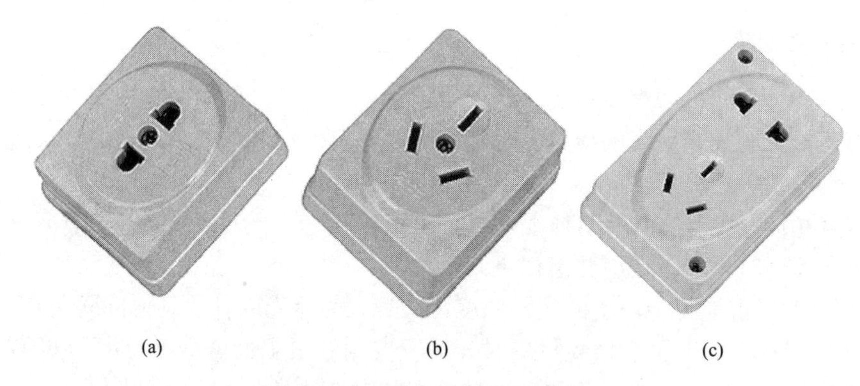

(a) (b) (c)

图 4-38 常用明装插座的外形

(a) (b) (c) (d)

图 4-39 常用暗装插座的外形

4.4.2 插座的选择

为了使用者的安全，要求插座安全、牢固、美观、实用、整齐、统一。插座的规格一般以额定电流和工作电压表示。其型号、规格应根据用电设备的工作环境和最大工作电流、额定电压来选取。

选择插座时还应注意以下几点：

① 电源插座应采用经国家有关产品质量监督部门检验合格的产品。一般应采用具有阻

燃材料的中高档产品，不应采用低档和伪劣假冒产品。

② 住宅内用电电源插座应采用安全型插座，卫生间等潮湿场所应采用防溅型插座。

③ 电源插座的额定电流应大于已知使用设备额定电流的 1.25 倍。一般单相电源插座额定电流为 10A，专用电源插座为 16A，特殊大功率家用电器其配电回路及连接电源方式应按实际容量选择。

④ 为了插接方便，一个 86mm×86mm 单元面板，其组合插座个数最好为两个，最多（包括开关）不超过三个，否则应采用 146 面板多孔插座。

⑤ 在比较潮湿的场所，安装插座应该同时安装防水盒。

⑥ 几乎所有的家用电器都有待机耗电。所以，为了避免频繁插拔，类似于洗衣机插座、电热水器插座这类使用频率相对较低的电器可以考虑用“带开关插座”。

⑦ 由于电饭锅、电热水壶这类电器插来拔去的很麻烦，可以考虑使用“带开关插座”。

⑧ 书房电脑连一个插线板基本可以解决电脑那一大串插头了，为了避免到写字台下面按插线板电源，可在书桌对面安装一个“带开关插座”。

4.4.3 插座位置的设置

根据电源插座的位置与数量确定对方便家用电器的使用。室内装修的美观起着重要的作用，电源插座的布置应根据室内家用电器点和家具的规划位置进行，并应密切注意与建筑装修等相关专业配合，以便确保插座位置的正确性。

① 电源插座应安装在不少于两个对称墙面上，每个墙面两个电源插座之间水平距离不宜超过 2.5～3m，与端墙的距离不宜超过 0.6m。

② 无特殊要求的普通电源插座距地面 0.3m 安装，洗衣机专用插座距地面 1.6m 处安装，并带指示灯和开关。

③ 空调器应采用专用带开关电源插座。在明确采用某种空调器的情况下，空调器电源插座宜按下列位置布置：

a. 分体式空调器电源插座宜根据出线管预留洞位置距地面 1.8m 处设置。

b. 窗式空调器电源插座宜在窗口旁距地面 1.4m 处设置。

c. 柜式空调器电源插座宜在相应位置距地面 0.3m 处设置。否则按分体式空调器考虑预留 16A 电源插座，并在靠近外墙或采光窗附近的承重墙上设置。

④ 凡是设有有线电视终端盒或电脑插座的房间，在有线电视终端盒或电脑插座旁至少应设置两个五孔组合电源插座，以满足电视机、VCD、音响功率放大器或电脑的需要，电源插座距有线电视终端盒或电脑插座的水平距离不少于 0.3m。

⑤ 起居室（客厅）是人员集中的主要活动场所，家用电器点多，设计应根据建筑装修布置图布置插座，并应保证每个主要墙面都有电源插座。如果墙面长度超过 3.6m，应增加插座数量；墙面长度小于 3m，电源插座可在墙面中间位置设置。起居室内应采用带开关的电源插座。

⑥ 卧室应保证两个主要对称墙面均设有组合电源插座，床端靠墙时床的两侧应设置组合电源插座，并设有空调器电源插座。

⑦ 书房除放置书柜的墙面外，应保证两个主要墙面均设有组合电源插座，并设有空调器电源插座和电脑电源插座。

⑧ 厨房应根据建筑装修的布置，在不同的位置、高度设置多处电源插座以满足抽油烟机、消毒柜、微波炉、电饭煲、电冰箱等多种电炊具设备的需要。参考灶台、操作台、案台、洗菜台布置选取最佳位置设置抽油烟机插座，一般距地面 1.8～2m。其他电炊具电源插座在吊柜下方或操作台上方之间，不同位置、不同高度设置，插座应带电源指示灯和开关。厨房内设置电冰箱时应设专用插座，距地 0.3～1.5m 安装。

⑨ 电热水器应选用 16A 带开关三线插座并在热水器右侧距地 1.4～1.5m 安装，注意不要将插座设在电热器上方。

⑩ 严禁在卫生间内的潮湿处如淋浴区或澡盆附近设置电源插座，其他区域设置的电源插座应采用防溅式。有外窗时，应在外窗旁预留排气扇接线盒或插座，由于排气风道一般在淋浴区或澡盆附近，因此接线盒或插座应距地面 2.25m 以上安装。在盥洗台镜旁设置美容用和剃须用电源插座，距地面 1.5～1.6m 安装。插座宜带开关和指示灯。

⑪ 阳台应设置单相组合电源插座，距地面 0.3m。

4.4.4 安装插座应满足的技术要求

① 插座垂直离地高度，明装插座不应低于 1.3m；暗装插座用于生活的应不低于 0.3m，用于公共场所应不低于 1.3m，并与开关并列安装。

② 在儿童活动的场所，不应使用低位置插座，应装在不低于 1.3m 的位置上，否则应采取防护措施。

③ 浴室、蒸汽房、游泳池等潮湿场所内应使用专用插座。

④ 空调器的插座电源线，应与照明灯电源线分开敷设，应由配电板或漏电保护器后单独敷设，插座的规格也要比普通照明、电热插座大。导线截面积一般采用不小于 1.5mm^2 的铜芯线。

⑤ 墙面上各种电器连接插座的安装位置应尽可能靠近被连接的电器，缩短连接线的长度。

4.4.5 插座的安装及接线

插座是长期带电的电器，是线路中最容易发生故障的地方，插座的接线孔都有一定的排列位置，不能接错，尤其是单相带保护接地（接零）的三极插座，一旦接错，就容易发生触电伤亡事故。暗装插座接线时，应仔细辨别盒内分色导线，正确地与插座进行连接。

插座接线时应面对插座。单相两极插座在垂直排列时，上孔接相线（L 线），下孔接中性线（N 线），如图 4-40(a) 所示。水平排列时，右孔接相线，左孔接中性线，如图 4-40(b) 所示。

单相三极插座接线时，上孔接保护接地或接零线（PE 线），右孔接相线（L 线），左孔接中性线（N 线），如图 4-40(c) 所示。严禁将上孔与左孔用导线连接。

三相四极插座接线时，上孔接保护接地或接零线（PE 线），左孔接相线（L1 线），下孔接相线（L2 线），右孔也接相线（L3 线），如图 4-40(d) 所示。

暗装插座接线完成后，不要马上固定面板，应将盒内导线理顺，依次盘成圆圈状塞入盒内，且不允许盒内导线相碰或损伤导线，面板安装后表面应清洁。

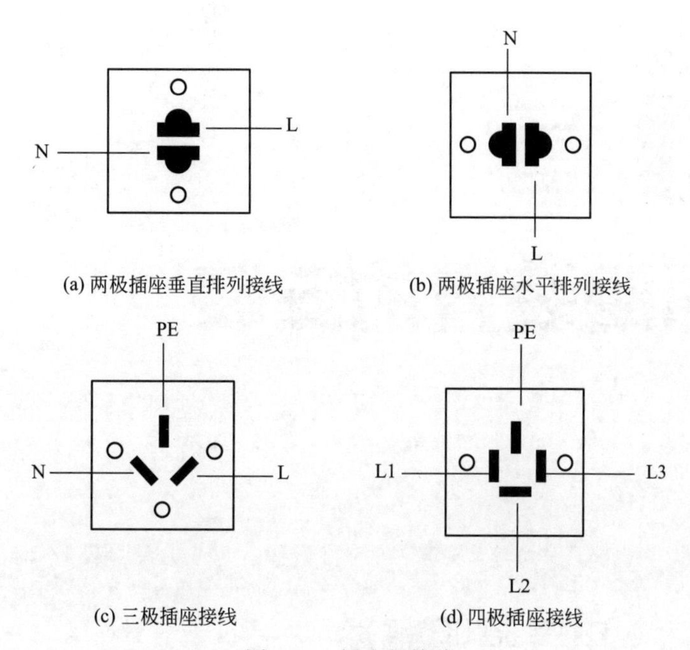

(a) 两极插座垂直排列接线 (b) 两极插座水平排列接线

(c) 三极插座接线 (d) 四极插座接线

图 4-40 插座的接线

第5章 电气照明装置的安装

5.1 电气照明概述

5.1.1 电气照明的分类

电气照明是指利用一定的装置和设备将电能转换成光能，为人们的日常生活、工作和生产提供的照明。电气照明一般由电光源、灯具、电源开关和控制线路等组成。良好的照明条件是保证安全生产、提高劳动生产率和人的视力健康的必要条件。

(1) 电气照明按灯具布置方式分类

电气照明按灯具布置方式可分为以下三类：

① 一般照明：是指不考虑特殊或局部的需要，为照亮整个工作场所而设置的照明。这种照明灯具往往是对称均匀排列在整个工作面的顶棚上，因而可以获得基本均匀的照明。如居民住宅、学校教室、会议室等处主要采用一般照明作为基本照明。

② 局部照明：是指利用设置于特定部位的灯具（固定的或移动的），用于满足局部环境照明需要的照明方式。如办公学习用的台灯、检修设备用的手提灯等。

③ 混合照明：是指由一般照明和局部照明共同组成的照明方式，实际应用中多为混合照明。如居民家庭、饭店宾馆、办公场所等处，都是在采用一般照明的基础上，根据需要再在某些部位装设壁灯、台灯等局部照明灯具。

(2) 电气照明按照明性质分类

电气照明按照明性质可分为以下七种：

① 正常照明：正常工作时使用的室内、室外照明。一般可以单独使用。

② 应急照明：正常照明因故障熄灭后，供故障情况下继续工作或人员安全通行的照明称为应急照明。应急照明主要由备用照明、安全照明、疏散照明等组成。应急照明光源一般采用瞬时点亮的白炽灯或卤钨灯，灯具通常布置在主要通道、危险地段、出入口处，在灯具上加涂红色标记。

③ 警卫照明：用于有警卫任务的场所，根据警戒范围装设警卫照明。

④ 值班照明：在重要的车间和场所设置的供值班人员使用的照明称为值班照明。值班照明可利用正常照明中能单独控制的一部分，或应急照明中的一部分。

⑤ 障碍照明：装设在高层建筑物或构筑物上，作为航空障碍标志（信号）用的照明，并应执行民航和交通部门的有关规定。障碍照明采用能穿透雾气的红光灯具。

⑥ 标志照明：借助照明以图文形式告知人们通道、位置、场所、设施等信息。

⑦ 景观照明：包括装饰照明、庭院照明、外观照明、节日照明、喷泉照明等，常用于烘托气氛、美化环境。

5.1.2 对电气照明质量的要求

对照明的要求，主要是由被照明的环境内所从事活动的视觉要求决定的。一般应满足下列要求：

① 照度均匀：指被照空间环境及物体表面应有尽可能均匀的照度，这就要求电气照明应有合理的光源布置，选择适用的照明灯具。

② 照度合理：根据不同环境和活动的需要，电气照明应提供合理的照度。

③ 限制眩光：集中的高亮度光源对人眼的刺激作用称为眩光。眩光损坏人的视力，也影响照明效果。为了限制眩光，可采用限制单只光源的亮度，降低光源表面亮度（如用磨砂玻璃罩），或选用适当的灯具遮挡直射光线等措施。实践证明合理地选择灯具悬挂高度，对限制眩光的效果十分显著。一般照明灯具距地面最低悬挂高度的规定值见表 5-1。

表 5-1 照明灯具距地面最低悬挂高度的规定值

光源种类	灯具形式	光源功率/W	最低悬挂高度/m
白炽灯	有反射罩	≤60 100～150 200～300 ≥500	2.0 2.5 3.5 4.0
	有乳白玻璃漫反射罩	≤100 150～200 300～500	2.0 2.5 3.0
卤钨灯	有反射罩	≤500 1000～2000	6.0 7.0
荧光灯	无反射罩	<40 >40	2.0 3.0
	有反射罩	≥40	2.0
高压汞灯	有反射罩	≤125 125～250 ≥400	3.5 5.0 6.0
	有反射罩带格栅	≤125 125～250 ≥400	3.0 4.0 5.0
金属卤化物灯	搪瓷反射罩 铝抛光反射罩	250 1000	6.0 7.5
高压钠灯	搪瓷反射罩 铝抛光反射罩	250 400	6.0 7.0

5.1.3 照明灯具安装作业条件

照明灯具的安装分为室内和室外两种。室内灯具的安装方式通常有吸顶灯式、嵌入式、吸壁式和悬吊式。悬吊式又可分为软线吊灯、链条吊灯和钢管吊灯。室外灯具一般安装在电杆上、墙上或悬挂在钢索上。

照明灯具安装作业条件如下：

① 在结构施工中做好电气照明装置的预埋工作，混凝土楼板应预埋螺栓，吊顶内应预放吊杆，大型灯具应预设吊钩。若无设计规定，上述固定件的承载能力应与电气照明装置的重量相匹配。

② 建筑物的顶棚、墙面等抹灰工作应完成，地面清理工作也应结束，对灯具安装有影响的模板、脚手架应拆除。

③ 设备及器材运到施工现场后应检查技术文件是否齐全，型号、规格及外观质量是否符合设计要求。

④ 安装在绝缘台上的电气照明装置，导线端头的绝缘部分应伸出绝缘台表面。

⑤ 电气照明装置的接线应牢固，电气接触良好；需要接地或接零的灯具、开关、插座等非带电金属部分，应用有明显标志的专用接地螺钉。

⑥ 在危险性较大及特殊危险场所，若灯具距地面的高度小于2.4m，应使用额定电压为36V以下的照明灯具或采用专用保护措施。

⑦ 电气照明装置施工结束后，对施工中造成的建（构）筑物局部破坏部分应修补完整。

5.2 电气照明的安装与使用

5.2.1 白炽灯

(1) 白炽灯的特点

白炽灯具有结构简单、使用可靠、价格低廉、装修方便等优点，但发光效率较低、使用寿命较短，适用于照度要求较低，开关次数频繁的户内、外照明。

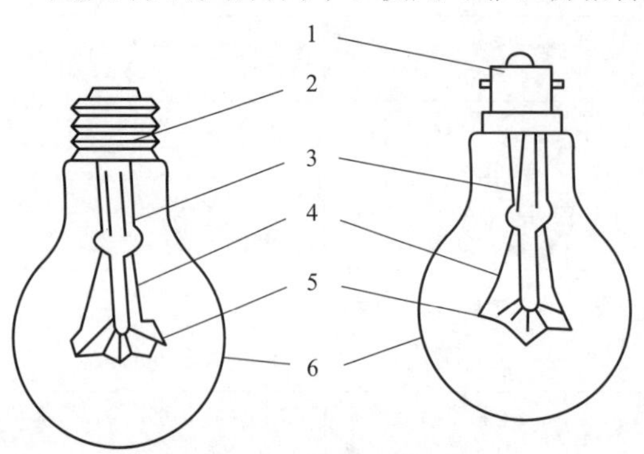

图5-1 白炽灯的结构

1—卡口灯头；2—螺口灯头；3—玻璃支架；4—引线；5—灯丝；6—玻璃壳

白炽灯主要由灯头、灯丝和玻璃壳组成，其结构如图5-1所示。灯头可分为螺口和卡口两种。灯丝用耐高温（可达3000℃）的钨丝制成，玻璃壳分透明和磨砂两种，壳内一般都抽成真空。对60W以上的大功率灯泡，抽成真空后，往往再充入惰性气体（氩气或氮气）。

工作原理：在白炽灯上施加额定电压时，电流通过灯丝，灯丝被加热成白炽体而发光。输入到白炽灯上的电能，大部分变成热能辐射掉，只有10%左右的电能转化为光能。

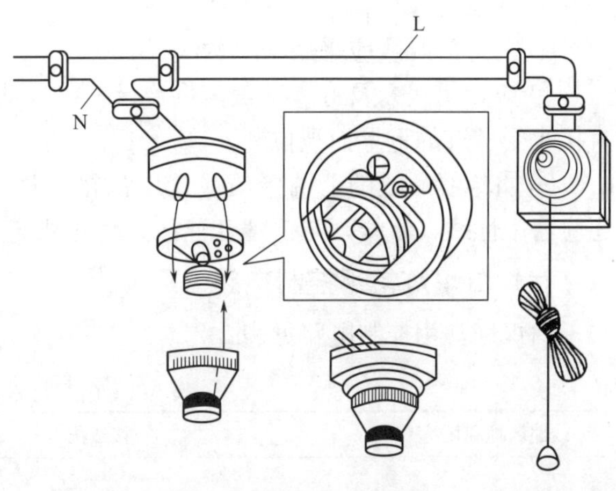

图 5-2　螺口平灯座安装

(2) 螺口平灯座的安装

螺口平灯座的安装如图 5-2 所示。

① 首先将导线从绝缘台（木台）的穿线孔穿出，并将绝缘台固定在安装位置。

② 再将导线从平灯座的穿线孔穿出，并用螺钉将平灯座固定在绝缘台上。

③ 把导线连接到平灯座的接线柱上，注意要将相线 L 接在与中心舌片相连的接线柱上，将中性线（零线）N 接在与螺口相连的接线柱上。

④ 在潮湿场所应使用瓷质平灯座，在绝缘台与建筑物墙面或顶棚之间垫橡胶垫防潮，胶垫厚 2～3mm，周边比绝缘台大 5mm。

(3) 吊灯的安装

吊灯的安装如图 5-3 所示。

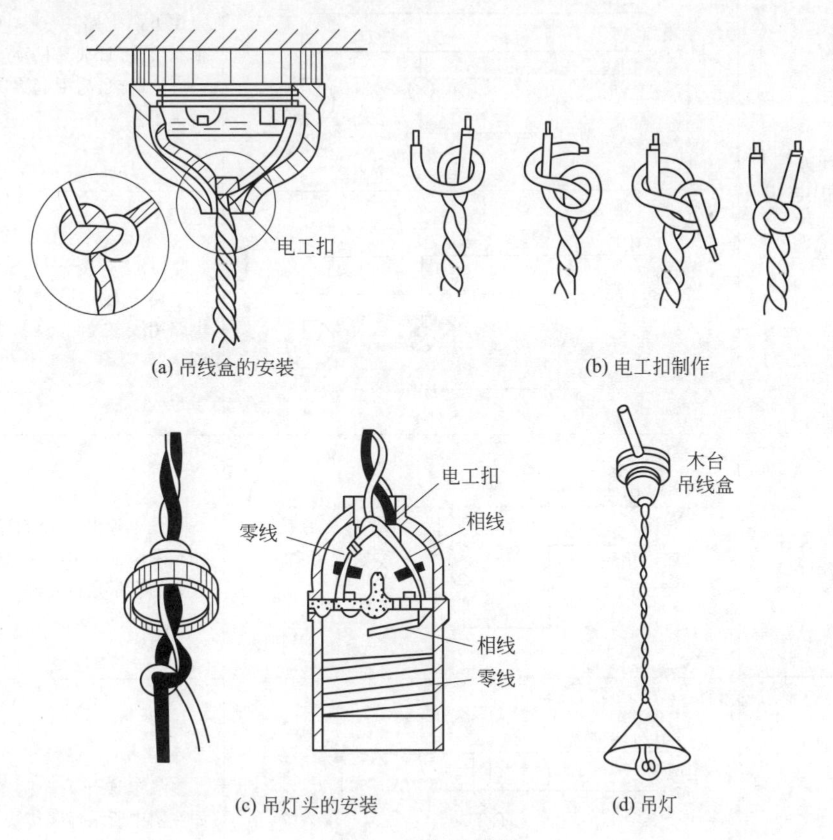

图 5-3　吊灯的安装

① 将电源线由吊线盒的引线孔穿出，用木螺钉将吊线盒固定在绝缘台上。

② 将电源线接在吊线盒的接线柱上。

③ 吊灯的导线应采用绝缘软线。

④ 应在吊线盒及灯座罩盖内将绝缘软线打结（称为电工扣或保险扣），以免导线线芯因直接承受吊灯的重量而被拉断。

⑤ 将绝缘软线的上端接吊线盒内的接线柱，下端接吊灯座的接线柱。对于螺口灯座，还应将中性线（零线）与铜螺套连接，将相线与中心簧片连接。

（4）白炽灯常用控制电路

白炽灯常用控制电路见表5-2。

表5-2 白炽灯常用控制电路

线路名称和用途	接线图	说明
一只单连开关控制一盏灯	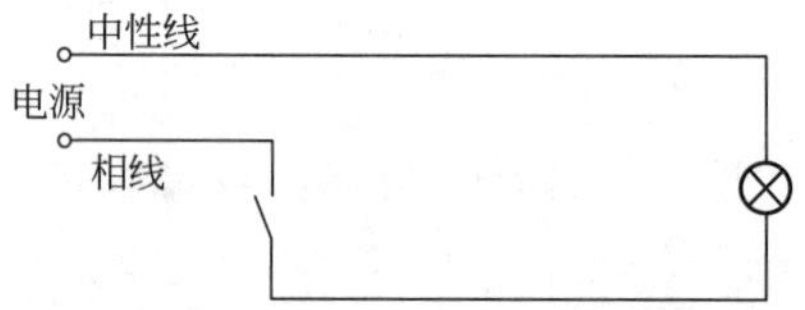 中性线 电源 相线	开关应安装在相线上，修理安全
一只单连开关控制一盏灯并与插座连接	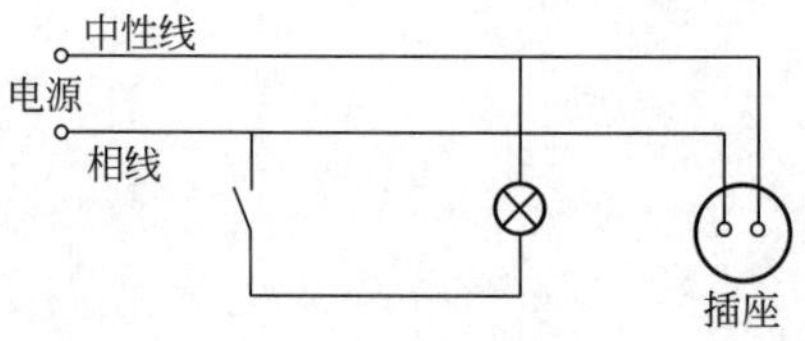 中性线 电源 相线 插座	比下面电路用线少，但由于电路上有接头，日久易松动，会增高电阻而产生高热，易引起火灾等危险，且接头工艺复杂
	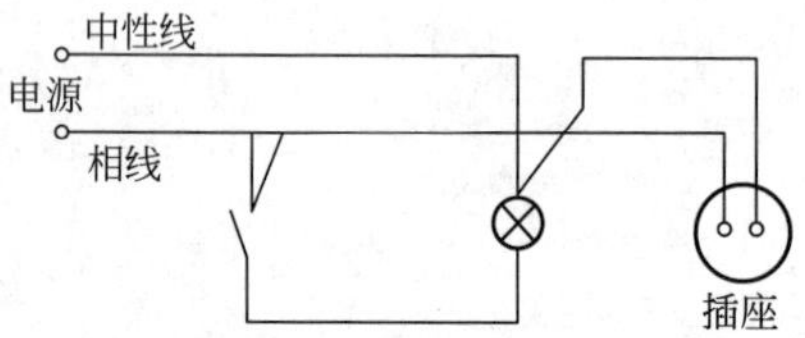 中性线 电源 相线 插座	电路中无接头，较安全，但比上面电路用线多
一只单连开关控制两盏灯（或多盏灯）	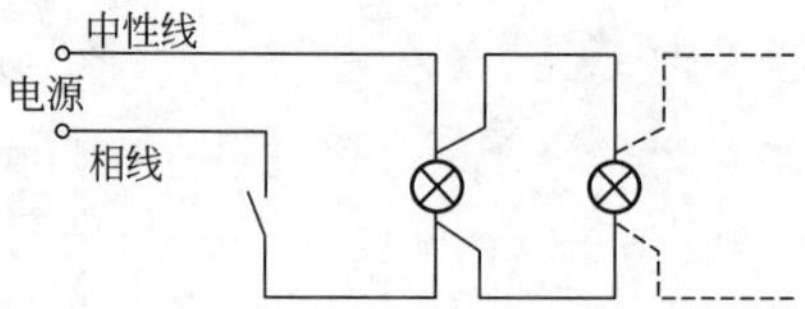 中性线 电源 相线	一只单连开关控制多盏灯时，可如左图中所示虚线接线，但应注意开关的容量是否允许
两只单连开关控制两盏灯	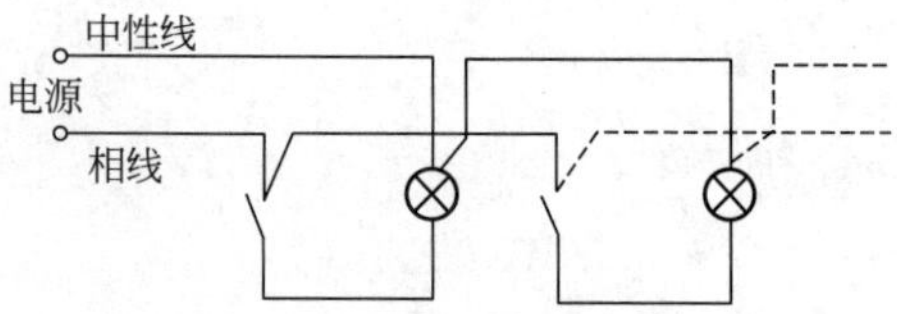 中性线 电源 相线	多只单连开关控制多盏灯时，可如左图中所示虚线接线

续表

线路名称和用途	接线图	说　明
用两只双连开关在两个地方控制一盏灯	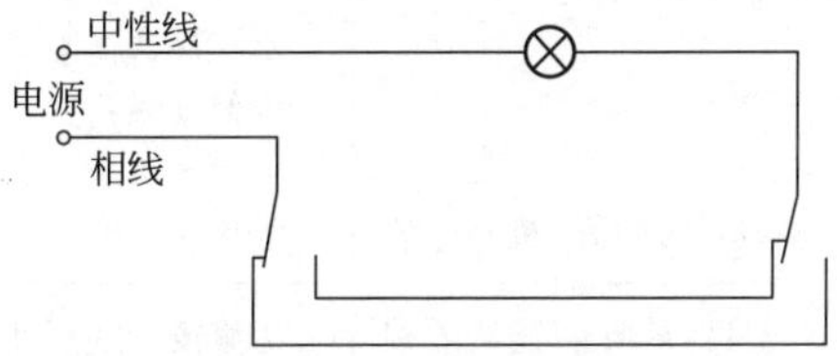 中性线 电源 相线	用于楼梯间电灯，楼上、楼下可同时控制；又如走廊中电灯，走廊两端能同时控制等场合
两只110V相同功率灯泡串联	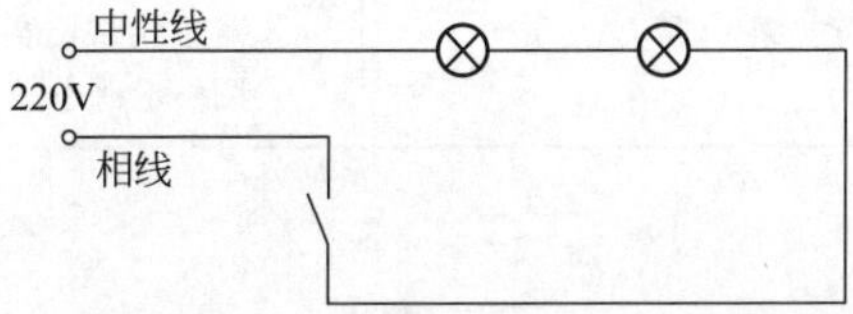 中性线 220V 相线	注意两灯的功率必须一样，否则小功率灯泡就会烧坏

(5) 白炽灯使用注意事项

① 使用时灯泡电压应与电源电压相符。为使灯泡发出的光能得到很好地分布和避免光线刺眼，最好根据照明要求安装反光适度的灯罩。

② 灯座的形式必须与灯头相一致。

③ 大功率的白炽灯在安装时要考虑避免灯过热而引起玻璃壳与灯头松脱。

④ 灯泡使用在室外时，应有防雨装置，以免灯泡玻璃遇雨破裂。

⑤ 室内使用时要经常清扫灯泡和灯罩上的灰尘和污物，以保持清洁和亮度。

⑥ 在拆换和清扫白炽灯泡时，应关闭电灯开关，注意不要触及灯泡螺旋部分，以免触电。

⑦ 不要用灯泡取暖，更不要用纸张或布遮光。

(6) 白炽灯的常见故障及其排除方法

白炽灯的常见故障及其排除方法见表5-3。

表5-3　白炽灯的常见故障及其排除方法

常见故障	可能原因	排除方法
灯泡不亮	①电源进线无电压 ②灯座或开关接触不良 ③灯丝断裂 ④熔丝熔断 ⑤线路断路	①检查是否停电，若停电，查找系统线路停电的原因，并处理 ②检修或更换灯座、开关 ③更换灯泡 ④更换熔丝 ⑤修复线路
灯泡强烈发光后瞬时烧坏	①灯丝局部短路 ②灯泡额定电压低于电源电压 ③电源电压过高	①更换灯泡 ②换用额定电压与电源电压一致的灯泡 ③调整电源电压
灯光时亮时熄	①灯座或开关接触不良，导线接线松动或表面氧化 ②电源电压忽高忽低或由于附近有大容量负载经常启动引起 ③熔丝接触不良 ④灯丝烧断但受振后忽接忽离	①修复松动的触头或接线、清除导线的氧化层后重新接线，清除触头表面的氧化层 ②增加电源容量 ③重新安装 ④更换灯泡

续表

常见故障	可能原因	排除方法
熔丝烧断	①灯座或挂线盒连接处两线头相碰 ②熔丝太细 ③线路短路 ④负载过大 ⑤胶木灯座两触点间胶木烧毁，造成短路	①重新接好线头 ②正确选择熔丝规格 ③修复线路 ④减轻负载 ⑤更换灯座
灯光暗淡	①灯座、开关接触不良，或导线连接处接触电阻增加 ②灯座、开关或导线对地严重漏电 ③线路导线太长太细，压降过大 ④电源电压过低	①修复接触不良的触头，重新连接导线接头 ②更换灯座、开关或导线 ③缩短线路长度，或更换截面积较大的导线 ④调整电源电压

5.2.2 荧光灯

(1) 荧光灯的特点

荧光灯又称日光灯，是应用最广的气体放电光源。它是靠汞蒸气电离形成气体放电，导致管壁的荧光物质发光。目前我国生产的荧光灯有普通荧光灯和三基色荧光灯。三基色荧光灯具有高显色指数，色温达5600K，在这种光源下，能保证物体颜色的真实性。所以适用于照度要求高、需辨别色彩的室内照明。不同的环境需要不同的灯饰，也就有了不同形状的荧光灯，如图5-4所示。

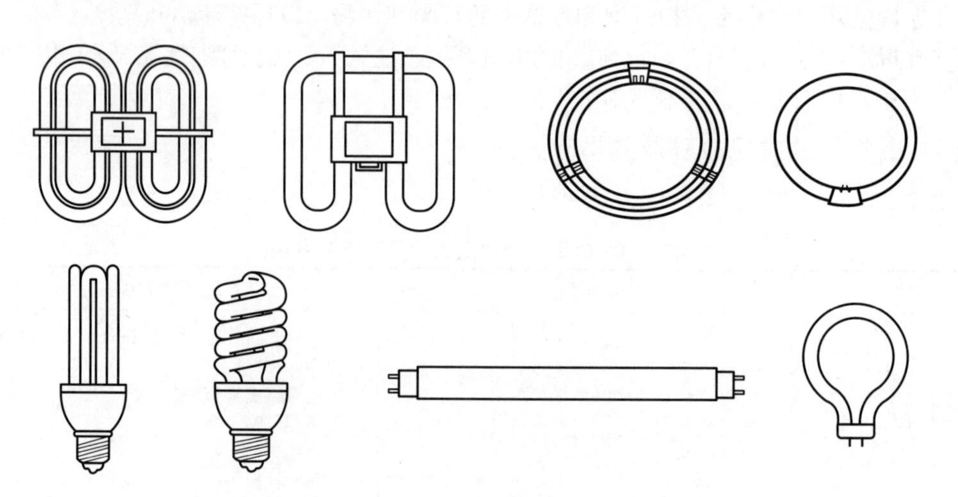

图5-4 各种形状的荧光灯

荧光灯主要由灯管、启辉器、镇流器、灯座和灯架等组成，如图5-5所示。

(2) 直管荧光灯的接线原理

荧光灯的工作环境受温度和电源电压的影响较大。当温度过低或电源电压偏低时，可能会造成荧光灯启动困难。为了改善荧光灯的启动性能，可采用双线圈镇流器，双线圈镇流器荧光灯的接线原理如图5-6(a)所示，其中附加线圈 L_1 与主线圈 L 经灯丝反向串联，可使启动时灯丝电流增大，易于使灯管点燃。当灯管点燃后，灯丝回路处于断开状态，L_1 即不

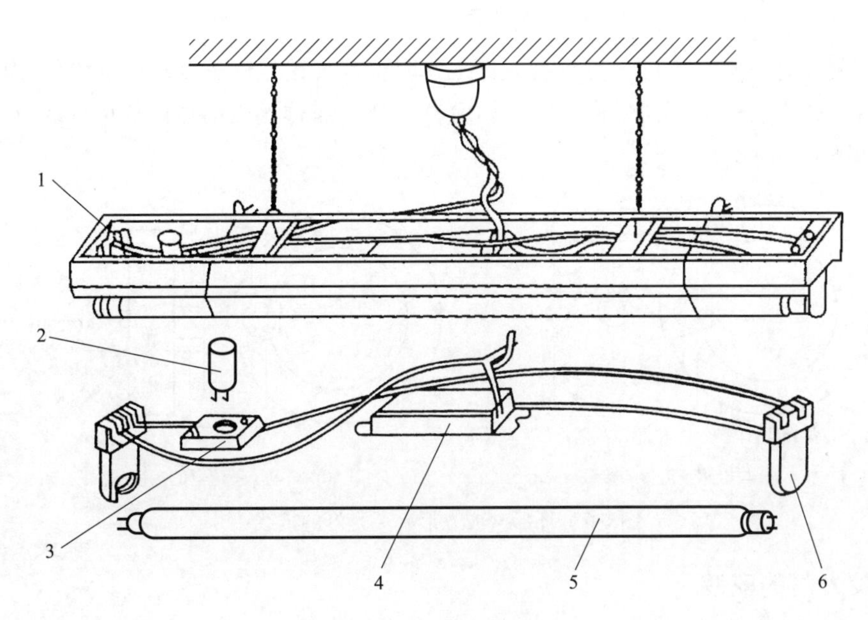

图 5-5　荧光灯的结构

1—灯架；2—启辉器；3—启辉器座；4—镇流器；5—灯管；6—灯座

再起作用。接线时，主副线圈不能接错，否则可能会烧毁灯管或镇流器。

另外，近几年荧光灯越来越多地使用电子镇流器。由于电子镇流器具有良好的启动性能及高效节能等优点，因此正在逐步取代传统的电感式镇流器。市场上销售的电子镇流器种类很多，但其基本工作原理都是利用电子振荡电路产生高频、高压加在灯管两端，而直接点燃灯管，省去了启辉器。采用电子镇流器荧光灯的接线原理如图 5-6(b) 所示。

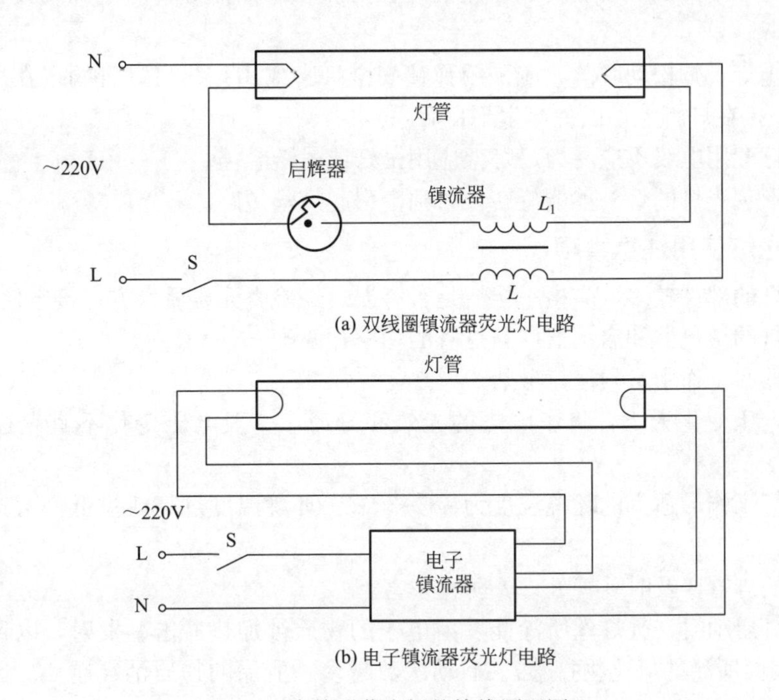

(a) 双线圈镇流器荧光灯电路

(b) 电子镇流器荧光灯电路

图 5-6　直管形荧光灯的接线原理图

(3) 环形(或方形)荧光灯的接线原理

与直管荧光灯一样，环形、方形荧光灯工作时也需要镇流器来驱动。如果使用电感镇流器，则还需要辉光启动器；如果使用电子镇流器，就无需辉光启动器。环形(或方形)荧光灯的接线如图 5-7 所示。

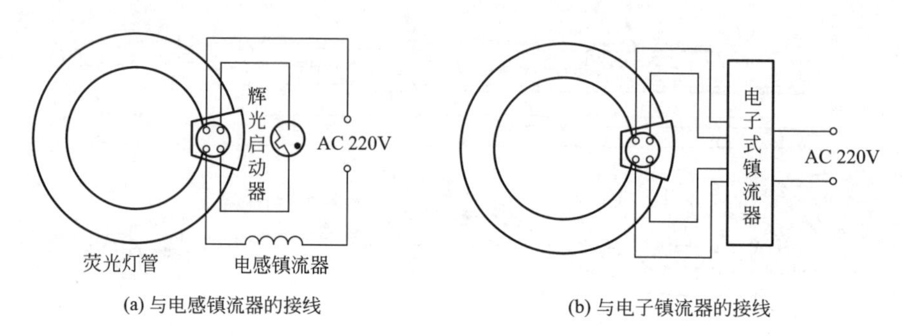

(a) 与电感镇流器的接线　　(b) 与电子镇流器的接线

图 5-7　环形(或方形)荧光灯的接线

(4) 荧光灯的安装

荧光灯的安装有多种形式，但一般常采用吸顶式和吊链式。荧光灯的安装示意图如图 5-8 所示。

安装荧光灯时应注意以下几点：

① 安装荧光灯时，应按图正确接线。

② 镇流器必须与电源电压、荧光灯功率相匹配，不可混用。

③ 启辉器的规格应根据荧光灯的功率大小来决定，启辉器应安装在灯架上便于检修的位置。

④ 灯管应采用弹簧式或旋转式专用的配套灯座，以保证灯脚与电源线接触良好，并可使灯管固定。

⑤ 为防止灯管脚松动脱落，应采用弹簧安全灯脚或用扎线将灯管固定在灯架上，不得用电线直接连接在灯脚上，以免产生不良后果。

⑥ 荧光灯配用电线不应受力，灯架应用吊杆或吊链悬挂。

⑦ 对环形荧光灯的灯头不能旋转，否则会引起灯丝短路。

(5) 荧光灯使用注意事项

① 荧光灯的部件较多，应检查接线是否有误。经检查无误后，方可接电使用。

② 荧光灯的镇流器和启辉器应与灯管的功率相匹配。

③ 镇流器在工作中必须注意散热。

④ 电源电压变化太大，将影响灯的光效和寿命，一般电压变化不宜超过额定电压的±5％。

⑤ 荧光灯工作最适宜的环境温度为 18～25℃。环境温度过高或过低都会造成启动困难和光效下降。

⑥ 破碎的灯管要及时妥善处理，防止汞害。

⑦ 荧光灯启动时，其灯丝所涂能发射电子的物质被加热冲击、发射，以致发生溅散现象(把灯丝表面所涂的氧化物打落)。启动次数越多，所涂的物质消耗越快。因此，使用中应尽量减少开关的次数，更不应随意开关灯，以延长使用寿命。

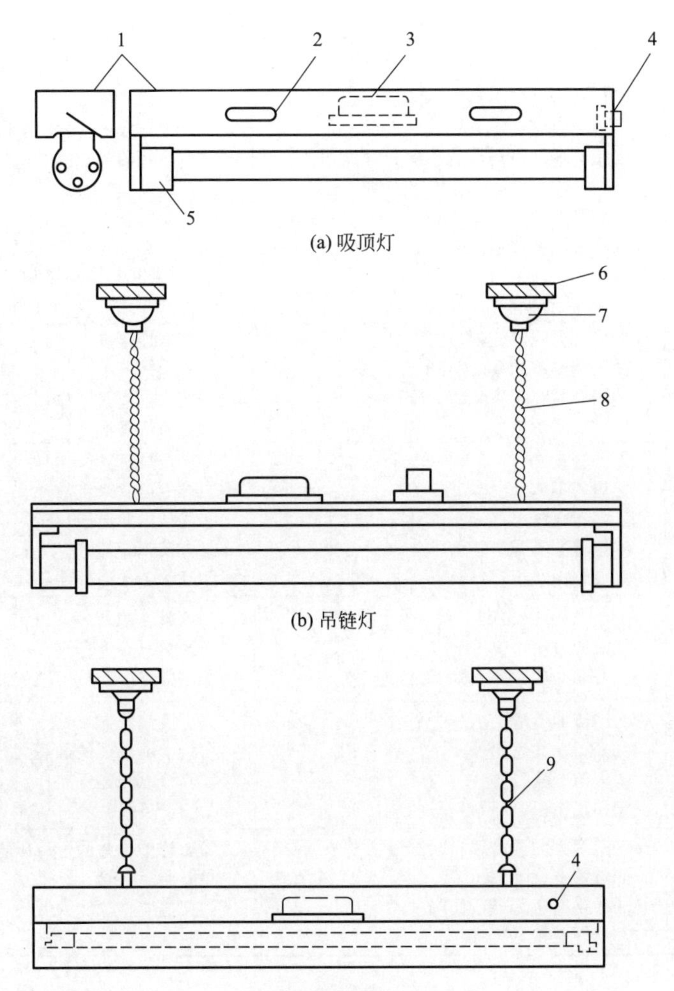

图 5-8 荧光灯的安装示意图

1—外壳；2—通风孔；3—镇流器；4—启辉器；5—灯座；6—圆木；7—吊线盒；8—吊线；9—吊链

(6) 荧光灯的常见故障及其排除方法

荧光灯的常见故障及其排除方法见表 5-4。

表 5-4 荧光灯的常见故障及其排除方法

常见故障	可能原因	排除方法
灯管不亮	①灯座触点接触不良，或电路接线松动 ②启辉器损坏，或与启辉器座接触不良 ③镇流器线圈或管内灯丝断裂或脱落 ④无电源 ⑤新装灯管接线错误	①重新安装灯管，或重新接好导线 ②先旋动启辉器，看是否发亮，再检查线头是否脱落；排除后仍不发亮，应更换启辉器 ③用万用表低电阻挡检查线圈和灯丝是否断路；20W 及以下灯管一端断丝，将该端的两个灯脚短路后，仍可使用 ④验明是否停电，或熔丝熔断 ⑤检查线路
灯管两端发亮，中间不亮	启辉器接触不良，或内部小电容击穿，或启辉器座线头脱落；或启辉器损坏	按上列方法②检查；小电容击穿，可将其剪去后继续使用

续表

常见故障	可能原因	排除方法
启辉困难(灯管两端不断闪烁,中间不亮)	①启辉器规格与灯管不配套 ②电源电压过低 ③镇流器规格与灯管不配套,启辉电流小 ④灯管老化 ⑤环境温度过低 ⑥接线错误或灯座灯脚松动	①更换启辉器 ②调整电源电压,使电压保持在额定值 ③更换镇流器 ④更换灯管 ⑤可用热毛巾在灯管上来回烫熨(但应注意安全,灯架和灯座不可触及和受潮) ⑥检查线路或修理灯座
灯光闪烁或管内有螺旋形滚动光带	①启辉器或镇流器连接不良 ②镇流器不配套,工作电流过大 ③新灯管暂时现象 ④灯管质量不好	①接好连接点 ②更换镇流器 ③使用一段时间后,会自然消失 ④更换灯管
灯管两端发黑	①灯管衰老 ②启辉不良 ③电源电压过高 ④镇流器不配套 ⑤灯管内水银凝结	①更换灯管 ②排除启辉系统故障 ③调整电源电压 ④更换镇流器 ⑤灯管工作后即能蒸发或将灯管旋转180°
镇流器声音异常	①铁芯叠片松动 ②电源电压过高 ③线圈内部短路(伴随过热现象)	①固紧铁芯 ②调整电源电压 ③更换线圈或整个镇流器
灯管寿命过短	①镇流器不配套 ②开关次数过多 ③电源电压过高 ④接线错误,导致灯丝烧毁	①更换镇流器 ②减少不必要的开关次数 ③调整电源电压 ④改正接线
灯管亮度降低	①温度太低或冷风直吹灯管 ②灯管老化陈旧 ③线路电压太低或压降太大 ④灯管上积垢太多	①加防护罩并回避冷风直吹 ②更换新灯管 ③查找线路电压太低的原因,并处理 ④断电后清洗灯管并烘干处理

5.2.3 LED灯

(1) 认识LED灯

LED是一种新型半导体固态光源。它是一种不需要钨丝和灯管的颗粒状发光元件。LED光源凭借环保、节能、寿命长、安全等众多优点，已成为照明行业的新宠。

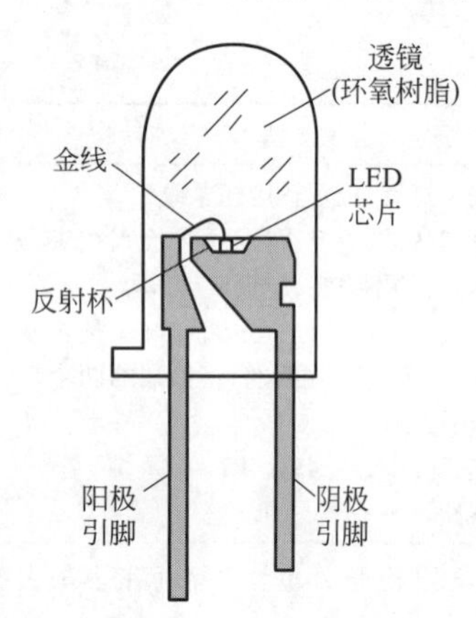

图5-9　LED截面图

在某些半导体材料的PN结中，注入的少数载流子与多数载流子复合时会把多余的能量以光的形式释放出来，从而把电能直接转换为光能。因PN结加反向电压，少数载流子难以注入，故不发光。这种利用注入式电致发光原理制作的二极管叫发光二极管（Light Emitting Diode），通称为LED。

LED与普通二极管一样，仍然由PN结构成，同样具有单向导电性。LED工作在正偏状态，在正向导通时能发光。所以它是一种把电能转换成光能的半导体器件。

典型的点光源属于高指向性光源，如图5-9所示。如果将多个LED芯片封装在一个面板上，就构成了面光源，它仍具有高指向性，如图5-10所示。

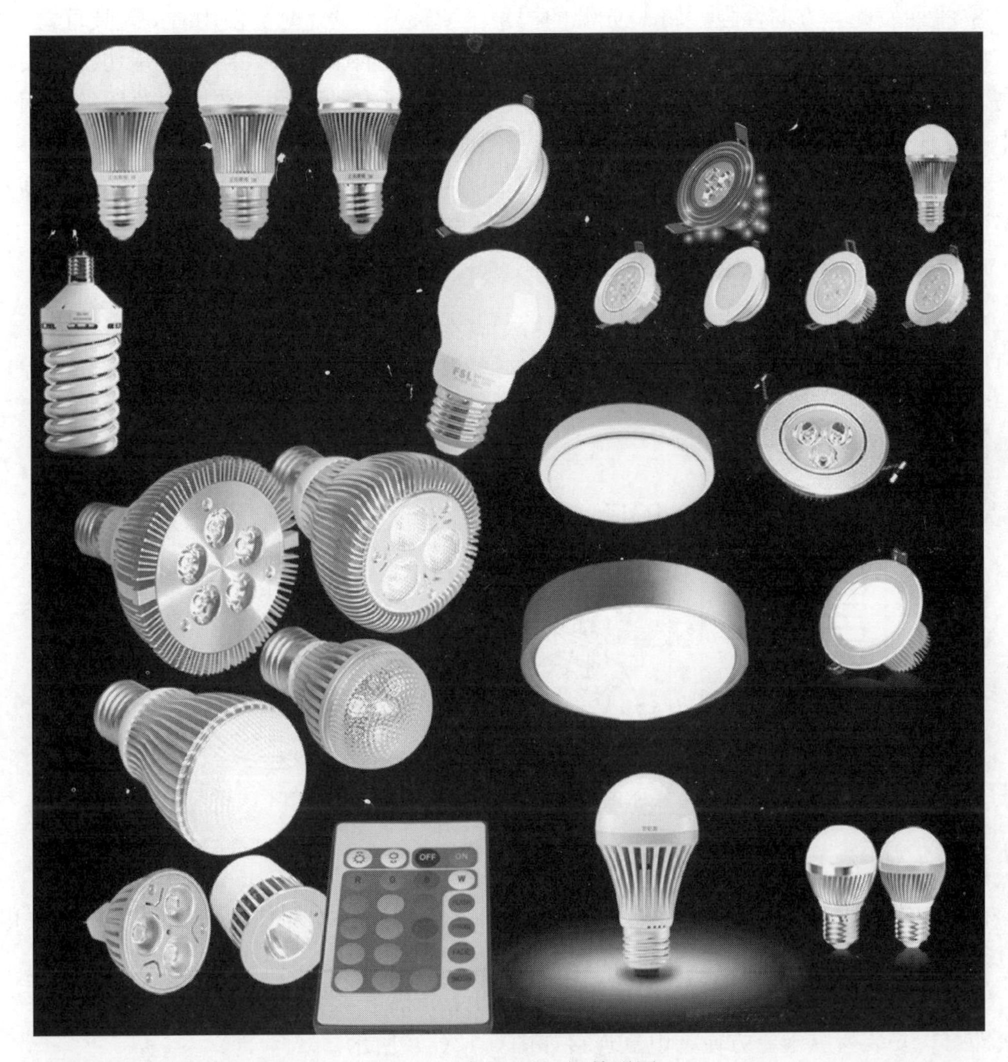

图5-10　常用LED灯外形图

LED灯具有以下优点：

① 发光效率高。LED的发光效率是一般白炽灯发光效率的3倍左右。

② 耗电量少。LED电能利用率高达80%以上。

③ 可靠性高、使用寿命长。LED没有玻璃、钨丝等易损部件，可承受高强度机械冲击和振动，不易破碎，故障率极低。

④ 安全性好，属于绿色照明光源。LED发热量低、无热辐射，可以安全触摸；光色柔和、无眩光；不含汞、钠元素等可能危害健康的物质。

⑤ 环保。LED为全固体发光体，耐振、耐冲击，不易破碎，废弃物可回收，没有污染。

⑥ 单色性好、色彩鲜艳丰富。LED有多种颜色，光源体积小，可以随意组合，还可以控制发光强度和调整发光方式，实现光与艺术的完美结合。

⑦ 响应时间短。LED的响应时间只有60ns，特别适合用于汽车灯具的光源。由于LED

反应速度快，故可在高频下工作。

⑧ 平面发光，方向性强。LED 光源的视角度≤180°。设计时与使用时一定要注意。

白光 LED 灯具与传统灯具在室内照明领域竞争时，面临的最大问题还是初次购买成本太高。目前市面上的 LED 灯具还不能达到普通灯泡所具有的亮度，在室内照明的应用主要集中在商业照明领域，基本以背景照明和局部照明等装饰性照明为主。

随着大功率、高光效、高显色性的白光 LED 照明灯具的研发和逐步投产，其照度不断提高而成本不断降低，LED 室内照明进入千家万户是一个必然的发展趋势。

(2) 小功率灯泡的电气连接

小功率 LED 灯泡的安装方法比较简单，一般采用 12V 直流电源供电，在室内需要灯光投射照明或投光点缀照明的地方（如天花板、壁橱），用一根电源线与控制系统（电源）连接，安上一定数量的 LED 灯泡，就可达到目的。LED-MR16 灯泡的电气连接方法如图 5-11 所示。

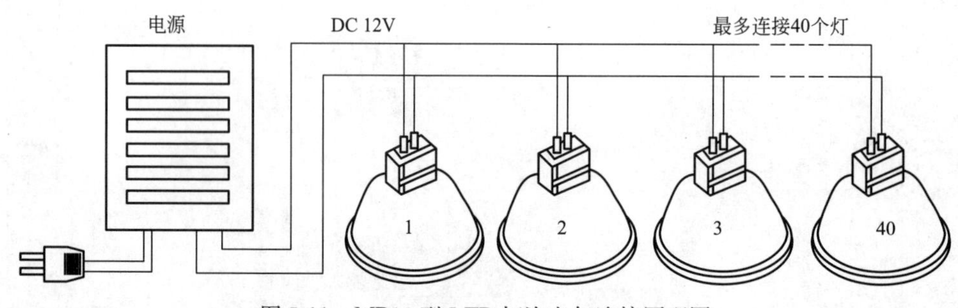

图 5-11 MR16 型 LED 灯泡电气连接原理图

(3) 大功率 LED 单元灯泡的电气连接

在室内安装大功率 LED 单元灯泡，一般采用恒流源驱动器供电，也可采用开关电源供电。

安装 LU-PC-ϕ30-1W 型大功率单元灯，只需用一根电源线将恒流源驱动器控制系统相连接即可，安装操纵十分方便，电气连接如图 5-12(a) 所示。

对 LU-PC-1W 型 LED 大功率单元灯，也可用恒流源驱动器供电，其电气连接方法如图 5-12(b) 所示。

(4) 安装方法

① 电源电压应当与灯具标示的电压相一致，特别要注意输入电源是直流还是交流，电源线路要设置匹配的漏电及过载保护开关，确保电源的可靠性。

② LED 灯具在室内安装时，防水要求与在室外安装基本一致，同样要求做好产品的防水措施，以防止潮湿空气、腐蚀气体等进入线路。安装时，应仔细检查各个有可能进水的部位，特别是线路接头位置。

③ LED 灯具均自带公母接头，在灯具相互串接时，先将公母接头的防水圈安装好，然后将公母接头对接，确定公母接头已插到底部后用力锁紧螺母即可。

④ 产品拆开包装后，应认真检查灯具外壳是否有破损；如有破损，请勿点亮 LED 灯具，应采取必要的修复或更换措施。

⑤ 对于可延伸的 LED 灯具，要注意复核可延伸的最大数量，不可超量串接安装和使

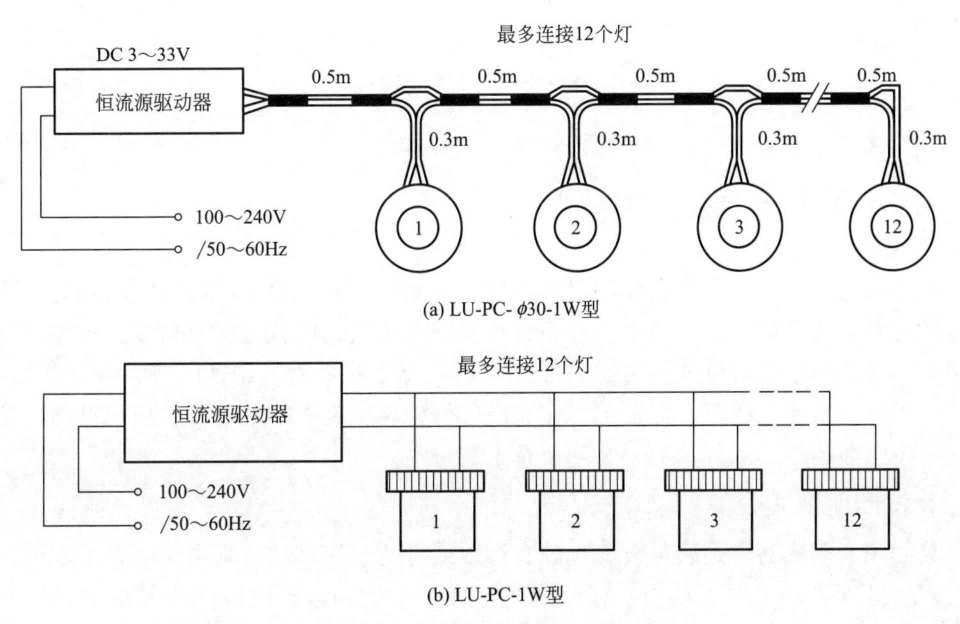

(a) LU-PC- φ30-1W型

(b) LU-PC-1W型

图 5-12 大功率单元灯电气连接图

用，否则会烧毁控制器或灯具。

⑥ 灯具安装时，如果遇到玻璃等不可打孔的地方，切不可使用胶水等直接固定，必须架设铁架或铝合金架后用螺钉固定；螺钉固定时不可随意减少螺钉数量，且安装应牢固可靠，不能有飘动、摆动和松脱等现象；切不可安装于易燃、易爆的环境中，并保证 LED 灯具有一定的散热空间。

⑦ 灯具在搬运及施工安装时，切勿摔、扔、压、拖灯体，切勿用力拉动、弯折延伸接头，以免拉松密封固线口，造成密封不良或内部芯线断路。

(5) 使用注意事项

① LED 的极性不得反接，通常引线较长的为正极，引线较短的是负极。

② 使用中各项参数不得超过规定极限值。正向电流 I_F 不允许超过极限工作电流 I_{FM} 值，并且随着环境温度的升高，必须降低工作电流使用。长期使用时温度不宜超过 75℃。

③ LED 的正常工作电流为 20mA，电压的微小波动（如 0.1V）都将引起电流的大幅度波动（10%～15%）。因此，在电路设计时，应根据 LED 的压降配对不同的限流电阻，以保证 LED 处于最佳工作状态。电流过大，LED 会缩短寿命；电流过小，达不到所需发光强度。

④ 在发光亮度基本不变的情况下，采用脉冲电压驱动可以减少耗电。

⑤ 静电电压和电流的急剧升高将会对 LED 产生损害。严禁徒手触摸白光 LED 的两只引线脚。因为人体的静电会损坏发光二极管的结晶层，工作一段时间后（如 10h）二极管就会失效（不亮），严重时会立即失效。

⑥ 在给 LED 上锡时，加热锡的装置和电烙铁必须接地，以防止静电损伤器件；防静电线最好用直径为 3mm 的裸铜线，并且终端与电源地线可靠连接。

⑦ 不要在引脚变形的情况下安装 LED。

⑧ 在通电情况下，避免 80℃以上高温作业。如有高温作业，一定要做好散热。

5.3 灯具的种类与选择

5.3.1 照明灯具的种类

在现代家庭装饰中，灯具的作用已经不仅仅局限于照明，更多的时候它起到的是装饰作用。因此灯具的选择就要复杂得多，它不仅涉及安全省电，而且会涉及材质、种类、风格品位等诸多因素。一个好的灯饰，可能一下成为家庭装饰的灵魂，让客厅或者卧室焕然生辉，平添几分温馨与情趣。所以，灯饰选择在家庭装修中也就变得非常重要。现代灯饰常见的分类方法是按照照明形式和灯具的安装部位及形式分类。

(1) 按照明形式分类

灯具的照明形式通常是通过改变光源和灯罩或灯壳来实现的，其主要有以下五种方式。

① 直接照明型。直接照明灯具是用白色搪瓷、铝板和镀水银镜面玻璃等半封闭不透明灯罩，使 90%～100%的光线投射到被照面上，从而使照明区和非照明区形成强烈的对比效果。灯罩的深浅决定光照面的大小，如果用伞形灯罩，光照面积就大；用深筒形灯罩，光照面积就小。因为直接照明型灯具易产生眩光，导致视觉不舒服，所以不宜作主光源。图 5-13 所示为各种直接照明灯具。

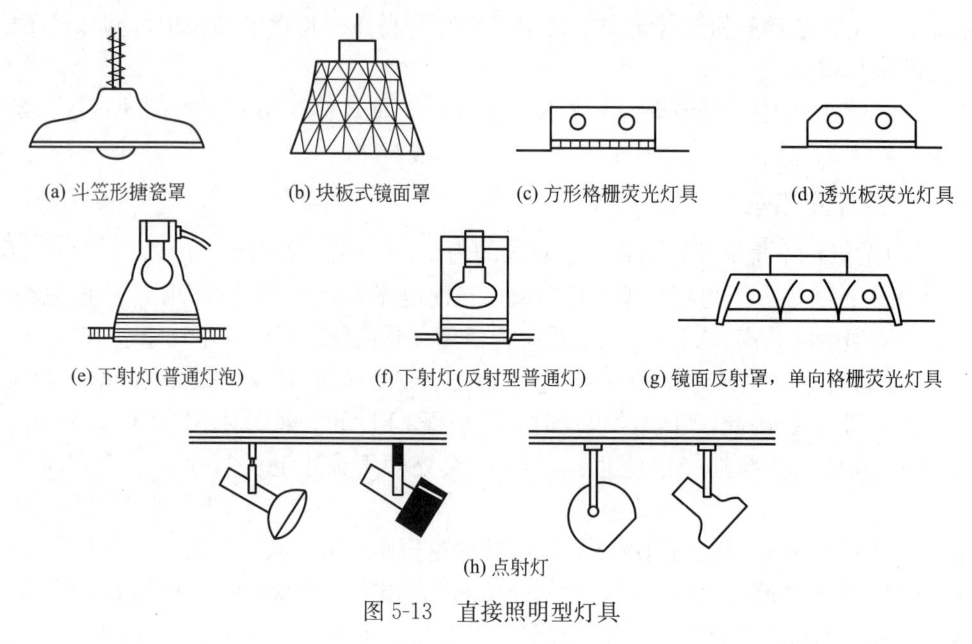

图 5-13 直接照明型灯具

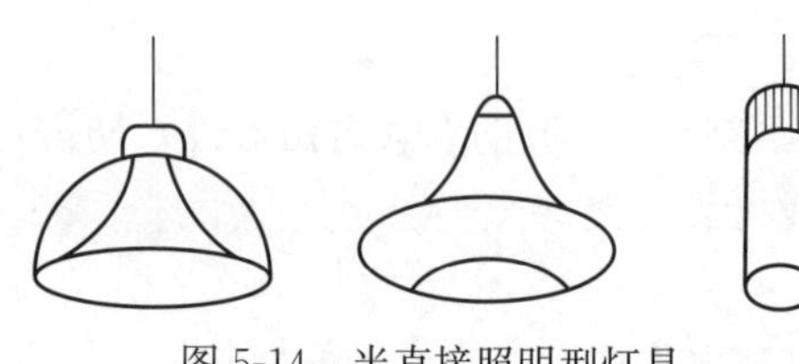

图 5-14 半直接照明型灯具

② 半直接照明型。半直接照明型灯具是用罩口朝下的半封闭半透明的灯罩调控，把 60%～90%的光线集中照射到采光面上，同时把其余光照射到周围的空间中，这样就改善了室内明暗的对比度，产生舒适柔和的采光效果。图 5-14 所示

为各种半直接照明型灯具。

③ 均匀漫射型。均匀漫射型灯具是用全封闭半透明的灯罩调控，它能把光线全方位均匀地向四周漫射。因而光线均匀柔和，有利于保护视力，但损耗较多，光效不高。所以，均匀漫射型灯具适宜用在没有特殊要求的空间照明。图 5-15 所示为各种均匀漫射型灯具。

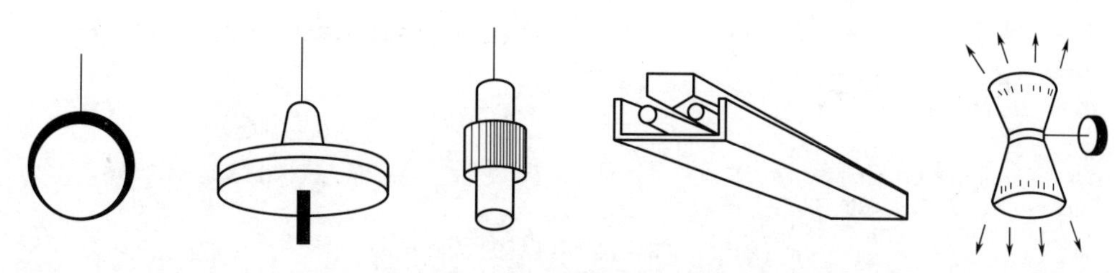

图 5-15　均匀漫射型灯具

④ 半间接照明型。半间接照明型灯具与半直接照明型原理相同，但灯罩的罩口方向朝上，它能把 60%～90%的光线照射到天棚和墙的上端，再反射到室内的空间。这样做可以使整个被照空间的光线分布均匀，无明显的阴影，但光的损耗较大。所以需要比正常情况增加 50%～100%的光照度才能保证足够的亮度。半间接照明型灯具常用在大客厅的辅助光源中。

⑤ 间接照明型。间接照明型灯具与直接照明型灯具原理相同，只是灯罩的罩口朝上，它能把全部光线都射向顶棚后再反射回来。这样做使光线均匀柔和，可以完全避免眩光和阴影，但是光的损耗很大，因而电能损失大，所以通常它要与其他形式的灯具配合使用。

（2）按灯具的安装部位及形式分类

灯具的作用是固定光源器件（灯管、灯泡等），防护光源器件免受外力损伤，消除或减弱眩光，使光源发出的光线向需要的方向照射，装饰和美化建筑物等。常用灯具按灯具安装部位及形式可分为以下几类：

① 吊灯。吊灯是用导线、金属链或钢管将灯具悬挂在顶棚上作为整体照明的灯具，通常还配用各种灯罩。这是一种应用最多的安装方式。

② 吸顶灯。吸顶灯是直接固定在顶棚上的灯具。吸顶灯的形式很多。为防止眩光，吸顶灯多采用乳白玻璃罩，或有晶体花格的玻璃罩，在楼道、走廊、居民住宅应用较多。嵌入顶棚式的吸顶灯有聚光型和散光型，其特点是灯具嵌入顶棚内，顶棚简洁美观，视线开阔。在大厅、娱乐场所应用较多。

③ 壁灯。壁灯又称为墙灯，这是因为它被安装在墙壁上而得名。壁灯是用托架将灯具直接安装在墙壁上，通常用于局部照明，也用于房间装饰。壁灯有挂壁式、附壁式和走壁式等。

④ 台灯和落地灯（立灯）。用于局部照明的灯具，使用时可移动，也具有一定的装饰性。

⑤ 射灯。射灯是一种局部照明灯具，它具有光线照射集中，局部光照效果特殊的特点，可以起到突出主题或点缀某个局部被照物体的画龙点睛作用。

⑥ 床头灯。床头灯是因它用于床头而得名，有固定式和可移动式两类。

常用照明灯具的安装方式如图 5-16 所示。

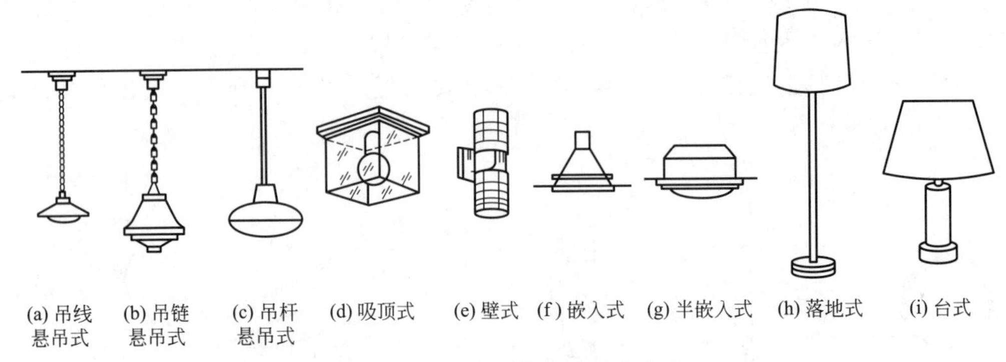

图 5-16 常用照明灯具的安装方式

5.3.2 常用照明灯具的选择

照明灯具的品种很多，有吊灯、吸顶灯、台灯、落地灯、壁灯、射灯等；照明灯具的颜色也有很多，无色、纯白、粉红、浅蓝、淡绿、金黄、奶白等。选灯具时，不要只考虑灯具的外形和价格，还要考虑亮度，而亮度的定义应该是不刺眼、经过安全处理、清澈柔和的光线。应按照居住者的职业、爱好、情趣、习惯进行选配，并应考虑家具陈设、墙壁色彩等因素。照明灯具的大小与空间的比例有很密切的关系。选购时，必须考虑实用性和摆放效果，方能达到空间的整体性和协调感。

(1) 吊灯

① 吊灯的特点 吊灯适合于客厅。吊灯的花样最多，常用的有欧式烛台吊灯、中式吊灯、水晶吊灯、羊皮纸吊灯、时尚吊灯、锥形罩花灯、尖扁罩花灯、束腰罩花灯、五叉圆球吊灯、玉兰罩花灯、橄榄吊灯等。用于居室的分单头吊灯和多头吊灯两种，前者多用于卧室、餐厅；后者宜装在客厅里。吊灯的安装高度，其最低点应离地面不小于 2.2m。

② 选择 消费者最好选择可以安装节能灯光源的吊灯。不要选择有电镀层的吊灯，因为电镀层时间长了易掉色。选择全金属和玻璃等材质内外一致的吊灯。

消费者不要选择太便宜的吊灯。目前，200 元左右的吊灯才能有一定的质量保证，100 元以下的吊灯质量一般较差。豪华吊灯一般适合复式住宅；简洁式的低压花灯适合一般住宅。最上档次最贵的属水晶吊灯，但真正的水晶吊灯很少，水晶吊灯主要销售广州、深圳等地，北方的销量很少，这也与北方空气的质量有关，因为水晶吊灯上的灰尘不易清理。

消费者最好选择带分控开关的吊灯，这样如果吊灯的灯头较多，可以局部点亮。

(2) 吸顶灯

① 吸顶灯的特点 吸顶灯常用的有方罩吸顶灯、圆球吸顶灯、尖扁圆吸顶灯、半圆球吸顶灯、半扁球吸顶灯、小长方罩吸顶灯等。吸顶灯适合于客厅、卧室、厨房、卫生间等处照明。

吸顶灯可直接装在天花板上，安装简易，款式简单大方，赋予空间清朗明快的感觉。

② 选择 吸顶灯内一般有镇流器和环形灯管，镇流器有电感镇流器和电子镇流器两种，与电感镇流器相比，电子镇流器能提高灯和系统的光效，能瞬时启动，延长灯的寿命。与此

同时，它温升小、无噪音、体积小、重量轻，耗电量仅为电感镇流器的1/3～1/4。所以消费者要选择电子镇流器吸顶灯。吸顶灯的环形灯管有卤粉和三基色粉的，三基色粉灯管显色性好、发光度高、光衰慢；卤粉灯管显色性差、发光度低、光衰快。区分卤粉和三基色粉灯管，可同时点亮两灯管，把双手放在两灯管附近，能发现卤粉灯管光下手色发白、失真，三基色粉灯管光下手色是皮肤本色。

吸顶灯有带遥控和不带遥控两种，带遥控的吸顶灯开关方便，适合用于卧室中。吸顶灯的灯罩材质一般是塑料、有机玻璃的，玻璃灯罩的目前很少了。

(3) 落地灯

① 落地灯的特点　落地灯常用作局部照明，不讲全面性，而强调移动的便利，对于角落气氛的营造十分实用。落地灯的采光方式若是直接向下投射，适合阅读等需要精神集中的活动；若是间接照明，可以调整整体的光线变化。

② 选择　落地灯一般放在沙发拐角处，落地灯的灯光柔和，晚上看电视时，效果很好。落地灯的灯罩材质种类丰富，消费者可根据自己的喜好选择。许多人喜欢带小台面的落地灯，因为可以把固定电话放在小台面上。

(4) 壁灯

① 壁灯的特点　壁灯适合于卧室、卫生间照明。常用的有双头玉兰壁灯、双头橄榄壁灯、双头鼓形壁灯、双头花边杯壁灯、玉柱壁灯、镜前壁灯等。

② 选择　市场上档次较高的壁灯价格在80元左右，档次较低的壁灯价格在30元左右。选壁灯主要看结构、造型，一般机械成型的较便宜，手工的较贵。铁艺锻打壁灯、全铜壁灯、羊皮壁灯等都属于中高档壁灯，其中铁艺锻打壁灯销量最好。除此之外，还有一种带灯带画的数码万年历壁挂灯，这种壁挂灯不但有照明、装饰作用，又能作日历，很受消费者欢迎。

(5) 台灯

① 台灯的特点　台灯按材质分陶灯、木灯、铁艺灯、铜灯等；按功能分护眼台灯、装饰台灯、工作台灯等；按光源分灯泡、插拔灯管、灯珠台灯等。

② 选择　选择台灯主要看电子配件质量和制作工艺，一般小厂家台灯的电子配件质量较差，制作工艺水平较低。所以消费者要选择大厂家生产的台灯。一般客厅、卧室等用装饰台灯；工作、学习用节能护眼台灯，但节能灯不能调光。

(6) 筒灯

① 筒灯的特点　筒灯一般装设在卧室、客厅、卫生间的周边天棚上。这种嵌装于天花板内部的灯具，所有光线都向下投射，属于直接配光。可以用不同的反射器、镜片、百叶窗、灯泡，来取得不同的光线效果。筒灯不占据空间，可增加空间的柔和气氛。如果想营造温馨的感觉，可试着装设多盏筒灯，减轻空间压迫感。

② 选择　筒灯的主要问题出在灯口上，有的杂牌筒灯的灯口不耐高温，易变形，导致灯泡拧不下来。目前，所有灯具只有通过3C认证后才能销售，消费者要选择通过3C认证的筒灯。

(7) 射灯

① 射灯的特点　射灯可安置在吊顶四周或家具上部，也可置于墙内、墙裙或踢脚线里。

光线直接照射在需要强调的家什器物上，以突出主观审美作用，达到重点突出、环境独特、层次丰富、气氛浓郁、缤纷多彩的艺术效果。射灯光线柔和、雍容华贵，既可对整体照明起主导作用，又可局部采光、烘托气氛。

② 选择　射灯分低压、高压两种，消费者最好选低压射灯，其寿命长一些，光效高一些。射灯的光效高低以功率因数体现，功率因数越大光效越好。普通射灯的功率因数在0.5左右，价格便宜；优质射灯的功率因数能达到0.99，价格稍贵。

(8) 节能灯

① 节能灯的特点　节能灯的亮度、寿命比一般的白炽灯泡高，尤其是在省电上口碑极佳。节能灯有U形、螺旋形、花瓣形等，功率从3～40W不等。不同型号、不同规格、不同产地的节能灯价格相差很大。筒灯、吊灯、吸顶灯等灯具中一般都能安装节能灯。节能灯一般不适合在高温、高湿环境下使用，浴室和厨房应尽量避免使用节能灯。

② 选择　买节能灯要到有保证的灯饰市场，要首选知名品牌，并确认产品包装完整，标志齐全。外包装上通常对节能灯的寿命、显色性、正确安装位置做出说明。节能灯分卤粉和三基色粉两种，三基色粉比卤粉的综合性能优越。

5.4 照明灯具的安装

5.4.1 安装照明灯具应满足的基本要求

灯具安装时应满足的基本要求如下：

① 当采用钢管作灯具的吊杆时，钢管内径不应小于10mm；钢管壁厚不应小于1.5mm。

② 吊链灯具的灯线不应受拉力，灯线应与吊链编织在一起。

③ 软线吊灯的软线两端应作保护扣；两端芯线应搪锡。

④ 同一室内或场所成排安装的灯具，其中心线偏差应不大于5mm。

⑤ 日光灯和高压汞灯及其附件应配套使用，安装位置应便于检查和维修。

⑥ 灯具固定应牢固可靠。每个灯具固定用的螺钉或螺栓不应少于2个；当绝缘台直径为75mm及以下时，可采用1个螺钉或螺栓固定。

⑦ 当吊灯灯具质量大于3kg时，应采取预埋吊钩或螺栓固定；当软线吊灯灯具质量大于1kg时，应增设吊链。

⑧ 投光灯的底座及支架应固定牢固，枢轴应沿需要的光轴方向拧紧固定。

⑨ 固定在移动结构上的灯具，其导线宜敷设在移动构架的内侧；在移动构架活动时，导线不应受拉力和磨损。

⑩ 公共场所用的应急照明灯和疏散指示灯，应有明显的标志。无专人管理的公共场所照明宜装设自动节能开关。

⑪ 每套路灯应在相线上装设熔断器。由架空线引入路灯的导线，在灯具入口处应做防水弯。

⑫ 管内的导线不应有接头。

⑬ 导线在引入灯具处，应有绝缘保护，同时也不应使其受到应力。

⑭ 必须接地（或接零）的灯具金属外壳应有专设的接地螺栓和标志，并和地线（零线）

妥善连接。

⑮ 特种灯具（如防爆灯具）的安装应符合有关规定。

5.4.2 照明灯具的布置方式

布置灯具时，应使灯具高度一致、整齐美观。一般情况下，灯具的安装高度应不低于 2m。

(1) 均匀布置

均匀布置是将灯具作有规律的匀称排列，从而在工作场所或房间内获得均匀照度的布置方式。均匀布置灯具的方案主要有方形、矩形、菱形等几种，如图 5-17 所示。

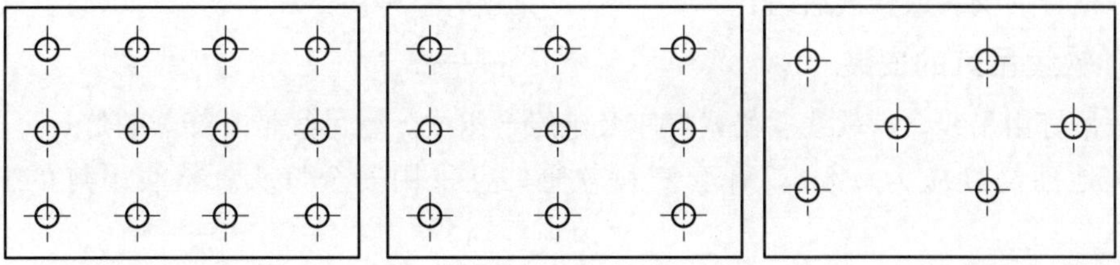

(a) 方形布置　(b) 矩形布置　(c) 菱形布置

图 5-17　灯具均匀布置示意图

均匀布置灯具时，应考虑灯具的距高比（L/h）在合适的范围。距高比（L/h）是指灯具的水平间距 L 和灯具与工作面的垂直距离 h 的比值。L/h 的值小，灯具密集，照度均匀，经济性差；L/h 的值大，灯具稀疏，照度不均匀，灯具投资小。表 5-5 为部分对称灯具的参考距高比值。表 5-6 为荧光灯具的参考距高比值。灯具离墙边的距离一般取灯具水平间距 L 的 1/2～1/3。

表 5-5　部分对称灯具的参考距高比值

灯具型式	距高比 L/h 值	
	多行布置	单行布置
配照型灯	1.8	1.8
深照型灯	1.6	1.5
广照型、散照型、圆球形灯	2.3	1.9

表 5-6　荧光灯具的参考距高比值

灯具名称	灯具型号	光源功率/W	距高比 L/h 值		备　注
			$A—A$	$B—B$	
简式荧光灯	YG 1-1	1×40	1.62	1.22	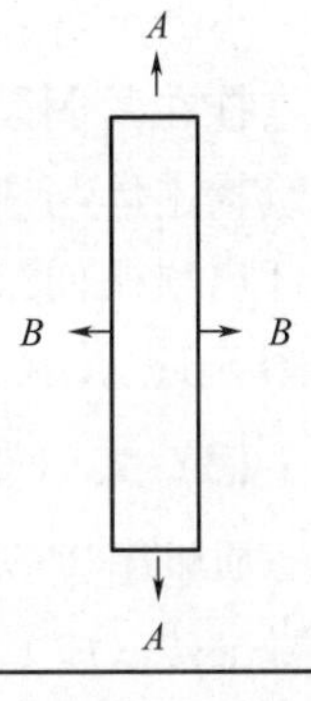
	YG 2-1	1×40	1.46	1.28	
	YG 2-2	2×40	1.33	1.28	
吸顶荧光灯具	YG 6-2	2×40	1.48	1.22	
	YG 6-3	3×40	1.5	1.26	
嵌入式荧光灯具	YG 15-2	2×40	1.25	1.2	
	YG 15-3	3×40	1.07	1.05	

(2) 选择布置

选择布置是把灯具重点布置在有工作面的区域，保证工作面有足够的照度。当工作区域不大且分散时可以采用这种方式以减少灯具的数量，节省投资。

5.4.3 吊灯的安装

吊灯的安装可根据灯具的质量选择不同的安装方法。质量在 0.5kg 及以下的灯具可以使用软线吊灯安装；当灯具质量大于 0.5kg 时，应增设吊链。小型吊灯通常可安装在龙骨或附加龙骨上；大（重）型吊灯需要安装在建筑物的结构层上。单体吊灯可直接安装；组合吊灯要在组合后安装或安装后组合。

(1) 软线吊灯的安装

软线吊灯由吊线盒、软线、吊式灯座及绝缘台组成。软吊线带升降器的灯具，在吊线展开后距离地面高度应为 0.8m，并套塑料软管，且采用安全灯头。软线吊灯的安装步骤如下：

① 塑料（木）台的安装。将接线盒中的导线从塑料（木）台的出线孔中穿出，将塑料（木）台紧贴住建筑物表面，用螺钉将塑料（木）台固定牢固。

② 把从塑料（木）台甩出的导线留出适当维修长度，削出线芯，然后推入吊线盒内，将吊线盒与塑料（木）台的中心找正，用长度小于 20mm 的木螺钉固定，并将导线固定在吊线盒的接线柱上。

③ 首先根据灯具的安装高度及数量，把吊线全部预先掐好，应保证在吊线全部放下后，其灯泡底部距地面高度在 800～1100mm 之间。将塑料软线的两端削出线芯，然后盘圈、涮锡、砸扁。

④ 先把塑料软线穿过灯座和吊线盒的孔洞（有自在器的应先穿好自在器），打好保险扣（使保险扣成为线吊灯具的承力点，保证吊线盒内导线接点不受力），再将软线的一端与灯座的接线柱连接，将软线的另一端与吊线盒的邻近隔脊的两个接线柱相连接，最后分别将吊线盒盖和灯座盖拧好。

保险扣的做法以及软线吊灯安装注意事项见本章 5.2.1 节。

(2) 小（轻）型吊灯的安装

轻型吊灯质量在 1kg 及以下时，在吊顶上安装，应使用两个螺栓穿通吊顶板材，直接固定在吊顶的中龙骨上，如图 5-18 所示。

小型吊灯在吊棚上安装时，必须在吊棚主龙骨上设灯具紧固装置，将吊灯通过连接件悬挂在紧固装置上。紧固装置与主龙骨的连接应可靠，有时需要在支持点处对称加设建筑物主体与棚面间的吊杆，以抵消灯具加在吊棚上的重力，使吊棚不至于下沉、变形。吊杆出顶棚面最好加套管，这样可以保证顶棚面板的完整。安装时要保证牢固和可靠。如图 5-19 所示。

(3) 大（重）型吊灯的安装

质量超过 8kg 的大（重）型吊灯在安装时，需要直接吊挂在混凝土梁上或预制、现浇混凝土楼（屋）面板上，不应与吊顶龙骨发生任何受力关系。

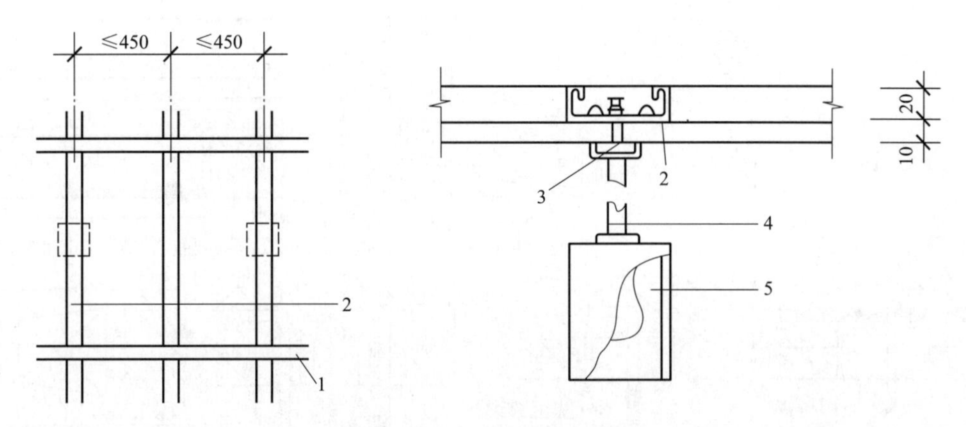

图 5-18　轻型吊灯灯具安装

1—大龙骨；2—中龙骨；3—固定灯具螺栓；4—灯具吊杆；5—灯具

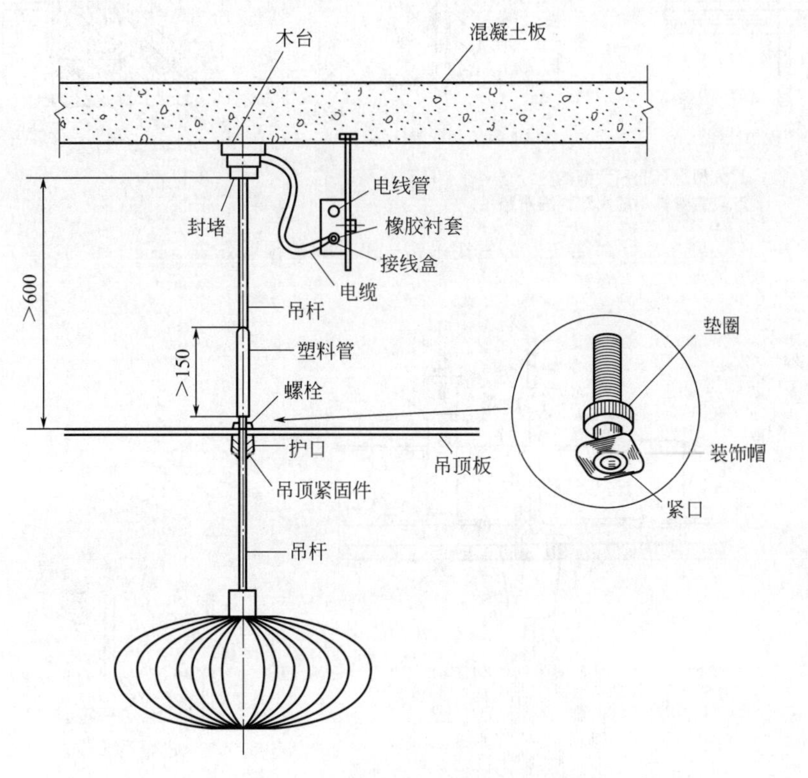

图 5-19　吊灯在顶棚上安装

常用吊钩、吊挂螺栓预埋方法如图 5-20 所示。

质量较大的吊灯在混凝土顶棚上安装时，要预埋吊钩或螺栓，或者用膨胀螺栓紧固。如图 5-21 所示。安装时应使吊钩的承重力大于灯具重量的 14 倍。大型吊灯因体积大、灯体重，所以必须固定在建筑物的主体棚面上（或具有承重能力的构架上），不允许在轻钢龙骨吊棚上直接安装。采用膨胀螺栓紧固时，膨胀螺栓规格不宜小于 M6，螺栓数量至少要有两个，不能采用轻型自攻型膨胀螺钉。

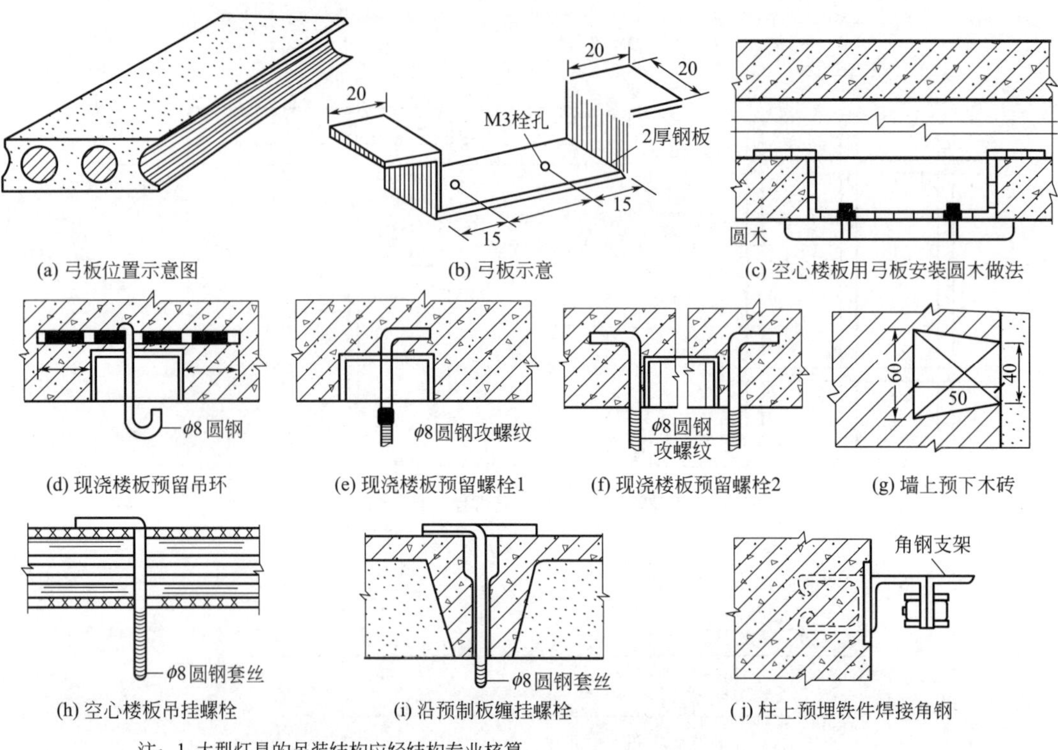

(a) 弓板位置示意图　(b) 弓板示意　(c) 空心楼板用弓板安装圆木做法

(d) 现浇楼板预留吊环　(e) 现浇楼板预留螺栓1　(f) 现浇楼板预留螺栓2　(g) 墙上预下木砖

(h) 空心楼板吊挂螺栓　(i) 沿预制板缠挂螺栓　(j) 柱上预埋铁件焊接角钢

注：1. 大型灯具的吊装结构应经结构专业核算

2. 较重灯具不能用塑料线承重吊挂

图 5-20　常用吊钩、吊挂螺栓预埋方法

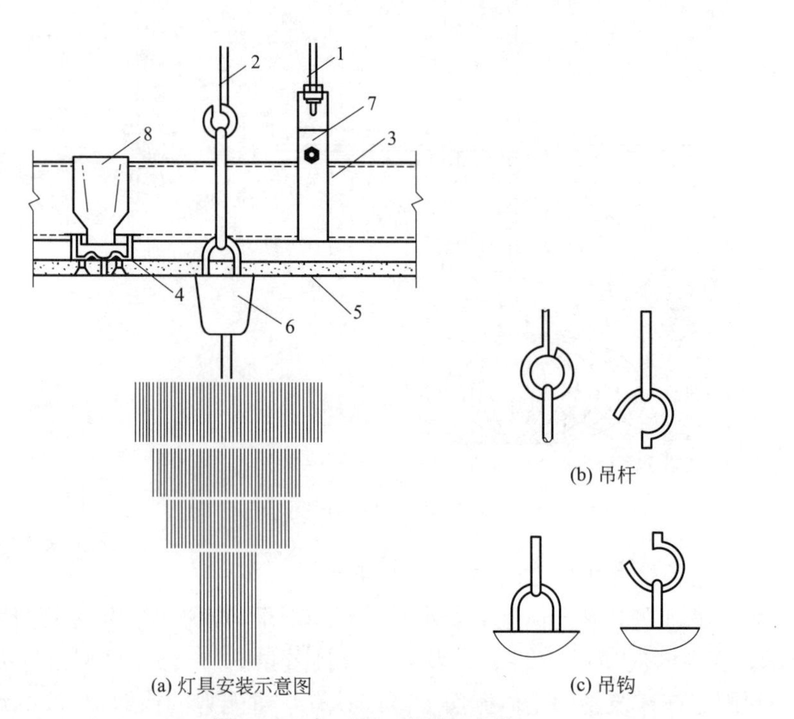

(a) 灯具安装示意图　(b) 吊杆　(c) 吊钩

图 5-21　大（重）型吊灯安装

1—吊杆；2—灯具吊钩；3—大龙骨；4—中龙骨；5—纸面石膏板；6—灯具；

7—大龙骨垂直吊挂件；8—中龙骨垂直吊挂件

5.4.4 吸顶灯的安装

(1) 吸顶灯在预制天花板上的安装

吸顶灯在预制天花板上的安装如图 5-22 所示，用直径为 6mm 的钢筋制成图 5-22 所示的形状，吊件下段铰 6mm 螺纹。将吊件水平部分送入空心楼板内，木台中间打孔，套在吊件下段上，与灯底盘一起用螺母固定，电源线穿出灯底盘，连接好灯座，罩好灯罩。

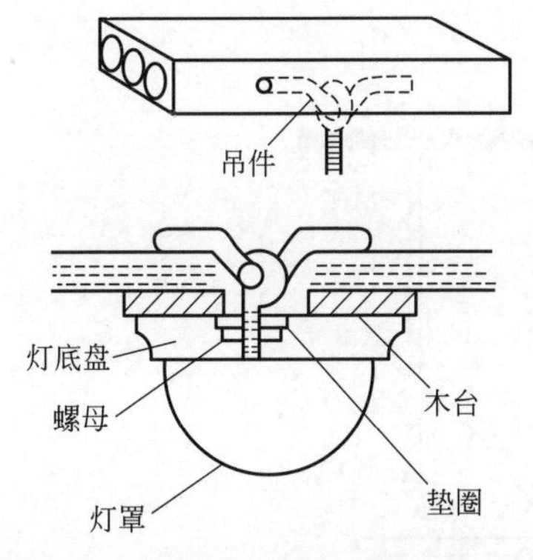

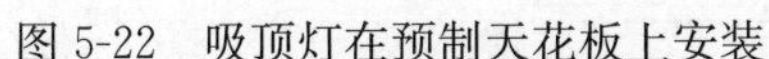
图 5-22 吸顶灯在预制天花板上安装

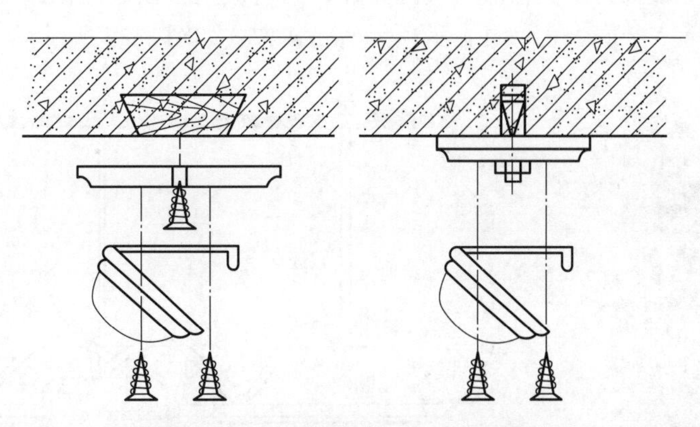

图 5-23 吸顶灯在浇注天花板上安装

(2) 吸顶灯在浇注天花板上的安装

吸顶灯在混凝土浇注天花板上安装时，可以在浇筑混凝土前，根据图纸要求把木砖预埋在里面，也可以安装金属膨胀螺栓，如图 5-23 所示。在安装灯具时，把灯具的底台用木螺钉安装在预埋木砖上，或者用紧固螺栓将底盘固定在混凝土顶棚的膨胀螺栓上，再把吸顶灯与底台、底盘固定。圆形底盘吸顶灯紧固螺栓数量一般不得少于 3 个；方形或矩形底盘吸顶灯紧固螺栓一般不得少于 4 个。

(3) 吸顶灯在吊顶上的安装

小型、轻型吸顶灯可以直接安装在吊顶棚上，但不得用吊顶棚的罩面板作为螺钉的紧固基面。安装时应在罩面板的上面加装木方，木方要固定在吊棚的主龙骨上。安装灯具的紧固螺钉拧紧在木方上，如图 5-24 所示。较大型吸顶灯安装，可以用吊杆将灯具底盘等附件装置悬吊固定在建筑物主体顶棚上，或者固定在吊棚的主龙骨上；也可以在轻钢龙骨上紧固灯具附件，而后将吸顶灯安装至吊顶棚上。

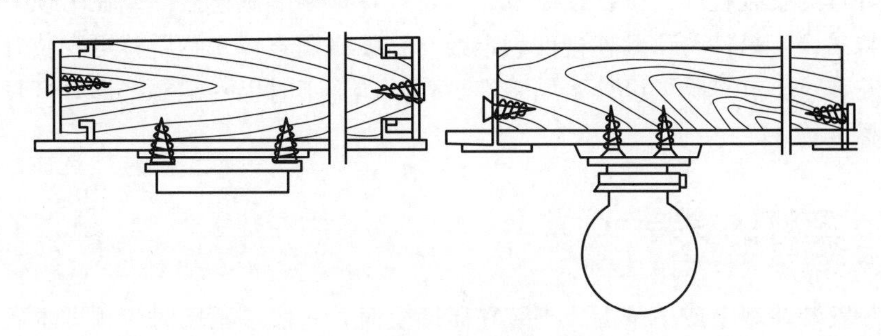

图 5-24 吸顶灯在吊顶上安装

5.4.5 嵌入式照明灯具的安装

嵌入式灯具根据安装方式可以分为全嵌入式灯具和半嵌入式灯具两种。

全嵌入式灯具适用于有吊顶的房间，灯具是嵌入在吊顶内安装的，能有效地消除眩光，与吊顶结合能形成美观的装饰艺术效果。半嵌入式灯具是将灯具的一半或一部分嵌入顶棚内，另一半或一部分露在顶棚外面，它介于吸顶灯和嵌入式灯之间。这种灯虽有消除眩光的效果，不如全嵌入式灯具好，但它适用于顶棚吊顶深度不够的场所，在走廊等处应用较多。

嵌入式灯具在吊顶上的安装方式如图 5-25 所示。

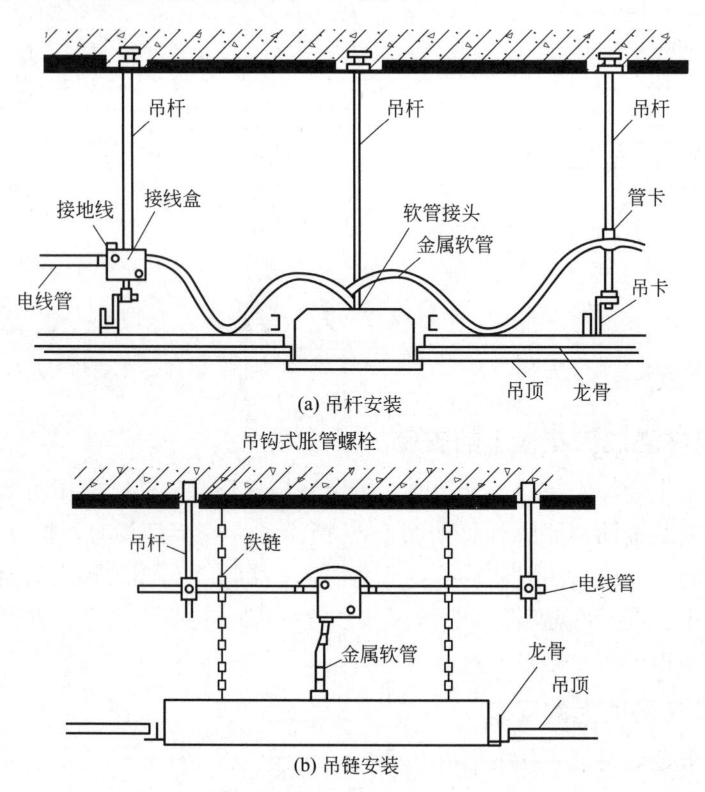

图 5-25 嵌入式照明灯具在吊顶上的安装方式

嵌入式照明灯具在顶棚吊顶上安装，应符合以下规定：当软线吊灯灯具质量大于 1kg 时，应增设吊链；当灯具的质量大于 3kg 时，应采用预埋吊钩或用螺栓固定。

嵌入式灯具的安装程序为先在顶棚上开口，并在顶棚上做连接件或在吊顶上加开口边框等，再将各类吊杆、吊件与顶棚连接件固定或与补强格栅连接，然后就可安装灯具、玻璃或塑料片等。安装这类灯具除了设计要周密细致外，在施工时也一定要把握好灯具的位置和装饰玻璃的平整度等。

5.4.6 壁灯的安装

壁灯一般安装在墙上或柱子上。当装在砖墙上时，一般在砌墙时应预埋木砖，也可用预埋金属件或打膨胀螺栓的办法来解决。当采用梯形木砖固定壁灯灯具时，木砖须随墙砌入。

壁灯安装高度一般为灯具中心距地面 2.2m 左右，床头壁灯距地面 1.2～1.4m 较适宜。

在柱子上安装壁灯，可以在柱子上预埋金属构件或用抱箍将灯具固定在柱子上，也可以用膨胀螺栓固定的方法。壁灯的安装如图 5-26 所示。

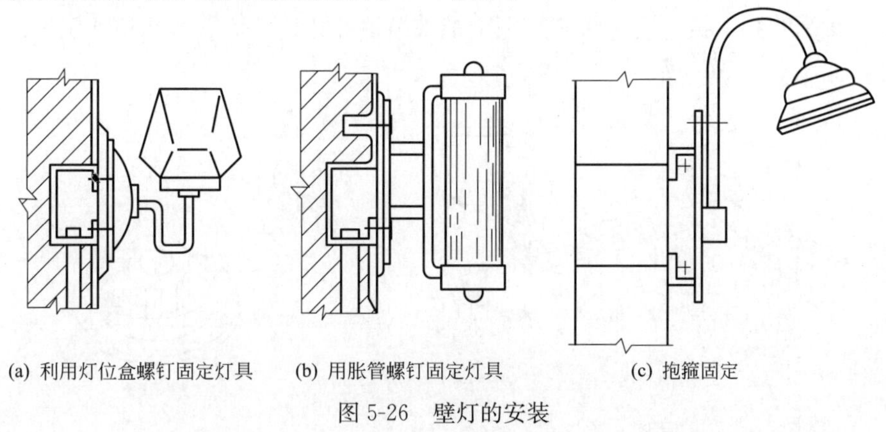

图 5-26　壁灯的安装

5.4.7　筒灯的安装

筒灯兼具照明和装饰两项功能，一般采用嵌入式的安装方式，如图 5-27 所示。

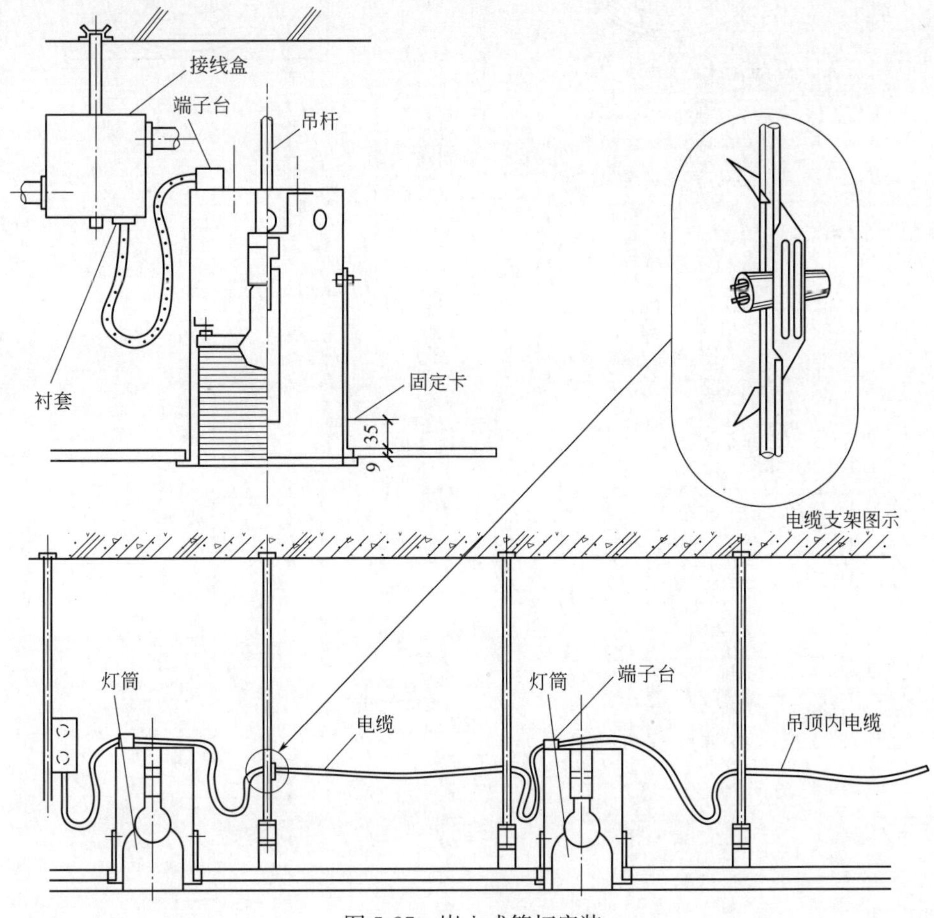

图 5-27　嵌入式筒灯安装

筒灯的安装步骤如图 5-28 所示。在安装时，先根据筒灯的尺寸、安装位置在吊顶上划线开孔，如图 5-28(a) 所示。然后将吊顶内的预留电源线与筒灯连接，如图 5-28(b) 所示。再将筒灯上的弹簧扣扳直，并将筒灯往吊顶孔内推入，如图 5-28(c) 所示。当筒灯弹簧扣进入吊顶后，将弹簧扣下扳，同时将筒灯完全推入吊顶开孔处，依靠弹簧扣下压吊顶的力量支撑住筒灯，如图 5-28(d) 所示。

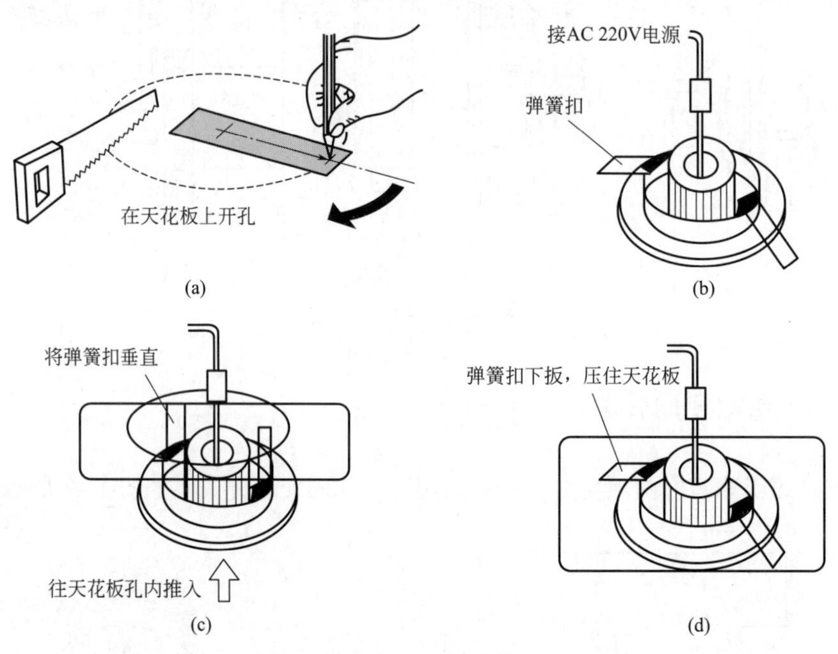

图 5-28 筒灯的安装

第6章 家装弱电工程安装技术

6.1 弱电布线的基本知识

6.1.1 弱电的特点

在室内配线技术领域中，通常分为强电配线和弱电配线两部分。室内的电力、照明用的电能称为强电。强电配线可把电能引入室内，经过用电设备转换成机械能、热能和光能等。弱电配线则完成室内的和内部与外部之间的信息传递与交换。强电和弱电两者既有联系，又有区别。

强电和弱电从概念上讲，一般是容易区别的，主要区别是用途的不同。强电是用作一种动力能源；弱电是用于信息传递。它们大致有如下区别：

(1) 交流频率不同

强电的频率一般是50Hz（赫），称“工频”，意即工业用电的频率；弱电的频率往往是高频或特高频，以kHz（千赫）、MHz（兆赫）计。

(2) 传输方式不同

强电以输电线路传输；弱电的传输有有线与无线之分。无线电则以电磁波传输。

(3) 功率、电压及电流大小不同

强电功率以kW（千瓦）、MW（兆瓦）计，电压以V（伏）、kV（千伏）计，电流以A（安）、kA（千安）计；弱电功率以W（瓦）、mW（毫瓦）计，电压以V（伏）、mV（毫伏）计，电流以mA（毫安）、μA（微安）计。因而其电路可以由印刷电路或集成电路构成。强电中也有高频（数百kHz）与中频设备，但电压较高，电流也较大。由于现代技术的发展，弱电已渗透到强电领域，如电力电子器件、无线遥控等，但这些只能算作强电中的弱电控制部分，它与被控的强电还是不同的。

(4) 处理对象不同

强电的处理对象是电能。其特点是电压高、电流大、频率低，主要考虑的问题是减少损耗、提高效率。

弱电的处理对象主要是信息，即信息的传输与控制。其特点是电压低、电流小、功率小、频率高。主要考虑的问题是信息传输的效果问题，例如信息传输的保真度、速度、频带宽度和可靠性等。

与强电技术相比，弱电技术的另一个重要特点就是它是一门综合性的技术。它涉及的学科非常广泛，朝着综合化、智能化的方向发展。它的应用领域包括广播音响、电视监控、防盗报警、出入口控制、楼宇对讲、电子巡查、电话通信、火灾自动报警、消防联动控制、有线电视和卫星电视接收系统等。

信息是现代家庭中不可缺少的内容，与人们的日常生活及工作学习息息相关。因此，当代电工（包括建筑电工、物业电工、家装电工、农村电工等）应学习和掌握以信息处理为主的弱电工程安装技术。

6.1.2 弱电系统工程的分类

弱电系统工程主要包括以下几个部分：

① 电视信号工程。如电视监控系统、有线电视等。

② 通信及网络工程。如电话、宽带网络、综合布线系统等。

③ 智能安防与消防工程。如保安报警、门禁、电子巡更、智能消防等。

④ 扩声与音响工程。如小区中背景音乐广播、建筑物中的背景音乐等。

⑤ 智能管理工程。如停车场管理、智能一卡通、三表（水表、电表、燃气表）远传等。

⑥ 综合布线工程。主要用于计算机网络。

计算机技术的飞速发展，软硬件功能的迅速强大，以及各种弱电系统工程和计算机技术的完美结合，使以往的各种分类不再像以前那么清晰。各类工程的相互融合，就是系统集成。常见的弱电系统工作电压包括：24VAC、16.5VAC、12VDC，有时候220VAC也算弱电系统，比如有的摄像机的工作电压是220VAC，我们就不能把其归入强电系统。

6.1.3 家庭综合布线系统的组成

家庭综合布线系统是指将计算机网络、有线电视、电话、多媒体影音中心、自动报警装置等设计进行集中控制的电子系统。综合布线系统由家用信息接入箱（或称配线箱）、信号线和信号端口模块组成，各种线缆被信息接入箱集中控制。

一个完整的家庭综合布线系统主要由安防（监控）模块、计算机模块、电话模块、电视模块、影音模块及其扩展接口等组成，功能主要有接入、分配、转接和维护管理，其组成示意图如图6-1所示。根据用户的实际需求，可以灵活组合、使用，从而支持电话/传真、上网、有线电视、家庭影院、音乐欣赏、视频点播、消防报警、安全防盗、空调自控、照明控制、煤气泄漏报警和水/电/煤气三表自动抄送（后两项功能需要社区能提供相应的服务）等各种应用。

(1) 一般装修家庭弱电系统的配置

大多数家庭装修的弱电工程施工主要是有线电视、宽带网络、电话（含门禁电话）等信

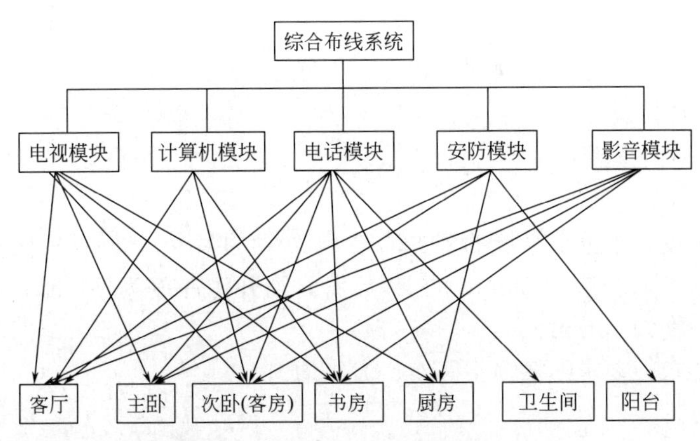

图 6-1　家庭综合布线系统示意图

号线及设备的安装。

(2) 高档装修家庭弱电系统的配置

高档家庭装修的弱电工程施工包括有线电视、宽带网络、电话（含门禁电话）等信号线及设备的安装。还涉及安全系统（如防盗报警、防火灾及煤气泄漏、紧急求救等）、背景音乐、智能灯光、综合布线等系统的安装。

6.1.4　弱电布线的一般规定

① 所敷暗管（穿线管）应采用钢管或阻燃硬质聚氯乙烯管（硬质 PVC 管）。

② 暗管弯曲半径不得小于该管外径的 6～10 倍。暗管必须弯曲敷设时，其长度不应超过 15m，且该段内不等有 S 弯。连续弯曲超过 2 次时，应加装过线盒。所有转弯处均用弯管器完成，为标准的转弯半径。不得采用国家明令禁止的三通、四通等。

③ 在暗管内不得有各种线缆接头。

④ 强、弱电线管（线槽）分开敷设，弱电线管与强电线管应保持安全间距（一般为 30cm，应大于 15cm），否则会产生干扰。

⑤ 不同类的线不能穿在同一线管，例如电视信号线、电话线不能穿在同一线管。

⑥ 在设置了有线电视出口的地方就该设置网络出口，因为目前高档电视机具有网络电视功能。

6.1.5　弱电布线施工的方法步骤

(1) 确定点位

① 点位确定的依据。点位确定应根据家庭布线设计图纸，结合墙上的点位示意图，用铅笔、直尺或墨斗将各点位处的暗盒位置标注出来。

② 暗盒高度的确定。除特殊要求外，暗盒的高度与原强电插座一致，背景音乐调音开关的高度应与原强电开关的高度一致。若有多个暗盒在一起，暗盒之间的距离至少为 10mm。

(2) 开槽

① 确定开槽路线。确定开槽路线应根据以下原则：

a. 路线最短原则。

b. 不破坏原有强电原则。

c. 不破坏防水原则。

② 确定开槽宽度。根据信号线的多少确定 PVC 管的多少，进而确定槽的宽度。

③ 确定开槽深度。若选用 16mm 的 PVC 管，则开槽深度为 20mm；若选用 20mm 的 PVC 管，则开槽深度为 25mm。

④ 线槽外观要求。要求线槽横平竖直、大小均匀。

(3) 布线

① 确定各点位用线长度。首先测量出配线箱槽到各点位端的长度，然后加上各点位及配线箱槽处的冗余线长度（各点位出口处线的长度为 200～300mm，配电箱内线的长度为 500mm）。

② 确定管内线数。管内线的横截面积不得超过管横截面积的 80%。

③ 布线前应测量线缆质量：

a. 网线、电话线的测试：分别做水晶头，用网络测试仪测试通断。

b. 有线电视线、音视频线、音响线的测试：分别用万用表测试通断。

c. 其他线缆：用相应专业仪表测试通断。

(4) 封槽

① 固定暗盒：除厨房、卫生间中暗盒要凸出墙面 20mm 外，其他暗盒与墙面要求齐平。几个暗盒在一起时要求在同一水平线上。

② 固定 PVC 管：PVC 管要求每隔 1m 必须固定。

③ 封槽：封槽后的墙面、地面不得高于所在平面。

④ 清扫施工现场：封槽结束后，清运垃圾，打扫施工现场。

6.1.6 弱电布线施工的注意事项

弱电布线施工需要注意的几个要点：

① 应根据用电设备位置，确定管线走向、标高及开关、插座的位置。所有插座距地高度 30cm 以上。

② 暗盒接线头留长 30cm，所有线路应贴上标签，并表明类型、规格。

③ 穿线管与暗盒连接处，暗盒不许切割，须打开原有管孔，将穿线管穿出。穿线管在暗盒中保留 5mm。

④ 弱电施工中暗线敷设必须配管。

⑤ 同一回路电线应穿入同一根管内，但管内总根数不应超过 4 根。

⑥ 电源线与通信线不得穿入同一根管内。

⑦ 电源线及插座与电视线、网络线、音视频线及插座的水平间距不应小于 500mm。

⑧ 穿入配管导线的接头应设在接线盒内。

⑨ 厨房、卫生间应安装防溅插座。

6.2　弱电工程常用线材

6.2.1　同轴电缆

(1) 同轴电缆的结构

天线信号要使用专门的同轴电缆传输，同轴电缆也是一种导线，但与普通的导线不同。同轴电缆的外形和结构如图 6-2 所示。同轴电缆由里到外分为四层，中心为圆形铜导线，称为线芯。线芯外紧密包裹线芯的绝缘材料，称为内绝缘层。内绝缘层外面又包有金属丝编织的金属网或金属箔，称为屏蔽层。最外面一层是塑料护套。同轴电缆的中心铜线和网状导电层形成电流回路，同轴电缆因为中心铜线和网状导电层为同轴关系而得名。

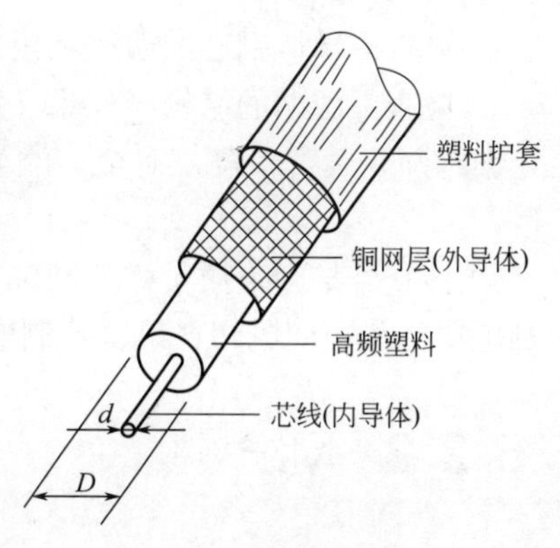

图 6-2　同轴电缆

同轴电缆，特性阻抗为 75Ω 和 50Ω，在共用天线系统中用 75Ω 同轴电缆与各种设备连接。电缆对电视信号的衰减除了与信号的频率有关外，还与电缆的长度及电缆的直径有关。一般频率越高衰减越大，线越粗衰减越小，一般每 10m 衰减 2dB。同轴电缆的屏蔽层分四种：单层屏蔽，铜丝编织网；双层屏蔽，单面镀铝塑料薄膜作内层，外层为镀锡铜丝编织网；四层屏蔽，单面镀铝塑料薄膜为内层，双面镀铝塑料薄膜作中间层，外层为双层镀锡铜丝编织网；全屏蔽，外导体用铜管或铝管，屏蔽层与设备外壳及大地连接起屏蔽作用，最外面是聚氯乙烯护套。外护套的颜色有黑色和白色两种。白色为室内用电缆，黑色为室外用电缆。

电缆按绝缘外径分为 5mm、7mm、9mm、12mm 等规格，用 $\phi5$、$\phi7$、$\phi9$、$\phi12$ 表示。一般到用户端用 $\phi5$ 电缆连接，楼与楼间用 $\phi9$ 电缆连接，大系统干线用 $\phi12$ 电缆敷设。

(2) 同轴电缆的特点

如果使用一般电线传输高频率电流，这种电线就会相当于一根向外发射无线电的天线，这种效应损耗了信号的功率，使得接收到的信号强度减小。

同轴电缆的设计正是为了解决这个问题。中心电线发射出来的无线电被网状导电层所隔离，网状导电层可以通过接地的方式来控制发射出来的无线电。

同轴电缆也存在一个问题，就是如果电缆某一段发生比较大的挤压或者扭曲变形，那么中心电线和网状导电层之间的距离就不是始终如一的，这会造成内部的无线电波被反射回信号发送源。这种效应降低了可接收的信号功率。为了克服这个问题，中心电线和网状导电层之间被加入一层塑料绝缘体来保证它们之间的距离始终如一。这也造成了这种电缆比较僵直而不容易弯曲的特性。

(3) 同轴电缆的选择

在有线电视系统中，电缆性能指标的优劣直接影响系统的寿命和质量，为了保证电视信号在同轴电缆中稳定、有效地传输，在选择同轴电缆时要注意频率特性要平坦；电缆损耗要小，有效传输距离要远；传输性能要好，衰减的常数稳定和温度系数要小；屏蔽特性要好，抗干扰能力要强；回路电阻要小；防水性能和机械性能要好等。

(4) 有线电视同轴电缆质量好坏的鉴别

同轴电缆的辨别方法如下：

① 有线电视同轴电缆最核心的技术是包裹铜芯的白色物理发泡层，它承担着屏蔽杂波信号的主要任务，一般是注氮发泡聚乙烯，发泡率要高且均匀。其辨别方法一是用手捏、掐，发泡优良的坚硬光滑，差的一捏就扁；二是看颜色，白色纯净的为优质聚乙烯，差的颜色发暗，有细小的孔。

② 检查内导体铜芯的质量和粗细。铜的纯度越高，铜色越亮。

③ 检查屏蔽网的结构。如果在没有外界强烈干扰源的情况下，一般家用双屏蔽线就够了，编织网要紧密，覆盖完全。质量差的同轴电缆，剥开其外护套可以看到编织网的结构松散。

④ 检查外护套。质量好的同轴电缆采用优质聚乙烯制造，用手是撕不动的。质量差的同轴电缆往往用回收塑料等材料制造，用手可以轻易撕开。

6.2.2 网线

网线就是网络连接线，是把一个网络设备（例如调制解调器）连接到另外一个网络设备（例如计算机）传递信息的介质，它是计算机网络的基本构件。网线与电话线的区别是采用的介质不同，网线是双绞线，而电话线是平行线；网线可以当作电话线用，但电话线不能当作网线用。一般用电话线接入调制解调器，会分出网线接入计算机。

(1) 光缆

光纤是光导纤维的简写。由于光在光导纤维的传导损耗比电在电线传导的损耗低得多，因此光纤被用作长距离的信息传递。光导纤维通信是一种崭新的信号传输手段，它利用激光通过超纯石英（或特种玻璃）拉制成的光导纤维进行通信。

光纤是光通信的基本单元，实用传输线路需要将光纤制成光缆。光缆一般由缆芯（缆芯由一定数量的光纤按照一定方式组成）、加强钢丝、填充物和护套等几部分组成，另外根据需要还有防水层、缓冲层等构件。

光缆是用以实现光信号传输的一种通信线路。光缆既可用于长途干线通信，传输近万路电话以及高速数据，又可用于中小容量的短距离室内通信、交换机之间以及闭路电视、计算机终端网络的线路中。光纤通信不仅通信容量大、中继距离长，而且性能稳定、可靠性高、缆芯小、重量轻、曲挠性好便于运输和施工，并且可根据用户需要插入不同信号线或其他线组，组成综合光缆。

光缆是目前最先进的网线了，但是它的价格较贵，在家用场合很少使用。

(2) 双绞线

双绞线（Twisted Pair，TP）是家庭综合布线工程中最常用的一种传输介质，也是家庭利用电话线上网的理想布线材料。

双绞线由一对相互绝缘的金属导线绞合而成。采用这种方式，不仅可以抵御一部分来自外界的电磁波干扰，而且可以降低自身信号的对外干扰。把两根绝缘的铜导线按一定密度互相绞在一起，一根导线在传输中辐射的电波会被另一根线上发出的电波抵消。“双绞线”的名字也是由此而来。

双绞线一般由两根22～26号绝缘铜导线相互缠绕而成，实际使用时，双绞线是由多对双绞线一起包在一个绝缘电缆套管里的。典型的双绞线有四对的，也有更多对双绞线放在一个电缆套管里的。这些我们称之为双绞线电缆。与其他传输介质相比，双绞线在传输距离、信道宽度和数据传输速率等方面均受到一定限制，但价格较为低廉。

家庭综合布线中用于计算机与互联网的网线多为双绞线。这种网线在塑料外皮里面包裹着8根信号线，它们中每两根为一对，相互缠绕，分为橙色对、绿色对、蓝色对、棕色对，共为4对。橙色对为1根橙色线，1根橙白两色线；绿色对为1根绿色线，1根绿白两色线；蓝色对为1根蓝色线，1根蓝白两色线；棕色对为1根棕色线，1根棕白两色线。

目前，双绞线可分为非屏蔽双绞线（UTP）和屏蔽双绞线（STP）。屏蔽双绞线电缆的外层由铝铂包裹，以减小辐射，但并不能完全消除辐射；屏蔽双绞线价格相对较高，安装时要比非屏蔽双绞线电缆困难。双绞线的构成如图6-3所示。双绞线的种类很多，目前家装常用的双绞线有五类线、超五类线和六类线。

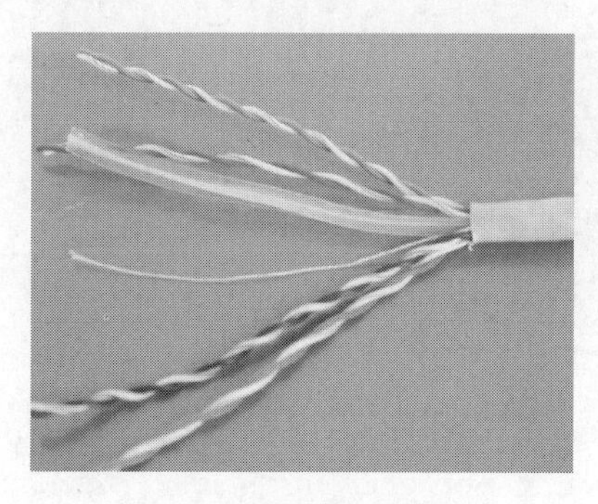
(a) 六类非屏蔽双绞线

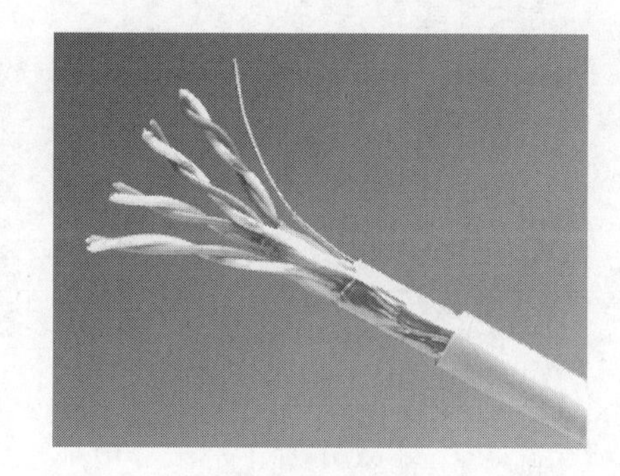
(b) 超五类屏蔽双绞线

图6-3　双绞线的构成

(3) 双绞线质量好坏的鉴别

市场上假的双绞线比真的还要多，而且假线上同样有和真线一样的标记。除了假线外，市面上有很多用三类线冒充五类线、超五类线的情况。下面是网线的鉴别方法：

① 三类线里的线是两对四根，五类线里的线是四对八根。

② 真的网线外面的胶具有阻燃性，外胶皮不易燃烧；而假的有些则不具有阻燃性，外胶皮大部分是易燃的，不符合安全标准，购买时不妨试试。

③ 可以将双绞线放在高温环境中测试一下，看看在35～40℃时，网线外面的胶皮会不会变软。正品网线是不会变软的，假的就不一定了。

④ 真网线内部的铜芯用料较纯，比较软、有韧性而且不易被拉断；而假网线在铜中添加了其他的金属元素，做出来的导线比较硬，不易弯曲，使用中容易产生断线。

⑤ 真网线的扭绕方向是逆时针扭绕而不是顺时针绕的。顺时针绕会对速度和传输距离有影响。

⑥ 网线里的线在对绕时圈数是不一样的，因为若圈数一样的话，两对线之间的传输信

号会互相干扰，使传输距离变短。

⑦ 观察 4 对芯线的绕线密度，真五类/超五类线绕线密度适中，方向是逆时针。假线通常密度很小，方向也可能会是顺时针（比较少），这主要是因为在制作方面比较容易，这样生产成本也就低了。

⑧ 屏蔽双绞线的导线与胶皮间有一层金属网和绝缘材料，水晶头外面也被金属所包裹。

6.2.3 电话线

(1) 电话线的种类与选择

电话线就是电话的进户线，它是连接用户电话机的导线。只有将电话线连接到电话机上，才能打电话。管内暗敷设使用的电话线是 RVB 型塑料并行软导线，或 RVS 型塑料双绞线，规格为 $2\times0.2\sim2\times0.5\text{mm}^2$。

电话线常见规格有 2 芯和 4 芯，如图 6-4 所示。一般家庭如果是现在市话使用模式的话，2 芯足够使用。如果使用传真机或计算机拨号上网，最好选用 4 芯电话线；如果家里需要两个电话号码，则需要接入两条电话线。

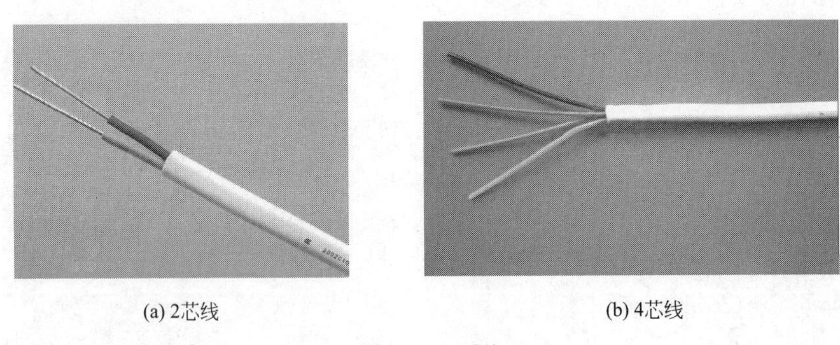

(a) 2芯线　　(b) 4芯线

图 6-4　电话线

(2) 电话线质量好坏的鉴别

① 导体采用进口高纯度无氧铜的电话线，传输衰减小，信号损耗小，音质清晰无噪，通话无距离感。

② 护套采用高档透明外被料的电话线，耐酸碱腐蚀，防老化，使用寿命长。

③ 护套采用透明材料的电话线，具有良好的机械物理性能、电气性能和热稳定性，铅、镉等重金属和重金属化合物的含量极低。

④ 采用进口聚丙烯材料的电话线，纯度高，传输衰减更低，传输速度更高，适合用于宽带上网，能达到可视电话的高传输速度的要求。

6.2.4 音频线

音频连接线简称音频线，是用来传输电声信号或数据的线。由音频电缆和连接头两部分组成，其中音频电缆一般为双芯屏蔽电缆，连接头常见的有 RCA（俗称莲花头音频线）和 $\phi3.5\text{mm}$ 插头，如图 6-5 所示。莲花头音频线（RCA 接头）又名莲花插头，是音、视频线的一种，连接头部因为比较像莲花，故称“莲花头”。

图 6-5　音频线

图 6-6　话筒线

在音频线中有两种专用线：一种是话筒线，另一种是音箱线。

(1) 话筒线

传声器线，习称话筒线、麦克风线，用于连接功率放大器与传声器（话筒）。因为传声器的工作电压极微弱，所以在线材屏蔽上显得格外重要。常用话筒线如图 6-6 所示。

(2) 音箱线

① 音箱线的特点　音箱线，俗称喇叭线。它是连接扩音机或功率放大器到音箱的连接线，因推动功率大，故而线径很粗。为了保证高音频通过和减小电阻衰减，大多是镀银、镀金的铜线或铜银合金线。人们在科学实验的过程中发现，导线的铜的质地对音频信号的传输质量有影响，铜导线的质地越纯，传输的效果就越好。所以音箱线多采用基本不含氧化物（杂质）的铜线。常用音箱线如图 6-7 所示。

图 6-7　音箱线

② 音箱线的选择　在选择音箱线时，应从技术的角度选择。过细的导线显然不会有好结果，因为细线的电阻大，更多的功率将消耗在导线的电阻上，低音的损失尤其严重。过粗的导线虽然电阻小，但是造成材料和金钱的浪费。通常认为导线上的损失（插入损耗）在 0.5dB 以下是可以容忍的。从功放输出到音箱的这部分电路中，喇叭的阻抗、导线的长度、导线的粗细都很重要，一般的做法是根据导线长度和喇叭阻抗来推算出导线的粗细。

在选购音箱线时一定要注意。一般可从线材的结构、用料及外观上做区别：发烧级线材都是采用较高纯度的 ES-OCC（元氧单结晶体铜）或 OFEC（无氧电解铜）制成导体铜丝，具有手感柔韧、抗拉、抗折的特点；而假冒的线材都是采用普通铜质细导线作导体材料。另外，从线材的外观上也能正确判断出其真伪，一般正宗品牌的发烧线材具有商标，型号的字体印制十分清晰，而且很难摩擦掉，外观的工艺精致而规范。

(3) 音频线的连接

音频线的连接分平衡法和不平衡法两种。

① 平衡法　所谓平衡接法就是用两条信号线传送一对平衡的信号的连接方法。由于两

条信号线受的干扰大小相同，相位相反，因此最后干扰被抵消。由于音频的频率范围较低，在长距离的传输情况下，容易受到干扰，因此，平衡接法作为一种抗干扰的连接方法，在专业设备的音频连接中最为常见。在家用电器的连接线中也有用两芯屏蔽线作音频连接线的，但是，它传输的是左右声道，是两个信号，不属于平衡接法。

② 不平衡法　不平衡接法就是仅用一条信号线传送信号的连接方法。由于这种接法容易受到干扰，因此一般只在家用电器上或一些要求较低的情况下使用。具体的接法以 XLR 接头为例：如果采用平衡接法，则将 1 脚接屏蔽，2 脚接头端（又称热端），3 脚接另一端（又称冷端）；如果采用不平衡接法，则将 1 脚和 3 脚连接屏蔽，2 脚接头端（信号端）。选择什么接法一般根据设备对接口的具体要求而定，能使用平衡接法的尽量使用平衡接法，进行连接时务必看清面板上的说明，最好先阅读使用说明书上的有关说明和要求。

在一些场合还可能遇到一端的设备接口是平衡接口，另一端的设备是不平衡接口的情况，在要求不很严格的情况，只需在平衡端使用平衡接法，在不平衡端使用不平衡接法，注意各脚对应即可。在要求严格的情况，就必须使用转换电路将平衡转为不平衡，或将不平衡转为平衡。

6.2.5 视频线

视频线是用于传送视频信号的，或者说是用来连接视频设备的线。由于视频接口不同，因此视频线也不同。对于家庭用户主要有以下几种。

(1) 复合视频线

复合视频线是目前最普遍的传输模拟视频信号的视频线，几乎每台电视机、DVD 机等视频产品均有这个输入或输出接口。它包含了亮度、色度和同步信号。复合视频线的两端是莲花头（RCA 头），统一称为音视频（AV）线，如图 6-8 所示，其中标明黄色的是视频线，红、白色为音频线。

图 6-8　AV 线

① 选择方法　复合视频新传送的是标准清晰度的视频信号。选择这类线材时，应先看其直径，过细的线材只能用于短距离设备间的连接，长距离传输会因线路电阻过大导致信号损耗过大（特别是高频图像信号）、出现重影等现象。同时还要注意屏蔽层的密度（合格的线材屏蔽层网格光亮致密，而且有附加的铝箔层），而较差线缆的屏蔽层稀疏甚至不成网格，极易受到外界干扰，反映到画面上就会有干扰网纹。

② 使用注意事项　AV 线在使用中应注意以下几个问题：

a. 功能不同的线不能随意混用，例如不能用音频线顶替同轴线使用等。

b. AV 线在使用时尽量不要弯曲，而且最好远离电源。

c. AV 线在够用的前提下应该尽量短，多余的长度只会增加信号损耗。

d. AV 线与外部的连接一定要紧固。如果接触不良（如虚脱等），将会造成音响发出杂音，严重的还会导致元器件烧坏。

e. AV 线使用一定年限后，金属端子和金属线芯都有可能出现氧化（即“老化”），应根据实际情况予以更换。

③ AV 输入接口与 AV 线　AV 接口又称 RCARCA，可以算是 TV 的改进型接口，外观方面有了很大不同。分为了 3 条线，分别为：音频接口（红色与白色线，组成左右声道）和视频接口（黄色）。

由于 AV 输出仍然是将亮度与色度混合的视频信号，因此依旧需要显示设备进行亮度和色彩分离，并且解码才能成像。这样的做法必然会对画质造成损失。所以 AV 接口的画质仍然不能让人满意。在连接方面非常的简单，只需将 3 种颜色的 AV 线与电视端的 3 种颜色的接口对应连接即可。

总体来说，AV 接口实现了音频和视频的分离传输，在成像方面可以避免因音频与视频互相干扰而导致的画质下降。AV 接口在电视机与 DVD 连接中使用的比较广，是每台电视必备的接口之一。

(2) S 视频信号线

① S 视频信号线的特点　S 视频（S-Video）信号接口是 AV 接口的改革，在信号传输方面不再将亮度与色度混合输出，而是分离进行信号传送。所以又称为二分量视频接口。与 AV 接口相比，S 视频信号接口将亮度和色度分离。所以图像质量优于复合视频信号，色度对亮度的串扰现象也消失。同时可以避免因设备内信号干扰而产生的图像失真，能够有效地提高画质的清晰度。但是 S 端子仍要将色度和亮度两路信号混合成一路色度信号进行成像。所以仍然存在画质损失的情况。S 端口用四芯圆形插头，如图 6-9 所示。

图 6-9　S 视频信号线

② S 视频信号线的使用方法

a. S 端子线连接方式：一端插在电脑显卡的 S 端子插孔上，另一端插在电视机上的 S 端子孔上。

b. 标准使用情况：电脑显卡与电视均有 S 端子插孔，注意选择需要长度。

c. 扩展使用情况：电脑显卡有 S 端子插孔，电视机没有 S 端子孔（但有 AV 视频插孔），可以选购 S 端子转 AV 视频线。

(3) 色差视频线

色差视频线是比 S 视频信号线质量更好的视频线，传输模拟信号。目前应该是模拟信号中最好的视频线，新近出的 DVD 机、高端电视，以及家用投影机都会带有这种接口。

图 6-10　色差视频线

色差信号也叫分量信号，同时传送三路信号：Y 是亮度信号，只包含黑白图像信息；Pb 是 B-Y 信号，即蓝色信号与亮度信号的差；Pr 是 R-Y 信号，即红色信号与亮度信号的差。色差信号实际也是亮色分离信号，也用莲花插座（RCA 插座），用绿、红、蓝标识，其中绿色端口代表 Y 信号，如图 6-10 所示。

色差视频线是视频信号传输专有线，配合使用高清晰度数字电视，等离子电视和液晶电视效果更为明显。

（4）HDMI 连接线

① HDMI 连接线的特点　HDMI 是英文的缩写，其中文的意思是高清晰度多媒体接口。HDMI 可用于机上盒（机顶盒）、DVD 播放机、个人计算机、综合扩大机、数字音响与电视机等设备。

HDMI 连接线也称 HDMI 线，是应用在数字视频和音频系统的连接线，属于高清视频连接线。HDMI 连接线是一种特制的电缆。用于数字输入信号源连接到其他数字电子设备、如电脑显示器、电视机和接收器、投影机等。HDMI 连接线如图 6-11 所示。

图 6-11　HDMI 连接线

应用 HDMI 的好处是：只需要一条 HDMI 线，便可同时传送影音信号，而不需要多条线材来连接；同时，由于无需进行数-模或者模-数转换，因此能取得更高的音频和视频传输质量。对用户而言，HDMI 技术不仅能提供清晰地画质，而且音频/视频采用同一电缆，大大简化了家庭影院系统的安装。高清数字电视机顶盒主要由这一接口实现全数字化的视音频信号的输出。

② 使用注意事项

a. 明确 HDMI 线的功能，如果对于视频资源的清晰度并没有太高要求，就没有必要购买了。

b. 检查其他设备是否具有 HDMI 接口，如果没有且暂时不考虑更换其他设备，就不要购买 HDMI 线了。

c. 查看要使用的显示器，检查电视、投影机以及高清播放机是否具有播放 1080p 及以上高清视频资源的功能；如果没有，即使通过 HDMI 线传输的信号是高清信号，也无法播放高清影视。

6.3　家庭影院的安装

家庭影院系统是一种在家庭环境中搭建的一个接近影院效果的可欣赏电影享受音乐的系统。家庭影院系统可以让家庭用户在家欣赏环绕影院效果的影碟片，聆听专业级别音响带来的音乐，并且支持卡拉 OK 娱乐，还可以通过高清数字电视机顶盒收看高清晰度的电视节目，或下载观看网络视频节目。

一般来说，一套家庭影院由 AV 信号源、AV 放大器和 AV 终端三大单元组成。通俗地说是由音频设备和视频设备两大部分组成。图 6-12 是家庭影院的组成框图。

6.3.1　AV 功率放大器

AV 功率放大器是指多声道功率放大器，简称为 AV 功放，其组成框图如图 6-13 所示。

AV 功放是用于和影像源相配合，产生视听合一的效果，以营造声场为主要设计目的，专门供家庭影院使用的放大器。它通过内部的延迟、混响处理电路来控制放音时各声道之间

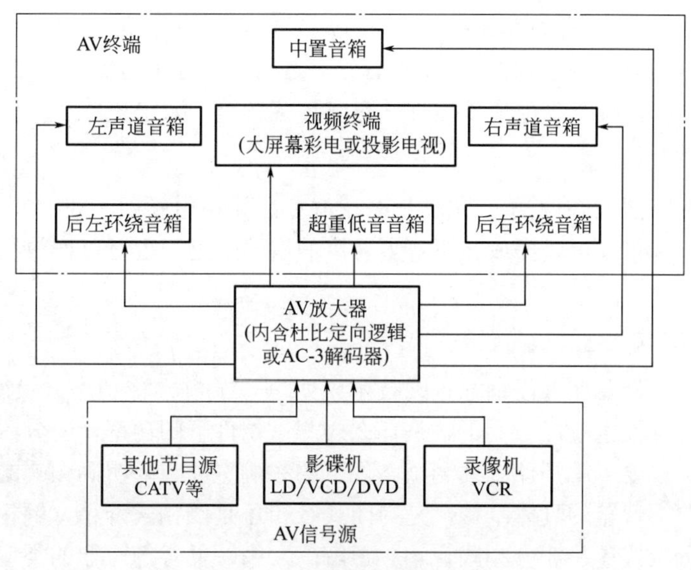

图 6-12　家庭影院的组成框图

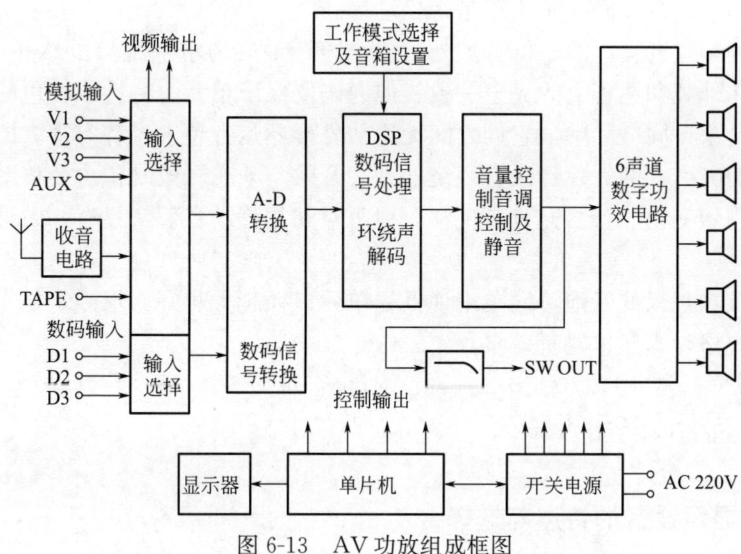

图 6-13　AV 功放组成框图

的延迟时间，通过调整延迟时间的长短来模拟出各种听音环境下的声场，例如大厅、教堂、体育场、演播室等。

AV 功放主要包括输入选择器、信号转换、信号处理和多声道功率放大器等部分。输入信号源可以选择模拟信号源，也可以选择数字信号源或其他节目源。信号处理器可对音频信号进行各种加工处理，实际器材里，这部分内容十分丰富多样。而多声道功率放大器可通过对各通道音频信号进行最后功率放大，来推动各路扬声器系统。

6.3.2 音箱

(1) 音箱系统的组成

音箱系统是放音系统最后一个又是极为重要的环节，也是家庭影院中最昂贵的设备之一。

最基本的音箱系统为5.1声道音箱系统，该系统应当包括6只音箱，它们是2只前置左/右主音箱、1只中置音箱、2只后置左/右环绕声音箱，还有1只超低音音箱（习称低音炮）。

另有发烧级家庭影院7.1声道，增加一对侧环绕音箱，效果更佳。

(2) 音箱的摆放位置

前置左右主音箱摆放在两边；前方中置音箱多摆放在电视机上部（横卧为主）或者下部；后方左右环绕音箱，可以摆放在听音者背后的后墙附近，也可以摆放在听音者两旁的侧墙附近。

(3) 音箱的选购

选购音箱时，首先要深入仔细地查阅技术说明书，了解标称功率、灵敏度、频响范围、失真度、额定阻抗等技术指标。要了解是什么样测试条件下的功率，要分清标称功率和其他各种功率的区别；也要了解是什么样测试条件下的频响宽度，要明确频响的平坦程度和阻抗条件；然后应当检查音箱的具体结构，是封闭式音箱还是倒相式音箱，倒相孔是朝前、朝后还是侧向，是2分频式还是3分频式音箱；了解高、中、低音扬声器的类型，几个扬声器在前面板的布局特点等。要检查箱体质地和漆面、布面有无裂痕，机壳有无刮伤、开裂；还要检查接线柱或插孔是否牢固，防尘罩是否松动等。

理想的家庭影院音箱，除了低音炮外，各个声道最好力求一致，虽然并不强求主声道、中置环绕音箱在外观和体积上的完全一致，但起码要保证单元、特性、音色的一致。如果组建的音箱都不是来自同一品牌，它们之间无论从外形还是音色来看都有很大的差异，因为大部分动感强烈而吸引人的大片都录有环绕的动态音效。动态音效既包含会移动的音效，也包含大小声音的剧烈变化。若要充分表现整个视听空间的移动音效，只有一致性高的音箱才能做到。

至于如何挑选一只低音炮，简单来说低音单元口径越大越好，尺寸最好不要小于30cm，要看清楚技术规格，当然也要听效果。

6.3.3 显示设备

(1) 常用显示设备的特点与选择

显示设备的种类主要包括显像管电视机、液晶电视机、等离子电视机、背投电视以及投影机。而受尺寸与分辨率的限制，如果要组建家庭影院，显像管电视机难以承担重任。

液晶电视机是利用一种彩色液晶显示屏（LCD）显示电视节目的电视机。其主要优点是图像锐利、使用寿命长、亮度高、分辨率高；缺点是反应速度慢，容易造成快速画面拖尾、对比度低。

等离子电视机是利用气体放电产生的等离子体引发紫外线，来激发红、绿、蓝三基色荧光粉发出基色光而实现彩色显示的电视机。等离子电视机具有图像无闪烁、厚度薄、重量轻、色彩鲜艳、图像逼真、无辐射、健康环保等优点。但亮度偏低、寿命不及液晶彩电长。

在液晶、等离子等平板电视还没问世的时期，背投电视可以说独霸了大屏幕彩电市场。但是在平板电视的强烈冲击下，背投电视已经渐渐被挤出了高端的圈子。选择价格便宜的大屏幕背投电视作为显示设备也可以说非常实用。

哪一种显示设备最适合组建家庭影院并没有一个定论，这完全是看个人喜欢。不过有一点需要记住的是：尽量选择 16∶9，分辨率 1366×720 以上，大屏幕，高对比度的显示设备，观看距离为屏幕高度的三倍左右。

(2) 平板电视机的安装

平板电视机的安装方法一般有两种：壁挂式安装和直接放在柜子上面。一般来说，电视机直接放在柜子上不需要提前布线。如果选择壁挂式安装电视机，布线设计时要征求用户的意见，预计电视机的壁挂式安装位置（最好是承重墙，否则不一定能承担住电视机的重量），将电源和信号线设计在用户所需位置。

安装时，挂钩做长一些，使电视机离墙壁有 10mm 以上的距离，以保证通风散热。同时，平板电视机背景墙一定要多设几个插座，以备需要。

6.3.4　家庭影院室内布线

家庭影院布线最佳的时机是在装修之前。根据不同的客厅环境，预计会在哪些位置完成影音器材的安装、设计好音箱的摆放位置、选择适合的线材、隐蔽电源插座、预先设置好安装孔等。装修时把线材埋入，即通常所说的“预埋”。装修好之后就可以按照之前的设计购买和摆设音箱了，这样做既方便又可以获得较好的效果。

(1) 音频线材的选择

由于音箱线用于连接功放与音箱，因此音箱线中流通的电流信号远远大于视频线和音频线。正因为信号幅度很大，音箱线的要求也相对较高，这类线关键是要降低其电阻，所以选用截面积大的或多股绞合线。品质较好的音箱线，主要有镀金、镀银、无氧铜等材质。目前较为流行的是无氧铜专用线，其导电性能好、电阻率低。一般普及型的音响器材，无需刻意追求线材的高品质，只要使用一般截面较大一点的铜芯信号线即可。

(2) 视频线材的选择

视频线一般有 AV 线、S 端子线、色差线、VGA 线、DVI 线、HDMI 线几种。考虑到目前使用和今后升级，以及画面效果等方面，建议选择 DVI 线、HDMI 线。这两种都是数字传输，HDMI 线目前已经在各种音视频设备中拥有非常高的普及率，并可同时传送无损高清音视频信号。色差线是模拟信号中最好的视频线，如果电视机没有 DVI 和 HDMI 接口，可以考虑。如果和电脑相连，也可以多预埋一条 VGA 线。

(3) 布线方法及注意事项

不论是采用哪种视频线，都建议将视频线从地面或者墙面的合适位置开口，因为色差和 DVI 这样的视频线都很粗，暴露在外面会影响美观。

家庭影院室内布线一般有两种方式：一是事先“预埋”，二是走明线。

预埋一般是在布局家庭影院或者房子装修时，要对布线考虑周详。根据不同的客厅环境，预计会在哪些位置完成影音器材的安装，设计好音箱的摆放位置，选择适合的线材、音质面板、电源插座，预先设置好安装孔等，装修时把线材埋入。在布线规划时，最好多埋几根管子在墙里，以满足新的要求。

确定摆放影音器材的大致位置之后，要预留足够多的墙面插座。如果影音器功耗比较高，要考虑直接从电表箱里拉一路电源供其专用，这将有效减少其他电器使用过程中的干扰。如果是已经完成装修的用户，尽量将所有的电源插头直接插入到墙上的插座中。最好不要使用接线板，即便要用，也应该选择质量较高的，劣质接线板对音质的影响相当大。如果是发烧友，插座数量不够时，可以考虑使用专用的电源滤波器，能够滤除市电中的杂质和噪声。

布线时各种类型的线路相当多，为避免混淆，在预埋时可以在线头上做上标记，以便安装时分清哪路线，分别到哪台设备或者哪只箱子。而且在埋线时，无论是在地板刨坑还是在墙上凿槽，都要用塑料套管或黄蜡管将线套上，而不要直接用水泥封固。很多人在预埋的时候，布线长度都是根据实际走线长度来计算，这就导致最后在影院安装的过程中，线的长度不够。因此一般来说，预埋时需要在功放处预留 50cm～1m，墙面环绕线预留 20cm 左右，落地环绕支架从地面留出 2m 左右，稍微多留一点也可以。

需要注意的是，视频线、音箱线应该安排专用线槽，避免与电源线共用。尤其是音箱线，由于它本身不具备屏蔽层，因此很容易受到干扰。

走明线主要是要兼顾美观和音响效果，通常靠墙布线。安装线槽会比较美观，线槽靠前面用玻璃胶粘牢即可，既美观又实用。

6.4 电话及宽带网络的安装

6.4.1 家庭信息箱

(1) 家庭信息箱的作用

家庭信息箱又称家庭弱电箱，它是家庭布线系统的起点，它负责对室内/室外的电话机、有线电视机、计算机网络、安防控制等弱电系统信号进行交接和配置，以便统一规划，集中管理。家庭信息箱的作用如下。

① 家庭信息箱的主要作用其实就是将各个房间的弱电全部集中起来管理，里面含有不同的模块，例如有线电视的分支器，可以把一条有线电视线分支为四五条分布到不同的房间里而不影响其传输性能。

② 家庭信息箱可以实现家庭办公自动化、娱乐自动化、安全自动化。

③ 家庭办公自动化：电话/传真/可视电话/宽带网接入，可将室内不同地点的电脑与室外的宽带网络信号连接实现不同地点同时上网，同时，可将家庭多台电脑联网组建家庭局域网，实现网络资源共享。每个房间的电话线可以统一规划在线管理，多路电话任意接听和转接。

④ 家庭娱乐自动化：有线电视/视像点播/多方交互游戏/网上购物/远程教学/卫星电视，可以在不同的房间同时观看客厅中的 DVD、VCD、卫星电视、解码器节目、电影、享受背景音乐。

⑤ 家庭安全自动化：防盗报警/火灾/煤气泄漏报警/紧急按钮/远程监护/可视对讲门铃/闭路监控/一卡通，如家中发生火灾、强盗闯入、家中成员急病等，可以与小区保安中心取得联系。

(2) 家庭信息箱的基本形式

家庭信息箱有两种基本形式：一是简易信息箱；二是模块化信息箱。其外形如图 6-14 所示。

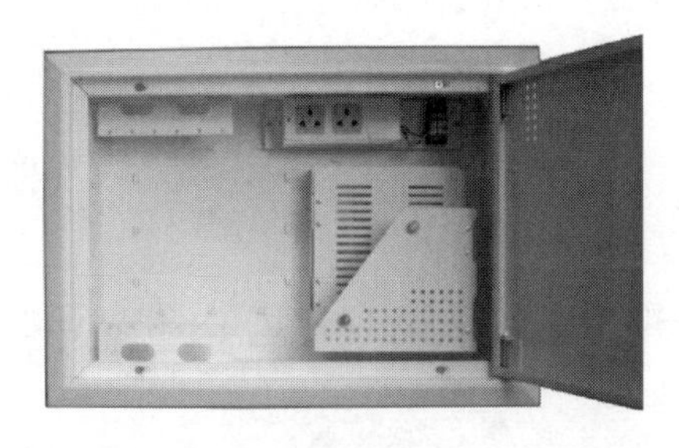

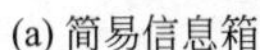

(a) 简易信息箱

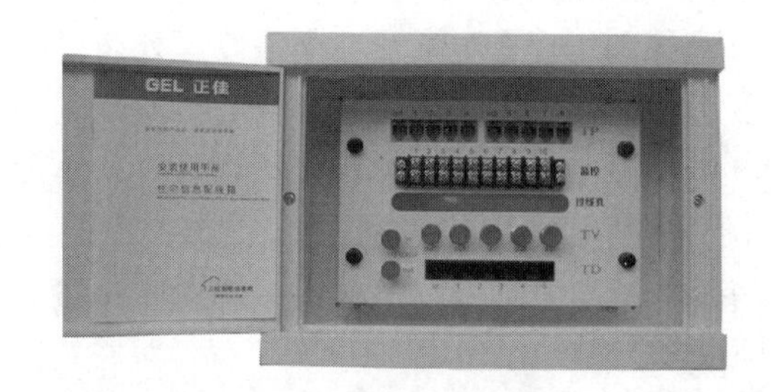

(b) 模块化信息箱

图 6-14 家庭信息箱的外形

简易信息箱需要用户自行安装有线电视分支分配器或放大器、宽带路由器、电话交换机等，这些设备是需要电源线的，箱内配有电源插座，如图 6-14(a) 所示。

模块化信息箱内主要包括计算机模块、电话模块、电视模块，如图 6-14(b) 所示。根据用户的实际需求也可以增加防盗报警的监控等模块。

(3) 家庭信息箱的布线方式

家庭信息箱一般采用嵌壁式安装在住宅内的门厅和客厅的墙体上并连接入户暗管，主要用于安装 FTTH 网络终端和家庭网络设备，并提供各类弱电线缆的汇聚（包括入户光缆以及户内电话线、网线、有线电视等）。

为了满足在住宅内可以随时随地地通话、上网、视频、娱乐等要求，在家庭装修时采用的弱电布线基本方式为：

① 住宅内的各个房间均应有五类线通达家庭信息箱，以便在不同的位置上网，并能通过网络交换机组成家庭局域网，从而实现资源共享。

② 住宅内凡需安装电视机的位置均应单独敷设五类线至家庭信息箱，从而满足每台电视机都能观看 IPTV 节目的需要。

③ 客厅、卧室、书房应安装电话插座；卫生间、厨房内可设置电话插座；各电话插座应布放电话线至家庭信息箱。

④ 各插座的盒体安装高度：卫生间、厨房距地坪 1000～1300mm，其余部位距地坪 300mm。

6.4.2 ADSL 宽带接入

ADSL 技术是运行在原有普通电话线上的一种新的高速宽带技术，它利用现有的一对电话铜线，为用户提供上、下行非对称的传输速率（带数据通信服务）。非对称主要体现在上行速率和下行速率不同。上行为低速的传输，下行（从网络到用户）为高速传输，特别适合传输多媒体信息业务。

ADSL 是利用数字编码技术从现有的铜制电话线上获取最大数据传输容量，同时又不干扰在同一条线路上的传统语音服务。ADSL 的基本原理是使用电话语音以外的频率来传输数据，使用户在浏览 Internet（因特网）的同时可以打电话或发传真，而且不会影响通话的质量和网络下载速度。

ADSL是一种较为方便的宽带接入方式。这种宽带接入方式具有以下特点：

① 直接利用现有电话线，不需要另外敷设电缆。

② 为用户提供上、下行不对称的传输带宽。

③ 采用点对点的网络结构，用户可以独享带宽。

④ 上网和电话互不干扰。

⑤ 安装快捷方便，只需在用户侧安装一台ADSL调制解调器（Modem）和一台电话分离器即可。

⑥ 广泛用于视频业务和高速Internet的接入。

6.4.3 IPTV机顶盒的安装

（1）IPTV（交互式网络电视）机顶盒的功能

IPTV即交互式网络电视，是一种利用宽带有线电视网，集互联网、多媒体、通信等多种技术于一体，向家庭用户提供包括数字电视在内的多种交互式服务的崭新技术。用户在家可以有两种方式享受IPTV服务：计算机；网络机顶盒＋普通电视机。它能够很好地适应当今网络飞速发展的趋势，充分有效地利用网络资源。

传统的电视是单向广播方式，它极大地限制了电视观众与电视服务提供商之间的互动，也限制了节目的个性化和即时化。如果一位电视观众对正在播送的所有频道内容都没有兴趣，他（她）将别无选择。这不仅对该电视观众来说是一种时间上的损失，对有线电视服务提供商来说也是一种资源的浪费。另外，目前实行的特定内容的节目在特定的时间段内播放对于许多观众来说是不方便的。比如一位上夜班的观众可能希望在凌晨某个时候收看新闻，而一位准备搭乘某次列车的乘客则希望离家以前看一场原定晚上播出的足球比赛录像。IPTV既不同于传统的模拟有线电视，也不同于经典的数字电视。IPTV是利用计算机或机顶盒＋电视完成接收视频点播节目、视频广播等功能。

IPTV机顶盒是一种将电视技术和网络通信技术融合在一起的用户终端设备，它以IP（互联网协议）网络为传送通道，充当电视机和宽带网络之间的接口，除了对数字电视信号进行解码并呈现其内容外，IPTV机顶盒还可以提供视频点播、电子节目指南、数字权限管理等多种交互式视音频服务。

（2）安装前的准备工作

① 在安装IPTV机顶盒之前，首先要确认用户上网的带宽。

② 如果用户还没有宽带上网的接口，则应根据用户需求选取布线方案，完成室内布线。

③ 更换ADSL用户的单口Modem，安装带有iTV接口的Modem。

④ 检查机顶盒的配件是否齐全，包括遥控器、专用电源盒、网线、视音频线（A/V线）、S端子线。

（3）IPTV机顶盒的安装

① 网络连接　在网络连接和电视连接的过程中，设备间的连线不分先后顺序，但应在断开电源后再连接。在连接过程中，要保证所有的连接正确、可靠。

② IPTV机顶盒与电视机的连接　IPTV机顶盒与电视机的连接，主要指视频线、音频线的连接。一般均采用视、音频线连接。

③ IPTV 机顶盒参数设置　IPTV 机顶盒第一次使用时，需要对 IPTV 机顶盒进行网络设置，具体操作步骤参看使用说明书，由专业技术人员进行设置。

6.4.4 电话分线箱与用户出线盒

(1) 电话分线箱

分线箱是电缆分线设备，一般用在配线电缆的分线点，配线电缆通过分线箱与用户引入线相连。建筑物内的分线箱为暗装在楼道中，高层建筑安装在电缆竖井配电小间中。分线箱的接线端对数有 20、30 等等。分线箱内装有接线端子板，一端接干线电缆；另一端接用户电话线。分线箱的内部结构如图 6-15 所示。

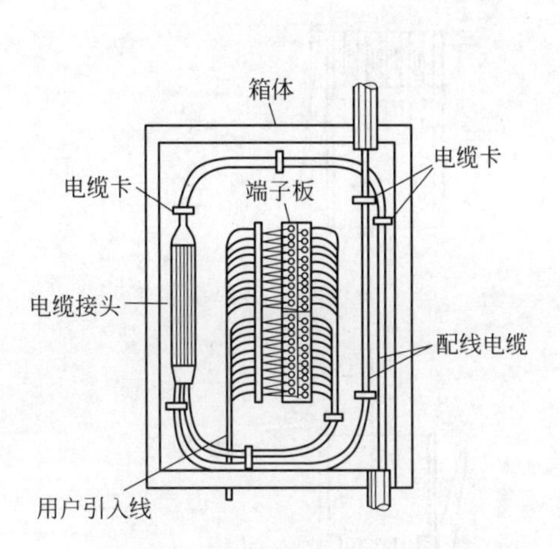

图 6-15　分线箱的内部结构

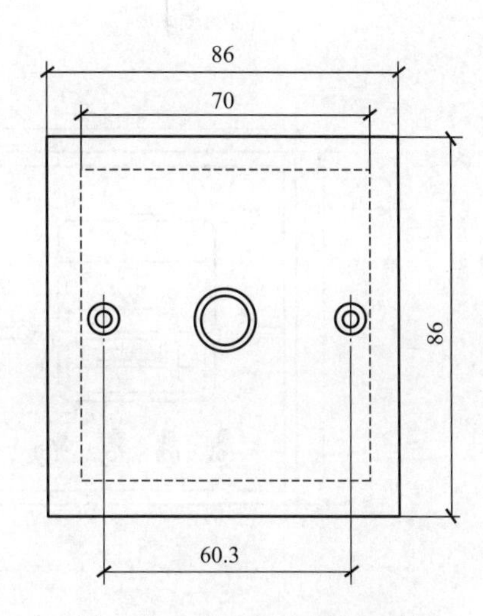

图 6-16　无插座型出线盒面板

(2) 用户出线盒

用户出线盒是用户引入线与电话机带的电话线的连接装置。出线盒面板规格与电器开关插座的面板规格相同。面板分为无插座型和有插座型。无插座型出线盒面板只是一个塑料面板，中央留直径 1cm 的圆孔，如图 6-16 所示。线路电话线与用户电话机线在盒内直接连接，适用于电话机位置较远的用户，用户可以用 RVB 导线作室内线，连接电话机接线盒。

有插座型出线盒面板分为单插座和双插座，面板上为通信设备专用 RJ-11 插口，要使用带 RJ-11 插头专用导线与之连接。使用插座型面板时，线路导线直接接在面板背面的接线螺钉上。插座上有四条线，只用中间的两条线，如图 6-17 所示。

6.4.5 电话线路的敷设

(1) 线路敷设的基本要求

① 电话线严禁与强电线敷设在同一线管、线槽及桥架内，也不可以同走一个线井。如果无法分开，则电话系统的线缆与强电线缆应间隔 60cm 以上。

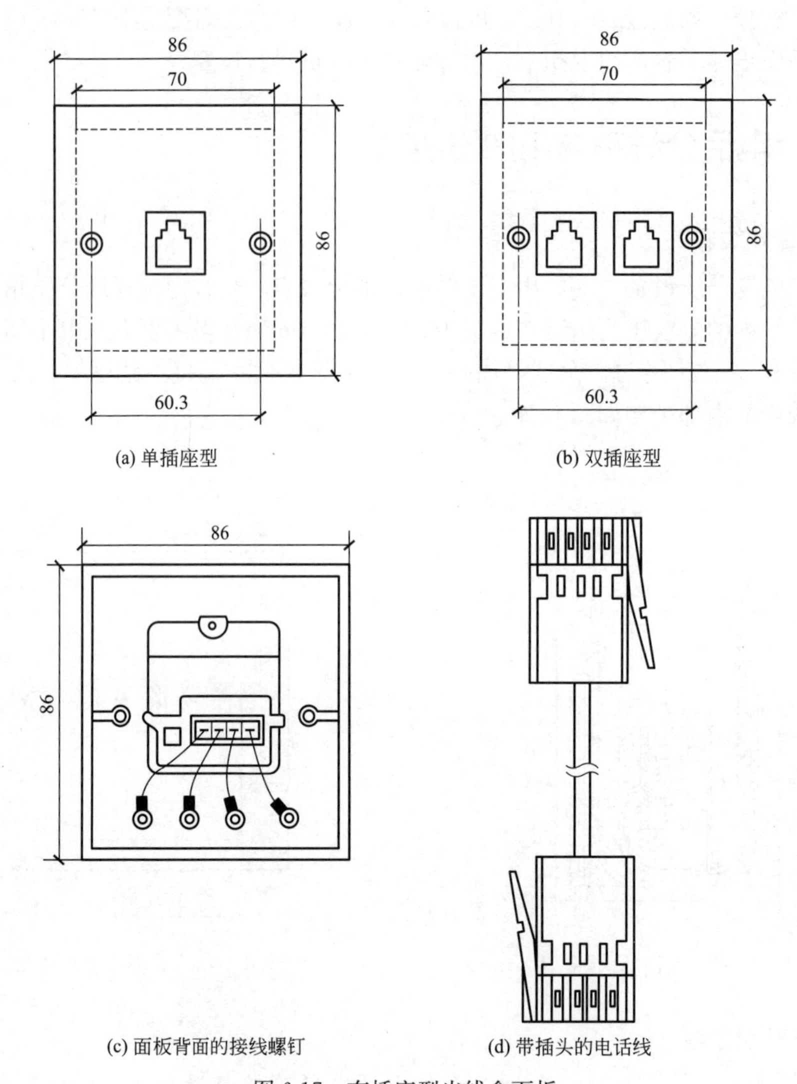

(a) 单插座型
(b) 双插座型
(c) 面板背面的接线螺钉
(d) 带插头的电话线

图 6-17 有插座型出线盒面板

② 在对电话系统进行施工时，要注意不要超过电缆所规定的拉伸张力。张力过大会影响电缆抑制噪声的能力，甚至影响电话线的质量，改变电缆的阻抗。

③ 在对电话系统进行施工操作时，要避免电话线过度弯曲，防止电话线断裂。

④ 在对电话系统施工操作时，应避免成捆电话线的缠绕。

(2) 电话线接线的工艺要求

① 电话线的接头不要使用电工绝缘胶带缠绕，应使用热塑套封装。

② 线槽及管道内的电话线不得有接头，应将电话线的接头设置在接线端子的附近。

③ 对电话系统的每一根连接线都应在两端标记上同一编号，以便于住户内的电话线的连接。

(3) 电信暗管的敷设

① 多层建筑物宜采用暗管敷设方式；高层建筑物宜采用电缆竖井与暗管敷设相结合的方式。

② 一根电缆管一般只穿放一根电缆，不得再穿放用户电话引入线等。

③ 每户设置一根电话线引入管，户内各室之间宜设置电话线联络暗管，以便于调节电话机安装位置。

④ 暗管直线敷设长度超过 30m 时，电缆暗管中间应加装过路箱。

⑤ 暗管必须弯曲敷设时，其长度应小于 15m，且该段内不得有 S 弯。连续弯曲超过两次时，应加装过路箱（盒）。

⑥ 电缆暗管弯曲半径应不小于管外径的 8 倍，在管子弯曲处不应有皱折纹和坑瘪，以免损伤电缆。

⑦ 在易受电磁干扰的场所，暗管应采用钢管并可靠接地。

⑧ 暗管必须穿越沉降缝或伸缩缝时，应做好沉降或伸缩处理。

⑨ 建筑物内暗配管路应随土建施工预埋，应避免在高温、高压、潮湿及有强烈振动的位置敷设。

(4) 楼内电话暗配线的注意事项

① 建筑物内暗配线宜采用直接配线方式，同一条上升电缆线对不递减。

② 建筑物内暗配线电缆应采用铝塑综合护套结构的全塑电缆。

③ 分接设备的接续元件宜为卡接式或旋转式等定型产品。

④ 在改扩建工程中，暗管敷设确有困难时，楼内配线电缆和用户电话线可利用明线槽、吊顶、底板、踢脚板等在其内部敷设。

6.4.6 电话插座和电话机的安装

(1) 电话插座的安装

① 电话插座的安装方法与电源插座的安装方法基本相同，一般暗装于墙内，暗装插座的底边距地面高度一般为 0.3m。

② 当插座上方位置有暖气管时，其间距应大于 200mm；下方有暖气管时，其间距应大于 300mm。

③ 一般电话机不需要电源，但如果使用无绳电话机，在主机和副机处都要留有电源插座。因为电话插座与电源插座要间距 0.5m，所以要安排好各插座在墙面上的位置。

④ 插座、组线箱等设备应安装牢固，位置准确。

⑤ 清理箱（盒）。在导线连接前清洁箱（盒）内的各种杂物，箱（盒）收口平整。

⑥ 接线。将预留在盒内的电话线留出适当长度，引出面板孔，用配套螺钉将其固定在面板上，同时走平，标高应一致。

⑦ 若面板在地面出口采用插接方式，应将导线留出一定余量，剥去绝缘层，把线芯分别压在端子上，并做好标记。若导线在组线箱内，应剥去绝缘层，把线芯分别压在组线箱的端子排上，且做好标记。组线箱门应开启灵活，油漆完好。

⑧ 校对导线编号。根据设计图纸按组线箱内导线的编号，用对讲机核对各终端接线。核对无误后，同时做好标记。

(2) 电话机的安装

① 电话机不能直接同线路接在一起，而是通过电话出线盒（即接线盒）与电话线路

连接。

② 室内线路明敷时，采用明装接线盒，即两根进线、两根出线。电话机两条线无极性区别，可以任意连接。

③ 将本机专用外插线，水晶头一端插入相对应的外线插口，另一端接入外线接线盒。

④ 将手柄曲线一端水晶头插入送话器下端的插口，另一端水晶头插入座机左侧插口。

6.5 有线电视的安装

6.5.1 有线电视系统的特点

① 收视节目多，图像质量好。在有线电视系统中可以收视当地电视台开路发送的电视节目，它们包括 VHF 和 UHF 各个频道的节目。有线电视采用高质量的信号源。保证信号源的高水平，既可以改善弱信号地区的接收效果，减少雪花干扰，又可因用电缆或光缆传送，避免开路发射的重影和空间杂波干扰，使电视图像更加清晰，消除重影故障。

② 收视卫星发送的节目。有线电视系统可以收视卫星上发送的我国以及国外 C 波段及 Ku 波段各电视频道的节目。

③ 收视当地有线电视台发送的节目。有线电视系统可以收视当地有线电视台（或企、事业有线电视台）发送的闭路电视。闭路电视可以播放优秀的影视片，也可以是自制的电视节目。

④ 有线电视系统传送的距离远，传送的节目多。可以很好地满足广大用户看好电视的要求。当采用先进的邻频前端及数字压缩等新技术后，频道数目还可大大增加。

⑤ 节省费用、美化城市。如果个人直接收看，每一个电视用户都装一副或几副室外天线，不仅总的费用很高，而且楼顶天线林立，馈线乱如蛛网，也影响市容美观。采用有线电视系统可以只在电视中心架设一组天线，电缆线路沿地下和市内穿管布线，有利市容的美化。

⑥ 发展有线电视双向传送功能，扩大有线电视的服务范围。发展有线电视双向传输功能，利用多媒体技术把图像、语言、数字、计算机技术综合成一个整体进行信息交流。国外双向系统早已实用化，其功能主要有以下几个方面：

a. 保安、家庭购物、电子付款、医疗。

b. 付费电视节目可放送最新电影等，可以按月付费租用一个频道，也可按租用次数付费，用户还能点播所需节目。付费用户装有解密器，未付费用户则无法收看。

c. 用户可与计算中心联网，进出数据信号，实现计算机通信。

d. 交换电视节目。

e. 系统工作状态监视。

⑦ 建网可以循序渐进、逐步发展。有线电视可以分区分阶段进行建设，在现有财力许可范围内先选择一种适合当地居民区或企、事业单位的中小型前端设备，待邻近地区整体发展到一定规模后，即可迅速升级为县城乡镇联网。如此，既有大型有线电视网的优点，又可保持各自的独立区台特色。

6.5.2 有线电视系统的构成

有线电视系统由信号源接收系统、前端系统、信号传输系统和分配系统等四个主要部分组成。图 6-18 是有线电视系统的原理方框图，该图表示出了各个组成部分的相互关系。

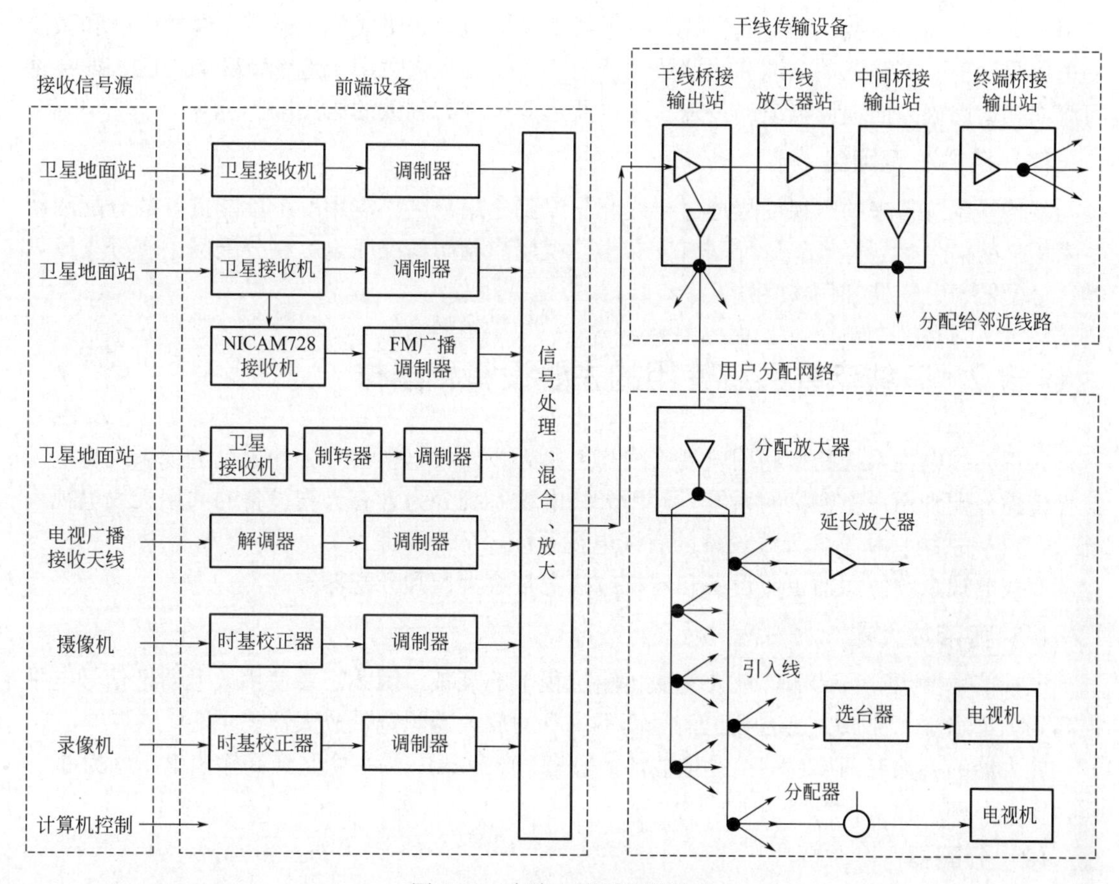

图 6-18　有线电视系统的构成

(1) 接收信号源

信号的来源通常包括：

① 卫星地面站接收到的各个卫星发送的卫星电视信号，有线电视台通常从卫星电视频道接收信号纳入系统送到千家万户。

② 由当地电视台的电视塔发送的电视信号称为“开路信号”。

③ 城市有线电视台用微波传送电视信号源。MMDS（多路微波分配系统）电视信号的接收须经一个降频器将 2.5～2.69GHz 信号降至 UHF 频段之后，方可等同“开路信号”直接输入前端系统。

④ 自办电视节目信号源。这种信号源可以是来自录像机输出的音/视频（A/V）信号；由演播室的摄像机输出的音/视频信号；或者是由采访车的摄像机输出的音/视频信号等。

(2) 前端设备

前端设备是整套有线电视系统的心脏。由各种不同信号源接收的电磁信号须经再处理为高品质、无干扰杂讯的电视节目，混合以后再馈入传输电缆。

(3) 干线传输系统

它把来自前端的电视信号传送到分配网络，这种传输线路分为传输干线和支线。干线可以用电缆、光缆和微波三种传输方式，在干线上相应地使用干线放大器、光缆放大器和微波发送接收设备。支线以用电缆和线路放大器为主。微波传输适用于地形特殊的地区，如穿越河流或禁止挖掘路面埋设电缆的特殊状况以及远郊区域与分散的居民区。

(4) 用户分配网络

从传输系统传来的电视信号通过干线和支线到达用户区，需用一个性能良好的分配网使各家用户的信号达到标准。分配网有大有小，视用户分布情况而定，在分配网中有分支放大器、分配器、分支器和用户终端。

6.5.3 有线电视系统使用的主要设备和器材

共用天线电视系统是指利用电视天线和卫星天线接收电视信号，并通过电缆系统将电视信号传输分配到用户电视机的系统。共用天线电视系统分为含有天线设备的共用天线电视系统（CATV 系统）和不含天线设备的有线电视系统（YSTV 系统）。

有线电视系统使用的主要设备和器材包括宽带放大器和分配器等。

(1) 宽带放大器

电视信号要想进行传输，就要克服传输过程中的衰减。因此需要使用放大器把信号电平提高到一定水平。能放大所有频道信号而不失真的放大器叫宽带放大器。

放大器的参数有两个：一个是增益，一般为 20～40dB；另一个是最高输出电平，为 90～120dB。

(2) 分配器

分配器是将一路输入信号均等地分为几路输出的器件，其信号是以相同的强度输出到各个端口的。分配器有多种类型。按工作场合可分为野外过流型分配器、防雨型分配器、室内分配器；按其分出信号的路数可分为二分配器、三分配器、四分配器、六分配器、八分配器等。其中最基本的为二分配器和三分配器。

信号在分配器上要有衰减，衰减量是一个支路 2dB。也就是说二分配器衰减 4dB，三分配器衰减 6dB。

(3) 分支器

分支器也是一种把信号分开连接的器件。与分配器不同的是，分支器是串接在干线里，从干线上分出几个分支线路，干线还要继续传输。分支器按其工作场合分为室内型、室外防水型、普通型及馈电型；按其分出信号的路数可分为一分支器、二分支器、三分支器和四分支器等。

干线通过分支器有 2dB 衰减，其他分支器的衰减量按需要进行选择。分支器安装在楼道内的分支器箱内。

(4) 用户盒

用户盒面板安装在用户墙上预埋的接线盒上，或带盒体明装在墙上。

用户盒分两种，一种是用户终端盒，盒上只有一个进线口，一个用户插座。用户插座有时是两个插口，其中一个输出电视信号，接用户电视机；另一个是FM接口，用来接调频收音机。用户终端盒要与分支器和分配器配合使用，如图6-19所示。

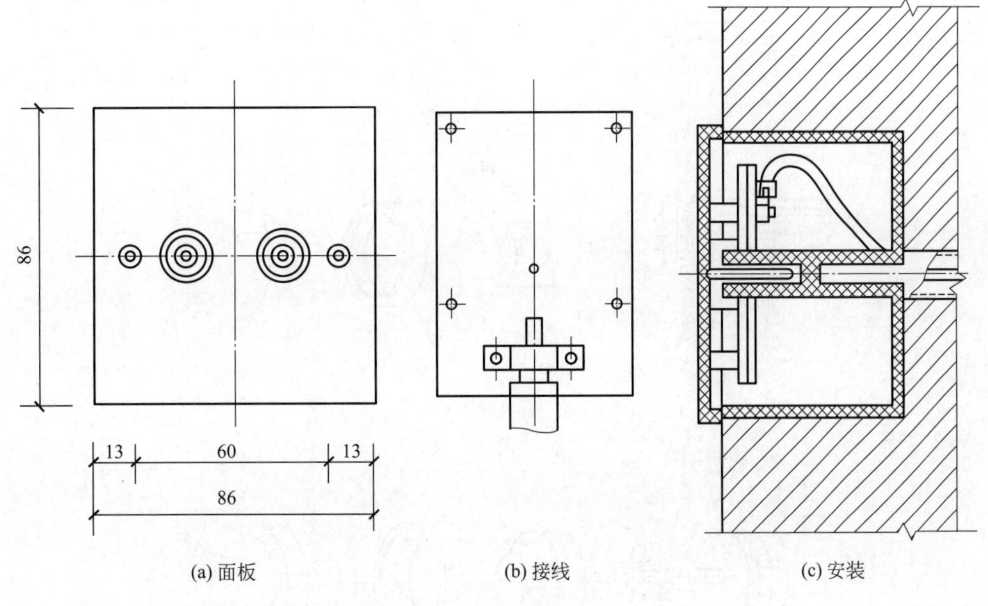

图6-19 用户终端盒

另一种叫串接分支单元盒，实际是一个一分支器与插座的组合。这种盒有一个进线口、一个出线口和一个用户插座；进线从上一户来，出线到下一户去。这种盒上带有分支器。因此有分支衰减。可以根据线路信号情况选择不同衰减量的盒，如图6-20所示。

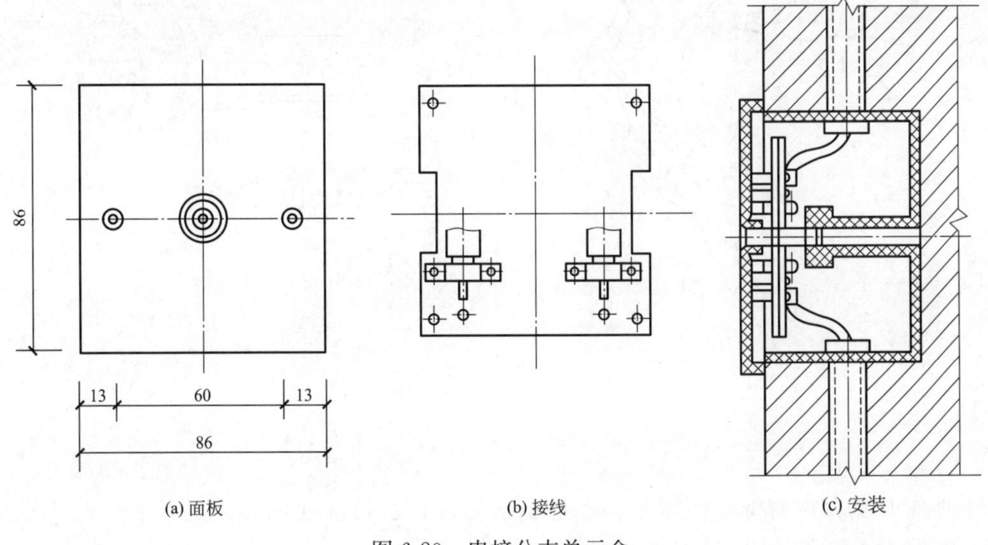

图6-20 串接分支单元盒

(5) 工程用高频插头

与各种设备连接所用的插头叫工程用高频插头，俗称 F 头。安装时，将电缆外护套及铜网、铝膜割去 10mm，将内绝缘割去 8mm，留出 8mm 芯线；将卡环套到电缆上，把电缆头插入 F 头中，F 头的后部要插在铜网里面，铜网与 F 头紧密接触，一定要让铜网包在 F 头外面。插紧后，把卡环套在 F 头后部的电缆外护套上用钳子夹紧，以不能把 F 头拉下为好。铜网与 F 头接触不良，会影响低频道电视节目收看效果。如果电缆较粗，在插头组件上有一根转换插针，把粗线芯变细以便与设备连接。高频插头的安装方法如图 6-21 所示。

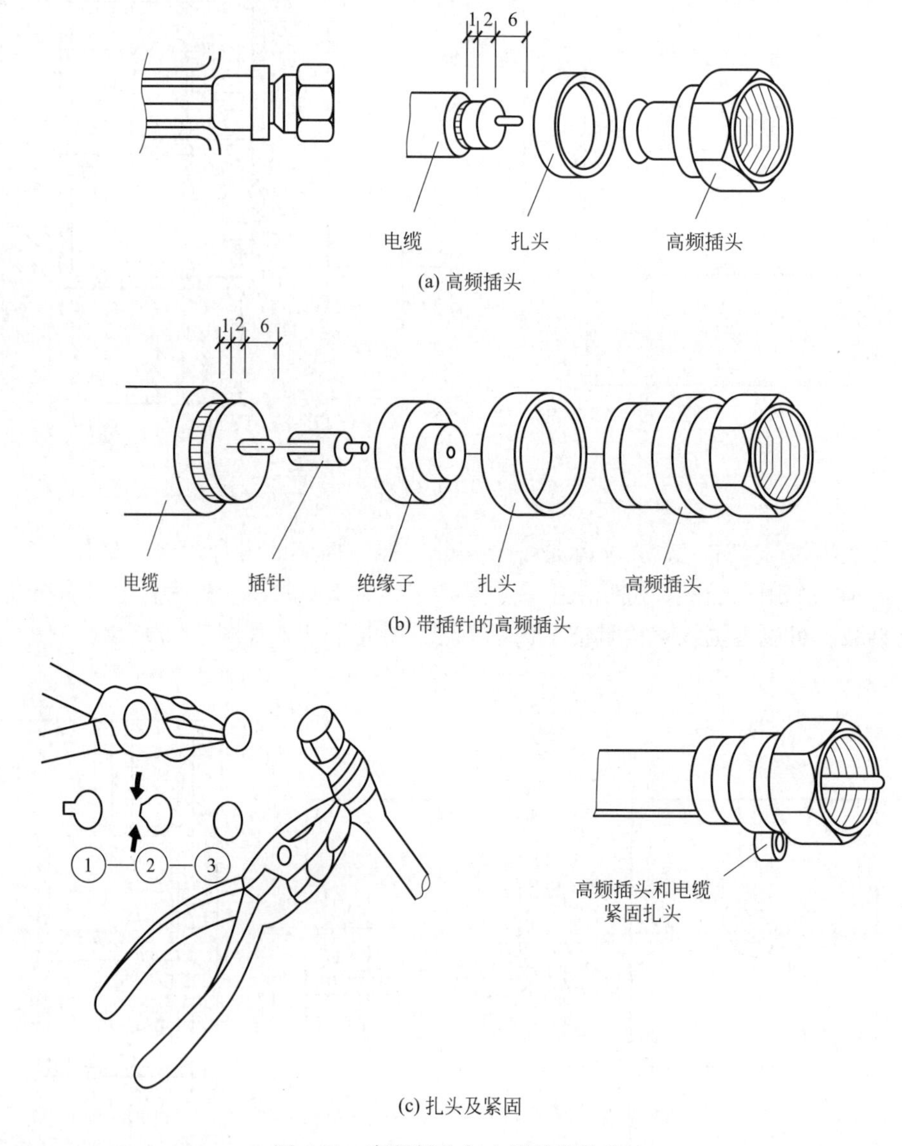

图 6-21 高频插头与电缆的安装方法

卡环式 F 头存在着屏蔽性能差、容易脱落的现象。目前使用较多的是套管型 F 头，压接时，要使用专用压接钳。

(6) 与电视机连接用插头

接电视机的插头是 75Ω 插头，使用时先将电缆护套剥去 10mm，留下铜网，去掉铝膜，再剥去约 8mm 内绝缘，把铜芯插入插头芯并用螺钉压紧，把铜网接在插头外套金属筒上，一定要接触良好。

(7) 同轴电缆

天线信号要使用专门的同轴电缆传输，同轴电缆也是一种导线，但与普通的导线不同，它的结构是中心为圆形铜导线，称为线芯。线芯外紧密包裹线芯的绝缘材料，称为内绝缘层。内绝缘层外面又包有金属丝编织的金属网或金属箔，称为屏蔽层。最外面一层是塑料护套。其外形和结构如图 6-2 所示。

同轴电缆的特性阻抗为 75Ω 和 50Ω，在共用天线系统中用 75Ω 同轴电缆与各种设备连接。电缆对电视信号的衰减除了与信号的频率有关外，还与电缆的长度及电缆的直径有关。一般频率越高衰减越大，线越粗衰减越小，一般每 10m 衰减 2dB。同轴电缆的屏蔽层分四种：单层屏蔽，铜丝编织网；双层屏蔽，单面镀铝塑料薄膜作内层，外层为镀锡铜丝编织网；四层屏蔽，单面镀铝塑料薄膜为内层，双面镀铝塑料薄膜作中间层，外层为双层镀锡铜丝编织网；全屏蔽，外导体用铜管或铝管，屏蔽层与设备外壳及大地连接起屏蔽作用，最外面是聚氯乙烯护套。外护套的颜色有黑色和白色两种。白色为室内用电缆，黑色为室外用电缆。

电缆按绝缘外径分为 5mm、7mm、9mm、12mm 等规格，用 $\phi5$、$\phi7$、$\phi9$、$\phi12$ 表示。一般到用户端用 $\phi5$ 电缆连接；楼与楼间用 $\phi9$ 电缆连接；大系统干线用 $\phi12$ 电缆敷设。

在有线电视系统中，电缆的性能指标的优劣直接影响系统的寿命和质量。为了保证电视信号在同轴电缆中稳定、有效地传输，在选择同轴电缆时要注意频率特性要平坦；电缆损耗要小，有效传输距离要远；传输性能要好，衰减的常数稳定和温度系数小；屏蔽特性要好，抗干扰能力要强；回路电阻要小；防水性能和力学性能要好等。

6.5.4 有线电视系统安装的一般要求

有线电视系统在设计时，应使线路短直、安全、可靠，便于维修和检测，要考虑外界可能影响和损坏线路的有关因素，包括同轴电缆的跨度、高度、跨越物，并尽量远离电力线、化学物品仓库、堆积物等，以保证线路安全；在安装设备时，要严格按照设备的安装标准及技术参数安装，以保证用户可以看到图像清晰、音质好的有线电视节目。

① 光接收机在连接时，应注意外壳必须良好接地，以防雷击造成光接收机的损坏，光纤连接器与法兰盘均属精密器件，插拔时不能用力过猛。

② 要考虑干线放大器实际输出和输入电平。合理使用和调试放大器的输出、输入电平，是保证有线电视传输系统质量的关键。

③ 干线放大器一般直接与 SYV-75-9 的有线电视同轴电缆或 SYV-75-12 的有线电视同轴电缆相连。在连接干线放大器时，输入输出的电缆均应留有余量，连接处应有防水措施。同轴电缆的防水接头、同轴电缆的内外导体、均衡插片、供电插件若氧化，可用橡皮擦一下，其效果会明显见好。

④ 有线电视系统中的同轴电缆屏蔽网和架空支撑电缆用的钢绞线都应有良好的接地，

在每隔 10 个支撑杆处设接地保护，可用 1 根（根据土壤电阻率可选择多根）1.5m 长的 50mm×50mm×5mm 的角钢作为接地体打入地下，要将避雷线与支撑钢绞线扎紧成为一体。在系统接地时，一定注意接地电阻的最小化；接地电阻大，防雷效果就差；尽量减小接地电阻，最好控制在 8Ω 以下。

⑤ 明敷的电缆和电力线之间的距离不得小于 0.3m。

⑥ 分配放大器、分支分配器可安装在楼内的墙壁和吊顶上。当需要安装在室外时，应采取防雨措施，距地面不应小于 2m。

6.5.5 电缆的敷设

(1) 穿管暗敷设

采用穿管暗敷设时，穿线方法同照明电路，所不同的是采用同轴电缆。电缆的敷设要按照图样的要求进行，同时应在每层的用户盒处（或串联一分支器）将电缆留出一定的裕量，以便接线。通常先将电缆在该处做成 Ω 形，如图 6-22 所示。

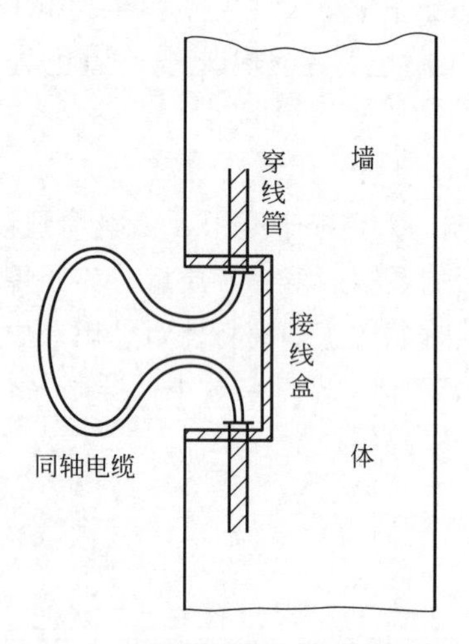

图 6-22 同轴电缆穿管时的预留

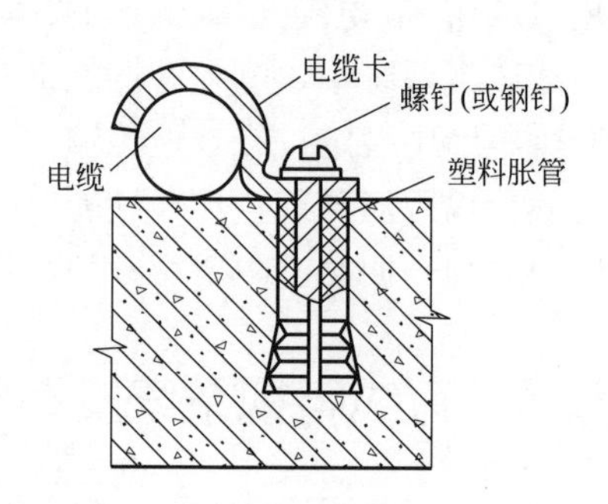

图 6-23 同轴电缆明设的卡子

(2) 沿建筑物明敷设

一般旧建筑物加装 CATV 系统时，可采用同轴电缆沿建筑物墙体明敷设。其敷设方法同电话电路的明敷设，通常用线卡固定，如图 6-23 所示。

6.5.6 分配器与分支器的安装

分配器、分支器的安装分明装和暗装两种方法。明装是与线路明敷设相配套的安装方式，多用于已有建筑物的补装。其安装方法是根据部件安装孔的尺寸在墙上钻孔，埋设塑料胀管，再用木螺钉固定。安装位置应注意防止雨淋。电缆与分配器、分支器的连接一般采用插头连接，且连接应紧密牢固。

新建建筑物的 CATV 系统，其线路多采用暗敷设。分配器、分支器亦应暗装，即将分配器、分支器安装在预埋在建筑物墙体内的特制木箱或铁箱内。分配器、分支器安装示意图如图 6-24 所示。

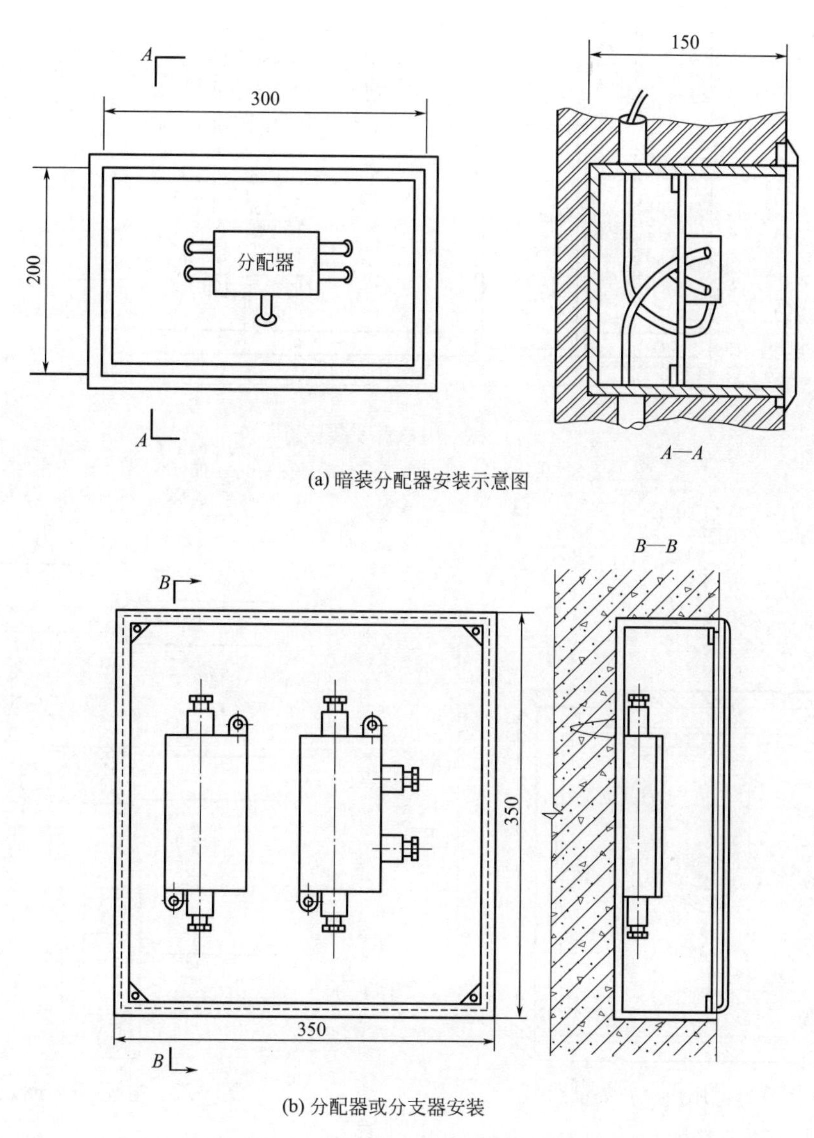

(a) 暗装分配器安装示意图

(b) 分配器或分支器安装

图 6-24 分配器、分支器安装示意图

6.5.7 用户盒的安装

用户盒也分明装和暗装。明装用户盒可直接用塑料胀管和木螺钉固定在墙上。暗装用户盒应在土建施工时就将盒及电缆保护管埋入墙内，盒口应和墙面保持平齐，待粉刷完墙壁后再穿电缆，进行接线和安装盒体面板，面板可略高出墙面。用户盒距地高度：宾馆、饭店和客房一般为 0.2～0.3m；住宅一般为 1.2～1.5m，或与电源插座等高，但彼此应相距 0.10～0.25m，如图 6-25 所示。接收机和用户盒的连接应采用阻抗为 75Ω、屏蔽系数高的同轴电缆，长度不宜超过 3m。用户盒安装示意图如图 6-26 所示。

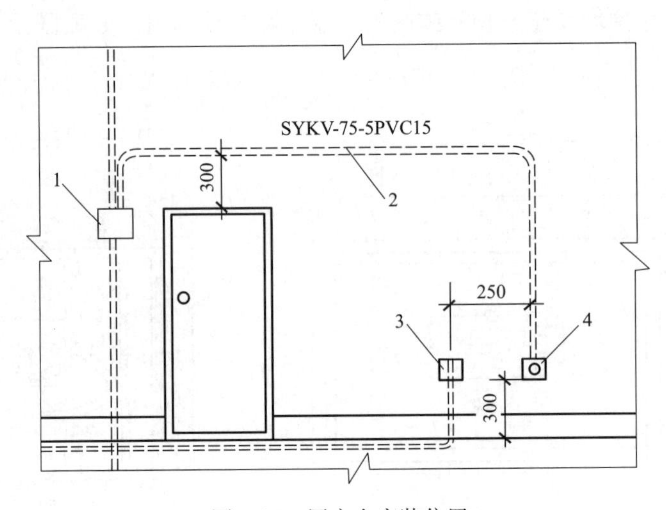

图 6-25 用户盒安装位置

1—分支器箱；2—用户管线；3—电源插座；4—用户盒

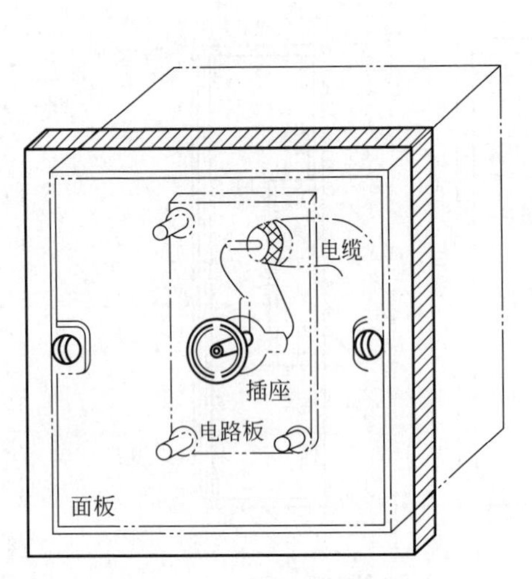

图 6-26 用户盒安装示意图

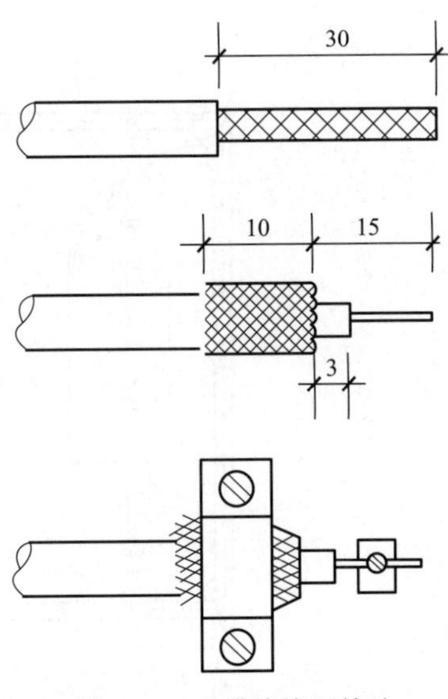

图 6-27 电缆接线压接法

用户盒上只有一个进线口，一个用户插座。用户插座有时是两个插口，其中一个输出电视信号，接用户电视机；另一个是 FM 接口，用来接调频收音机。用户盒要与分支器和分配器配合使用。

6.5.8 同轴电缆与用户盒的连接

先将盒内电缆留头按 100～150mm 的长度剪去，然后把 25mm 的电缆外绝缘层剥去，再把外导线铜网如卷袖口一样翻卷 10mm，留出 3mm 的绝缘台和 12mm 的芯线，将线芯压在用户盒面板端子上，用 Ω 卡压牢铜网套处，如图 6-27 所示。最后把接好导线的面板固定在用户盒的安装孔上，同时要调整好面板的垂直度。

第7章 常用电器的安装

家居用电设备比较多，有的用电器不需要电工安装，用户自己就可以安装，如电视机、洗衣机、电冰箱等；有的用电器需要电工安装后才可正常使用，如电热水器、吊扇、换气扇、抽油烟机、浴霸等。

7.1 电热水器的安装

7.1.1 电热水器的种类与特点

以电作为能源进行加热的热水器通常称为电热水器。电热水器是与燃气热水器、太阳能热水器相并列的三大热水器之一。

电热水器按加热功率大小可分为储水式（又称容积式或储热式）、即热式、速热式（又称半储水式）三种；储水式是电热水器的主要形式。按安装方式的不同，可进一步区分为立式、横式、落地式、槽下式，以及最新上市的与浴室柜一体设计的集成式。按承压与否，又可区分为敞开式（简易式）和封闭式（承压式）。按用途，可分为家用和商用。

(1) 储水式

按照安装方式可分为壁挂（横式）式电热水器和落地式（竖式）热水器。壁挂式电热水器容积通常为40～100L；落地式热水器容积通常为100L以上。储水式电热水器的外形如图7-1所示。

储水式电热水器的优点：安全性能较高，能量洁净；能多路供水；既可用于淋浴、盆浴，又可用于洗衣、洗菜；安装也较简单，使用方便。

储水式电热水器的缺点：一般体积较大，使用前需要预热，不能连续使用超出额定容量的水量，要是家庭人多，洗澡中途还得等；另外，洗完后没用完的热水会慢慢冷却，造成浪费；水温加热温度高，易结垢，污垢清理麻烦，不清理污垢又影响发热器寿命。

储水式电热水品牌很多，质量差异大。储水式电热水器最重要的部件是内胆，其关系到热水器的使用性能和寿命。在选择时一定要注意内胆的材质及防腐抗垢的性能。

图 7-1 储水式电热水器

(2) 即热式

即热式电热水器（行业里亦称作快热式电热水器）一般需 20A、甚至 30A 以上的电流，即开即热，水温恒定，制热效率高，安装空间小。内部低压处理，可以在安装的时候增加分流器，功率较高的产品安装在浴室，既能用于淋浴，又能用于洗漱，一般家庭使用节能又环保。根据市场的需求，即热式电热水器又进一步分为淋浴型和厨用型（多称为小厨宝）。即热式电热水器的外形如图 7-2 所示。

图 7-2 即热式电热水器

即热式电热水器的优点：具有即开即热、省时省电、节能环保、体积小巧、水温恒定等诸多优点。

即热式电热水器的缺点：功率比较大，线路要求高，一般功率都要求 6kW 以上，在冬天即使 8kW 的功率也难以保证有足够量的热水进行洗浴。电源线的截面积要求 $2.5mm^2$ 以上，有的要求 $4mm^2$ 以上。

(3) 速热式

这是区别于储水式和即热式的一种独立品类的电热水器产品。

速热式电热水器与储水式电热水器相比，区别仅仅是体积较小，功率更大。所以在加热速度上确实比储水式电热水器更快，但它在春季、秋季都不能达到即热，还要预热，即需要等待。

7.1.2 电热水器的选择

(1) 安装方式的选择

电热水器按安装方式分为：壁挂卧式、壁挂立式和落地式三种。壁挂卧式热水器安装时水平挂置在墙体上，适合于容量不大于 100L 的热水器，对墙体有一定的强度要求；壁挂立式热水器安装时垂直地挂置在墙体上，适合于容量不大于 100L 的热水器，对墙体有一定的强度要求；落地式热水器安装时可垂直放置在坚固的地面上，适合于大容量 100L 以上的热水器。

（2）容量的选择

热水器的容量以升（L）为单位，容量越大，热水器的供热水能力就越大。市场上常见的容量有：6L、8L、10L、15L、40L、50L、60L、80L、100L，有少数几个厂家能够生产100L以上的产品。用户可根据用途、家庭人口多少和用水习惯来选择热水器的容量。15L以下的热水器一般用于厨房间洗碗、洗菜或洗漱间洗脸、刷牙。因此人们将其形象地称之为厨房宝或小厨宝。用于洗浴的热水器宜选择40L以上的容量，1人使用适宜选用40～50L容量的热水器；2人使用适宜选用50～60L容量的热水器；3口之家适宜选用80～100L容量的热水器；3人以上的家庭适宜选用120L以上的热水器。

（3）功率的选择

热水器的功率以瓦（W）或千瓦（kW）为单位，通常是指热水器内电加热管的功率。功率越大，单位时间内产生的热量越多，所需加热时间就越少，对电线的负荷要求越高。

市场上常见的热水器的功率有：1000W、1250W、1500W、2000W、2500W、3000W等几种。为了满足人们对热水器产品的多样性的需要，市场上出现了双功率和多功率电热水器，有1000W/1500W可调、1000W/1500W/2500W可调、1000W/2000W/3000W可调、2000W/3000W/5000W可调等几种组合方式供用户选择。用户在使用时，可根据需要选择用一根加热管加热或两根加热管同时加热。

在选购电热水器时，用户应了解电热水器的功率大小。功率大小的选择主要应根据用户家里的电表和电源线的横截面大小来确定。1500W以下的热水器所用电源线的横截面不应小于1.5mm^2；2000～3000W的热水器所用电源线的横截面不应小于2.5mm^2；同时还要考虑到该电源线是专供热水器单独使用，还是与其他用电器同时使用等因素。

7.1.3　电热水器的安装位置

电热水器应该根据用户的环境状况并综合考虑以下因素确定安装。

① 电热水器安装的位置必须是在室内的承重墙上，因为墙体是实心墙，相对来说承重力会大很多，可以有效地杜绝很多安全隐患。如果位置不好确定的话，就需要在下面安装支架。

② 对一些横挂式的电热水器，在右侧需要和墙面至少保持有40cm的距离，这样是为了方便以后的维护和保养。

③ 对电热水器的安装位置，最好不要选择安装在天花吊顶内，否则的话将会不便于电热水器的保养和维护，还会很大程度地影响产品的排水和安全阀加热时泄压，并且存在损坏天花吊顶隐患。所以一定要特别注意。

④ 避开易燃气体发生泄漏的地方或有强烈腐蚀气体的环境。

⑤ 尽量避开易产生振动的地方。

⑥ 尽量缩短电热水器与取水点之间的连接长度。

⑦ 电热水器的安装位置应考虑到电源、水源的位置。对于水可能喷溅到的地方，电源应有防水措施。

⑧ 为了便于以后维修、保养、更换、移机和拆卸，电热水器的安装位置必须留出一定的空间。

7.1.4 安装电热水器的基本要求

电热水器安装的时候，一定要使用配套的专用挂钩和膨胀管或膨胀螺栓。在安装的时候一定要注意水平牢固美观而且一定要装在承重墙上，这样做的目的是杜绝安全隐患。如果无法准确判断出这个位置是否为承重墙，那么就要在热水器下面加装支架支撑处理。在给电热水器供电的插座选用中，最好选用符合使用安全的独立固定三极插座。最好不要选用活动插座。插座与电热水器插头应匹配，必须注满水后才能通电使用。

电热水器安装的一般步骤与注意事项：

① 首先准备安装工具：电钻、电工笔、电工胶布、尺、锥子、扳手等。

② 检查电表的额定电流和总开关的额定电流；检查进户电线的线径大小；检查热水器的空气开关与热水器是否匹配；检查接热水器的电线线径大小与热水器是否匹配。

③ 安装进水开关；并检查水管是否有漏水现象或者管内是否有其他杂物。

④ 拆开热水器包装，检查热水器及配件的齐全与完好度。

⑤ 首先将挂机弄好，然后装水路。在安装的时候必须选用 PPR 材料的卫生水管。

⑥ 在水路安装前，要先辨别一下热水器的冷热方位，然后对热水接口的位置做简单的清理，接着辨别水路的走向及管路在连通的时候的设施是否合理，确认正确后再安装。

⑦ 对安装在热水器的正下方地面，最好有一个能够有效排水的地漏用来排水。

⑧ 电热水器安装挂架（钩）的承载能力应不低于热水器注满水后质量的两倍。安装架（钩）与热水器之间的连接应牢固、稳定、可靠，确保安装后的热水器不滑脱、翻倒、跌落。

⑨ 电热水器的水压正常，一般不超过 0.7MPa；如确实水压过高的话，则一定要在前面加装减压阀。

⑩ 热水器在其水可能喷溅到的地方，电源应有防水措施。

⑪ 热水器的安装必须有独立的插座及可靠接地，否则不应进行热水器安装。

7.1.5 储水式电热水器的安装

① 定位钻孔，悬挂电热水器。先在墙面上定位，确定钻孔的位置，用电锤打孔；再打入膨胀螺栓，把挂板安装好；然后将热水器悬挂在墙面上。

② 水路安装。水路安装时，将混合阀安装到有阀门的自来水管上，混合阀与热水器之间用进出水管、螺母、密封圈连接。在管道接口处都要使用生料带，防止漏水，同时安全阀不要旋得太紧，以防损坏。储水式电热水器管路的连接方法如图 7-3 和图 7-4 所示。

③ 水路安装完毕后，放水充满整个容器。

④ 电路安装。在离电热水器适当远、高出地面 1.5m 以上的地方装电源插座或低压断路器。打开热水器外壳，接好电源线。注意根据功率大小选择合适的电源线，并接好地线。

⑤ 在将热水器安装完毕之后，就需要进行检测使用了。这时需要检测电热水器的水电，同时确保没有漏水漏电现象的发生。经过检测之后若没有出现故障就能正常使用了。

⑥ 应考虑热水器管道漏水或安全阀泄压时，排水应能顺利，不损坏附近装置；要求安全阀泄压排水管应保持向下，并安装固定在无霜环境的地漏或漏水槽处。阀泄压排水管口必须与大气相通。

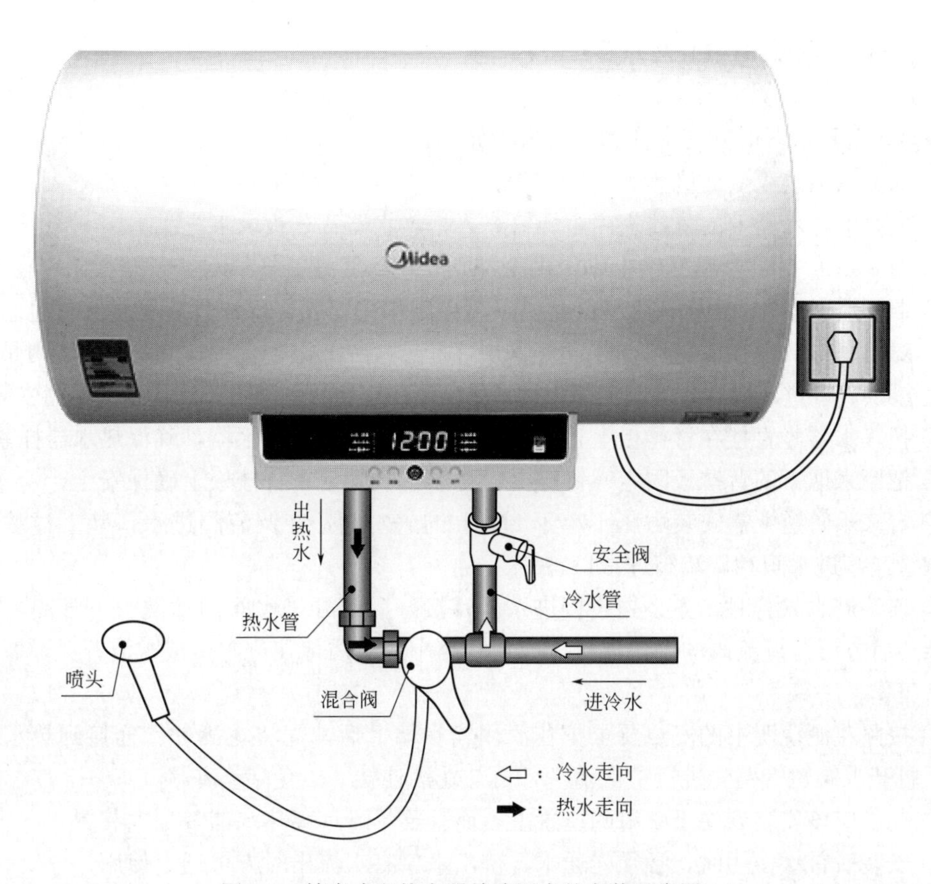

图 7-3　储水式电热水器单路用水的安装示意图

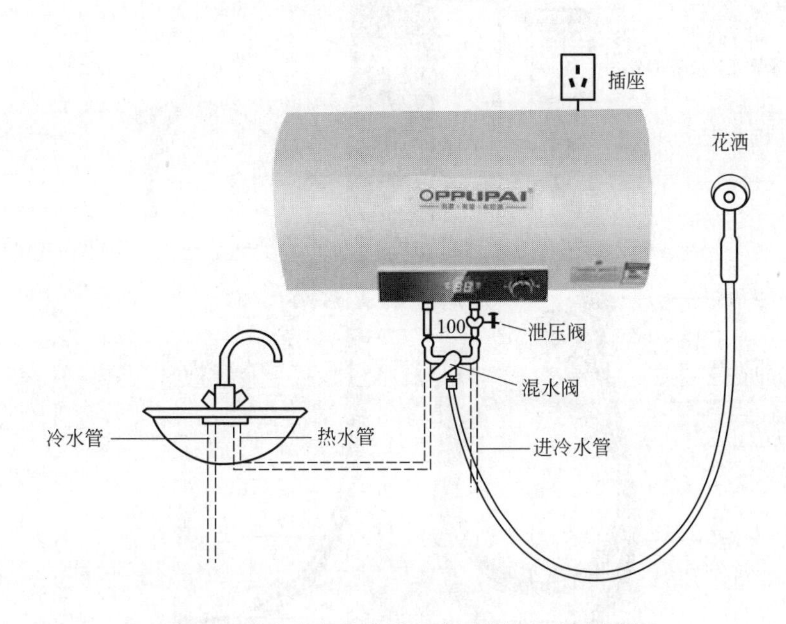

图 7-4　储水式电热水器多路用水的安装示意图

7.1.6 即热式电热水器的安装

即热式电热水器的安装步骤和注意事项如下：

① 确保墙面能承受 2 倍热水器的重量。

② 先取下热水器上的背挂板固定螺钉，再把热水器背挂板取下。

③ 用 ϕ6mm 的冲击钻在墙上钻上两个深孔，用膨胀螺钉把热水器背挂板固定在墙上。

④ 取下热水器进、出水口上的防尘盖，盖内防水垫圈收好以便日后更换，右边蓝色装饰圈为冷水进口标志，左边红色装饰圈为热水出口标志；装上防电墙（先检查防电墙内是否已放好防水垫圈），在进水口处装上调流阀；接口处使用防水密封圈即可，无需使用生料带等辅料。

⑤ 把热水器竖直挂在背挂板上，左右摇动和向下拉几下热水器，确保热水器挂紧牢靠。

⑥ 把原来取下的背挂板固定螺钉拧上，将热水器固定在背挂板上确保安全。

⑦ 自来水管道上需安装耐压不小于 2MPa 的进水阀，在调流阀进水口装上过滤网，用进水软管连接进水阀和调流阀进水口。

⑧ 连接进水软管时，务必先连接进水阀，接好后打开进水阀门冲洗一下管路，确保管内无杂质后方可与调流阀的进口连接，以免管路中的杂质堵住进水口或水流开关，影响热水器正常工作。

⑨ 按照花洒说明书的安装要求把花洒固定在墙上后，先将花洒软管连接到热水器的出水口，打开水阀对管路先进行一次清洗，再与花洒连接，以免堵塞花洒。

⑩ 花洒应该安装到便于淋浴的位置上，而且要尽量远离热水器及配电装置。

⑪ 安装后首次使用时，必须先通水，待出水口有水流出时方可通电使用。

图 7-5 所示为即热式电热水器的安装示意图。

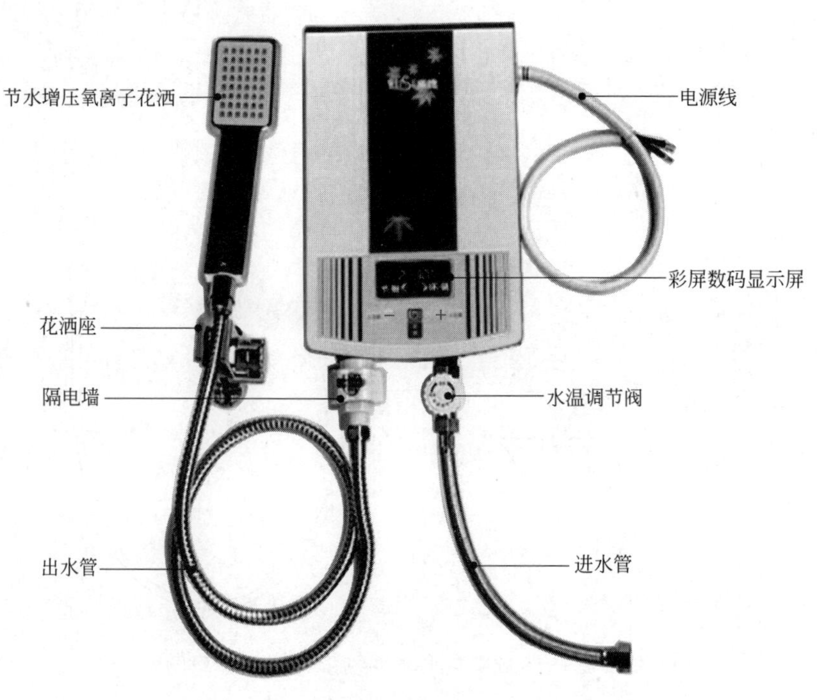

图 7-5 即热式电热水器的安装示意图

7.1.7 电热水器使用注意事项

① 使用电热水器前。一定要认真看懂说明书，并按规定正确使用。

② 对储水式电热水器来说，最好使用经软化处理的自来水。水的硬度高，会造成电加热器周围结成厚厚的水垢，使加热效率降低，并导致热量传递速度减慢，从而危及电加热器自身的寿命。另外，出水管口的垢层不断加厚，会使管的口径减小，甚至堵塞，造成热水器故障。对即热式电热水器来说，水流动则加热，水流停即停止，温度一般控制在65℃以下，高温水不会聚集在机身内，没有机会结垢。

③ 如果设置温度超过50℃，可能会对使用者的身体造成烫伤，请不要直接淋浴使用。

④ 条件允许的话，尽量每年对热水器进行一次检查，主要检查加热状况、按键灵敏度、泄水阀是否完好，电线、水管和支架也要仔细查看。

⑤ 定期清理花洒和隔水网的污垢，延长热水器使用寿命。

⑥ 泄水阀滴水属于正常现象，切勿将其堵死，否则极易产生危险隐患。

⑦ 热水器出现质量问题时切勿自己拆卸，一定要联系售后进行维修。

⑧ 热水器清洁过程中切勿用水喷洒，也不要用酸性溶液擦拭。因为如今的热水器外表都比较平整，所以只需用湿润的抹布轻轻擦拭即可。

⑨ 热水器的电源尽量配置防水插座。

⑩ 电热水器的说明书上一般都会标明使用寿命。到了热水器的使用寿命以后，尽量更换热水器，如果条件不允许就定期进行检查。

⑪ 儿童使用热水器淋浴或洗漱必须在成人的指导下进行操作。

⑫ 即热式电热水器使用完毕后，请先关电源开关，再关水。这样可增加热水器的使用寿命，更安全可靠。

⑬ 长时间不使用时，一定要拔掉家中电热水器的电源插头。

⑭ 日常使用中，如发现有麻嗖嗖的感觉，应立即停止使用，拔下电源插头，请专业人员进行检修。

7.2 电风扇的安装

7.2.1 电风扇的特点与种类

电风扇（又称电扇）是一种电力驱动扇叶旋转，使空气加速流通的家用电器，主要用于清凉解暑和空气流通。广泛用于家庭、办公室、商店、医院和宾馆等场所。电扇主要由扇头、风叶、网罩和控制装置等部件组成。扇头包括电动机、前后端盖和摇头送风机构等。电风扇的主要部件是交流电动机。其工作原理是通电线圈在磁场中受力而转动。电能转化为机械能，同时由于线圈电阻，因此不可避免的有一部分电能要转化为热能。许多电风扇还应用了电子技术和微电脑技术，可以遥控，但其主要驱动的原理是相同的。

家用电风扇按结构可分为吊扇、台扇、落地扇、壁扇、顶扇、换气扇、转页扇、空调扇

（即冷风扇）等；台扇中又有摇头的和不摇头之分，也有转页扇；落地扇中有摇头、转页的。还有一种微风小电扇，是专门吊在蚊帐里的，夏日晚上睡觉，一开它顿时就微风习习，不但可以安稳地睡上一觉，还不会生病。

7.2.2 电风扇的选用

选用电风扇时应注意以下几点：

（1）检查随机文件

每台电风扇的随机文件包括使用说明书、产品合格证、电气线路图和装箱单，购买时要按照装箱单清查、核对零部件的数量和质量。

（2）观察网罩和扇叶是否有明显的变形

在装配好的电风扇网罩上，先用一支笔指向一个扇叶最高点，缓缓移动扇叶，其他几个扇叶相对应点与笔尖之距离应十分相近；再转动扇叶，注意观察转动是否轻快灵活，并且观察扇叶是否可以在任意的位置停下。

（3）检查控制机构的操作是否灵活可靠

电风扇的控制机构包括调速开关、定时旋钮、摇头开关、照明灯开关等，这些控制机构应该操作灵活、接触可靠。对调速挡，不允许有两挡同时接通或一挡按不下去的现象。按下停止键，各速度挡键应正常复位。

（4）检查活动部分的性能

电风扇的扇头俯、仰各角度应运转灵活、锁紧牢靠。调整到最大俯角或摇头到最终位置，网罩均不得与风扇支柱相碰。风扇运转时，稳定性要好，不能倾倒，摇头角度不应低于60°～80°。

（5）检查启动性能

启动性能是电风扇一项重要的质量指标。检验时，应调在慢速挡，并在电源电压为电风扇额定电压的85%时（即用调压器将220V电压降至187V时），启动电风扇，电风扇应该能从静止启动，并且正常运转。一台电风扇从启动到正常运转所需时间越短，风扇电机的启动性能越好。

（6）检查运转及调速性能

通电后将摇头开关往复转动数次，检查是否失灵或装配过紧，在这一过程中，风扇机械传动部分不应该有异常噪声。电风扇在高、中、低速运转时，电机和扇叶都应平稳、振动小、噪声较低。风扇摇头、停摆应敏捷，无间歇、停滞和抖动现象，各挡的转速差别应明显，送风角度越大越好。在电扇停转时，转轴轴向间隙不超过5mm；间隙过大，运转时会引起轴向窜动并有撞击声。

（7）检测是否漏电

电风扇通电后，如果手触碰有强烈麻电感，用试电笔测试，试电笔也会发光显示，可判定外壳漏电，不可选用。

7.2.3 安装吊扇的技术要求

① 吊扇吊钩应安装牢固，吊扇吊钩的直径不应小于吊扇悬挂销钉的直径，且不得小于

8mm。一般用直径为 8～10mm 的钢筋做吊钩。

② 吊扇悬挂销钉应装设防振橡胶垫；销钉的防松装置应齐全、可靠。

③ 吊扇的扇叶距地面高度不宜小于 2.5m，否则容易伤人。

④ 吊扇的扇叶与天花板的距离应不小于 400mm，以免影响扇叶的叶背气流，降低风量。

⑤ 吊扇组装时，应符合下列要求：

a. 调速开关应该与吊扇配套。

b. 严禁改变扇叶的安装角度。

c. 扇叶的固定螺钉应装设防松装置。

d. 吊扇应接线正确，运转时扇叶不应有明显的颤动。

7.2.4　吊钩的安装

(1) 在现浇混凝土楼板上安装吊钩

吊钩应采用预埋的施工方法，预埋在混凝土中的吊钩应与主筋焊接，如图 7-6 所示。如无条件焊接时，可将吊钩末端部分弯曲后与主筋绑扎，固定牢固。吊钩挂上吊扇后，一定要使吊扇的重心和吊钩的直线部分处在同一条直线上，如图 7-7 所示。

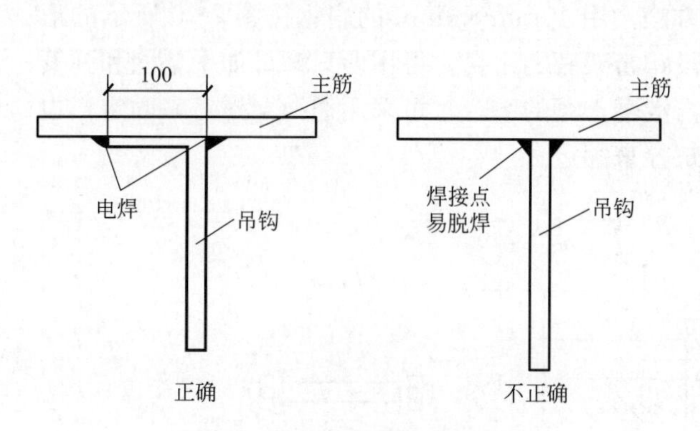

图 7-6　吊钩与主筋的焊接方法

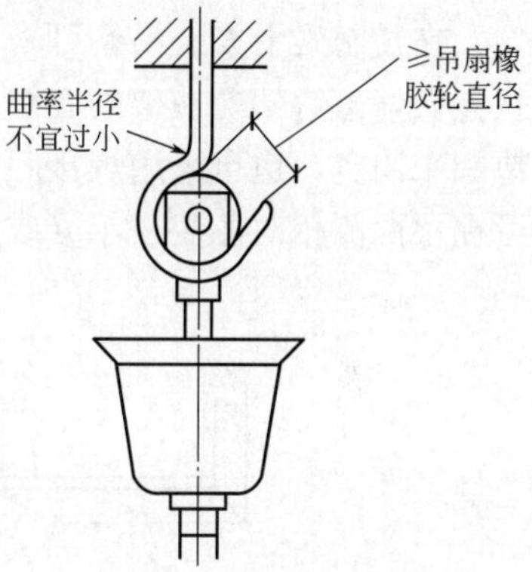

图 7-7　吊扇吊钩安装

(2) 在空心混凝土预制楼板上安装吊钩

① 方法一　在需要安装吊钩的空心预制板处打一个直径为 40mm 左右的孔。先把直径为 10mm 的钢筋弯成一个圆环，两头各留一定的长度，再将其放入楼板孔内，最后用自制的吊钩与钢筋连接，如图 7-8 所示。

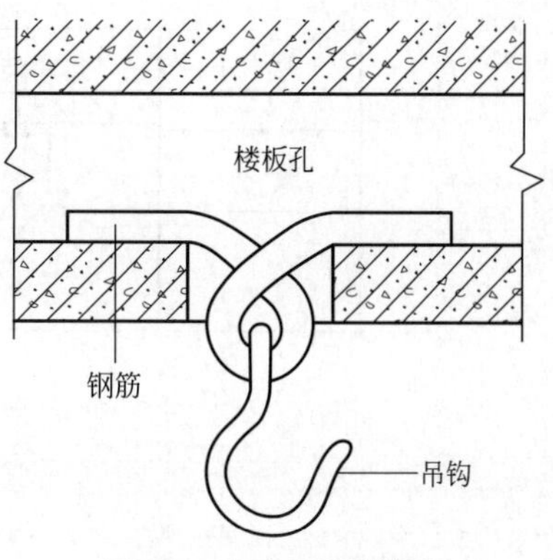

图 7-8　在空心预制板上安装吊钩的方法（一）

② 方法二　测量空心楼板的孔径 d，按此制作一块中间套有螺纹的钢板，钢板的厚度为 8～10mm，钢板的宽度取 $3d/5$，钢板的长度可以自定。然后在空心楼板有孔的部位凿一条比钢板厚度稍大的缝隙（使钢板能侧向置入即可）。再将钢板侧着由此缝隙塞进预制板的孔洞内，让钢板顺孔道方向放置，把钢板的螺孔调整

到能旋入螺钉的位置，最后按图 7-9 所示的方法，把弹簧垫圈、平垫圈、座板等依次套入吊钩杆，并将吊钩拧进空心楼板内的钢板螺孔内。

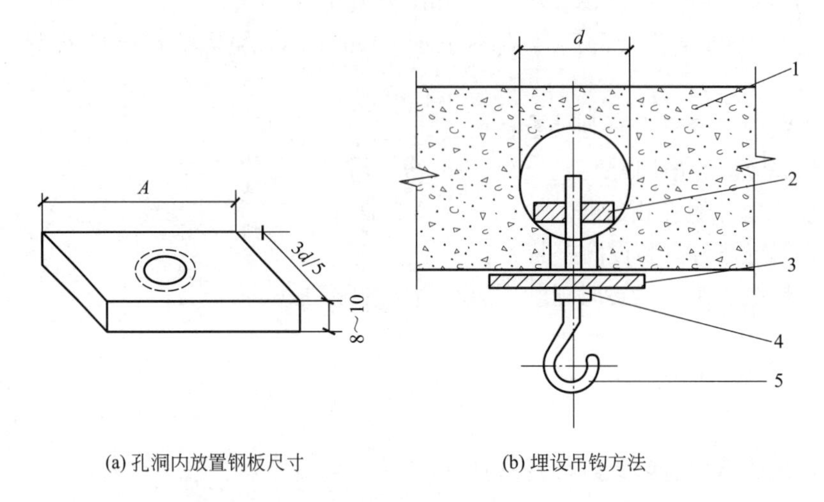

(a) 孔洞内放置钢板尺寸 (b) 埋设吊钩方法

图 7-9 在空心预制板上安装吊钩的方法（二）

1—混凝土空心楼板；2—钢板；3—座板；4—垫圈；5—吊钩

(3) 在混凝土预制梁上安装吊钩

在预制梁上安装吊钩可采用钢吊架的方法。用 40mm×3mm 的扁钢按图 7-10 所示的形状先做好吊钩架。在架的底部固定吊钩，吊钩与架底的组合，可用两只螺母加平垫圈和弹簧垫圈来固定，也可采用焊接固定。吊钩架与混凝土梁的组合，可采用通孔穿螺钉来固定，也可在梁两侧相对各装一个（或两个）膨胀螺栓来固定。

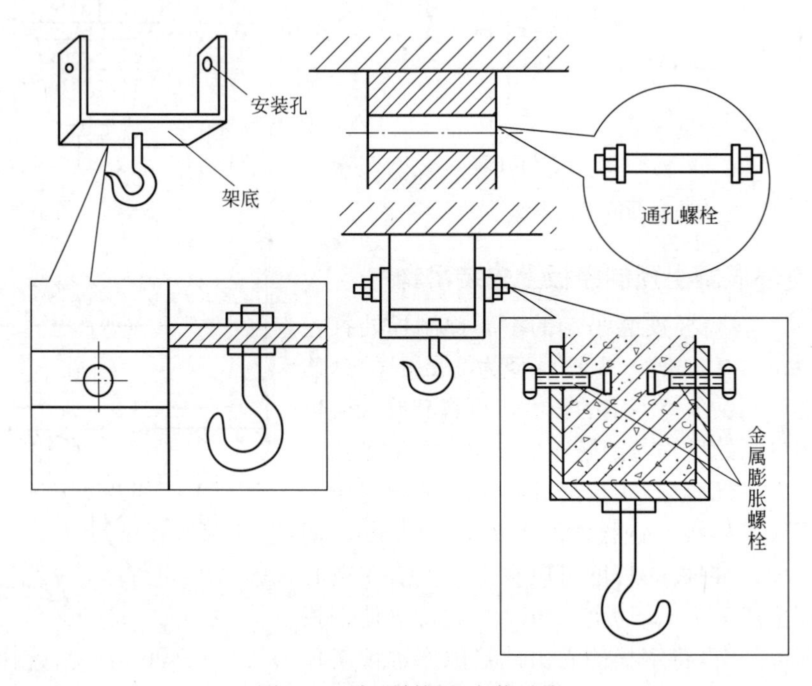

图 7-10 在预制梁上安装吊钩

7.2.5 吊扇的安装

(1) 安装注意事项

吊扇的安装方法如图 7-11 所示，其安装注意事项如下。

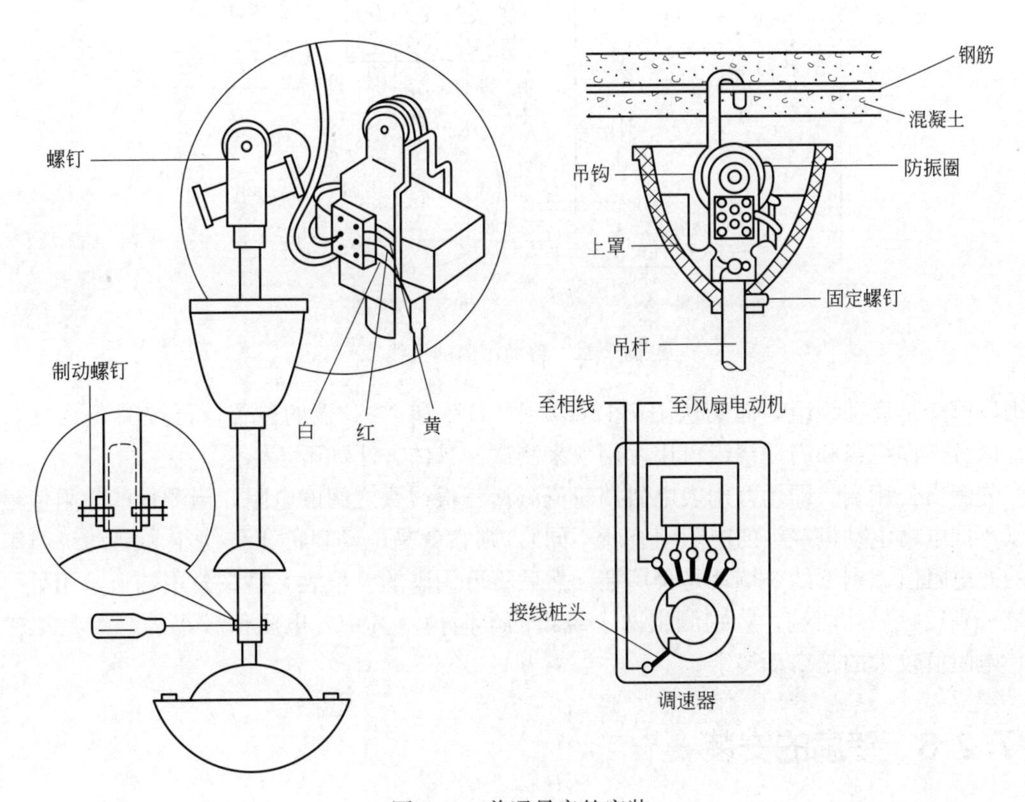

图 7-11 普通吊扇的安装

① 吊扇吊钩挂上吊扇后，一定要使电扇的重心和吊钩的直线部分处在同一条直线上。

② 吊钩杆伸出建筑物的长度，应以盖上风扇吊杆护罩后能将整个吊钩全部遮蔽为宜。

③ 吊扇的各种零部件必须齐全。叶片应完好，无损坏、变形等现象。

④ 吊杆上的悬挂销钉必须装设防振胶垫及防松装置，一切防护设备齐全、可靠。

⑤ 吊扇安装时，应先将吊扇托起，用吊钩将吊扇的耳环挂牢，再接好电源线并包扎紧密。向上推起吊杆上的护罩，将接头扣于其内，使上护罩边缘紧贴建筑物的表面，然后拧紧固定螺钉。

⑥ 吊扇安装后，表面应无划痕、无污染，吊杆上、下护罩应安装牢固到位。

⑦ 同一室内并列安装的吊扇开关高度应一致，控制有序不错位。

(2) 接线方法

吊扇的接线如图 7-12 所示。如果吊扇是新购买的，则只要严格按使用说明书上的接线图接线即可。图中 1、2、3 各引出线的颜色为红、黄、白或红、绿、黑等，不同牌号的吊扇，引出线的颜色可能不同，即使是同一种牌号的吊扇，引出线的颜色也可能不同。

如果说明书遗失或不能从引出线的颜色来判断各端线的功能，则需要先找出哪个是工作

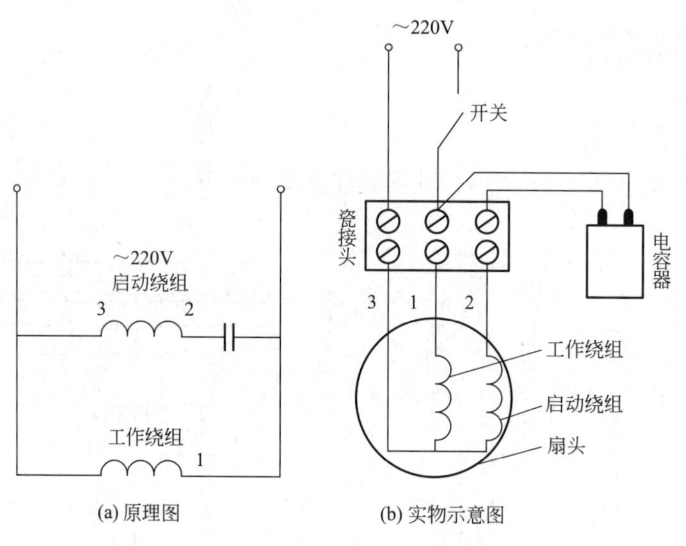

图 7-12　普通吊扇的接线

绕组，哪个是启动绕组，即确认图 7-12(a) 中“1”和“2”端的位置，再按图 7-12(b) 接线。区分工作绕组和启动绕组可用万用表来测试。具体方法如下。

先测出公用端。即用万用表电阻挡轮流测量三根线头之间的电阻，当测得的电阻值最大时（不同电扇电动机绕组的电阻值有所不同），则它就是电动机的工作绕组和启动绕组串联后的总电阻值。剩下的一端就是公用端。然后将万用表的一根表笔搭在公用端上，用另一根表笔分别接触另外两端，分别测出两个绕组的电阻值。其中，电阻值较小的绕组是工作绕组，电阻值较大的是启动绕组。

7.2.6　壁扇的安装

一般安装到墙壁上的电风扇就是壁扇。安装壁扇的目的是节约空间。壁扇的特点是方便、实用和美观。一般而言，壁扇有两种，分别是：转向壁扇与定向壁扇。壁扇不仅吹风范围广，而且风力强劲。

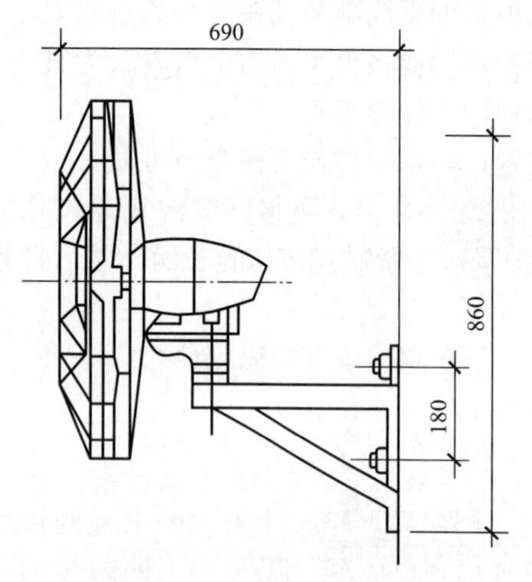

图 7-13　壁扇安装示意图

壁扇的底座可用膨胀螺栓固定，膨胀螺栓的数量不应少于两个，且螺栓的直径不应小于 8mm。壁扇底座应固定牢固。壁扇的安装示意图如图 7-13 所示。

安装壁扇的注意事项如下：

① 壁扇距离地面最好在 1.8～2m，这样既不会太低碰头也不会像吊扇一样吹不到风。

② 一般壁扇的开关距离地面 1.4m 左右。

③ 壁扇的防护罩应扣紧，固定可靠。

④ 当壁扇运转时，扇叶和防护罩应无明显颤动和异常声响。

7.2.7 换气扇的种类与选择方法

换气扇（又称排气扇）是由电动机带动风叶旋转驱动气流，使室内外空气交换的一类空气调节电器。

(1) 换气扇的种类

换气扇按进排气口分为隔墙型（隔墙孔的两侧都是自由空间，从隔墙的一侧向另一侧换气）、导管排气型（一侧从自由空间进气，而另一侧通过导管排气）、导管进气型（一侧通过导管进气，而另一侧向自由空间排气）、全导管型（换气扇两侧均安置导管，通过导管进气和排气）。按气流形式分为离心式（空气由平行于转动轴的方向进入，垂直于轴的方向排出）、轴流式（空气由平行于转动轴的方向进入，仍平行于轴的方向排出）和横流式（空气的进入和排出均垂直于轴的方向）。换气扇按安装方式可分为天花板安装式（吸顶式）换气扇、墙壁安装式（壁挂式）换气扇和窗口安装式（窗式）换气扇。常用换气扇的外形如图7-14所示。

(a) 窗口安装式

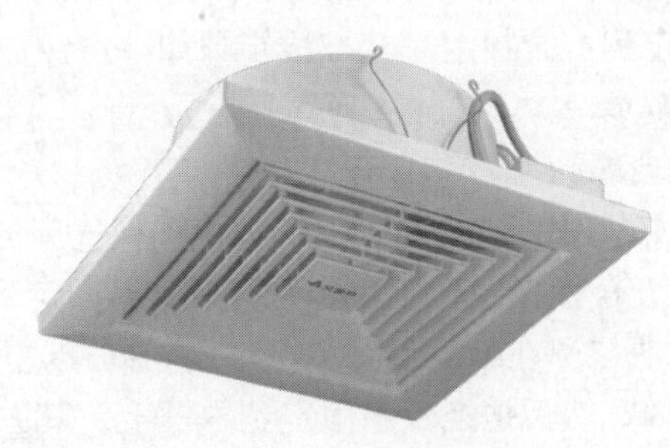

(b) 天花板安装式

图 7-14 常用换气扇的外形

(2) 换气扇的特点与选择

① 安装方式的选择

a. 天花板安装式换气扇。天花板安装式（吸顶式）换气扇是在屋外连接其排气管。吸顶式排气扇外观较好，可安装在居室的吊顶上。这种换气扇的管道较短。因此安装时还需购买一个与管道相配套的通风管。

b. 壁挂式换气扇。壁挂式换气扇是把风扇安装在浴室的墙上。这是一个非常可行的选择，因为大部分的水分是从淋浴中产生的。壁挂式换气扇体积较小，可镶嵌在窗户上方，但由于其抽风口的横截面较窄，导致换气力度较弱，因此只适合在卫生间或封闭阳台等小空间内安装。

c. 窗口安装式换气扇。窗口安装式换气扇是把风扇安装在浴室的窗户上。这样节省了排气管，降低了安装成本。但它可能会阻止光线。窗式换气扇不同于前两种，它有单、双两向运转方式，既可将室内空气排出，又可将室外新鲜空气补充到室内。因此，卧室、厨房等房间安装窗式换气扇是最为适合的。

② 换气扇规格的选择

a. 卫生间一般面积较小，为 2～4m^2，可选用 150～200mm 的开敞式换气扇。

b. 厨房可选用 250mm 的遮隔式换气扇，如厨房中已装有脱排油烟机时，可不装换气扇。

c. 卧室及客厅面积一般在 12～16m^2，以 250～300mm 的双向型换气扇较合适。

(3) 选择注意事项

选择换气扇时，要注意以下两点：

① 换气扇外形新颖，色彩与房间颜色协调，平面无翘曲现象，塑料件平整光滑，电镀件光亮，没有锈斑痕迹，风叶转动灵活。

② 通电后风叶旋转平稳，无异常杂声，风量大。自吹式百叶窗百叶灵活可动。连动式百叶窗百面转动灵敏。双向换气扇转换自如。电机温升不过高，噪声小。带调速功能的换气扇调速明显。

7.2.8 换气扇的安装

(1) 在窗上安装换气扇

① 方法一　选择一块五合板，将五合板固定到窗户框上，在五合板中间开一个洞。把换气扇固定到五合板上。其方法步骤如下：

a. 先选择一块五合板。

b. 把玻璃卸掉。

c. 量好尺寸，包括窗户框的大小和换气扇的宽度，把五合板裁好。

d. 把五合板安装到位，然后把换气扇固定到五合板上。

② 方法二　在钢窗上安装换气扇，同样先取下或割下一块玻璃，再另做一个木框镶套在钢窗框内，然后把换气扇固定到木框上。其方法步骤如下：

a. 选择制作木框的材料，其厚度不小于 20mm。

b. 在靠塑钢窗框的玻璃上方边角画出需要切割的尺寸。

c. 用玻璃刀在记号线上割划，并敲碎玻璃，敲碎的玻璃洞呈正方形。

d. 裁 4 块长方形木板，钉一个正方形木框，木框的内围尺寸与换气扇框架尺寸相同。

e. 把木框的两个边角固定在钢窗框上。

f. 最后将换气扇固定在木框内。

(2) 在墙壁上安装换气扇

如果窗户设在顶端角落，而且窗户朝向室内，那就得在远端墙体上开孔，但是开孔时要注意看墙是否是承重墙，建议在隔墙上开孔，承重墙不要轻易动工。其安装方法步骤如下：

① 先在墙上开一个洞。

② 制作一个木框，木框的内围尺寸与换气扇框架尺寸相同，木框的外围尺寸与洞口尺寸基本一致。

③ 再用木楔把木框固定在孔洞内，四周用水泥砂浆封固。

④ 待水泥砂浆干燥后，再用木螺钉将换气扇固定在木框上，如图 7-15 所示。

(3) 在吊顶上安装换气扇

在卫生间、厨房等场所，常常需要在吊顶上安装换气扇，如图 7-16 所示。在吊顶上安

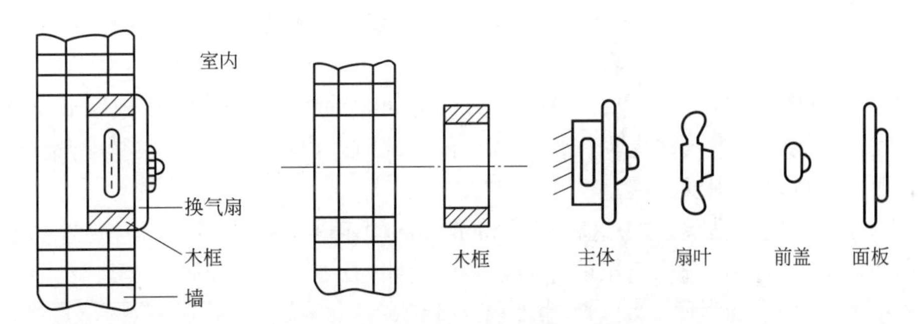

图 7-15　在墙壁上安装换气扇

装的换气扇，应为导管排气型换气扇。这是目前比较流行的安装方法。

首先制作一个木框，木框的内围尺寸与换气扇框架尺寸相同，再把换气扇安装在木框上，最后把木框固定在龙骨上面即可。

图 7-16　在吊顶上安装换气扇

安装换气扇要注意以下几点：

① 安装前检查换气扇、固件螺栓、叶轮、扇叶等配件是否有损坏、松脱或变形。

② 换气扇应与地面相距 2.3m 以上。

③ 调整风机与地基平面水平，使电机的调节螺栓处于方便操作的位置。

④ 换气扇必须安装牢固，必要时在换气扇旁安装角铁进行再加固。

⑤ 检查换气扇周围密封性。如有空隙，可用阳光板或者玻璃胶进行密封。

⑥ 当使用插座供电时，换气扇的电源线应配接符合安全标准的插头。换气扇的电源线中黄绿双色线必须要接地，确保换气扇安装使用安全。

7.2.9　换气扇的使用与保养

(1) 换气扇的使用方法

厨房换气扇一般有单向和双向两种。单向的可有效排出室内各种有害气体；双向的除排气外，还能抽进新鲜空气。

单向排气扇，只要按动开关，电机按逆时针方向运转，同时百叶窗自动打开，进行排气。双向排气扇，在排气运转后，再拉开关，电机则以顺时针方向运转，进行吸换气；第三次拉动开关后，百叶窗与电机同时关闭，能防尘、防雨、遮阳、挡风。

(2) 换气扇的保养

① 在平时使用过程中，如遇到换气扇不能正常工作，切记不可自行对换气扇进行解体、维修，应该请具备专业资质或经过厂家授权的专业人员进行检查，否则很容易产生或留下安全隐患。

② 做换气扇的日常清洁时必须注意，首先应切断电源，防止触电事故以及有人误开，导致人身受到伤害。

③ 在对换气扇的扇叶进行清洁时，还应注意不要对某一片扇叶过度用力，防止扇叶变形或被折断。

④ 对于用在厨房的换气扇而言，防止因油烟过重导致换气扇扇叶被固定非常重要。因为，当扇叶被固定时，换气扇电动机仍然在工作，此时，电动机会发出大量的热量，轻则使电动机烧毁，重则可能引发火灾。

⑤ 需要特别注意的是，对于这种扇叶易被油污固定住的换气扇，当需要外出时，为防止发生意外，请一定要检查换气扇的电源是否已关闭。

7.3 抽油烟机的安装

7.3.1 抽油烟机的类型

抽油烟机又称为吸油烟机或油烟机。接通抽油烟机电源，电动机驱动风轮作高速旋转，使炉灶上方一定的空间范围内形成负压区，将室内的油烟气体吸入吸油烟机内部，油烟气体经过油网过滤，进行第一次油烟分离，然后进入烟机风道内部，通过涡轮的旋转对油烟气体进行第二次油烟分离，风柜中的油烟受到离心力的作用，油雾凝集成油滴，通过油路收集到油杯，净化后的烟气最后沿固定的通路排出。

油烟机以目前状况可以分欧式、中式、近吸式（侧吸式）几类。其中中式可分薄型及筒型。筒型中又分深型及亚深型。根据电动机和风轮的数量可分：双机和单机（即双筒和单筒）。根据吸气的方式可分：顶吸式和侧吸式（含斜吸式）。

常用抽油烟机的外形如图 7-17 所示。

(a) 中式深腔机　(b) 欧式平板机　(c) 侧吸式机

图 7-17　抽油烟机的类型

7.3.2 抽油烟机的特点与选择

抽油烟机有薄型、深型、柜式三种类型。在选购时，首先应根据自己厨房的具体格局和个人喜好确定要购买的类型。

薄型抽油烟机重量轻、体积小、易悬挂，但其薄型的设计和较低的电动机功率，使相当一部分烹饪油烟不能被纳入抽吸范围，有机会逃逸于室内，其排烟率明显低于其他两类机型。所以，大多数消费者在购买油烟机时，都不考虑这一类型。如果厨房墙壁单薄（非承重墙），承挂不住深型吸油烟机的重量，或由于厨房布局的限制，又无法安放柜式抽油烟机，那么，薄型抽油烟机就是较为理想的选择了。

深型抽油烟机的深型外罩能更大范围地抽吸烹饪油烟，其深型的机身便于安装功率强劲的电动机，这使得抽油烟机的吸烟率大大提高。深型抽油烟机外型流畅美观，排烟率高，能与不同风格的现代厨房家具匹配，已成为消费者购买抽油烟机时的首选机型，目前在市场上占据了主导地位。但是，由于深型抽油烟机较大较重，悬挂时要求厨房墙体具有一定厚度，能够承受抽油烟机本身重量和它在运作时产生的压力。在选购时，要将这一点考虑进去。

柜式抽油烟机吸烟率高，又不用悬挂，不存在钻孔、安装的问题，不需要考虑厨房墙体的承受能力，综合了薄型和深型抽油烟机的优点。但是，由于排烟柜左右挡板的限制，操作者在烹饪时有些局限和不便。

7.3.3 抽油烟机安装位置的确定

(1) 对周围环境的要求

安装抽油烟机的周围应避免门窗过多，因为门窗过多时空气对流过大，导致抽油烟机的吸排油烟的效果受到影响。抽油烟机的中心应对准灶具的中心，抽油烟机应放置在同一水平线上。吸烟孔以正对下方灶眼为最佳。

(2) 对安装高度的要求

一般顶吸式抽油烟机下沿至灶台面板的距离为650～750mm比较好，如图7-18所示。如果是侧吸式抽油烟机，则抽油烟机下沿至灶台面板的距离为350～450mm比较好。

图7-18 抽油烟机安装位置实例

(3) 对安装墙面的要求

勿将抽油烟机安装在木质等易燃物的墙面上。另外，抽油烟机须直接固定于墙面，且一定要是承重墙墙面，绝不能固定在橱柜上。

7.3.4 抽油烟机的安装与使用

一般来说，在进行橱柜设计之前，需要将抽油烟机的款式尺寸交给橱柜厂商，让厂商生产橱柜时预留出抽油烟机的位置。而抽油烟机与橱柜安装的顺序主要根据不同人家的具体情况而定。一般，如果抽油烟机与橱柜之间比较紧密，则先安装橱柜会比较好，否则容易碰坏抽油烟机。不过最好是将两者安排在同一天安装，协调安装。

(1) 抽油烟机的安装方法

虽然抽油烟机的产品类型较多，但是安装的基本方法与流程基本一致。

① 确定挂板安装位置　根据具体抽油烟机产品的尺寸，在背面找到扣板安装的位置，用铅笔画好线。如果抽油烟机产品安装位置距离顶部还有一段距离，为了将烟管隐藏，可以定制抽油烟机加长罩。在安装前，同样要确定好加长罩挂板的位置。

② 钻孔安装挂板　确定挂板安装位置后，就用冲击钻在安装位置钻好深度为5～6cm的孔，将膨胀管压入孔内，再用螺钉将挂板可靠固定。

③ 将抽油烟机挂扣到挂板上　抽油烟机背后的样式正好与挂板可以相嵌，从而挂住抽油烟机。由于抽油烟机一般较重，因此在挂的时候，通常需要两个人合作。

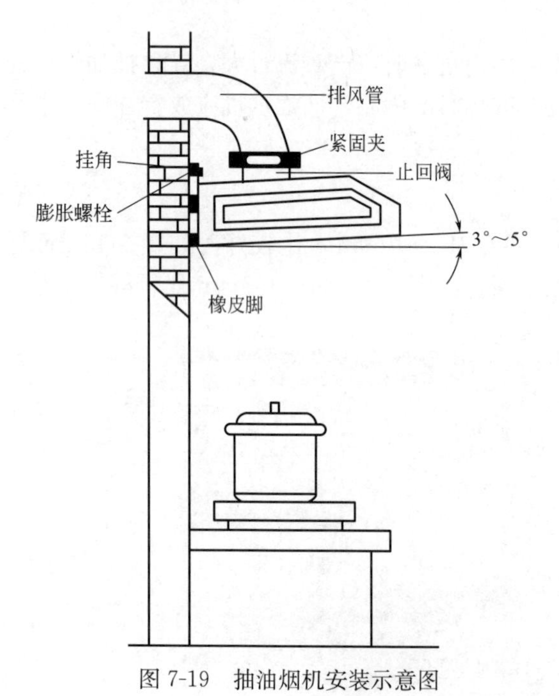

图 7-19　抽油烟机安装示意图

④ 将抽油烟机左右两端调校至水平状态，并且让其工作面与水平面成3°～5°的仰角，如图7-19所示，以便污油流入集油盒，然后将装在挂板中间的螺母拧紧，以防抽油烟机滑落。

⑤ 安装排烟管　将排烟管一头插入止回阀出风口内外圈之间槽口，用螺钉紧固。另一头直接通过预留孔伸入室外。如排烟管是通入公用烟道，一定要用公用烟道防回烟止回阀连接，并密封好。若排烟到墙外，则建议在排烟管外装上百叶窗，避免回灌。

⑥ 安装加长罩　如需要安装加长罩，首先要安装好挂板，然后待抽油烟机和排烟管安装好之后，扣上加长罩。

⑦ 安装油杯等配件　接下来就只剩下安装抽油烟机的油杯、面罩等配件了。配件安装好之后，抽油烟机就基本安装完成。

⑧ 安装好后试机　抽油烟机安装完成后，要进行调试抽油烟机。一般是通过功能键的开关，看是否运作正常。

(2) 抽油烟机安装注意事项

为了确保抽油烟机安装万无一失，在安装时，还需要注意以下几点：

① 抽油烟机在安装前一定要确定打孔部位没有下水管、煤气管、电线经过，以免造成

破坏，甚至引发触电危险等。

② 抽油烟机在安装过程中一定要注意机体水平，安装完后观察其水平度，避免倾斜。确保抽油烟机无晃动或脱钩现象。

③ 若排烟到公用烟道，勿将排烟管插入过深导致排烟阻力增大。若是通向室外，则务必使排烟管口伸出 3cm。

④ 排烟管不宜太长，最好不要超过 2m，而且尽量减少折弯，避免出现多个 90°的折弯，否则会影响吸油烟效果。

⑤ 抽油烟机安装好之后，如果厨房还有其他的装修项目没有完成，这时需要做好抽油烟机的保护工作。可以给抽油烟机套上塑料保护膜。

⑥ 抽油烟机电源插座必须使用有可靠地线的专用插座。

(3) 抽油烟机使用注意事项

① 应在烹饪前开启抽油烟机 1～2min，以获得较好的清除油烟效果。

② 更换灯泡、清洗抽油烟机前，都应拔掉插头切断电源。

③ 更换灯泡时功率不能超过说明书中标示的最大值，否则，会使连接灯座的电线和灯座的温升过高，加速电线绝缘层的老化，造成触电的潜在危险，甚至导致火灾。

④ 按说明书的要求经常清洗风轮、通风道内腔及机体内外表面的油污和积垢，清洗时请用中性洗涤剂和软布，以免损坏外壳表面或涂层。

⑤ 油杯中的污油，积存至八分满时，应将之倒弃，以免溢出。

⑥ 烹饪结束后，继续开机 1～2min，以便彻底排净残余油烟。

7.4 浴霸的安装

7.4.1 浴霸的种类与选择方法

(1) 浴霸的种类

浴霸是通过特制的防水红外线灯和换气扇的巧妙组合将浴室的取暖、红外线理疗、浴室换气、日常照明、装饰等多种功能结合于一体的浴用小家电产品。

浴霸是许多家庭沐浴时首选的取暖设备。根据发热体外形不同，浴霸可分为灯泡发热型和灯管发热型。两种类型浴霸的外形如图 7-20 所示。灯泡型浴霸以特制的红外线石英加热灯泡作为热源，通过直接辐射加热室内空气，不需要预热，可在瞬间获得大范围的取暖效果，有一定的照明功能；灯管型浴霸通常使用 PTC 陶瓷发热元件或碳纤维发热材料为热源，其发热效率高、使用寿命较长，但发热较慢、需要短时预热。根据安装方式不同，浴霸可分为吊顶式和壁挂式，如图 7-21 所示。

(2) 浴霸的选择方法

由于浴霸经常在潮湿的环境下工作，在选购时马虎不得，否则会危及人身安全，因此，在选购浴霸时，应注意以下几点：

① 根据浴室空间选择浴霸的安装方式。一般小浴室因为面积小，水雾比较大，所以最

(a) 灯泡发热型

(b) 灯管发热型

图 7-20　灯泡发热型和灯管发热型浴霸

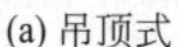

(a) 吊顶式

(b) 壁挂式

图 7-21　吊顶式和壁挂式浴霸

好选择换气效果较好的浴霸；如果是新装修房间，可考虑安装不占空间、款式外观选择余地较大的吸顶式浴霸；如果是老房，则应有吊顶以及吊顶厚度足够，否则应选择壁挂式浴霸。

② 根据使用面积和高低选择功率。选购浴霸，要根据其使用面积和浴室的高低来确定。目前市面上的浴霸主要有两个、三个和四个取暖灯泡的，其适用面积各不相同。一般以浴室为 2.6m 的高度来选择，两个灯泡的浴霸适合于 $4m^2$ 左右的浴室，这主要是针对小型卫生间的老式楼房；四个灯泡的浴霸适合于 $6\sim8m^2$ 的浴室，这主要是针对目前的新式小区楼房。

③ 选择装饰性突出的浴霸。浴霸装在浴室顶部，不占用使用空间。最新型浴霸在降低厚度、流线外形和色彩多样化上都更具现代气息，有很好的装饰效果，取暖灯泡采用了低色温设计，光线柔和，不刺激眼睛。这种浴霸能完美搭配个性独特的浴室靓丽空间。

④ 选择智能型全自动负离子器浴霸。选择集取暖、照明、换气、吹风、导风和净化空气为一体的浴霸。当升到一定温度时，便可自动关机；而清新负离子器技术，使之能够源源不断地产生清新负离子，避免空气中的细菌繁殖，让浴室空气更加清新。风机强大的换气功能，能及时排除室内的污浊空气、异味和湿气，增强空气流通，保持空气清新。同时，还可以灵活地通过遥控器调节温度。

⑤ 选择升温速度快的浴霸。选择浴霸时，消费者可以站在距浴霸 1m 处，打开浴霸，感觉一下浴霸的升温速度和温度，升温速度快且温度高的相对好些。

⑥ 使用材料和外观的检查。选购浴霸，还应该注意检查外形工艺水平，要求不锈钢、烤漆件、塑料件、玻璃罩、电镀件镀层等，表面均匀光亮、无脱落、无凹痕或严重划伤、挤压痕迹，外观漂亮。选择时要注意识别假冒伪劣产品，这类产品一般外观工艺都较粗糙。

⑦ 选 3C 认证专业厂名牌产品。选购时应检查是否有我国对家电产品要求统一达到产品质量的 3C 认证标准，获得认证的产品机体或包装上应有 3C 认证字样；还要有国家颁发的生产许可证，有厂名、厂址、出厂年月日、产品合格证、检验人员的号码，以及图纸说明书、售后信誉卡、维修站地址和电话等。

7.4.2　浴霸安装的技术要求

① 主机不应有歪斜现象，安装应牢固。

② 吊顶安装必须让浴霸面罩四周紧贴吊顶，缝隙不应超过 2mm。

③ 吊顶开孔尺寸大小合适，安装完毕后的浴霸周边缝隙不宜超过 3mm。

④ 吊顶安装后，浴霸与地面之间的距离应为 2.1～2.3m（用户有特殊要求的除外）。

⑤ 因为浴霸安装过高，影响使用效果，所以在 2.5m 以上的空间必须安装支架。

⑥ 使用支架安装时必须增加弹簧垫圈、平垫。

⑦ 带排风功能的浴霸必须安装挡风窗，并且将挡风窗方向摆正紧固在排风烟道中。排风管尽量拉直，少打弯；必须打弯时，应使其圆滑，防止“死角”产生风阻。

⑧ 如需对排风管进行加长连接，必须把两根排风管按螺纹方向旋紧，不允许直接用胶带进行粘接。

⑨ 浴霸机体、开关内各接线柱的固定螺钉必须拧紧。

⑩ 壁挂式浴霸安装后，浴霸下沿距地面高度必须为 1.7～1.8m（用户有特殊要求的除外）。

⑪ 必须使用浴霸厂提供的原配开关，如图 7-22 所示，开关应安装在距地面 1.4～1.5m 位置。

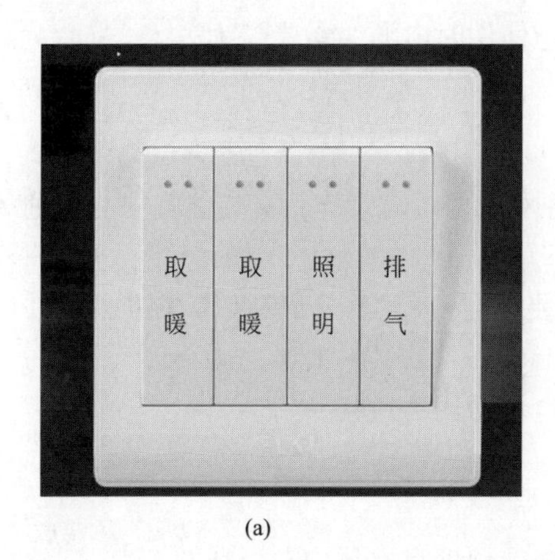

(a)

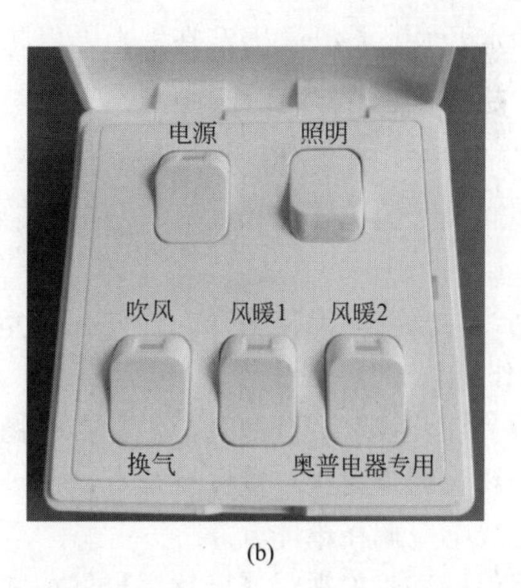

(b)

图 7-22　浴霸的电源开关

7.4.3　浴霸的安装与使用

(1) 安装浴霸的方法步骤

安装浴霸的方法步骤如下：

① 开通风孔。确定墙壁上通风孔的位置（应在吊顶上方略低于通风机出风口，以防止通风管内结露水倒流入器具），在该位置开一个圆孔。

② 安装通风窗。将通风管的一端套上通风窗，另一端从墙壁外沿通气窗固定在外墙出风口处，通风管与通风孔的空隙处用水泥填封。

③ 确定浴霸的安装位置。为了取得最佳的取暖效果，应将浴霸安装在浴缸或沐浴房中央正上方的吊顶。灯泡离地面的高度应在 2.1～2.3m 之间。过高或过低都会影响使用效果。

④ 吊顶。铺设安装龙骨，注意按照开孔尺寸在安装位置留出空间，吊顶与房屋顶部形成的夹层空间高度不能少于 220mm。按照箱体实际尺寸在吊顶上浴霸安装位置切割出相应尺寸的方孔，方孔边缘距离墙壁应不少于 250mm。

⑤ 固定浴霸。把浴霸固定在吊顶板上，具体步骤和方法如下。

a. 取下面罩。把所有灯泡拧下，将弹簧从面罩的环上脱开并取下面罩。在拆装红外线取暖灯泡时，手势要平稳，切忌用力过猛，并将灯泡放置在安全的地方，以免安装操作时损坏灯泡。

b. 接线。按照接线图，将连接软线的一端与开关面板接好，另一端与电源线一起从天花板开孔内拉出，打开箱体上的接线柱罩，根据接线图及接线柱标志所示接好线，盖上接线柱罩，用螺钉将接线柱罩固定。然后将多余的电线塞进吊顶内，以便箱体能顺利塞进孔内。

c. 连接通风管。把通风管伸进室内的一端拉出套在离心通风机罩壳的出风口上。

d. 将箱体推进孔内。根据出风口的位置选择正确的方向把浴霸的箱体塞进孔穴中。

e. 固定。用 4 颗直径 4mm、长 20mm 的木螺钉将箱体固定在吊顶上。

⑥ 安装面罩。将面罩定位脚与箱体定位槽对准后插入，把弹簧勾在面罩对应的挂环上。

⑦ 安装灯泡。细心地旋上所有灯泡，使之与灯座保持良好电接触，然后将灯泡与面罩擦拭干净。

⑧ 固定开关。将开关固定在墙上，以防止使用时电源线承受拉力。

(2) 安装浴霸的注意事项

① 吊顶用天花板要使用强度较佳且不易共鸣的材料。

② 因通风管的长度 1.5m，所以在安装通风管时须确保产品安装位置中心至通风孔的距离不超过 1.3m。

③ 划线与墙壁应保持平行。最好在浴室装修时，就把浴霸安装考虑进去，并做好相应的准备工作。

④ 拆装红外线取暖灯泡时，手势要平稳，切忌用力过猛。

⑤ 通风管的走向应尽量保持笔直。

⑥ 电线不应搁在箱体上。

⑦ 为保持浴室美观，连接软线最好在装修前预埋在墙体内。

⑧ 吊顶用天花板要使用强度较佳且不易共鸣的材料。

(3) 浴霸使用注意事项

浴霸一般集照明、取暖、排风三种功能于一体。由于浴霸属于与人们接触较多较近的电器，一旦质量不过关或使用不当，发生漏电、触电，将会直接造成伤害，因此，使用浴霸时应注意以下几点：

① 电源配线系统要规范　浴霸的功率最高可达 1100W。因此，安装浴霸的电源配线必

须是防水线，所有电源配线都要走塑料暗管镶在墙内，绝不许有明线设置。浴霸电源控制开关必须是带防水的10A以上的合格产品，特别是老房子浴室安装浴霸更要注意规范。

② 浴霸的厚度不宜太大　浴霸的厚度不能太大，一般在20cm左右即可。因为浴霸要安装在房顶上，所以若想要把浴霸装上，必须在房顶以下加一层顶。也就是我们常说的PVC吊顶，这样才能使浴霸的后半部分夹在两顶中间。如果浴霸太厚，装修就困难了。

③ 应装在浴室的中心部　很多家庭将其安装在浴缸或淋浴位置上方，这样表面看起来冬天升温很快，但却有安全隐患。因为红外线辐射灯升温快，离得太近容易灼伤人体。正确的方法应该是将浴霸安装在浴室顶部的中心位置，或略靠近浴缸的位置，这样既安全又能使功能最大程度地发挥。

④ 安装不宜过低　浴霸在安装之时，尽量选择在头顶安装，而不是像某些宾馆中那样安装在身体侧面。最好不要距离头顶过近，理论上应该在40cm之上，这样才能保证既取暖又不会灼伤皮肤。

⑤ 工作时禁止用水喷淋　在使用时应该特别注意：尽管现在的浴霸都是防水的，但在实际使用时千万不能用水去泼；虽然浴霸的防水灯泡具有防水性能，但机体中的金属配件却无防水性能，也就是说机体中的金属仍然是导电的，如果用水泼的话，会引发电源短路等危险。

⑥ 忌频繁开关和振动　不可频繁开关浴霸，浴霸运行中切忌周围有较大的振动，否则会影响取暖灯泡的使用寿命。如运行中出现异常情况，应立即停止使用，切不可自行拆卸检修，一定要请售后服务维修部门的专业技术人员检修。

⑦ 保持卫生间清洁干燥　在洗浴完后，不要马上关掉浴霸，要等浴室内潮气排掉后再关机；平时也要经常保持浴室通风、清洁和干燥，以延长浴霸的使用寿命。

⑧ 预防烫伤　由于浴霸的取暖灯泡在开启后，温度可以达到165℃，因此绝对不要用手去触摸。否则很容易烫伤，也要尽量避免婴儿近距离接触。

⑨ 两种灯泡勿同时使用　浴霸开启时，若四个取暖灯泡和照明的灯泡同时使用，这样不仅费电而且不安全。由于取暖灯泡的亮度已经足够高，因此很多厂家在出厂时已经设计了当取暖灯泡开启时，自动切断照明灯泡的功能，但有些早期型号的浴霸还不具备此功能。为了避免浪费，用户不应该同时开启取暖灯泡和照明的灯泡。

⑩ 在浴霸下的站立时间不宜过长　在浴霸下的站立时间不宜过长，一般不应该超过半小时，否则容易被强光辐射所伤。

⑪ 预防对眼睛造成伤害　很多用户喜欢在浴室中看书，如果使用高亮度的取暖灯光作为照明，很容易对眼睛造成伤害。

第8章

建筑电气工程图的识读

8.1 常用电气图形符号和文字符号

8.1.1 常用电气图形符号

常用电气图形符号见表8-1。

表8-1 常用电气图例符号

图 例	名 称	备注
	双绕组变压器	形式1 形式2
	三绕组变压器	形式1 形式2
	电流互感器 脉冲变压器	形式1 形式2
	电压互感器	形式1 形式2
	电源自动切换箱(屏)	
	隔离开关	
	接触器(在非动作位置触点断开)	
	断路器	
	熔断器一般符号	
	熔断器式开关	
	熔断器式隔离开关	
	避雷器	
	屏、台、箱、柜一般符号	
	动力或动力-照明配电箱	
	照明配电箱(屏)	
	事故照明配电箱(屏)	
MDF	总配线架	

续表

图 例	名 称	备注
IDF	中间配线架	
	壁龛交接箱	
	分线盒的一般符号	
	室内分线盒	
	室外分线盒	
	灯的一般符号	
	球形灯	
	顶棚灯	
	花灯	
	弯灯	
	荧光灯	
	三管荧光灯	
5	五管荧光灯	
	壁灯	
	广照型灯（配照型灯）	
	防水防尘灯	
	开关一般符号	
	单极开关	
	单极开关（暗装）	
	双极开关	
	双极开关（暗装）	
	三极开关	
	三极开关（暗装）	

图 例	名 称	备注
	单相插座	
	暗装单相插座	
	密闭（防水）单相插座	
	防爆单相插座	
	带保护极的插座	
	带接地插孔的单相插座（暗装）	
	带接地插孔的密闭（防水）单相插座	
	带接地插孔的防爆单相插座	
	带接地插孔的三相插座	
	带接地插孔的三相插座（暗装）	
	插座箱（板）	
A	指示式电流表	
V	指示式电压表	
$\cos\varphi$	功率因数表	
Wh	有功电能表（瓦时计）	
	匹配终端	
	电信插座的一般符号，可用以下的文字或符号区别不同插座： TP—电话 FX—传真 M—传声器 FM—调频 TV—电视	
t	单极限时开关	

续表

图　例	名　称	备注
	调光器	
	钥匙开关	
	电铃	
	天线一般符号	
	放大器一般符号	
	两路分配器	
	三路分配器	
	四路分配器	
	2 根导线 3 根导线	
3 n	3 根导线 n 根导线	
	传声器一般符号	
	扬声器一般符号	

图　例	名　称	备注
	感烟探测器	
	感光火灾探测器	
	气体火灾探测器	
	感温探测器	
	手动火灾报警按钮	
	水流指示器	
	火灾报警控制器	
	火灾报警电话机（对讲电话机）	
FEL	应急疏散指示标志灯	
EL	应急疏散照明灯	
	消火栓	
	有接地极接地装置 无接地极接地装置	
F V B	电话线路 视频线路 广播线路	

8.1.2 电气工程图常用图线

绘制电气工程图所用的各种线条统称为图线，常用的图线名称、形式及应用举例见表 8-2。

表 8-2　图线名称、形式及应用举例

序号	名称	代号	形式	宽度	应用举例
1	粗实线	A		b	简图主要用线、可见轮廓线、可见过渡线、可见导线、图框线等
2	中实线			约 $b/2$	土建平、立面图上门、窗等的外轮廓线
3	细实线	B		约 $b/3$	尺寸线、尺寸界线、剖面线、分界线、范围线、辅助线、弯折线、指引线等
4	波浪线	C		约 $b/3$	未全画出的折断界线、中断线、局部剖视图或局部放大图的边界线等

续表

序号	名称	代号	形式	宽度	应用举例
5	双折线(折断线)	D	——/\/——	约 $b/3$	被断开的部分的边界线
6	虚线	F	-------	约 $b/3$	不可见轮廓线、不可见过渡线、不可见导线、计划扩展内容用线、地下管道(粗虚线 b)、屏蔽线
7	细点画线	G	——·——	约 $b/3$	物体(建筑物、构筑物)的中心线、对称线、回转体轴线、分界线、结构围框线、功能围框线、分组围框线
8	粗点画线	J	——·——	b	表面的表示线、平面图中大型构件的轴线位置线、起重机轨道、有特殊要求的线
9	双点画线	K	——··——	约 $b/3$	运动零件在极限或中间位置时的轮廓线、辅助用零件的轮廓线及其剖面线、剖视图中被剖去的前面部分的假想投影轮廓线、中断线、辅助围框线

8.1.3 电气设备常用基本文字符号

电气设备常用基本文字符号见表 8-3。

表 8-3　电气设备常用基本文字符号

名　称	文字符号	名　称	文字符号
分离元件放大器	A	电动机	M
晶体管放大器	AD	直流电动机	MD
集成电路放大器	AJ	交流电动机	MA
电容器	C	电流表	PA
双(单)稳态元件	D	电压表	PV
热继电器	FR	电阻器	R
熔断器	FU	控制开关	SA
旋转发电机	G	选择开关	SA
同步发电机	GS	按钮开关	SB
异步发电机	GA	行程开关	SQ
蓄电池	GB	隔离开关	QS
接触器	KM	单极开关	Q
继电器	KA	刀开关	Q
时间继电器	KT	电流互感器	TA
电压互感器	TV	电力变压器	TM
电磁铁	YA	信号灯	HL
电磁阀	YV	发电机	G
电磁吸盘	YH	直流发电机	GD
接插器	X	交流发电机	GA
照明灯	EL	半导体器件	V
电抗器	L		

8.1.4 电气设备常用辅助文字符号

电气设备常用辅助文字符号见表 8-4。

表 8-4 电气设备常用辅助文字符号

名　称	文字符号	名　称	文字符号
交流	AC	加速	ACC
自动	A	附加	ADD
	AUT	可调	ADJ
制动	B	快速	F
	BRK	反馈	FB
向后	BW	正、向前	FW
控制	C	输入	IN
延时(延迟)	D	断开	OFF
数字	D	闭合	ON
直流	DC	输出	OUT
接地	E	启动	ST

8.1.5 标注线路用文字符号

标注线路用文字符号见表 8-5。

表 8-5 标注线路用文字符号

序号	中文名称	英文名称	常用文字符号		
			单字母	双字母	三字母
1	控制线路	Control Line	W	WC	
2	直流线路	Direct-Current Line		WD	
3	应急照明线路	Emergency Lighting Line		WE	WEL
4	电话线路	Telephone Line		WF	
5	照明线路	Illuminating(Lighting)Line		WL	
6	电力线路	Power Line		WP	
7	声道(广播)线路	Sound Gate(Broadcasting)Line		WS	
8	电视线路	TV Line		WV	
9	插座线路	Socket Line		WX	

8.1.6 线路敷设方式文字符号

线路敷设方式文字符号见表 8-6。

表 8-6　线路敷设方式文字符号

序　号	表达内容	文字符号	
		新文字符号	旧文字符号
1	穿焊接钢管敷设	SC	G
2	穿薄电线管敷设	TC	DG
3	穿硬质塑料管敷设	PC	VG
4	穿半硬塑料管槽敷设	PEC	ZVG
5	用绝缘子(瓷瓶或瓷柱)敷设	K	CP
6	用塑料线槽敷设	PR	XC
7	用金属线槽敷设	SR	GC
8	用电缆桥架敷设	CT	—
9	用瓷夹板敷设	PL	CJ
10	用塑料夹板敷设	PCL	VJ
11	穿蛇皮管敷设	CP	SPG
12	穿阻燃塑制管敷设	PVC	—

8.1.7　线路敷设部位文字符号

线路敷设部位文字符号见表 8-7。

表 8-7　线路敷设部位文字符号

序　号	表达内容	文字符号	
		新文字符号	旧文字符号
1	沿钢索敷设	SR	S
2	沿屋架或层架下弦敷设	BE	LM
3	沿柱敷设	CLE	ZM
4	沿墙敷设	WE	QM
5	沿天棚面或顶板面敷设	CE	PM
6	在能进入的吊顶内敷设	ACE	PNM
7	暗敷在梁内	BC	LA
8	暗敷在柱内	CLC	ZA
9	暗敷在屋面或顶板内	CC	PA
10	暗敷在地面内或地板内	FC	DA
11	暗敷在不能进入的吊顶内	ACC	PND
12	暗敷在墙内	WC	QA

8.2 常用电力设备在平面布置图上的标注方法与实例

8.2.1 常用电力设备在平面布置图上的标注方法

常用电力设备在平面布置图上的标注方法见表 8-8。

表 8-8 常用电力设备在平面布置图上的标注方法

序号	类别	新标注方法	符号释义	旧标注方法
1	用电设备或电动机出口处	$\frac{a}{b}$或$\frac{a}{b}\left\vert\frac{c}{d}\right.$	a——设备编号 b——额定功率，kW c——线路首端熔断片或自动开关释放器的电流，A d——标高，m	=
2	开关及熔断器	一般标注方法 $a\frac{b}{c/i}$或$a\text{-}b\text{-}c/i$ 当需要标注引入线的规格时 $a\frac{b\text{-}c/i}{d(e\times f)\text{-}g}$	a——设备编号 b——设备型号 c——额定电流，A d——导线型号 i——整定电流，A e——导线根数 f——导线截面积，mm^2 g——导线敷设方式	基本相同，其中一般符号为$a[b/(cd)]$，d——导线型号
3	电力或照明设备	一般标注方法 $a\frac{b}{c}$或$a\text{-}b\text{-}c$ 当需要标注引入线的规定时 $a\frac{b\text{-}c}{d(e\times f)\text{-}g}$	a——设备编号 b——设备型号 c——设备功率，kW d——导线型号 e——导线根数 f——导线截面积，mm^2 g——导线敷设方式及部位	=
4	照明变压器	$\frac{a}{b}\text{-}c$	a——一次电压，V b——二次电压，V c——额定容量，V·A	=
5	照明灯具	一般标注方法 $a\text{-}b\frac{c\times d\times L}{e}f$ 灯具吸顶安装时 $a\text{-}b\frac{c\times d\times L}{-}$	a——灯数 b——型号或编号 c——每盏照明灯具的灯泡数 d——灯泡容量，W e——灯泡安装高度，m f——安装方式 L——光源种类	=
6	最低照度	⑨	表示最低照度为 9lx	=
7	照明照度检查点	●a	a——水平照度，lx	=
		●$\frac{a\text{-}b}{c}$	$a\text{-}b$——双侧垂直照度，lx c——水平照度，lx	

续表

序号	类别	新标注方法	符号释义	旧标注方法
8	电缆与其他设施交叉点	$\frac{a\text{-}b\text{-}c\text{-}d}{e\text{-}f}$	a——保护管根数 b——保护管直径,mm c——管长,mm d——地面标高,mm e——保护管埋设深度,mm f——交叉点坐标	$\frac{a\text{-}b\text{-}c\text{-}d}{e\text{-}f}$
9	配电线路	$a\text{-}b(c\times d)e\text{-}f$	末端支路只注编号时为 a——回路编号 b——导线型号 c——导线根数 d——导线截面 e——敷设方式及穿管管径 f——敷设部位	
10	电话交接箱	$\frac{a\text{-}b}{c}d$	a——编号 b——型号 c——线序 d——用户数	
11	电话线路上	$a\text{-}b(c\times d)e\text{-}f$	a——编号 b——型号 c——导线对数 d——导线线径,mm e——敷设方式和管径 f——敷设部位	
12	标注线路	PG、LG、MG、PFG、LFG、MFG、KZ	PG——配电干线 LG——电力干线 MG——照明干线 PFG——配电分干线 LFG——电力分干线 KZ——控制线 MFG——照明分干线	
13	导线型号规格或敷设方式的改变	$\frac{3\times16\times3\times10}{-}$	$3\times16mm^2$ 导线改为 $3\times10mm^2$	
		$\frac{-\times\phi2.5''}{-}$	无穿管敷设改为导线穿管($\phi2.5''$)敷设	
14	相序	L1 L2 L3 U V W	L1——交流系统电源第一相 L2——交流系统电源第二相 L3——交流系统电源第三相 U——交流系统设备端第一相 V——交流系统设备端第二相 W——交流系统设备端第三相	A B C A B C
15	中性线	N	N——中性线	=
16	保护线	PE	PE——保护线	
17	保护和中性用线	PEN	PEN——保护和中性用线	

续表

序号	类别	新标注方法	符号释义	旧标注方法
18	交流电	$m\sim f,U$	m——相数 f——频率,Hz U——电压 ～——交流电	=
		例:3N～50Hz,380V	示出交流,三相中性线,50Hz,380V	
19	直流电	－220V	电流电压 220V	=
20	标写计算	F_e F_i I_z I_i K_x $\cos\phi$	F_e——设备容量,kW F_i——计算负荷,kW I_z——额定电流,A I_i——计算电流,A K_x——需要系数 $\cos\phi$——功率因数	
21	电压损失	U	电压损失,%	$\Delta U\%$

注：表中“＝”表示新旧标注方法相同；空格表示无此项。

8.2.2 常用电力设备在平面布置图上的标注实例

电气工程中有很多电器装置，如配电箱、导线、电缆、灯具、开关、插座等，在电气施工图中用规定的符号画出后，还要用文字符号在其旁边进行标注，以表明电器装置的技术参数。

(1) 配电箱的编号

配电箱的编号方法没有明确的规定，设置者可根据自己的习惯给配电箱编号。下面介绍一种常用的编号方法。

在建筑供配电与照明系统施工图中，照明总配电箱使用编号 ALO（或 M），照明层配电箱使用编号 AL*n*（*n* 为层数，如一层为 AL1），照明分配电箱（房间内配电箱）使用编号 AL*m*-*n*（*m* 为房间所在层数，*n* 为房间的编号，如 201 为 AL2-1）。动力配电箱使用编号 AP*n*（*n* 为动力设备的编号）。配电箱的编号应标注在平面图和系统图中相应的配电箱旁边，同一配电箱在平面图和系统图中的编号应一致。

(2) 线路的标注

在平面图和系统图中所画的线路，应用图线加文字标注的方法，表明线路编号或用途（*a*）、所用导线的型号（*b*）、导线根数（*c*）、导线截面积（*d*）、线路的敷设方式及穿管直径（*e*）和线路敷设部位（*f*）等。

① 常用导线的型号　常用的导线有两种：铜芯绝缘导线和铝芯绝缘导线，分别用 BV 和 BLV 表示。具有阻燃作用的铝芯导线，表示为 ZR-BLV；具有耐火作用的铜芯导线表示为 NH-BV。常用绝缘电线的型号及用途见表 8-9。此外还有通用橡胶软电缆 YQ、YQW、YZ、YZW 及 YC、YCW 型；聚氯乙烯电力电缆 VV、VLV 系列；交联聚氯乙烯电力电缆 YJV、YJLV、YJY、YJLY 系列；不滴流油浸绝缘电力电缆 ZQD、ZLQD、ZLD、ZLLD 系列；视频（射频）同轴电缆 SYV、SYWV、SYFV 系列；信号控制电缆（RVV 护套线、RVVP 屏蔽线）等。

表 8-9 绝缘电线的型号及用途

名 称	型 号	用 途
聚氯乙烯绝缘铜芯线 聚氯乙烯绝缘铜芯软线 聚氯乙烯绝缘聚氯乙烯护套铜芯线 聚氯乙烯绝缘铝芯线 聚氯乙烯绝缘铝芯软线 聚氯乙烯绝缘聚氯乙烯护套铝芯线	BV BVR BVV BLV BLVR BLVV	用于交流 500V 及以下的电气设备和照明装置的连接,其中 BVR 型软线适用于要求电线比较柔软的场合
橡胶绝缘铜芯线 橡胶绝缘铝芯线	BX BLX	用于交流 500V 及以下,直流 1000V 及以下的户内外架空、明敷、穿管固定敷设的照明及电气设备电路
橡胶绝缘铜芯软线	BXR	用于交流 500V 及以下,直流 1000V 及以下电气设备及照明装置要求电线比较柔软的室内安装
聚氯乙烯绝缘平型铜芯软线 聚氯乙烯绝缘绞型铜芯软线	RVB RVS	用于交流 250V 及以下的移动式日用电器的连接
聚氯乙烯绝缘聚氯乙烯护套铜芯软线	RVZ	用于交流 500V 及以下的移动式日用电器的连接
复合物绝缘平型铜芯软线 复合物绝缘绞型铜芯软线	RFB RFS	用于交流 250V 或直流 500V 及以下的各种日用电器、照明灯座等设备的连接

② 导线根数　因为线路在图上用图线表示时，只要走向相同，无论导线根数多少，都使用一条线，所以除了写出导线根数（c）外，还要在图线上打上一短斜线并标以根数，见表 8-8。或打上相同数量的短斜线，但是根数为 2 根的图线不作标记。

③ 导线截面　各导线用途虽不同，但截面积的等级是相同的，只是最小和最大截面积有所不同。以 BV 导线为例，有 1.5mm²、2.5mm²、4mm²、6mm²、10mm²、16mm²、25mm²、35mm²、50mm²、70mm²、95mm²、120mm²、150mm²、185mm²、240mm² 共 15 个等级。

④ 线路敷设方式　线路敷设方式可分为两大类；明敷和暗敷。明敷有夹板敷设、瓷瓶敷设、塑料线槽敷设等；暗敷有线管敷设等。各种线路敷设方式的文字代号见表 8-6。

穿管管径有下列几种规格：15mm（16mm、18mm）、20mm、25mm、32mm、40mm、50mm、63mm、70mm、80mm、100mm、125mm、150mm 等。括号中 16、18 只有硬和半硬塑料管中有此规格。

⑤ 线路敷设部位　表达线路敷设部位的文字符号见表 8-7。

⑥ 线路敷设标注格式　系统图中线路的编号、导线型号、规格、根数、敷设方式、管径、敷设部位等内容，在系统图中按下面的格式进行标注：

$$a\text{-}b\text{-}(c\times d)\text{-}e\text{-}f$$

式中　a——线路编号或回路编号；

b——导线型号；

c——导线根数；

d——导线截面，mm^2，不同截面应分别标注；

e——敷设方式和穿管管径，mm，参见表 8-6；

f——敷设部位，参见表 8-7。

例如某系统图中，导线标注如下：

a. WP_1-BLV-(3×50+1×35)-K-WE　表示1号电力线路，导线型号为BLV（铝芯聚氯乙烯绝缘导线）；共有4根导线，其中3根截面积分别为50mm²，1根截面积为35mm²；采用瓷瓶配线，沿墙敷设。

b. BLV-(3×4)-SC25-WC　表示有3根截面积分别为4mm²的铝芯聚氯乙烯绝缘电线，穿管直径为25mm的钢管沿墙暗敷设。

c. BLV(2×2.5+2.5)-PC20-CE　N1 照明 100W；
BLV(2×2.5+2.5)-PC20-CE　N2 插座 200W；
BLV(2×2.5+2.5)-PC20-CE　N3 空调 1500W。

"BLV(2×2.5+2.5)-PC20/CC"表示采用铝芯聚氯乙烯绝缘电线（BLV），3根导线，截面为2.5mm²：其中1根相线、1根中性线、1根接地线；穿塑料管（PC），管径20mm，沿顶棚暗敷。

"N1、N2、N3"表示回路编号。

"照明、插座、空调"表示该回路所供电的负荷类型。

"100W、200W、1500W"表示回路的负荷大小。

(3) 系统图中配电装置的标注

① 电力和照明配电箱的文字标注　电力和照明配电箱等设备的文字标注格式一般为$a\frac{b}{c}$或a-b-c。当需要标注引入线的规格时，则标注为$a\frac{b\text{-}c}{d(e\times f)\text{-}g}$。

式中　a——设备编号；
b——设备型号；
c——设备功率，kW；
d——导线型号；
e——导线根数；
f——导线截面，mm²；
g——导线敷设方式及部位。

如$A_3\frac{\text{XL-3-2}}{35.165}$，则表示3号动力配电箱，其型号为XL-3-2型，功率为35.165kW；若标注为$A_3\frac{\text{XL-3-2-35.165}}{\text{BLV-3}\times\text{35-SC40-CLE}}$，则表示为3号动力配电箱，型号为XL-3-2型，功率为35.165kW，配电箱进线为3根，截面积分别为35mm²的铝芯聚氯乙烯绝缘导线，穿直径为40mm的钢管，沿柱子敷设。

② 开关及熔断器的文字标注　开关及熔断器的文字标注格式一般为$a\frac{b}{c/i}$或a-b-c/i。当需要标注引入线的规格时，则应标注为$a\frac{b\text{-}c/i}{d(e\times f)\text{-}g}$。

式中　a——设备编号；
b——设备型号；
c——额定电流，A；
i——整定电流，A；

d——导线型号；

e——导线根数；

f——导线截面，mm^2；

g——导线敷设方式。

如 $Q_2\frac{HH_3\text{-}100/3}{100/80}$，则表示 2 号开关设备，型号为 HH_3，额定电流为 100A 的三极负荷开关，开关内熔断器所配用的熔体额定电流为 80A；若标注为 $Q_2\frac{HH_3\text{-}100/3\text{-}100/80}{BLX\text{-}3\times 35\text{-}SC40\text{-}FC}$，则表示 2 号开关设备，型号为 HH_3-100/3，额定电流为 100A 的三极负荷开关，开关内熔断器所配用的熔体额定电流为 80A，开关的进线是 3 根，截面积分别为 $35mm^2$ 的铝芯橡皮绝缘线，导线穿直径为 40mm 的钢管，埋地暗敷。

又如 $Q_3\frac{DZ10\text{-}100/3}{100/60}$，表示 3 号开关设备是一型号为 DZ10-100/3 型的塑料外壳式 3 极低压空气断路器，其额定电流为 100A，脱扣器脱扣电流为 60A。

③ 断路器的标注方法　断路器的标注格式为：

$$a/b,\ i$$

式中　a——断路器的型号；

b——断路器的极数；

i——断路器中脱扣器的额定电流，A。

例如，系统图中某断路器标注为“C65N/1P，10A”，表示该断路器型号为 C65N，单极，脱扣器的额定电流为 10A。

④ 漏电保护器的标注方法　在建筑供配电系统中，漏电保护通常采用带漏电保护器的断路器。在系统图中的标注格式为：

$$a/b+\text{vigi}\ c,\ i$$

式中　a——断路器的型号；

b——断路器的极数；

vigi——断路器带有漏电保护单元；

c——漏电保护单元的漏电动作电流，mA，装在支线为 30mA，装在干线或进户线为 300mA；

i——断路器中脱扣器的额定电流，A。

例如，系统图中某断路器标注为“C65N/2P＋vigi30mA，25A”，表示该断路器型号为 C65N，2 极，可同时切断相线和中线，脱扣器的额定电流为 25A，漏电保护单元的漏电动作电流为 30mA。

⑤ 照明变压器的文字标注　照明变压器的文字标注方式为：

$$a/b\text{-}c$$

式中　a——一次电压，V；

b——二次电压，V；

c——额定容量，V·A。

如 380/36-500 则表示该照明变压器一次额定电压为 380V，二次额定电压为 36V，其容量为 500VA。

(4) 平面图中照明器具的标注

① 电光源的代号　常用的电光源有白炽灯、荧光灯、碘钨灯等，各种电光源的文字代号见表 8-10。

表 8-10　常用电光源种类的文字代号

序号	电光源种类	代号	序号	电光源种类	代号
1	白炽灯	IN	7	氖灯	Ne
2	荧光灯	FL	8	弧光灯	ARC
3	碘钨灯	I	9	红外线灯	IR
4	汞灯	Hg	10	紫外线灯	UV
5	钠灯	Na	11	电发光灯	EL
6	氙灯	Xe	12	发光二极管	LED

② 灯具的代号　常用灯具的代号见表 8-11。

表 8-11　常用灯具的代号

序号	灯具名称	代号	序号	灯具名称	代号
1	普通吊灯	P	8	工厂一般灯具	G
2	壁灯	B	9	隔爆灯	G 或专用符号
3	花灯	H	10	荧光灯	Y
4	吸顶灯	D	11	防水防尘灯	F
5	柱灯	Z	12	搪瓷伞罩灯	S
6	卤钨探照灯	L	13	无磨砂玻璃罩万能型灯	Ww
7	投光灯	T			

③ 灯具安装方式的代号　常见灯具安装方式的代号见表 8-12。

表 8-12　灯具安装方式的代号

序号	安装方式	新代号	旧代号	序号	安装方式	新代号	旧代号
1	线吊式	CP		9	嵌入式(嵌入不可进入的顶棚)	R	R
2	自在器线吊式	CP	X	10	吸顶嵌入式(嵌入可进入的顶棚)	CR	DR
3	固定线吊式	CP1	X1	11	墙壁嵌入式	WR	BR
4	防水线吊式	CP2	X2	12	台上安装	T	T
5	吊线器式	CP3	X3	13	支架上安装	SP	J
6	链吊式	Ch(CH)	L	14	壁装式	W	B
7	管吊式	P	G	15	柱上安装	CL	Z
8	吸顶式或直附式	S 或 C	D	16	座装式	HM	ZH

④ 平面图中照明灯具的标注格式　平面图中不同种类的灯具应分别标注，标注格式为：

$$a\text{-}b\,\frac{c\times d\times L}{e}f$$

式中　a——同类型灯具的数量；

b——灯具型号或编号；

c——每个灯具内电光源的数目；

d——每个光源的电功率，W；

e——灯具安装高度，m（相对于楼层地面）；

f——安装方式，参见表 8-12；

L——光源种类，参见表 8-10（光源种类，设计者一般不标出，因为灯具型号已示出光源的种类）。

例如：

a. 某灯具标注为 8-Y $\frac{2\times40\times \mathrm{FL}}{3.0}$Ch，各部分的意义为：

“8-Y”表示有 8 盏荧光灯（Y）；“2×40”表示每个灯盘内有两支荧光灯管，每支荧光灯管的功率为 40W；“Ch”表示安装方式为链吊式；“3.0”表示灯具安装高度为 3.0m。

b. 某灯具标注为 6-S $\frac{1\times100\times \mathrm{IN}}{2.5}$CP，各部分的意义为：

“6-S”表示有 6 盏白炽灯，灯具类型是搪瓷伞罩灯（S）；“1×100”表示每个灯具内有一只灯，每只灯管的功率为 100W；“CP”表示安装方式为线吊式；“2.5”表示灯具安装高度为 2.5m。

c. 吸顶安装时，安装方式和安装高度就不再标注了，例如，某灯具标注为 5-DBB306 $\frac{4\times60\times \mathrm{IN}}{-}$S，各部分的意义为：

5 盏型号为 DBB306 型的圆口方罩吸顶灯，每盏有 4 个白炽灯泡，每个灯泡为 60W，吸顶安装，安装高度不规定。

8.3　建筑电气工程图的概述

8.3.1　建筑电气工程图的主要特点

建筑电气工程图是建筑电气工程造价和安装施工的重要依据，建筑电气工程图既有建筑图、电气图的特点，又有一定的区别。建筑电气工程中最常用的图有系统图；位置简图，如施工平面图；电路图，如控制原理图等。建筑电气工程图的特点如下：

(1) 突出电气内容

建筑电气工程图中既有建筑物，又有电气的相关内容。通常以电气为主，建筑为辅。建筑电气工程图大多采用统一的图形符号，并加注文字符号绘制。为使图中主次分明，电气图形符号常画成粗实线，并详细标注出文字符号及型号规格；而对建筑物则用细实线绘制，只画出与电气工程安装有关的轮廓线，标注出与电气工程安装有关的主要尺寸。

(2) 绘图方法不同

建筑图必须用正投影法按一定比例画出，建筑电气工程图通常不考虑电气装置实物的形状及大小，而只考虑其位置，并用图形符号或装置轮廓表示和绘制。建筑电气工程图大多是采用统一的图形符号并加注文字符号绘制出来的，属于简图。任何电路都必须构成回路。电路应包括电源、用电设备、导线和开关控制设备四个组成部分。

(3) 接线方式不同

一般电气接线图所表示的是电气设备端子之间的接线关系，建筑电气工程图中的电气接线图则主要表示电气设备的相互位置，其中的连接线一般只表示设备之间的相互连接，而不注明端子间的连接。电路的电气设备和元件都是通过导线连接起来的，导线可长可短，能够比较方便地跨越较远的距离。

建筑电气工程图不像机械工程图或建筑工程图那样集中、直观。有时电气设备安装位置在 A 处，而控制设备的信号装置、操作开关则可能在很远的 B 处，两者可能不在同一张图纸上，需要对照阅读。

(4) 连接使用不同

在表示连接关系时，一般电气接线图可采用连续线、中断线表示，也可以采用单线或多线表示；但在建筑电气工程的电气接线图中，只采用连续线，且一般都用单线表示，其导线实际根数按绘图规定方法注明。

(5) 图间关系复杂

因为建筑电气工程施工是与主体工程及其他安装工程施工相互配合进行的，所以建筑电气工程图与建筑结构图及其他安装工程图不能发生冲突。例如，线路的走向不但与建筑结构的梁、柱、门、窗、楼板的位置及走向有关联，还与管道的规格、用途及走向等有关，尤其是对于一些暗敷的线路、各种电气预埋件及电气设备基础，更与土建工程密切相关。

8.3.2 建筑电气工程图的制图规则

建筑电气工程图在选用图形符号时，应遵守以下使用规则。

① 图形符号的大小和方位可根据图面布置确定，但不应改变其含义，而且符号中的文字和指示方向应符合读图要求。

② 在绝大多数情况下，符号的含义由其形式决定，而符号的大小和图线的宽度一般不影响符号的含义。有时为了强调某些方面，或者为了便于补充信息，允许采用不同大小的符号，改变彼此有关的符号的尺寸，但符号间及符号本身的比例应保持不变。

③ 在满足需要的前提下，尽量采用最简单的形式。对于电路图，必须使用完整形式的图形符号来详细表示。

④ 在同一张电气图样中只能选用一种图形形式，图形符号的大小和线条的粗细亦应基本一致。

8.3.3 建筑电气工程图的识读

(1) 识读方法

① 因为构成建筑电气工程的设备、元件、线路很多，结构类型不同，安装方法相异，所以建筑电气工程图是使用统一的图形符号和文字符号绘制的。所以，若要阅读建筑电气工程图，就必须先明确和熟悉这些图形符号、文字符号和项目代号所代表的内容、含义以及它们之间的相互关系。

② 建筑电气工程图不像机械工程图或建筑工程图那样集中、直观。在建筑电气工程图中有的电气设备安装位置在A处，而其控制设备的信号装置、操作开关则可能在很远的B处，两者可能不在同一张图纸上，因而须将各相关的图纸联系起来，对照阅读，才能很快实现读图的目的。通常应通过系统图、电路图找联系；通过布置图、接线图找位置。

③ 由于在建筑电气工程图中，线路的走向不但与建筑结构的梁、柱、门、窗、楼板的位置及走向有关联，还与管道的规格、用途及走向等有关，尤其是对于一些暗敷的线路、各种电气预埋件及电气设备基础，更与土建工程密切相关。因此，阅读建筑电气工程图时，需要对应阅读一些相关的土建工程图、管道工程图，以了解相互之间的配合关系。

④ 在建筑电气工程图中，空间高度通常是用文字标注的。因而读图时首先要建立起空间立体概念。

⑤ 因为在建筑电气工程图中，图形符号无法反映设备的型号、尺寸，所以设备的型号、尺寸应通过阅读设备手册或设备说明书获得。

⑥ 由于建筑电气工程图中的图形符号所绘制的位置并不一定是按比例给定的，它仅代表设备出线端口的位置，因此在安装设备时，要根据实际情况定位。

⑦ 因为建筑电气工程施工往往与主体工程及其他安装工程施工配合进行，所以，应将建筑电气工程图与有关土建工程图、管道工程图等对应起来阅读。

⑧ 阅读电气工程图的一个主要目的是编制工程预算和施工方案。因此，应能看懂建筑施工图。应掌握各种电气工程图的特点，并将有关图纸对应起来阅读。而且还应了解有关电气工程图的标准，学会查阅有关电气装置标准图集。

(2) 识图步骤

阅读建筑电气工程图时，可按以下步骤识读，然后重点阅读。

① 看标题栏及图纸目录。了解工程的名称、项目内容、设计日期及图纸数量和大致内容等。

② 仔细阅读图纸说明，如项目内容、设计日期、工程概况、设计依据、设备材料表等。了解供电电源的来源、电压等级、线路敷设方式、设备安装高度及安装方式、补充使用的非国标图形符号、施工注意事项等。因为有些分项的局部问题是在分项工程图纸上说明的，所以看图纸时要先看设计说明。

③ 看系统图和框图，了解系统的基本组成、相互关系及主要特征等。识读系统图的目的是了解系统的组成、主要电气设备、元件等连接关系及其规格、型号、参数等，以便掌握该系统的组成概况。

④ 阅读平面布置图。平面布置图是建筑电气工程图纸中的重要图纸之一，是用来表示设备安装位置、线路敷设及所用导线型号、规格、数量、电线管的管径大小等的图纸。通过阅读系统图，就可根据平面布置图编制工程预算和施工方案。阅读平面布置图时，一般可按以下步骤：进线→总配电箱→干线→分配电箱→支线→用电设备。

⑤ 阅读电气原理图，这也是读图识图的重点和难点。通过阅读电气原理图，可以清楚各系统中用电设备的电气控制原理，以便指导设备的安装和进行控制系统的调试工作。因为电气原理图一般是采用功能布局法绘制的，所以看图时应根据功能关系从上至下或从左至右仔细阅读。对于电路中各电器的性能和特点要提前熟悉，这对读懂图纸是非常有利的。

对于较为复杂的电路可分为多个基本电路逐个分析，最后将各个环节综合起来对整个电路进行分析。注意电路中有哪些保护环节。某些电路可以结合接线图来分析。

电气原理图是按原始状态绘制的，这时，线圈未通电、开关未闭合、按钮未按下，但看图时不能按原始状态分析，而应选择某一状态分析。

⑥ 细查安装接线图。从了解设备或电器的布置与接线入手，与电气原理图对应阅读，进行控制系统的配线和调校工作。

⑦ 观看安装大样图。安装大样图是用来详细表示设备安装方法的图纸，是进行安装施工和编制工程材料计划时的重要参考图纸。对于初学安装者更显重要。安装大样图多采用全国通用电气装置标准。

⑧ 了解设备材料表。设备材料表提供了工程所使用的设备、材料的型号、规格和数量，是编制购置设备、材料计划的重要依据之一。

为更好地利用图纸指导施工，使安装施工质量符合要求，还应阅读有关施工及验收规范、质量检验评定标准，以详细了解安装技术要求，保证施工质量。

8.4 动力与照明电气工程图

动力、照明电气工程图为建筑电气工程图最基本的图样，主要包括系统图、平面图、配电箱安装接线图等。

动力、照明系统图概略表示了建筑内动力、照明系统的基本组成、相互关系及主要特征，反映了动力及照明的安装容量、计算容量、计算电流、配电方式，导线和电缆的型号、规格、数量、敷设方式、穿管管径、敷设部位，开关及熔断器的规格型号等。

动力、照明平面图是假想沿水平方向经过门、窗将建筑物切开，移去上面的部分，从高处向下看，它反映了建筑物的平面形状及布置，结构尺寸、门窗以及建筑物内配电设备、动力、照明设备等平面布置、线路走向等。

8.4.1 动力配电系统的接线方式

低压动力配电系统的电压等级一般为380/220V中性点直接接地系统，线路一般从建筑物变电所向建筑物各用电设备或负荷点配电。低压动力配电系统的接线方式有三种：放射式、树干式和链式。

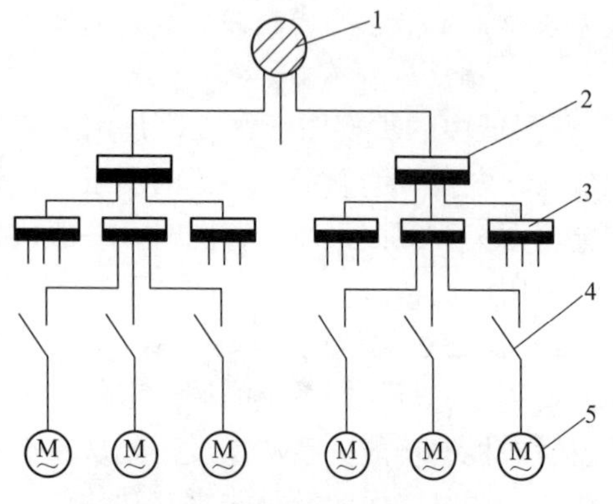

图 8-1 放射式动力配电系统主接线
1—车间变电所；2—主配电盘；3—分配电盘；4—开关；5—电动机

(1) 放射式动力配电系统

放射式动力配系统主接线如图8-1所示。放射式动力配电系统的特点是每个负荷都由单独的线路供电，线路发生故障时影响范围小。因此这种供电方式的优点是可靠性较高，且控制灵活，易于实现集中控制；缺点是线路多，有色金属消耗量多。

放射式动力配电系统的适用范围是：供电给大容量设备、要求集中控制的设备或要求可靠性高的重要设备。当车间内的动力设备数量不多、容量大小差别较大、排列不整齐但设备运行状况比较稳定时，一般采用放射式配电。这种接线方式的主配电箱宜安装在容量较大的设备附近，分配电箱和控制开关与所控制的设备安装在一起。

(2) 树干式动力配电系统

树干式动力配电系统主接线如图8-2所示。树干式动力配电主接线线路少。因此开关设备及有色金属消耗量小，投资省。然而一旦干线出现故障，其影响范围大。因此供电可靠性较低。当电力设备分布比较均匀、容量相差不大且相距较近、对可靠性要求不高时，可采用树干式动力配电系统。

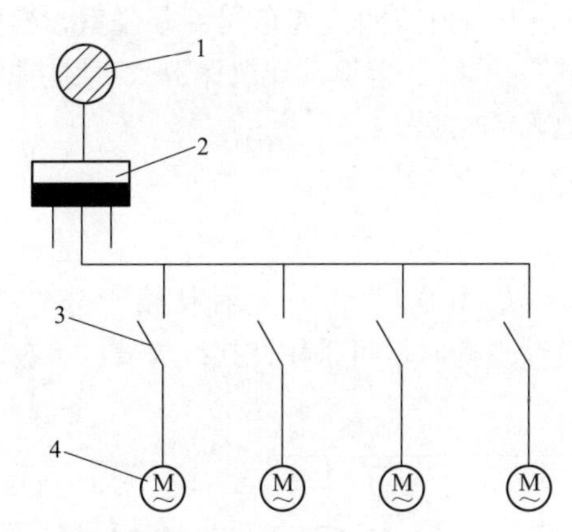

图8-2 树干式动力配电主接线
1—车间变电所；2—主配电盘；
3—开关；4—电动机

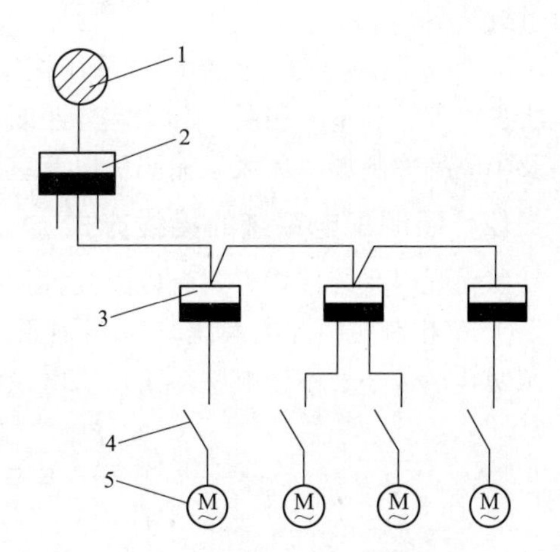

图8-3 链式动力配电主接线
1—车间变电所；2—主配电盘；
3—分配电盘；4—开关；5—电动机

这种供电方式的可靠性比放射式要低一些。在高层建筑的配电系统设计中，通常采用垂直母线槽和插接式配电箱组成树干式配电系统。

(3) 链式动力配电系统

链式动力配电主接线如图8-3所示。其特点是由一条线路配电，先接至一台设备，然后由该台设备引出线供电给后面相邻的设备，即后面设备的电源引自前面相邻设备的接线端子。其优点是线路上无分支点，适用于穿管敷设或电缆线路，节省有色金属消耗量、投资省；缺点是线路检修或发生故障时，相连设备将全部停电，供电可靠性较低。

当设备距离配电屏较远，设备容量比较小，且各设备之间相距比较近时，可采用链式动力配电方案。通常一条线路可以接3～4台设备。链式相连的设备不宜多于五台，总功率不超过10kW。

在上述动力配电系统中，主配电盘一般使用低压配电屏，分配电盘一般采用动力配电箱。

8.4.2 照明配电系统的接线方式

(1) 照明配电系统的分类

照明配电系统常见分类如下：

① 按接线方式分 照明配电系统按接线方式可分为单相制 220V 电路和 220/380V 三相四线制电路两种。少数也有因接地线与接零线分开而成单相三线和三相五线的。

② 按工作方式分 照明配电系统按工作方式可分为一般照明和局部照明两大类。一般照明是指工作场所的普遍性照明；局部照明是在需要加强照度的个别工作地点安装的照明。大多数工厂车间采用混合照明，即既有一般照明，又有局部照明。

③ 按工作性质分 照明配电系统按工作性质可分为工作照明、事故照明和生活照明三类。工作照明就是在正常工作时使用的照明；事故照明是在工作照明发生故障停电时，供暂时继续工作或人员疏散而投入使用的非常照明。在重要的变配电所及其他重要工作场所，应设事故照明。

④ 按安装地点分 照明配电系统按安装地点可分为室内照明（如车间、办公室、变配电所各室等）和室外照明。其中室外照明有路灯（道路交通）、警卫（安全保卫）、某些原材料及半成品库料场、厂区运输码头以及室外运动场地等的照明。

（2）照明配电系统的接线方式

照明配电系统接线方式有以下几种：

① 单相制照明配电系统 单相制照明配电主接线如图 8-4 所示。这种接线十分简单，当照明容量较小、不影响整个工厂供电系统的三相负荷平衡时，可采用此接线方式。

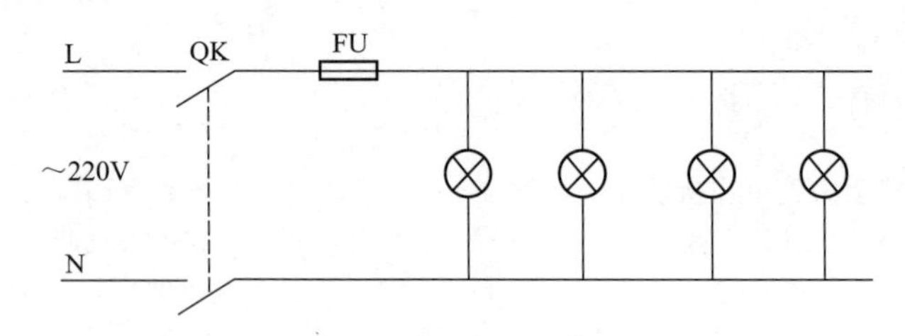

图 8-4 单相制照明配电系统主接线

② 三相四线制照明配电系统 三相四线制照明配电主接线如图 8-5 所示，当照明容量较大时，为了使供电系统三相负荷尽可能满足平衡的要求，应把照明负荷均衡地（不仅是容量分配上，还要考虑照明负荷的实际运行情况）分配到三相线路上，采用 220/380V 三相四

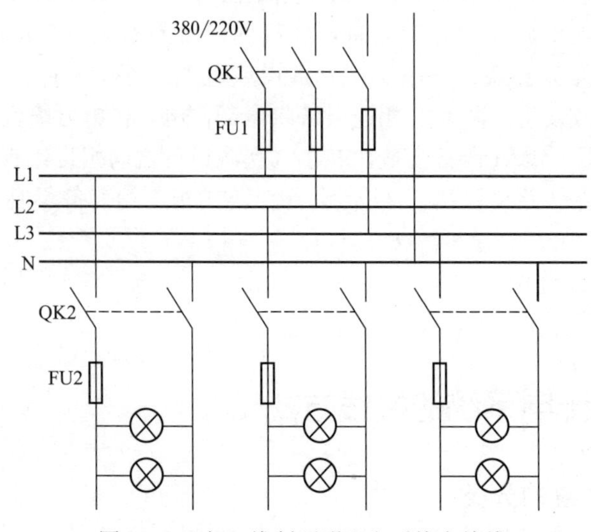

图 8-5 三相四线制照明配电系统主接线

线制供电。一般厂房、大型车间、住宅楼、影剧院等都采用这种配电方式。

③ 有备用电源照明配电系统 有备用电源照明配电系统主接线如图 8-6(b) 所示，其特点是照明线路与动力线路在母线上分别供电。事故照明线路由备用电源供电。

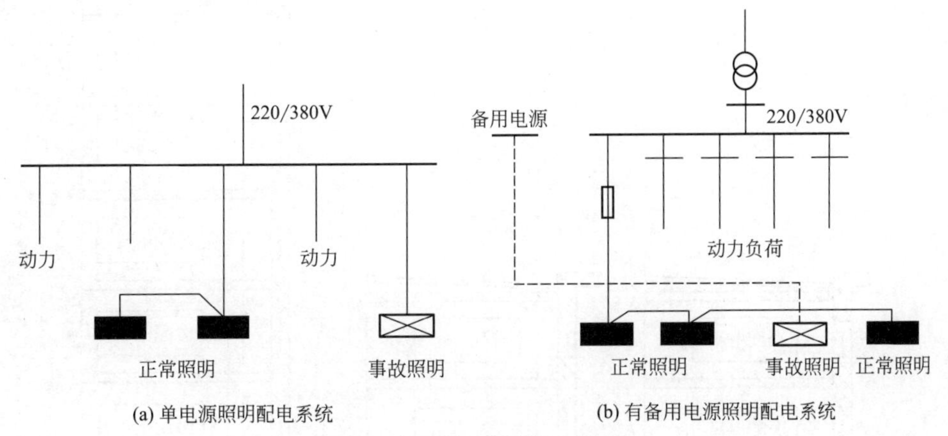

图 8-6 照明配电系统主接线

8.4.3 多层民用建筑供电线路的布线方式

从总配电箱引至分配电箱的供电线路，称为干线。总配电箱与分配电箱间的连接，在多层民用建筑中，通常有以下几种布线方式：

(1) 放射式

放射式布线如图 8-7(a) 所示。从总配电箱至各分配电箱，均由独立的干线供电。总配电箱的位置，按进户线要求，可选择在最优层数，一般多设在地下室或一、二层内。这种布线方式的优点是当其中一个分配电箱发生故障时，不致影响其他分配电箱的供电，提高了供电的可靠性；其缺点是耗用的管线较多，工程造价较高。它适用于要求供电可靠性高的建筑物。

(2) 树干式

树干式布线如图 8-7(b) 所示。由总配电箱引出的干线上连接几个分配电箱，一般每组供电干线可连接 3～5 个分配电箱。总配电箱位置根据进户线的位置高度等要求选定。这种供电的可靠性较放射式布线差，但节省了管线及有关设备，降低了工程造价。因此，它是目前多层建筑照明设计常用的一种布线方式。

(3) 混合式

混合式布线如图 8-7(c) 所示。这是上述两种布线方式的混合，在目前高层建筑照明设计中，多用此种布线方式。当层数超过十层时，可设两个以上的总配电箱。

8.4.4 动力与照明电气工程图的绘制方法

(1) 制图规则

动力与照明电气工程图在选用图形符号时，应遵守以下使用规则。

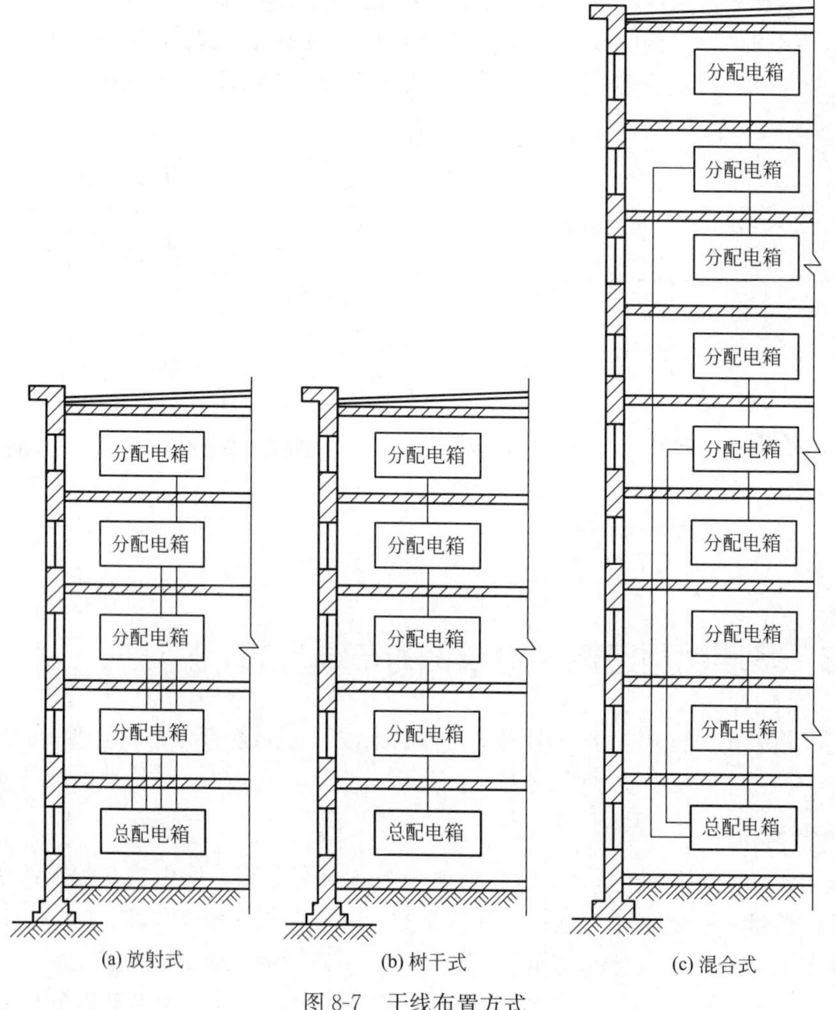

图 8-7 干线布置方式

① 图形符号的大小和方位可根据图面布置确定，但不应改变其含义，而且符号中的文字和指示方向应符合读图要求。

② 在绝大多数情况下，符号的含义由其形式决定，而符号的大小和图线的宽度一般不影响符号的含义。有时为了强调某些方面，或者为了便于补充信息，允许采用不同大小的符号，改变彼此有关的符号的尺寸，但符号间及符号本身的比例应保持不变。

③ 在满足需要的前提下，尽量采用最简单的形式。对于电路图，必须使用完整形式的图形符号来详细表示。

④ 在同一张电气图样中只能选用一种图形形式，图形符号的大小和线条的粗细亦应基本一致。

(2) 常用动力及照明设备绘制方法与表示方法

动力及照明平面图上，土建平面图是严格按比例绘制的，但电气设备和导线并不是按比例画出形状和外形尺寸的，而是用图形符号表示。导线和设备的空间位置、垂直距离一般不另用立面图，而是通过标注安装标高或用施工说明来表明。为了更好地突出电气设备和线路的安装位置、安装方式，电气设备和线路一般都在简化的土建平面图上绘出；土建部分的墙体、门窗、楼梯、房间用细实线绘出；电气部分的灯具、开关、插座、配电箱等用中实线绘出，并标注必要的文字符号和安装代号。

常用的动力及照明设备，如电动机、动力及照明配电箱、灯具、开关、插座等在动力及照明工程图上采用图形符号和文字标注相结合的方式来表示。常用动力及照明设备的图形符号见本章第8.1节。

文字标注一般遵循一定格式来表示设备的型号、个数、安装方式及额定值等信息。常用动力及照明设备的文字标注见本章的表8-8。

(3) 动力工程图应包括的内容

动力工程图通常包括动力系统图、电缆平面图和动力平面图等。

① 动力系统图　动力系统图主要表示电源进线及各引出线的型号、规格、敷设方式，动力配电箱的型号、规格，开关、熔断器等设备的型号、规格等。

② 电缆平面图　电缆平面图主要用于表明电缆的敷设及对电缆的识别。在图上要用电缆图形符号及文字说明把各种电缆予以区分。常用电缆按构造和作用分为电力电缆、控制电缆、电话电缆、射频同轴电缆、移动式软电缆等，按电压分为0.5kV、1kV、6kV、10kV电缆等。

③ 动力平面图　动力平面图是用来表示电动机等各类动力设备、配电箱的安装位置和供电线路敷设路径及敷设方法的平面图。它是用得最为普遍的动力工程图。

动力平面图与照明平面图一样，也是将动力设备、线路、配电设备等画在简化了的土建平面图上。但是，照明平面图上表示的管线一般敷设在本层顶棚或墙面上，而动力平面图中表示的管线则通常敷设在本层地板（地坪）中，少数采用沿墙暗敷或明敷的方式。

(4) 照明工程图应包括的内容

照明工程图主要包括照明电气系统图、平面布置图及照明配电箱安装图等。

① 照明系统图　照明系统图上需要表达以下几项内容：

a. 架空线路（或电缆线路）进线的回路数，导线或电缆的型号、规格、敷设方式及穿管管径。

b. 总开关及熔断器的型号规格，出线回路数量、用途、用电负荷功率及各条照明支路的分相情况。

c. 用电参数。在照明配电系统图上，应表示出总的设备容量、需要系数、计算容量、计算电流及配电方式等，也可以列表表示。

d. 技术说明、设备材料明细表等。

② 照明平面图　照明平面图上要表达的主要内容有：电源进线位置，导线型号、规格、根数及敷设方式，灯具位置、型号及安装方式，各种用电设备（照明分电箱、开关、插座、电扇等）的型号、规格、安装位置及方式等。

8.4.5 动力与照明系统图的特点

动力及照明系统图又叫配电系统图，描述建筑物内的配电系统和容量分配情况、配电装置、导线型号、截面、敷设方式及穿管管径、开关与熔断器的规格型号等。主要根据干线连接方式绘制。

配电系统图的主要特点如下。

① 配电系统图所描述的对象是系统或分系统。配电系统图可用来表示大型区域电力网，也可用来描述一个较小的供电系统。

② 配电系统图所描述的是系统的基本组成和主要特征，而不是全部。

③ 配电系统图对内容的描述是概略的，而不是详细的，但其概略程度则依描述对象的不同而不同。描述一个大型电力系统，只要画出发电厂、变电所、输电线路即可。描述某一设备的供电系统，则应将熔断器、开关等主要元器件表示出来。

④ 在配电系统图中，表示多线系统，通常采用单线表示法；表示系统的构成，一般采用图形符号；对于某一具体的电气装置的配电系统图，也可采用框形符号。这种采用框形符号绘制的图又称为框图。这种形式的框图与系统图没有原则性的区别，两者都是用符号绘制的系统图，但在实际应用中，框图多用于表示一个分系统或具体设备、装置的概况。

8.4.6 动力与照明电气工程图的识读方法

(1) 动力电气工程图的识读方法

阅读动力系统图（动力平面图）时，要注意并掌握以下内容：

① 电动机位置、电动机容量、电压、台数及编号、控制柜（箱）的位置及规格型号、从控制柜（箱）到电动机安装位置的管路、线槽、电缆沟的规格型号及线缆规格型号、根数和安装方式。

② 电源进线位置、进线回路编号、电压等级、进线方式、第一接线点位置及引入方式、导线电缆及穿管的规格、型号。

③ 进线盘、柜、箱、开关、熔断器及导线规格的型号、计量方式。

④ 出线盘、柜、箱、开关、熔断器及导线规格型号、回路个数、用途、编号及容量、穿管规格、起动柜或箱的规格型号。

⑤ 电动机的启动方式，同时核对该系统动力平面图回路标号与系统图是否一致。

⑥ 接地母线、引线、接地极的规格型号数量、敷设方式、接地电阻要求。

⑦ 控制回路、检测回路的线缆规格型号数量及敷设方式，控制元件、检测元件规格型号及安装位置。

⑧ 核对系统图与动力平面图的回路编号、用途名称、容量及控制方式是否相同。

⑨ 建筑物为多层结构时，上下穿越的线缆敷设方式（管、槽、插接或封闭母线、竖井等）及其规格、型号、根数、相互联络方式。单层结构的不同标高下的上述各有关内容及平面布置图。

⑩ 具有仪表检测的动力电路应对照仪表平面布置图核对联锁回路、调节回路的元件及线缆的布置及安装敷设方式。

⑪ 有无自备发电设备或 UPS，内容同前。

⑫ 电容补偿装置等各类其他电气设备及管线的上述内容。

(2) 照明电气工程图的识读方法

阅读照明系统图（照明平面图）时，要注意并掌握以下内容：

① 进线回路编号、进线线制（三相五线、三相四线、单相两线制）、进线方式、导线电缆及穿管的规格型号。

② 电源进户位置、方式、线缆规格型号、第一接线点位置及引入方式、总电源箱规格型号及安装位置，总箱与各分箱的连接形式及线缆规格型号。

③ 灯具、插座、开关的位置、规格型号、数量、控制箱的安装位置及规格型号、台数、从控制箱到灯具、插座、开关安装位置的管路（包括线槽、槽板、明装线路等）的规格、走向及导线规格型号、根数和安装方式，上述各元件的标高及安装方式和各户计量方法等。

④ 各回路开关熔断器及总开关熔断器的规格型号、回路编号及相序分配、各回路容量及导线穿管规格、计量方式、电流互感器规格型号，同时核对该系统照明平面图回路标号与系统图是否一致。

⑤ 建筑物为多层结构时，上下穿越的线缆敷设方式（管、槽、竖井等）及其规格型号、根数、走向、连接方式（盒内、箱内等）。单层结构的不同标高下的上述各有关内容及平面布置图。

⑥ 系统采用的接地保护方式及要求。

⑦ 采用明装线路时，其导线或电缆的规格型号、绝缘子规格型号、钢索规格型号、支柱塔架结构、电源引入及安装方式、控制方式及对应设备开关元件的规格型号等。

⑧ 箱、盘、柜有无漏电保护装置，其规格型号、保护级别及范围。

⑨ 各类机房照明、应急照明装置等其他特殊照明装置的安装要求及布线要求、控制方式等。

⑩ 土建工程的层高、墙厚、抹灰厚度、开关布置，梁、窗、柱、梯、井、厅的结构尺寸，装饰结构形式及其要求等土建资料。

8.4.7　某实验楼动力、照明供电系统图

图 8-8 为某实验楼动力供电系统图；图 8-9 为某实验楼照明供电系统图。该实验楼动力供电和照明分开，采用电缆直埋引入、三相四线制供电，入户后为三相五线制。

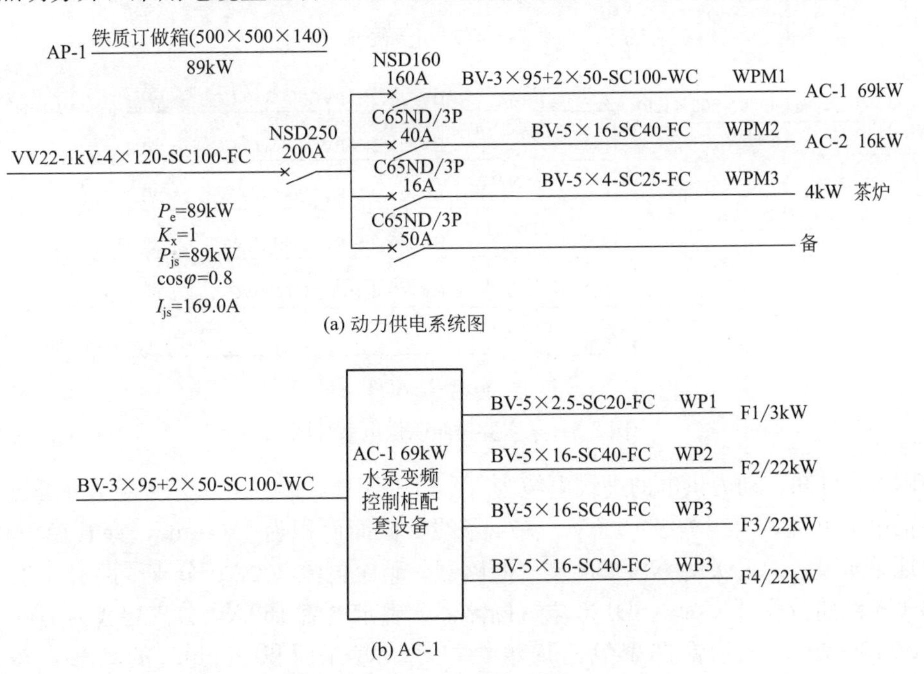

(a) 动力供电系统图

(b) AC-1

图 8-8　某实验楼动力供电系统图

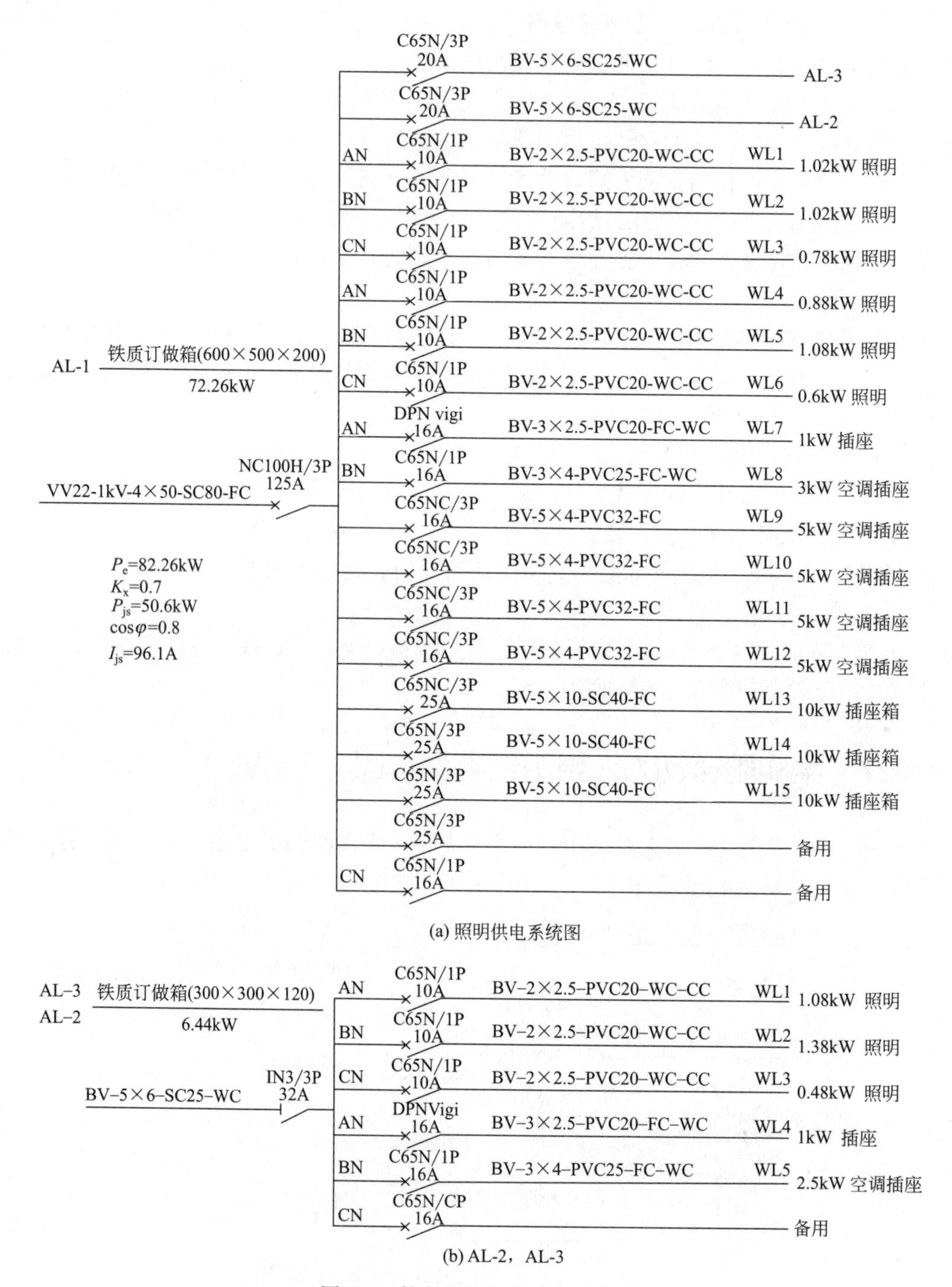

图 8-9 某实验楼照明供电系统图

由图 8-8 可知，动力供电的进线电缆为 VV22-1kV-4×120-SC100-FC，表示聚氯乙烯绝缘铠装铜电力电缆，耐压等级 1000V，有 4 条线，截面面积为 120mm²，穿管径 100mm 铁管，埋地暗敷设；总开关为 NSD250 空气断路器，整定电流 200A；分支线路有 4 条：

第 1 条线路分支开关为 NSD160 空气断路器，整定电流 160A，分支导线为 BV-3×95+2×50-SC100-WC，表示铜芯聚氯乙烯绝缘电线，截面面积 95mm² 的 3 根，截面面积 50mm² 的 2 根，穿管径 100mm 铁管在墙内暗敷设，后接水泵控制柜。

第 2 条线路分支开关为 C65ND/3P 空气断路器，整定电流 40A，分支导线为 BV-5×16-SC40-FC，表示铜芯聚氯乙烯绝缘电线，截面面积 16mm² 的 5 根，穿管径 40mm 铁管在地面内暗敷设。

第 3 条线路分支开关为 C65ND/3P 空气断路器，整定电流为 16A，分支导线为 BV-5×4-SC25-FC，表示铜芯聚氯乙烯绝缘电线，截面面积 4mm² 的 5 根，穿管径 25mm 铁管在地面内暗敷设，后接 4kW 茶炉。

第 4 条线路空气断路器，整定电流 50A，为备用线路。

图 8-9 为某实验楼照明供电系统图，请读者自行分析。

8.4.8 某房间照明的原理图、接线图与平面图

图 8-10 为某房间的照明线路。

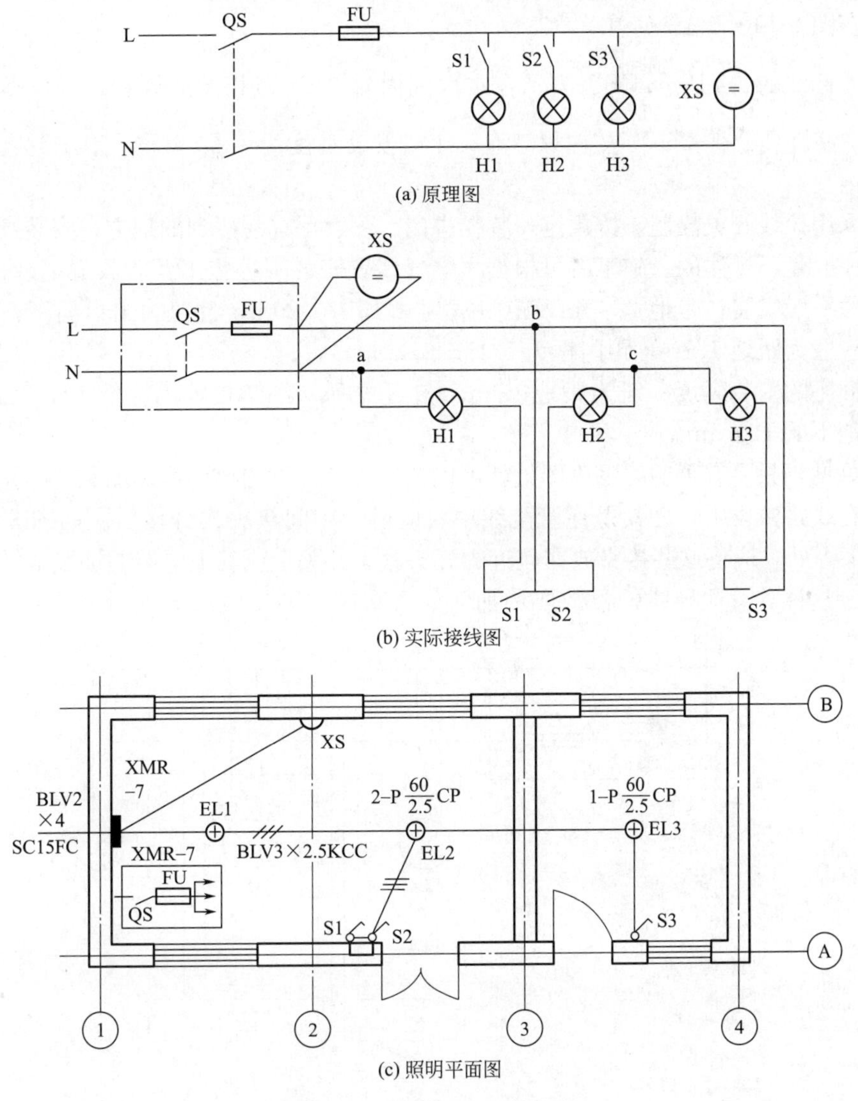

图 8-10　某房间的照明线路

从图 8-10(a) 可以看出，该电路采用单相电源供电，用双刀开关 QS 和熔断器 FU 控制和保护照明电路，并将 QS 和 FU 装于配电箱中。由于配电箱和灯具 EL1～EL3、开关 S1～S3 和插座 XS 等安装地点不同，在图 8-10(a) 中反映不出来，因此实际接线图如图 8-10(b) 所示。照明平面图用图 8-10(c) 来表示，照明平面图能反映照明线路的全部真实情况，电气工人可以按照图 8-10(c) 进行施工。

图 8-10(c) 左侧箭头表示进户线的方向，上面标注的“BLV2×4SC15FC”表示进户线是“2”根截面面积为“4”mm^2 的塑料铝线（BLV），穿钢管（SC）从外部埋地暗（FC）敷设穿墙进入室内配电箱，钢管管径为“15”mm。

同理可知，“BLV3×2.5KCC”表示 3 根塑料铝线，单根截面面积为 2.5mm^2，用瓷瓶或瓷柱沿顶棚暗敷设。没有标文字和符号的导线，其数量为两根，其型号及敷设方式等同本房间的其他导线。

配电箱的型号为 XMR-7，此型号配电箱的具体尺寸宽×高×厚为 270×290×120(mm)。因为按规定暗装配电盘底口距地 1.4m，所以图上没有标注安装高度。箱内电气系统图已画在图 8-10(c) 上。

灯具上标注的“2-P $\frac{60}{2.5}$CP”表示在本房间内有“2”盏相同的灯具，灯具类型为普通吊灯 P，每盏灯具上有“60”W 白炽灯泡一个，安装高度为“2.5”m，“CP”表示用自在器吊于室内。

各灯采用拉线开关控制，按规定安装在进门一侧、手容易碰到的地方，安装高度在照明平面图中一般是不标注的。施工者可根据《电气装置安装工程施工及验收规范》进行安装。即拉线开关一般安装在距地 2～3m，距门框为 0.15～0.20m，且拉线出口向下；其他各种开关安装一般为距地 1.3m，距门框为 0.15～0.20m。

明装插座的安装高度一般为距地 1.3m，在托儿所、小学校等不应低于 1.8m。暗装插座一般距地不低于 0.3m。

由上可见，只要有了照明平面图，就可以进行施工，不用再画原理图和实际接线图。应该指出，在线路敷设中，尤其是穿管配线中，应避免中间接头或分接头。如图 8-10(b) 中的 a、b、c 等处，应将这些接头放在就近的灯头盒、开关盒或其他电器的接线端子上，如图 8-11 所示。这样，有些导线的根数要增加，如大房间去两个拉线开关处的导线变成 4 根。

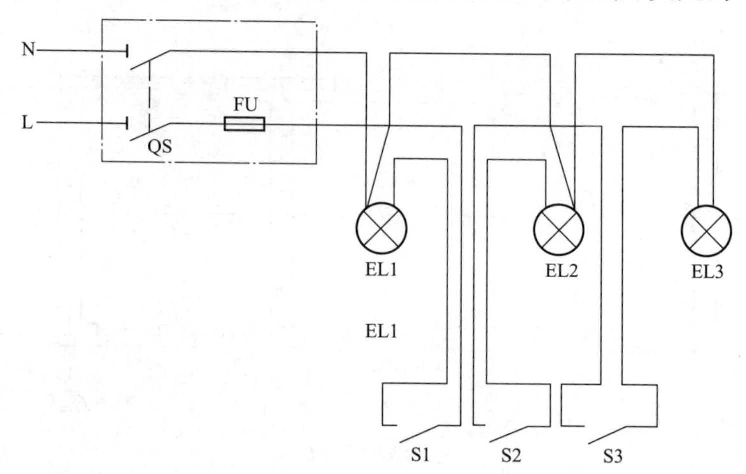

图 8-11　无中间接头的照明线路实际安装图

同一房间由于敷设方式不同，其照明平面图不完全一样。

8.4.9 某建筑物电气照明平面图

图 8-12 为某建筑物第 3 层电气照明平面图；图 8-13 为其供电系统图；表 8-13 是负荷统计表。

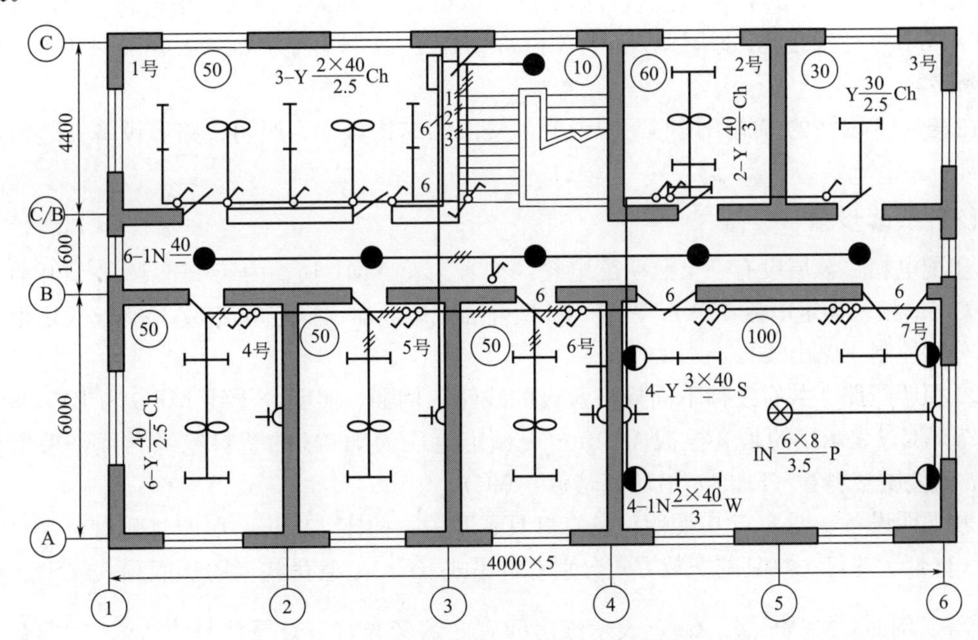

图 8-12　某建筑物第 3 层电气照明平面图

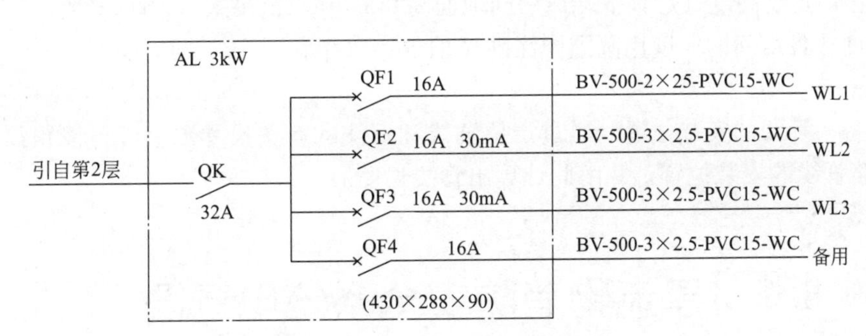

图 8-13　图 8-12 的供电系统图

表 8-13　图 8-12 和图 8-13 中的负荷统计

线路编号	供电场所	负荷统计			
		灯具/个	电扇/只	插座/个	计算负荷/kW
1号	1号房间、走廊、楼道	9	2		0.41
2号	4、5、6号房间	6	3	3	0.42
3号	2、3、7号房间	12	1	2	0.48

施工说明：1. 该层层高 4m，净高 3.88m，楼面为钢筋混凝土板。

2. 导线及配线方式：电源引自第 2 层，总线为 PG-BV-500-2×10-TC25-WC；分干线为（1～3）MFG-BV-500-2×6-PC20-WC；各支线为 BV-500-2×2.5-PVC15-WC。

3. 配电箱为 XM1-16 型，并按系统图接线。

(1) 电路特点

为了确切表示电路和灯具的布置，图 8-12 中用细实线简略地绘制出了建筑物的墙体、门窗、楼梯、承重梁柱的平面结构。该层共有 7 个房间，编号依次为 1～7 号，一个楼梯和一个中间走廊。用定位轴线横向 1～6 及纵向 A、B、B/C、C 和尺寸线表示了各部分之间的尺寸关系。

从图 8-13 可见，该楼层电源引自第 2 层，单相交流 220V，经照明配电箱 XM1-16 分成（WL1～WL3）三条照明分干线，其中 MFG3 引向 1～7 号各室。QF1～QF4 采用 C45N 型低压断路器。

在表 8-13 附注的“施工说明”中说明了楼层的结构等，为照明线路和设备安装提供了土建资料。

(2) 识读步骤

① 配电箱　该层设有一个照明配电箱，型号为箱 XM1-16，内装 HK-10/2 型开启式负荷开关（单相、额定电流 10A），三个 RC 型瓷插式熔断器（额定电流 5A，熔丝额定电流为 3A，分别控制三路出线）。

② 照明线路　共有三种不同规格敷设的线路，例如，照明分干线 MFG 为 BV-500-2×6-PC20-WC，表示用的是 2 根截面 $6mm^2$、额定电压为 500V 的塑料绝缘导线，采用直径 20mm 的硬质塑料管（PC20）沿墙壁暗敷（WC）。

③ 照明设备　图 8-12 中照明设备有灯具、开关、插座、电扇，照明灯具有荧光灯、吸顶灯、壁灯、花灯。灯具的安装方式分别有链吊式（Ch）、管吊式（P）、吸顶式（S）、壁式（W）等。例如：“$3\text{-Y}\dfrac{2\times40}{2.5}\text{Ch}$”表示该房间有 3 盏荧光灯（灯具代号为 Y），每盏有 2 支 40W 的灯管，安装高度（灯具下端离房间地面高）2.5m，链吊式（Ch）安装。

④ 照度　各房间的照度用圆圈中注阿拉伯数字（单位是 lx，勒克斯）表示，如 7 号房间为 100lx。

⑤ 设备、管线的安装位置　通过定位轴线和标注的有关尺寸数字，可以很简便地确定设备、线路管线的安装位置，并由此计算出管线长度。

8.5 建筑物消防安全系统电气图

8.5.1 消防安全系统概述

(1) 火灾报警消防系统的类型与功能

在公用建筑中，火灾自动报警与自动灭火控制系统是必备的安全设施；在较高级的住宅建筑中，一般也设置该系统。

火灾报警消防系统和消防方式可分为两种：

① 自动报警、人工灭火。当发生火灾时，自动报警系统发出报警信号，同时在总服务台或消防中心显示出发生火灾的楼层或区域代码，消防人员根据火警具体情况，操纵灭火器

械进行灭火。

② 自动报警、自动灭火。这种系统除上述功能外，还能在火灾报警控制器的作用下，自动联动有关灭火设备，在发生火灾处自动喷洒，进行灭火。并且启动减灾装置，如防火门、防火卷帘、排烟设备、火灾事故广播网、应急照明设备、消防电梯等，迅速隔离火灾现场，防止火灾蔓延；紧急疏散人员与重要物品，尽量减少火灾损失。

(2) 火灾自动报警与自动灭火系统的组成

火灾自动报警与自动灭火系统主要由两大部分组成：一部分为火灾自动报警系统；另一部分为灭火及联动控制系统。前者是系统的感应机构，用以启动后者工作；后者是系统的执行机构。火灾自动报警与自动灭火系统联动示意图如图 8-14 所示。

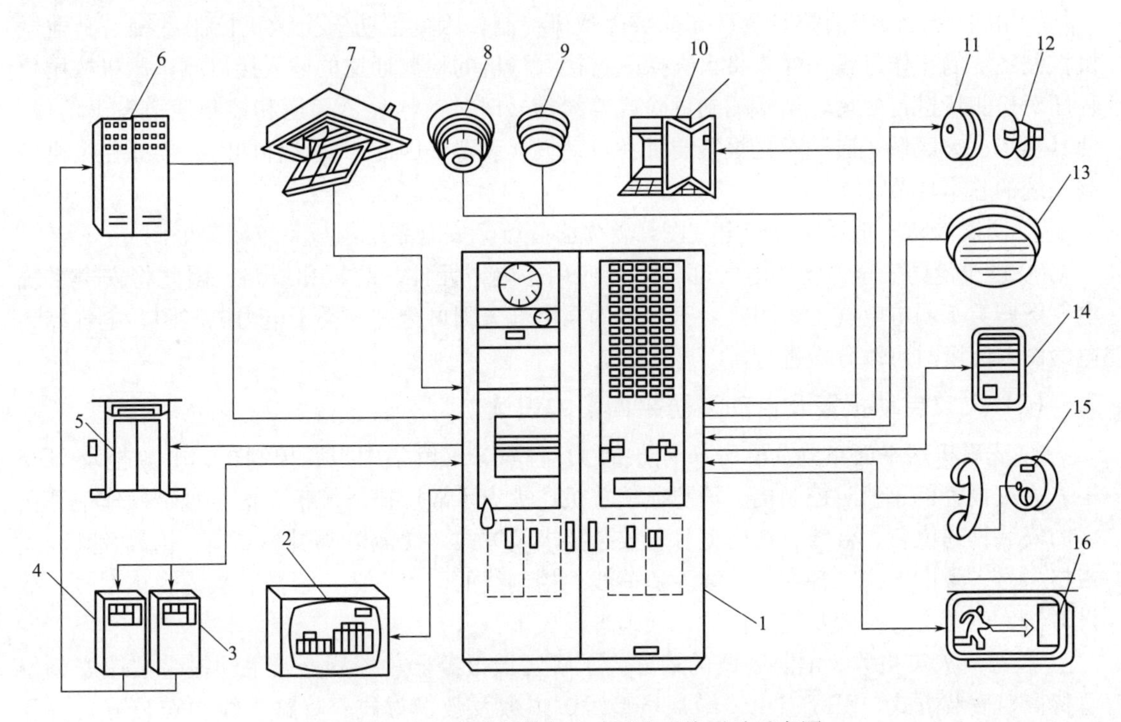

图 8-14　火灾自动报警与自动灭火系统联动示意图

1—消防中心；2—火灾区域显示；3—水泵控制盘；4—排烟控制盘；5—消防电梯；6—电力控制柜；7—排烟口；8—感烟探测器；9—感温探测器；10—防火门；11—警铃；12—报警器；13—扬声器；14—对讲机；15—联络电话；16—诱导灯

8.5.2 消防安全系统电气图的特点

消防安全系统电气图的种类与特点如下：

(1) 消防安全系统图或框图

这种图主要从整体上说明某一建筑物内火灾探测、报警、消防设施等的构成与相互关系。由于这一系统的构成大多涉及电气方面，因此这一系统图或框图是构成消防系统电气工程图的重要组成部分。主要包括火灾探测系统、火灾判断系统、通报与疏散诱导系统、灭火装置及监控系统、排烟装置及监控系统等。

(2) 火灾探测器平面布置图

在建筑物各个场所安装的火灾探测器及其连接线是很多的。因此，必须有一份关于火灾探测器、导线、分接线盒等布局的平面布置图。这种图类似于电气照明平面布置图。

火灾探测器平面布置图通常是将建筑物某一平面划分为若干探测区域后，按此区域布置的平面图。所谓“探测区域”，是指热气流或烟雾能充满的区域。

8.5.3 消防安全系统电气图的识读

(1) 消防安全系统图识读

① 由于现代高级消防安全系统都采用微机控制，因此消防安全微机控制系统与其他微机控制系统的工作过程一样，将火灾探测器接入微机的检测通道的输入接口端，微机按用户程序对检测量进行处理，当检测到危险或着火信号时，就给显示通道和控制通道发出信号，使其显示火灾区域，启动声光报警装置和自动灭火装置。因此，看这种图时，要抓住微机控制系统的基本环节。

② 阅读消防安全系统成套电气图，首先必须读懂安全系统组成系统图或框图。

③ 由于消防安全系统的电气部分广泛使用了电子元件、装置和线路，因此将安全系统电气图归类于弱电电气工程图。对于其中的强电部分则可分别归类于电力电气图和电气控制电气图，阅读时可以分类进行。

(2) 火灾自动报警及自动消防平面图的识读

① 先看机房平面布置及机房（消防中心）位置。了解集中报警控制柜、电源柜及 UPS 柜、火灾报警柜、消防控制柜、消防通信总机、火灾事故广播系统柜、信号盘、操作柜等在室内安装排列位置、台数、规格型号、安装要求及方式，交流电源引入方式、相数及其线缆规格型号、敷设方法，各类信号线、负荷线、控制线的引出方式、根数、线缆规格型号、敷设方法、电缆沟、桥架及竖井位置、线缆敷设要求。

② 再看火灾报警及消防区域的划分。了解区域报警器、探测器、手动报警按钮安装位置标高、安装方式，引入引出线缆规格型号、根数及敷设方式、管路及线槽安装方式及要求、走向。

③ 然后看消防系统中喷洒头、水流报警阀、卤代烷喷头、二氧化碳等喷头安装位置标高、房号、管路布置、走向及电气管线布置走向、导线根数、卤代烷及二氧化碳等储罐或管路安装位置标高、房号等。

④ 最后看防火阀、送风机、排风机、排烟机、消防泵、消火栓等设施安装位置标高、安装方式及管线布置走向、导线规格、根数、台数、控制方式。

⑤ 了解疏散指示灯、防火门、防火卷帘、消防电梯安装位置标高、安装方式及管线布置走向、导线规格、根数、台数及控制方式。

⑥ 核对系统图与平面图的回路编号、用途名称、房间号、管线槽井是否相同。

8.5.4 某建筑物消防安全系统电气图

如图 8-15 所示是某一建筑物消防安全系统图。由图可见，该建筑物的消防安全系统主要由火灾探测系统、火灾判断系统、通报与疏散诱导系统、灭火设施、排烟装置及监控系统组成。

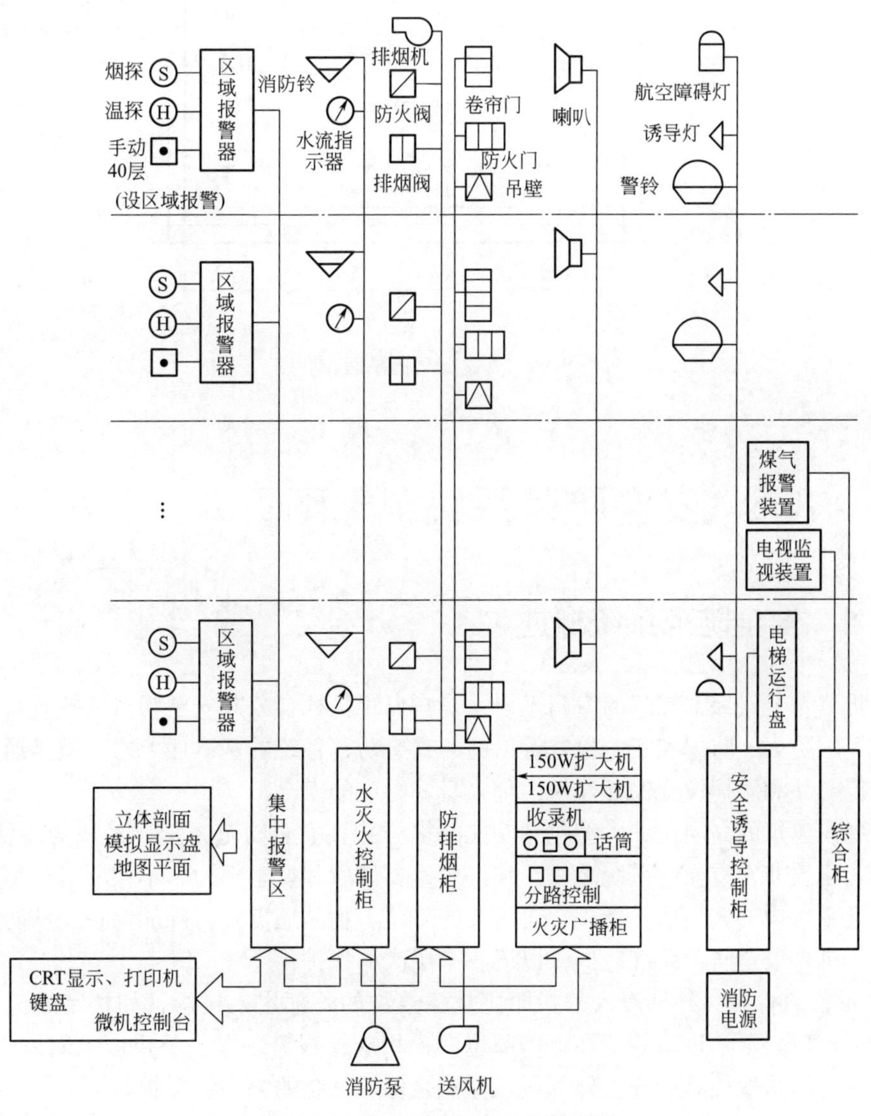

图 8-15 某建筑物消防安全系统图

由图 8-15 可知，火灾探测系统主要由分布在 1～40 层各个区域的多个探测器网络构成。其探测器网络由感烟探测器、感温探测器等组成。手动装置主要供调试和平时检查试验用；火灾判断系统主要由各楼层区域报警器和大楼集中报警器组成；通报与疏散诱导系统由消防紧急广播、事故照明、避难诱导灯、专用电话等组成。当楼中人员听到火灾报警之后，可根据诱导灯的指示方向撤离现场；灭火设施由自动喷淋系统组成。当火灾广播之后，延时一段时间，总监控台就使消防泵启动，建立水压，并打开着火区域消防水管的电磁阀，使消防水进入喷淋管路进行喷淋灭火；排烟装置及监控系统由排烟阀门、抽排烟机及其电气控制系统组成。

图 8-16 是火灾探测器平面布置图。由图可见，该建筑物一层平面有四个探测区域，火灾探测器分布如图所示。

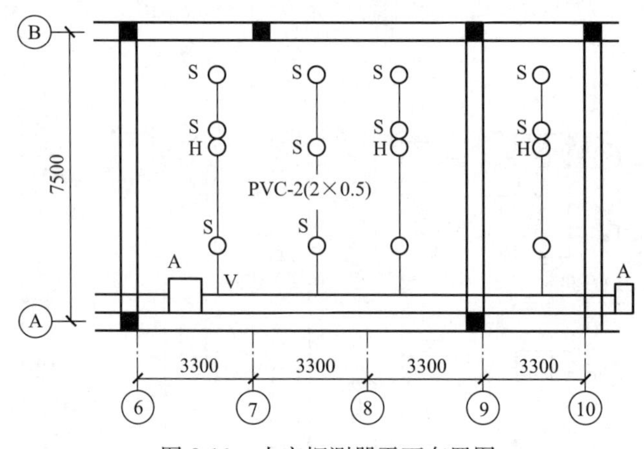

图 8-16 火灾探测器平面布置图

8.6 安全防范系统电气图

8.6.1 安全防范系统概述

安全防范是公安保卫部门的专门术语，是指以维护社会公共安全为目的的防入侵、防被盗、防破坏、防火、防爆和安全检查等措施。安全防范系统的基本任务之一就是通过采用安全技术防范产品和防护设施保证建筑内部人身、财产的安全。

随着现代建筑的高层化、大型化和功能的多样化，安全防范系统已经成为现代化建筑，尤其是智能建筑非常重要的系统之一。在许多重要场所和要害部门，不仅要对外部人员进行防范，而且要对内部人员加强管理。对重要的部位、物品还需要特殊的保护。从防止罪犯入侵的过程上讲，安全防范系统应提供以下三个层次的保护：

① 外部侵入保护。外部侵入是指罪犯从建筑物的外部侵入楼内，如楼宇的门、窗及通风道口、烟道口、下水道口等。在上述部位设置相应的报警装置，就可以及时发现并报警，从而在第一时间采取处理措施。外部侵入保护是保安系统的第一级保护。

② 区域保护。区域保护是指对大楼内某些重要区域进行保护。如陈列展厅、多功能展厅等。区域保护是保安系统的第二级保护。

③ 目标保护。目标保护是指对重点目标进行保护。如保险柜、重要文物等。目标保护是保安系统的第三级保护。

不同建筑物的安全防范系统的组成内容不尽相同，但其子系统一般有：视频安防（闭路电视、电视）监控系统、入侵（防盗）报警系统、出入口控制（门禁）系统、安保人员巡更管理系统、停车场（库）管理系统、安全检查系统等。

8.6.2 防盗报警系统电气图的特点

防盗报警系统是指为了防止坏人非法侵入建筑物，以及对人员和设施进行安全防护的系统。它主要由防盗报警器、电磁门锁、摄像机、监视器等部分组成。

防盗报警系统电气图的特点如下：

① 由于电路图通常采用整体式布置，且运用了公用小母线的表达方式，因此不易看清楚。阅读时一般将图划分为几个部分。

② 为了表达清楚各接线箱、按钮箱等的具体位置以及电缆的走向，通常还须有一平面布置图，才能进行安装接线。由于这一布置图所要表达的内容不多，因此一般将其合并到其他图样中去，例如合并到电气照明平面布置图中。

8.6.3 防盗报警系统电气图的识读

阅读防盗报警平面图时，应注意并掌握以下内容：

① 机房平面布置及机房（保安中心）位置、监视器、电源柜及 UPS 柜、模拟信号盘、通信总柜、操作柜等室内安装排列位置、台数、规格型号、安装要求及方式，交流电源引入方式、相数及其线缆规格型号、敷设方法、各类信号线、控制线的引入引出方式、根数、线缆规格型号、敷设方法、电缆沟、桥架及竖井位置、线缆敷设要求。

② 各监控点摄像头或探测器、手动报警按钮的安装位置标高、安装及隐蔽方式、线缆规格型号、根数、敷设方法要求，管路或线槽安装方式及走向。

③ 电门锁系统中控制盘、摄像头、电门锁安装位置标高、安装方式及要求，管线敷设方法及要求、走向，终端监视器及电话安装位置方法。

④ 对照系统图核对回路编号、数量、元件编号。

8.6.4 某小区防盗报警系统图

某小区防盗报警系统如图 8-17 所示，图中管理值班室内有微机控制管理系统，经通信

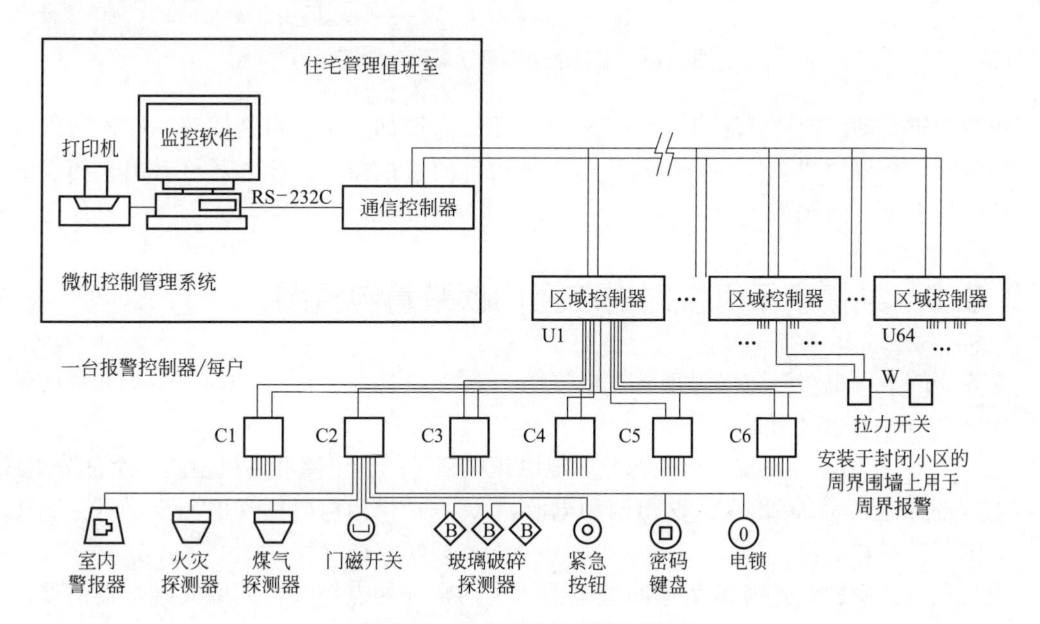

图 8-17 某小区防盗报警系统图

控制器连接报警装置。每栋建筑装一台区域控制器，每户装一台报警控制器。报警控制器连接户内的多种报警探测器（包括门磁开关、玻璃破碎探测器、紧急按钮、火灾探测器、煤气探测器等）以及电锁、密码键盘、室内报警器等。此外小区周边的围墙上还安装了拉力开关，作为周界报警器。

8.6.5 对讲自动门锁装置的种类

对讲自动门锁装置分为对讲、不可视对讲、可视对讲和智能对讲等类型。

不可视对讲自动门锁装置的组成如图 8-18 所示。来访者在门外按下被访者房号的按钮，对应被访者的话机就有铃响，被访者摘下话机，就可与来访者对话。若被访者认识来访者，就按下开门按钮，防盗门的电磁锁开启，来访者可进入。

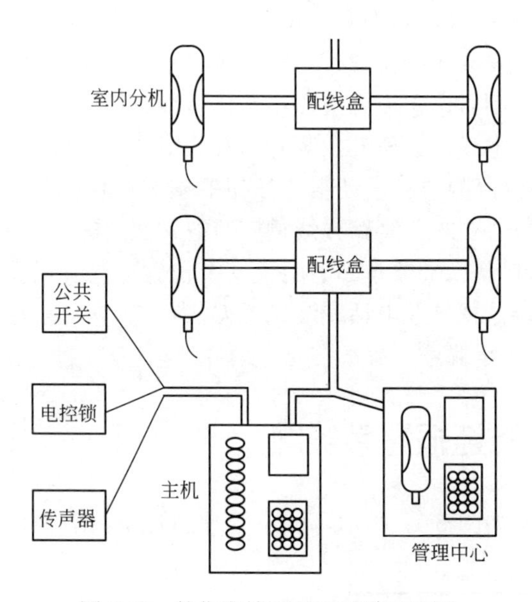

图 8-18 某住宅楼不可视对讲系统图

可视对讲自动门锁装置的组成如图 8-19 所示。它增加了一个可视回路，在入口处装有一个摄像机，获得的视频信号经传输线送入被访者的监视器，经放大后可看出来访者的容貌，确认后方可开门。

8.6.6 某楼宇不可视对讲防盗门锁装置电气图

某楼宇的不可视对讲防盗门锁装置电气图如图 8-20 所示，图 8-20(a) 是该装置的系统图，图 8-20(b) 是该装置的电路图。

由图 8-20 可见，该系统由电源部分、电磁锁电路、门铃电路和话机电路 4 个部分组成。

电源部分输入为 AC220V。输出两种电源：AC12V 供给电磁锁和电源指示灯；DC12V 供给声响门铃和对讲机。

电磁锁电路中的电磁锁 Y 由中间继电器 KA 的常开触点控制，而中间继电器的线圈由各单元门户的按钮 SB1、SB2、SB3 等和锁上按钮 SO 控制。

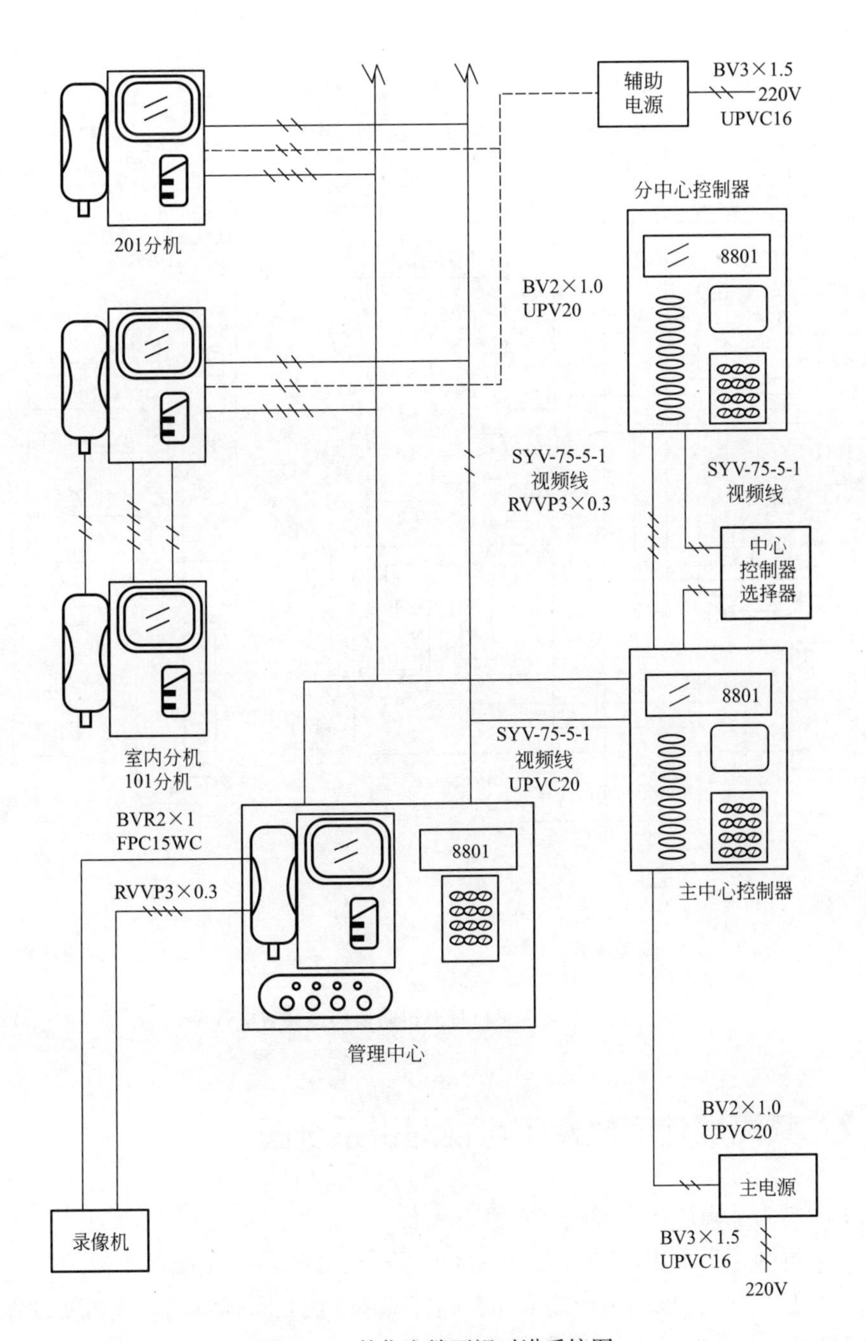

图 8-19 某住宅楼可视对讲系统图

各户的门铃 HA 由门外控制箱上的按钮 SA1、SA2、SA3 等控制。若防盗门采用单片机控制，就要在键盘上按入房门号码。如访问 302 房间，得依次按 3、0、2 号键，单片机输出口就输出一个高电位给 302 房门铃电路信号，使该门铃发出响声。

门外的控制箱或按钮箱上的话机 T 与各房间的话机 T1、T2、T3 等相互构成回路，按下被访房间号码按钮之后，被访房间的话机与门外的话机就接通，实现了被访者与来访者的对话。

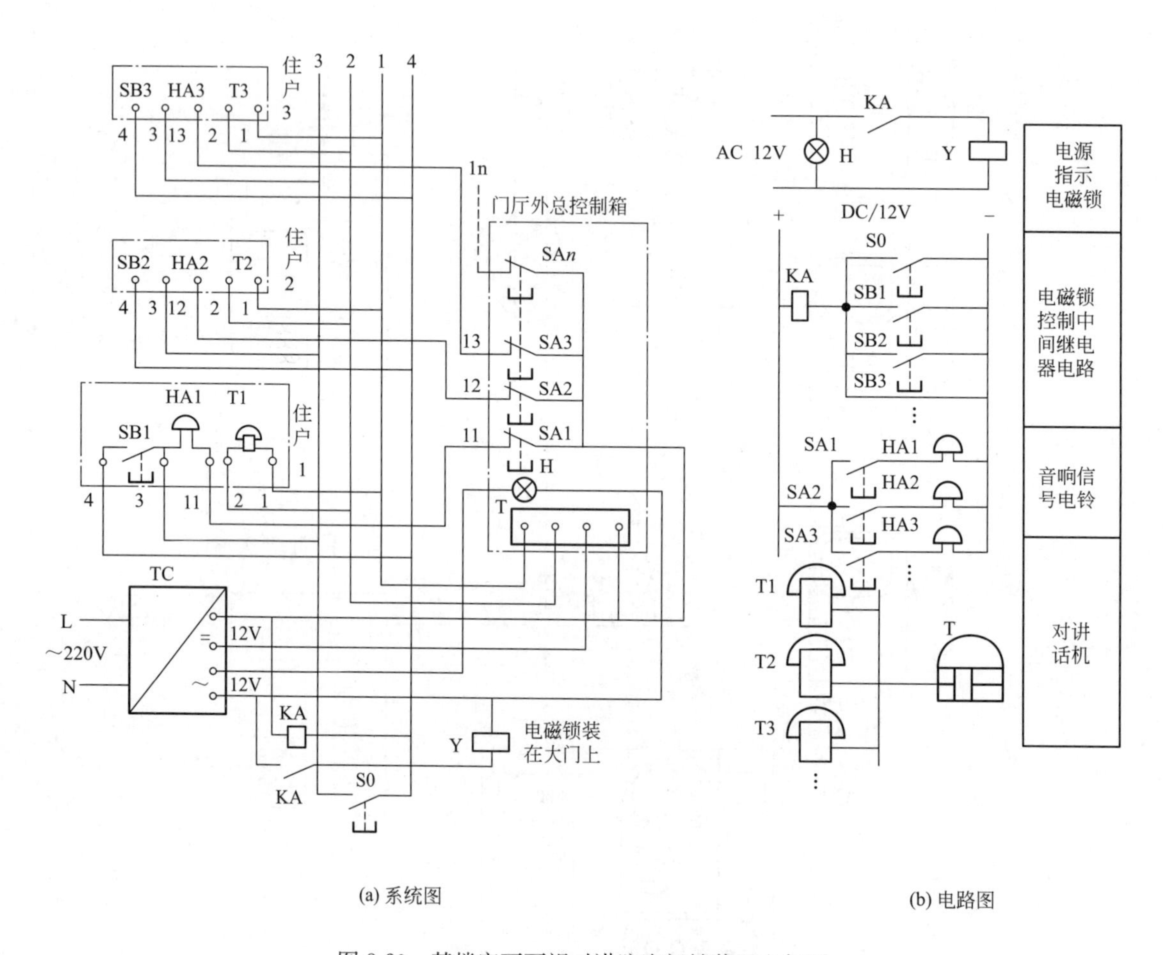

(a) 系统图　　(b) 电路图

图 8-20　某楼宇不可视对讲防盗门锁装置电气图

8.6.7 某高层住宅楼楼宇可视对讲系统图

图 8-21 所示为某高层住宅楼楼宇对讲系统图。

由图 8-21 可知，每个用户室内设置一台可视电话分机，单元楼梯口设一台带门禁编码式可视门口主机，住户可以通过智能卡和密码打开单元门，可通过门口主机实现在楼梯口与住户的呼叫对讲。楼梯间设备采用就近供电方式，由单元配电箱引一路 220V 电源至梯间箱，实现对每楼层楼宇对讲 2 分配器及室内可视分机供电。

视频信号线型号分别为 SYV75-5＋RVVP6×0.75 和 SYV75-5＋RVVP6×0.5，楼梯间电源线型号分别为 RVV3×1.0 和 RVV2×0.5。其中“SYV75-5”为实心聚乙烯绝缘射频同轴电缆，阻抗为 75Ω，绝缘外径近似值为 5mm；“RVVP”为铜芯聚氯乙烯绝缘屏蔽聚氯乙烯护套软电缆；“RVV”为铜芯聚氯乙烯绝缘聚氯乙烯护套软电缆。

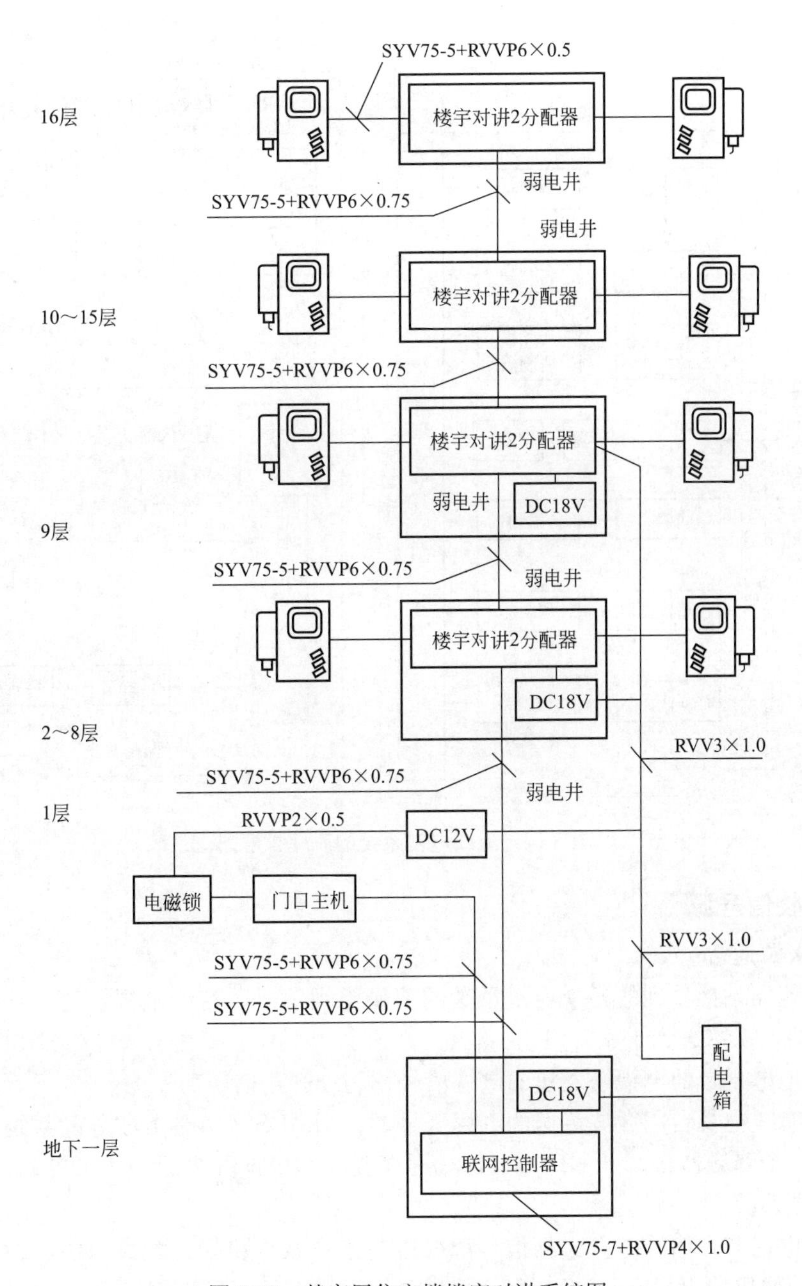

图 8-21　某高层住宅楼楼宇对讲系统图

8.7　有线电视系统图

8.7.1　有线电视系统的构成

有线电视系统由信号源接收系统、前端系统、信号传输系统和分配系统等四个主要部分组成。图 8-22 是有线电视系统的原理方框图，该图表示出了各个组成部分的相互关系。

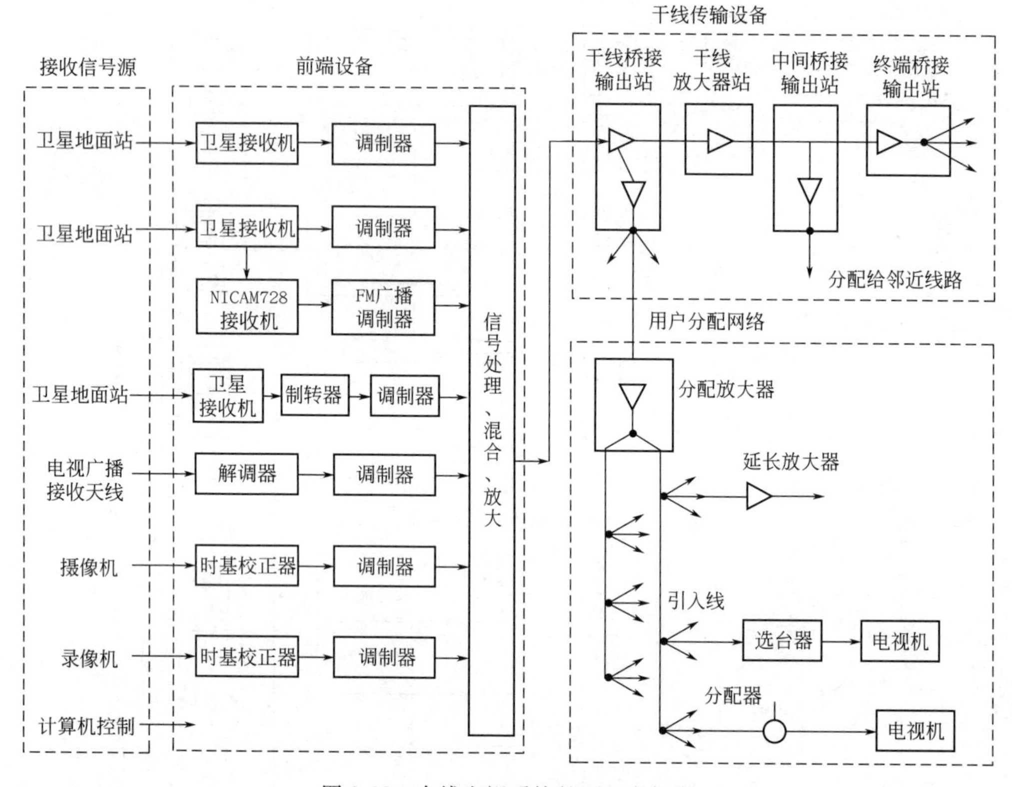

图 8-22 有线电视系统的原理方框图

(1) 接收信号源

信号的来源通常包括：

① 卫星地面站接收到的各个卫星发送的卫星电视信号，有线电视台通常从卫星电视频道接收信号纳入系统送到千家万户。

② 由当地电视台的电视塔发送的电视信号称为“开路信号”。

③ 城市有线电视台用微波传送的电视信号源。MMDS（多路微波分配系统）电视信号的接收须经一个降频器将 2.5～2.69GHz 信号降至 UHF 频段之后，才可等同“开路信号”直接输入前端系统。

④ 自办电视节目信号源。这种信号源可以是来自录像机输出的音/视频（A/V）信号；由演播室的摄像机输出的音/视频信号；或者是由采访车的摄像机输出的音/视频信号等。

(2) 前端设备

前端设备是整套有线电视系统的心脏。由各种不同信号源接收的电磁信号须经再处理为高品质、无干扰杂讯的电视节目，混合以后才可馈入传输电缆。

(3) 干线传输系统

它把来自前端的电视信号传送到分配网络，这种传输线路分为传输干线和支线。干线可以用电缆、光缆和微波三种传输方式，在干线上相应地使用干线放大器、光缆放大器和微波发送接收设备。支线以用电缆和线路放大器为主。微波传输适用于地形特殊的地区，如穿越河流或禁止挖掘路面埋设电缆的特殊状况以及远郊区域与分散的居民区。

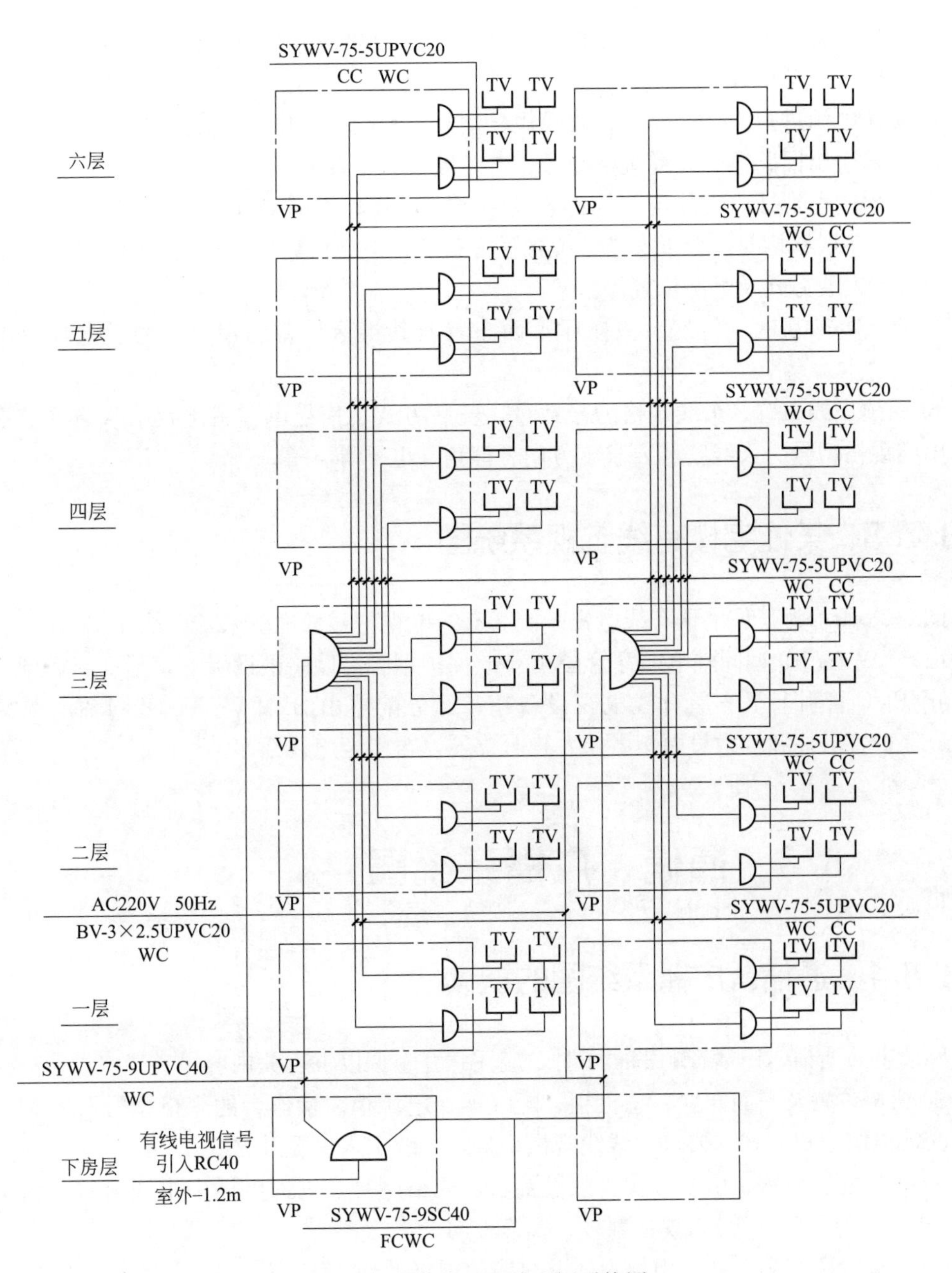

图 8-23　某住宅楼有线电视系统图

(4) **用户分配网络**

从传输系统传来的电视信号通过干线和支线到达用户区，需用一个性能良好的分配网使各家用户的信号达到标准。分配网有大有小，视用户分布情况而定，在分配网中有分支放大器、分配器、分支器和用户终端。

8.7.2　有线电视系统图的识读

阅读有线电视系统平面布置图时，应注意并掌握以下有关内容：

① 机房位置及平面布置、前端设备规格型号、台数、电源柜和操作台规格型号与安装位置及要求。

② 交流电源进户方式、要求、线缆规格型号，天线引入位置及方式、天线数量。

③ 信号引出回路数、线缆规格型号、电缆敷设方式及要求、走向。

④ 各房间电视插座安装位置标高、安装方式、规格型号数量、线缆规格型号及走向、敷设方式；多层结构时，上下穿越电缆敷设方式及线缆规格型号；有无中间放大器，其规格型号数量、安装方式及电源位置等。

⑤ 有自办节目时，机房、演播厅平面布置及其摄像设备的规格型号、电缆及电源位置等。

⑥ 屋顶天线布置、天线规格型号数量、安装方式、信号电缆引出及引入方式、引入位置、电缆规格型号、天线安装要求（方向、仰角、电平等）等。

8.7.3 某住宅楼有线电视系统图

图 8-23 所示为某住宅楼有线电视系统。有线电视信号埋地引入，埋地深 1.2m，在下房层中由 SYWV-75-9 型同轴电缆穿管径 40mm 保护钢管沿墙暗敷设引上，至一层后则穿管径 40mmUPVC 管引上至三层有线电视设备箱，经分配器由 SYWV-75-5 型同轴电缆穿管径 20mm 保护管沿柱和墙敷设引至各层各户分支器，再引至电视插座。

8.8 通信、广播系统图

8.8.1 通信、广播系统图的识读

阅读电话通信、广播音响平面图时，应注意并掌握以下有关内容：

① 机房位置及平面布置、总机柜、配线架、电源柜、操作台的规格型号及安装位置要求，交流电源进户方式、要求、线缆规格型号，天线引入位置及方式。

② 市局外线对数、引入方式、敷设要求、规格型号，内部电话引出线对数、引出方式(管、槽、桥架、竖井等)、规格型号、线缆走向。

③ 广播线路引出对数、引出方式及线缆的规格型号、线缆走向、敷设方式及要求。

④ 各房间话机插座、音箱及元器件安装位置标高、安装方式、规格型号及数量、线缆管路规格型号及走向；多层结构时，上下穿越线缆敷设方式、规格型号、根数、走向、连接方式。

⑤ 核对系统图与平面图的信号回路编号、用途名称等。

8.8.2 电话通信系统的组成

电话通信系统的基本目标是实现某一地区内任意两个终端用户之间相互通话。因此电话通信系统必须具备 3 个基本要素：发送和接收话音信号；传输话音信号；话音信号的交换。

这3个要素分别由用户终端设备、传输设备和电话交换设备来实现。一个完整的电话通信系统是由终端设备、传输设备和交换设备三大部分组成的，如图8-24所示。

图8-24　电话通信系统示意图

在现代化建筑大厦中的程控用户交换机，除了基本的线路接续功能之外，还可以完成建筑物内部用户与用户之间的信息交换，以及内部用户通过公共电话网或专用数据网与外部用户之间的话音及图文数据传输。程控用户交换机（PABX）通过各种不同功能的模块化接口，可组成通信能力强大的综合数据业务网（ISDN）。程控用户交换机的一般性系统结构如图8-25所示。

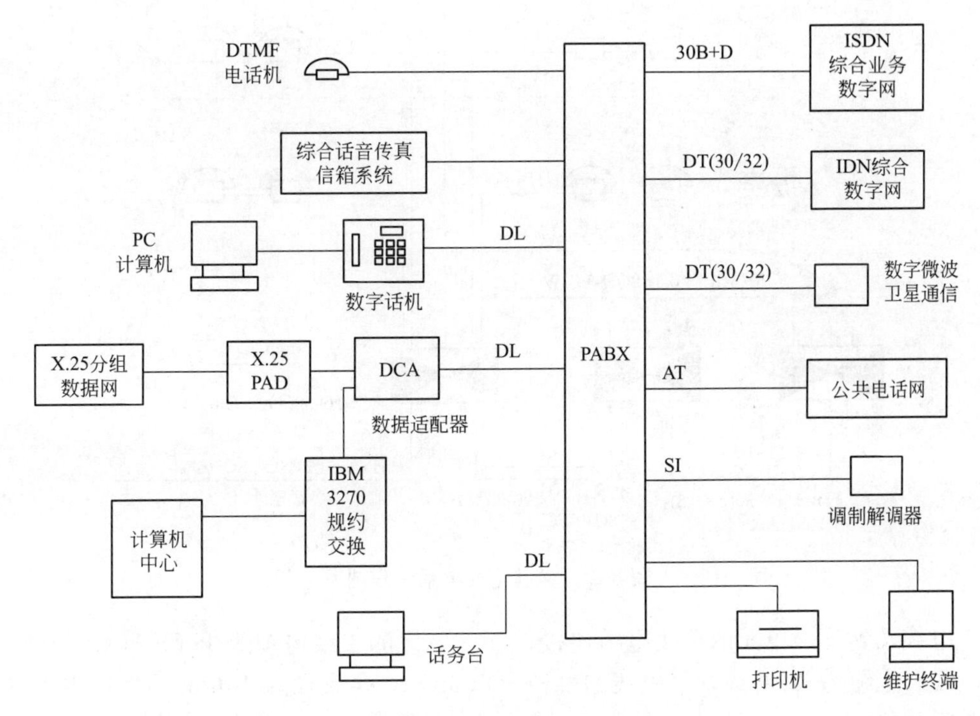

图8-25　程控用户交换机的一般性系统结构

8.8.3　某住宅楼电话工程图

某住宅楼电话工程图如图8-26所示。

在图8-26中，“HYA-50(2×0.5)-SC50-FC”表示进户使用HYA-50(2×0.5)型电话电缆，电缆为50对，每根线芯的直径为0.5mm，穿直径为50mm的焊接钢管埋地敷设。电话分接线箱TP-1-1为一只50对线电话分接线箱，型号为STO-50。箱体尺寸为400mm×650mm×160mm，安装高度距地0.5m。进线电缆在箱内与本单元分户线

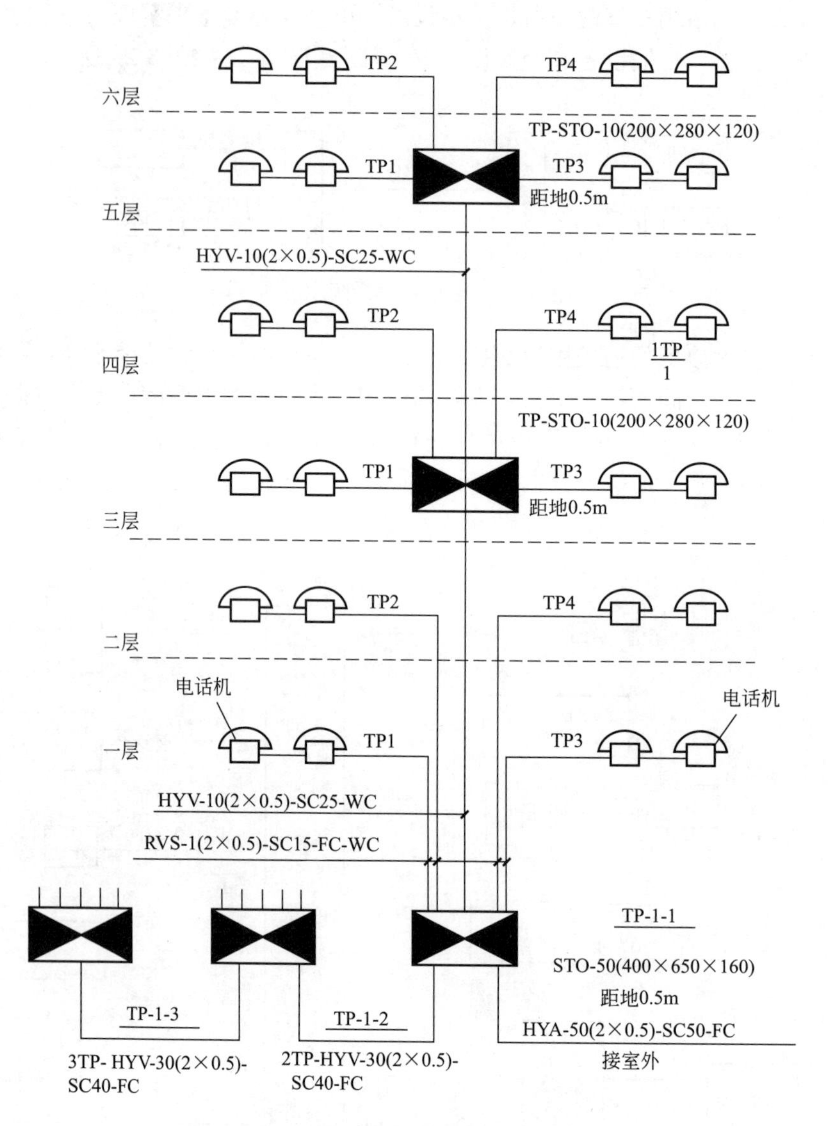

图 8-26 某住宅楼电话工程图

和分户电缆及到下一单元的干线电缆连接。下一单元的干线电缆为 HYV-30(2×0.5) 型电话电缆，电缆为 30 对线，每根线的直径为 0.5mm，穿直径为 40mm 的焊接钢管（SC）埋地敷设（FC）。

一二层用户线从电话分接线箱 TP-1-1 引出。"RVS-1(2×0.5)-SC15-FC-WC" 表示各用户线使用 RVS 型双绞线，每条的直径为 0.5mm，穿直径为 15mm 的焊接钢管埋地、沿墙暗敷设（SC15-FC，WC）。从 TP-1-1 到三层电话分接线箱用一根 10 对线电缆，电缆线型号为 HYV-10(2×0.5)，穿直径为 25mm 的焊接钢管沿墙暗敷设。在三层和五层各设一只电话分接线箱，型号为 STO-10，箱体尺寸为 200mm×280mm×120mm，均为 10 对线电话分接线箱。安装高度距地 0.5m。三层到五层也使用一根 10 对线电缆。三层和五层电话分接线箱分别连接上下层四户的用户电话出线口，均使用 RVS 型双绞线，每条直径为 0.5mm。每户内有两个电话出线口。

8.8.4 某办公楼电话平面图

图 8-27 为某办公楼电话系统图，该办公楼第五层的电话平面图如图 8-28 所示。

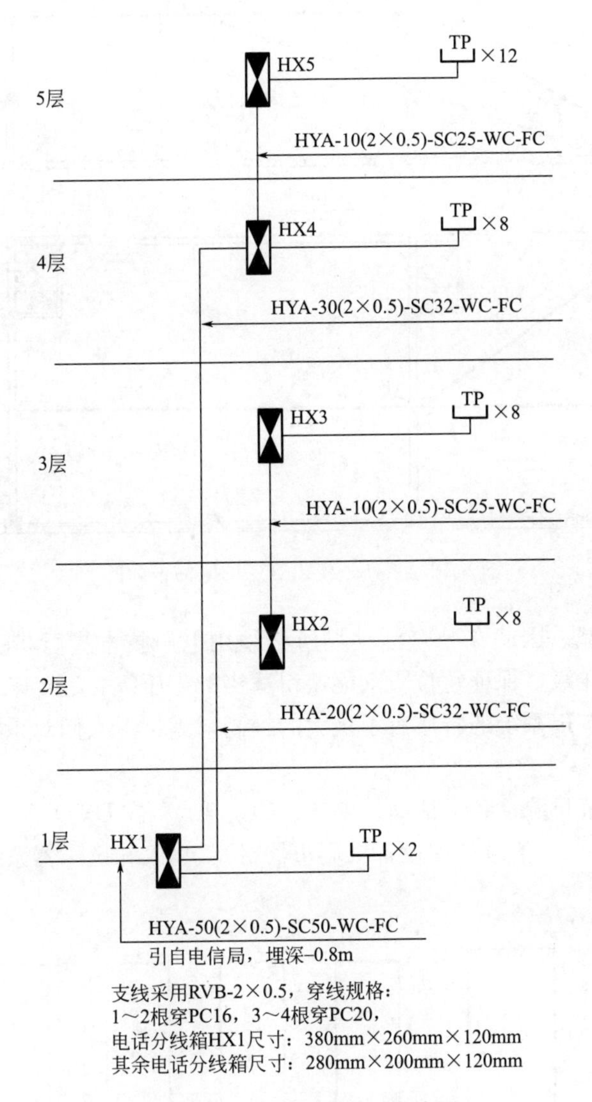

图 8-27 某办公楼电话系统图

由图 8-27 和图 8-28 可知，五层电话分接线箱信号通过 HYA-10(2×0.5mm) 型电缆由四楼分接线箱引入。每个办公室有电话出线盒 2 只，共 12 只电话出线盒。各路电话线均单独从电话分接线箱 HX5 分出，分接线箱引出的支线采用 RVB-2×0.5 型双绞线。出线盒暗敷在墙内，离地 0.3m。

8.8.5 扩声系统的组成

自然声源（如演讲、乐器演奏和演唱等）发出的声音能量是很有限的，其声压级随传播

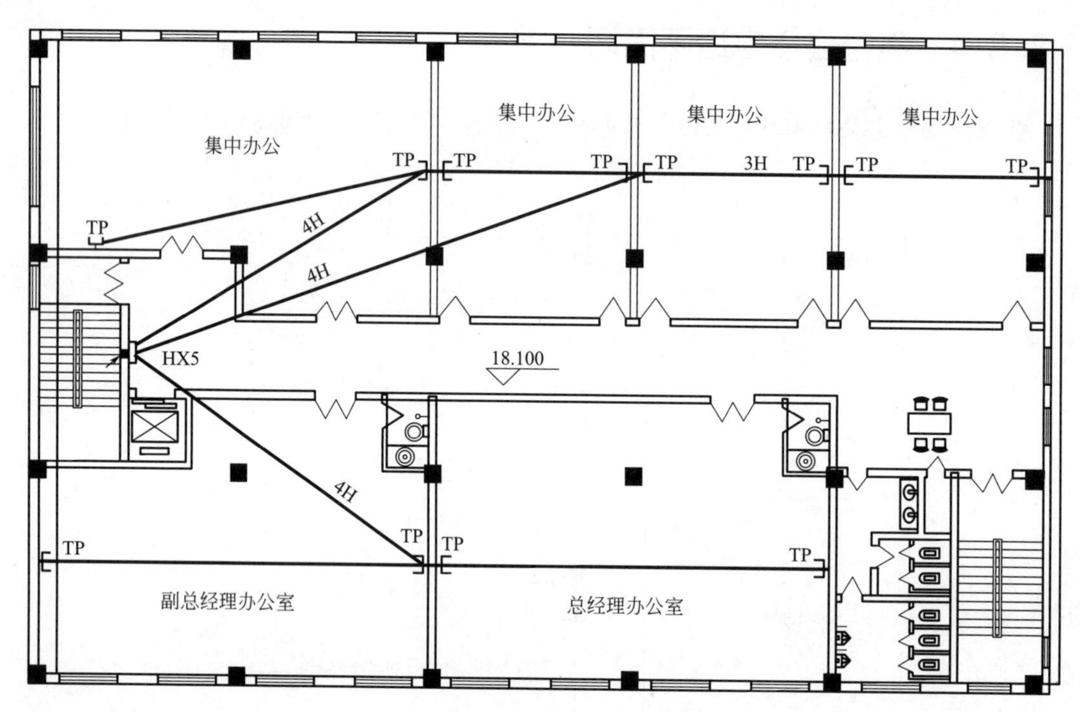

图 8-28 某办公楼第五层的电话平面图

距离的增大而迅速衰减。因此在公众活动场所必须用电声技术进行扩声，将声源的信号放大，提高听众区的声压级，保证每位听众能获得适当的声压级。近年来，随着电子技术和电声技术的快速发展，扩声系统的音质有了极大的提高，满足了人们对系统音质越来越高要求的需要。

扩声系统通常由节目源（各类话筒、卡座、CD、LD、或 DVD 等）、调音台（各声源的混合、分配、调音润色）、信号处理设备（周边器材）、功放和扬声器系统等设备组成，如图 8-29 所示。

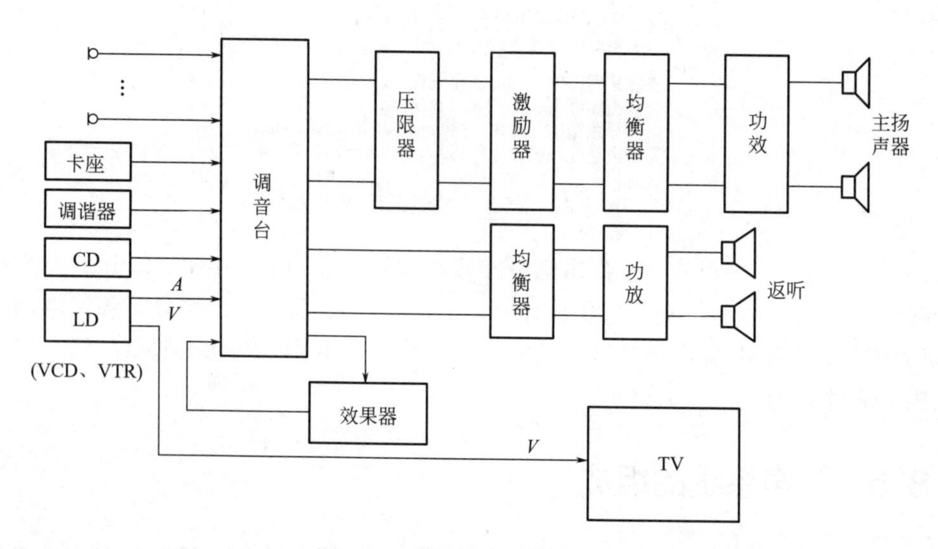

图 8-29 典型扩声系统的组成

8.8.6　常用公共广播系统图

图 8-30 是一种典型的宾馆公共广播系统，图中的 VP-1120 功放的输入端具有优选权功能。VR-1012 是一个带有控制功能的专用遥控传声话筒，它具有选区和强切功能（通过 ZDS-027 控制器）。

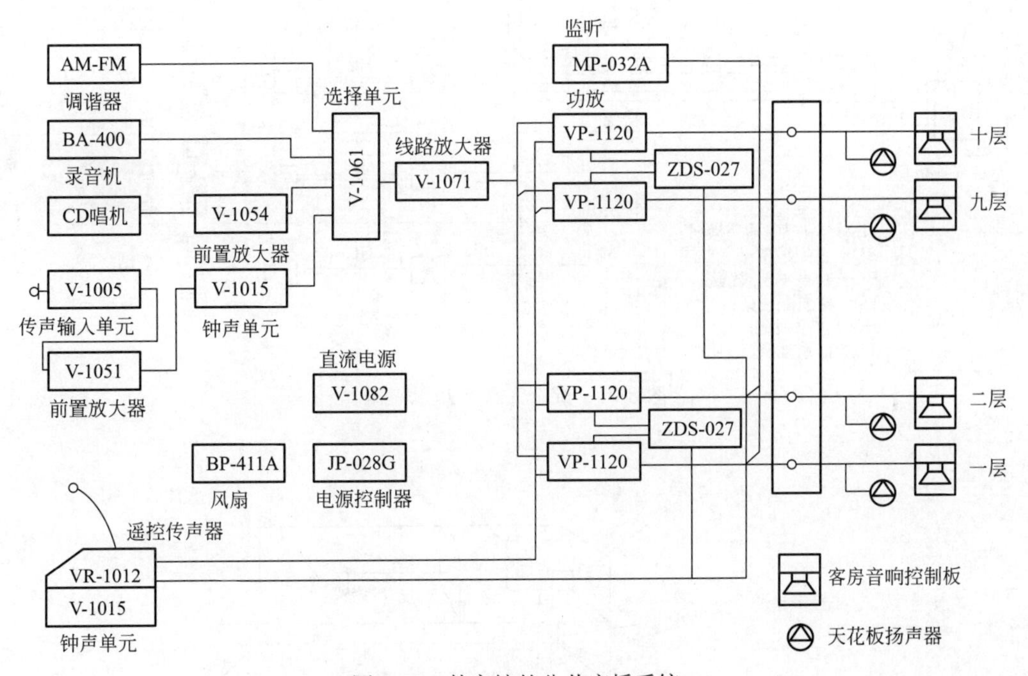

图 8-30　某宾馆的公共广播系统

8.9　综合布线工程图

8.9.1　综合布线系统的组成

建筑与建筑群综合布线系统是一种建筑物或建筑群内的传输网络，它将话音和数据通信设施、交换设备和其他信息管理系统相互连接，同时又将这些设备与外部通信网相连接，包括建筑物到外部网络或电话局线路上的连接点与工作区的话音或数据终端之间的所有电缆及相关联的布线部件。

图 8-31 为综合布线系统示意图。图 8-32 为建筑与建筑群综合布线系统结构示意图

由图 8-32 可知综合布线系统一般由工作区子系统、配线子系统、管理子系统、干线子系统、设备间子系统、建筑群子系统等六个独立的子系统组成。

一个独立的子系统需要装置设备终端的区域应划分为一个工作区。工作区子系统由布线子系统的信息插座延伸至工作站终端设备处的连接电缆及适配器组成。每个工作区至少应设置一个电话机或计算机终端设备。工作区的每个插座均应支持电话机、数据终端、计算机、

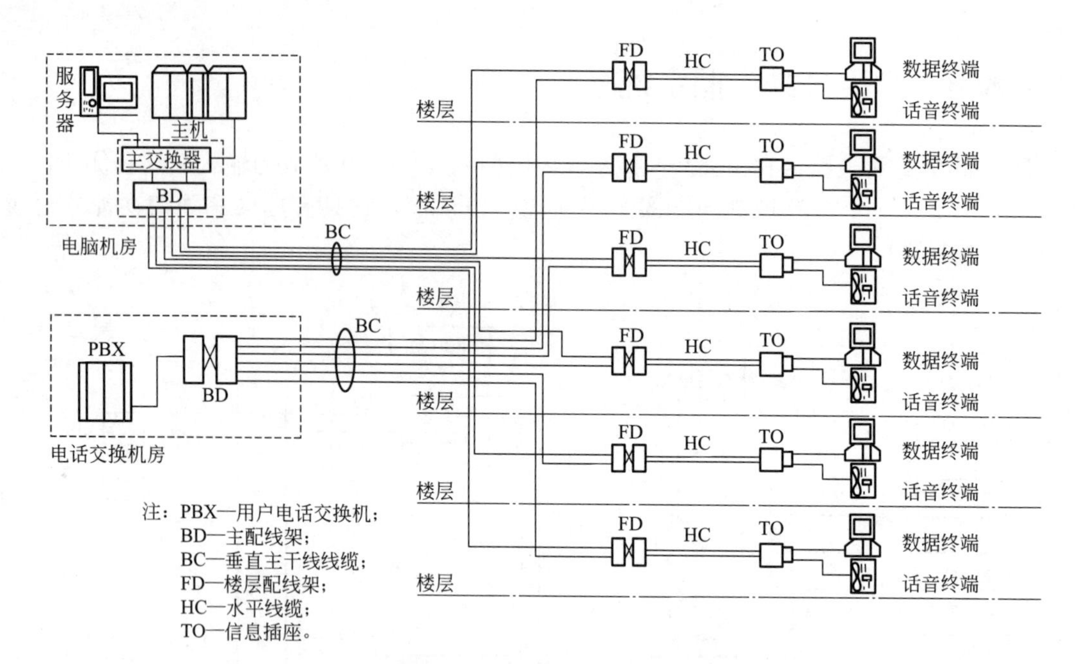

图 8-31 综合布线系统示意图

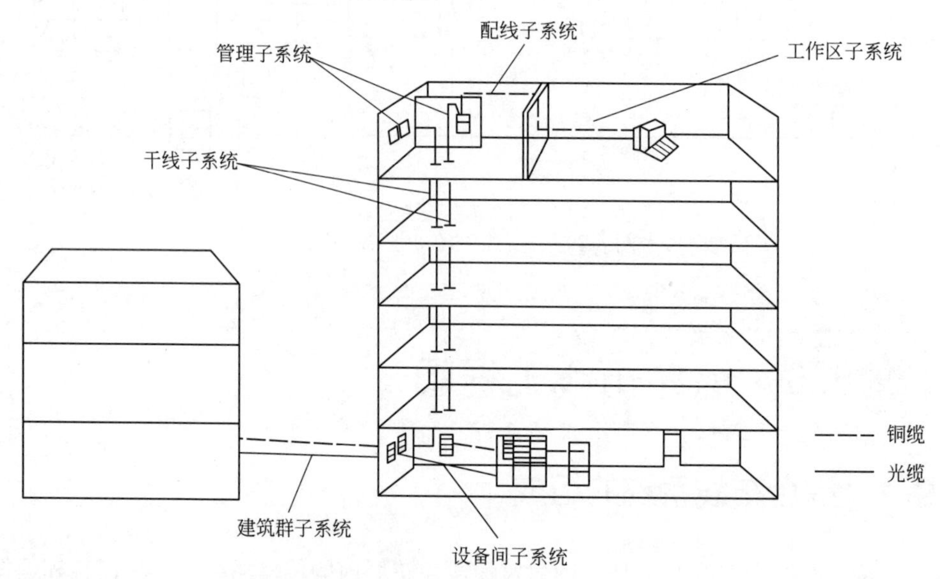

图 8-32 建筑与建筑群综合布线系统结构示意图

电视机及监视器等终端设备。

配线子系统由工作区的信息插座、每层配线设备至信息插座的配线电缆、楼层配线设备和跳线等组成。

管理子系统设置在楼层配线间内，是干线子系统和配线子系统之间的桥梁，由双绞线配线架、跳线设备等组成。当终端设备位置或局域网的结构变化时，有时只要改变跳线方式即可，不需重新布线。所以管理子系统的作用是管理各层的水平布线连接相应网络设备。

干线子系统由设备间的配线设备和跳线以及设备间至各楼层配线间的连接电缆或光缆组成。

设备间是在每一幢大楼的适当地点设置进线设备，管理进线网络以及管理人员值班的场所。设备间子系统由综合布线系统的建筑物进线设备，电话、数据、计算机等各种主机设备及其保安配线设备等组成。

建筑群子系统由两个及以上建筑物的综合布线系统组成，它连接各建筑物之间的缆线和配线设备。

8.9.2 综合布线工程系统图

综合布线工程系统图有两种标注方式。

综合布线工程系统图的第一种标注方式如图 8-33 所示。

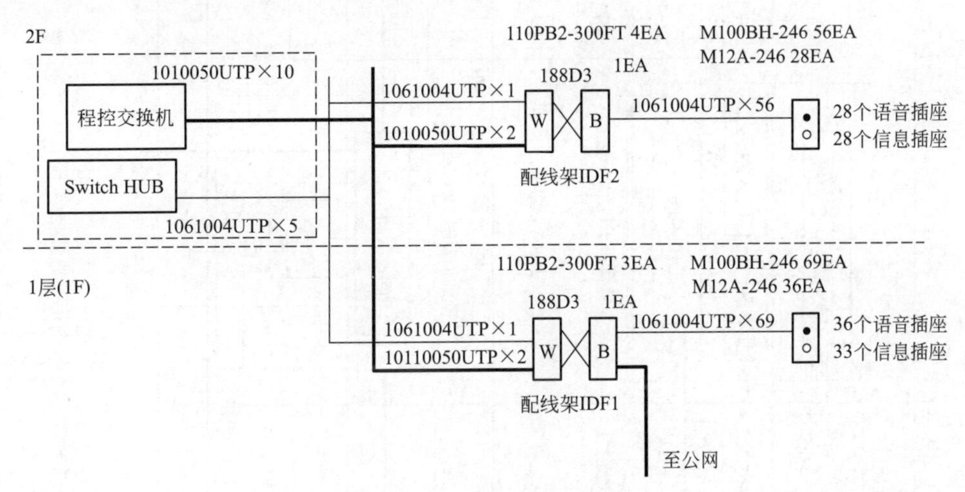

图 8-33 综合布线工程系统图标注方式一

由图 8-33 可知，该综合布线系统由程控交换机引入外网电话，由集线器（Switch HUB）引入计算机数据信息。电话语音信息使用 10 条 3 类 50 对非屏蔽双绞线电缆（1010050UTP×10），1010 是电缆型号。计算机数据信息使用 5 条 5 类 4 对非屏蔽双绞线电缆（1061004UTP×5），1061 是电缆型号。主电缆引入各楼层配线架，每层 1 条 5 类 4 对电缆、2 条 3 类 50 对电缆。配线架型号 110PB2-300FT，是 300 对 110P 型配线架，3EA 表示 3 个配线架。188D3 是 300 对配线架背板，用来安装配线架。从配线架输出到各信息插座，使用 6 类 4 对非屏蔽双绞线电缆，按信息插座数量确定电缆条数。因为 1 层（F1）有 69 个信息插座，所以有 69 条电缆；因为 2 层有 56 个信息插座，所以有 56 条电缆。M100BH-246 是模块信息插座型号，M12A-246 是模块信息插座面板型号，面板为双插座型。

综合布线系统图第二种标注方式如图 8-34 所示。

由图 8-34 可知，电话线由户外公网引入，接至主配线间或用户交换机房，机房内有 4 台 110PB2-900FT 型 900 个配线架和 1 台用户交换机（PABX）。图中所示的其他信息由主机房中的计算机进行处理，主机房中有服务器、网络交换机、1 个配线架和 1 个 120 芯光纤总配线架。

图 8-34 中的电话与信息输出线的分布如下：每个楼层各使用一根 100 对干线 3 类大对数电缆（HSGYV3 100×2×0.5），此外每个楼层使用一根 6 芯光缆。每个楼层设楼层配线架（FD），大对数电缆要接入配线架，用户使用 3、5 类 8 芯电缆（HSYV5 4×2×0.5）。光

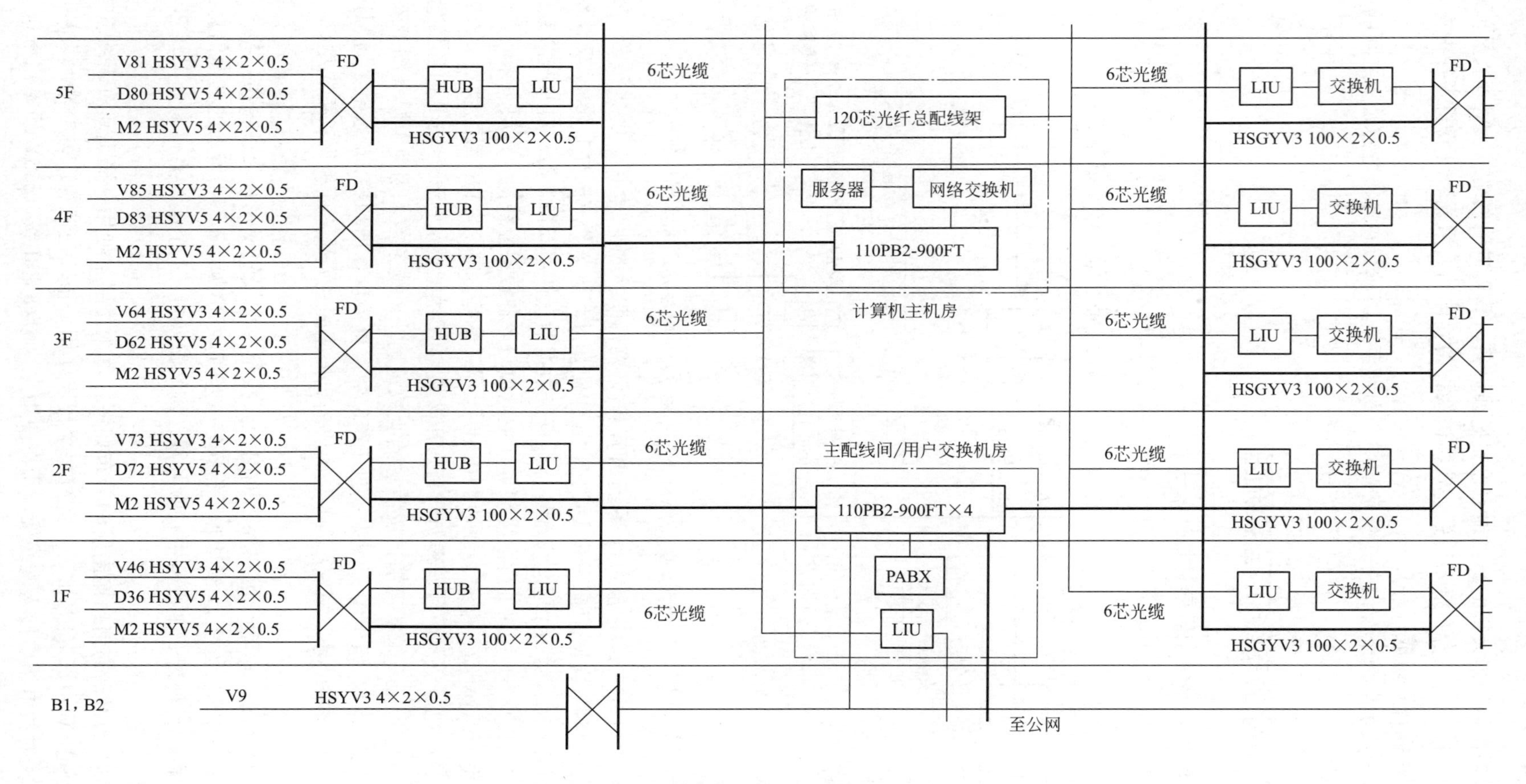

图 8-34 综合布线工程系统图标注方式二

缆先接入光纤配线架（LIU），转换成电信号后，再经集线器（HUB）或交换机分路，接入楼层配线架（FD）。

在图 8-34 中，2 层的左侧标注的文字代号含义如下："V73" 表示本层有 73 个语音出线口；"D72" 表示本层有 72 个数据出线口；"M2" 表示本层有 2 个视像监控口。

8.9.3 某住宅综合布线平面图

某住宅综合布线平面图如图 8-35 所示。

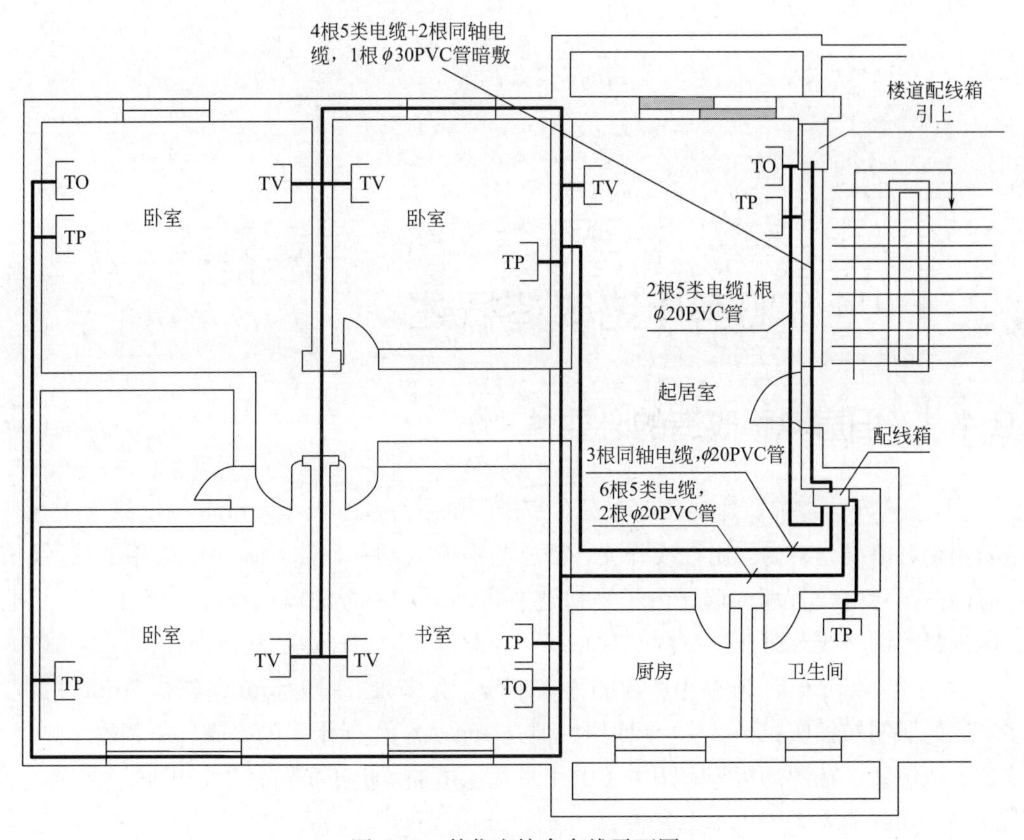

图 8-35 某住宅综合布线平面图

由图 8-35 可知，该住宅的信息线由楼道内配电箱引入室内，使用 4 根 5 类 4 对非屏蔽双绞线电缆（UTP）和 2 根同轴电缆，穿 ϕ30PVC 管在墙体内暗敷。每户室内有一个家居配线箱，配线箱内有双绞线电缆分接端子和电视分配器，本用户为 3 分配器。户内每个房间都有电话插座（TP），起居室和书房有数据信息插座（TO），每个插座用 1 根 5 类 UTP 电缆与家居配线箱连接。户内各居室都有电视插座（TV），用 3 根同轴电缆与家居配线箱内分配器连接，墙两侧安装电视插座，用 2 分支配器分配电视信号，户内电缆穿 ϕ20PVC 管在墙体内暗敷。

第9章 旧房电路改造

9.1 旧房电路改造概述

9.1.1 旧房电路改造的必要性

20世纪80年代以前所建的住宅小区，室内强电系统基本以1.5mm^{2}的电线为主，有的甚至采用铝芯电线。室内采用拉线开关，插座与照明为同一回路，大多数采用PVC线槽配线，有的甚至将电线直埋入墙。由于当初建造房屋时，未考虑弱电线路，因此增设的电话线、电视线、网络线等只能在室内临时布线，像撒蜘蛛网一样非常乱。

20世纪80年代末至2000年所建的住宅小区，大多数采用1.5mm^{2}或2.5mm^{2}的电线，很多家庭的照明与插座只分2～3个回路。但是随着人们生活水平的提高，空调器、热水器、微波炉、电饭煲、抽油烟机等家用电器的用量逐年增加。由于负荷过大，因此经常出现“跳闸”现象。而且弱电系统也不太完善。

总之，旧房普遍存在电路分配简单、电线老化、布线不合理或违章布线、开关插座数量不足、电话线裸露在外等现象。有的旧房水管、电线管共槽或交叉，线路老化严重，一旦漏水或漏电，危险不言而喻。这不仅不能适应现代化家庭的用电需求，而且还存在严重的安全隐患。所以在进行装修时，必须大规模改造或彻底整改、重新布线。为家庭打造一个安全、方便的用电环境。

新的国家标准规定，民用住宅中固定插座的数量不应少于12个，许多旧房原有的插座数量达不到这个标准。随着家用电器越来越多，若不进行整改，则需要大量使用移动插座。如果大量使用移动插座，当电流负荷增大时，移动插座就会因接触不良而产生异常的高温，为触电和电器火灾事故埋下隐患。

另外，历史原因，时间比较久的旧房的弱电线路基本上都采用明敷设方式，电视线、电话线、网络线裸露在墙壁上甚至在地面上，走线路径极不合理。而且，有的弱电线路与强电线路靠得太近，存在严重的安全隐患。因此，对旧房电路进行整改是非常必要的。

9.1.2 旧房电路改造的基本原则

旧房电路改造的基本原则是确保家庭用电安全、经济实用和兼顾美观性，并做到尽量不损伤墙体。

(1) 确保家庭用电安全

住宅用电以220V单相负荷为主，并且对用电安全性要求较高。近年来，安全用电已经成为社会关注的焦点。随着空调器、微波炉、电磁炉、电饭煲、电热水器、电取暖炉、消毒柜、浴霸等大功率电器的广泛应用，家庭装修日渐普及。因此，在旧房电路改造时，一定要确保家庭用电的安全。

家庭安全用电，除家庭成员的素质和居住环境外，关键还得看家庭供电系统中电气设备的配置情况，如断路器、照明开关、电源插座、电线等配电设备的安全性。因此，在旧房电路改造中，要选用质量合格的开关电器和配电设备。

旧房改造时，空调、热水器等大功率电器应该走专门一路横截面积4mm^2的线路，并在埋线时使用PVC绝缘护线管。这样既可以防止与其他电器同时使用时造成导线发热形成隐患，又可以保护各电器的使用。

(2) 经济实用

进行旧房电路改造应尽量降低成本。例如，在旧房电路改造时，并非所有的旧房电路都必须整改。因为有些电工材料及配电设备虽然已经使用过，但是距该产品的终极使用寿命还有很多年。通过安全评估的旧材料完全可以继续使用；如果安全评估不过关，则必须更换。

旧房电路的整改可分两种情况。一种是全部整改，例如原来的电线是铝芯线，现在要改为铜芯线；原来的线路是明敷设，现在要改为暗敷设。这就需要对室内电路进行全部更改。另一种是局部更换或增加线路，例如卫生间原来没有浴霸，由于浴霸的功率较大，因此需要增加一条线路进卫生间。但是，为了节省支出，可以不用更换截面积为1.5mm^2铜芯线的照明电路。

(3) 装修美观

旧房电路整改时，要注意开关、插座和灯具等电器的安装位置与装修风格的一致性、协调性，把为生活服务的功能性放在重要位置，一定要在生活中给使用者留下方便、舒适的感觉。例如，需要集中成排安装的开关、插座，一定要成排安装，其安装高度应一致；需要独立安装的开关、插座，在满足需要的前提下，其安装位置应尽量符合审美要求，不影响安装位置整体装饰的艺术性。如果开关、插座的安装位置不当，可能会影响家具摆放或电器安装，从而影响房间的整体效果。

(4) 尽量不损伤墙体

旧房电路整改时，要坚持尽量不损伤墙体的原则，尽量不要破坏房屋的建筑质量。能够把电线敷设在实木地板的龙骨或底板踢脚线里面时，尽量不要在墙壁上“开槽”。

9.2 旧房电路改造的设计

9.2.1 电路改造设计前的准备工作

旧房装修设计前，设计师应与业主现场沟通，就现场情况提出更多合理化建议供业主参考，由业主掌握最终决定权。在装修方案基本成熟的基础上，进行电路整改设计。

① 对房屋装修做好整体规划。在旧房装修改造之前，需要考虑清楚是做局部改造还是全部改造；如果做局部改造，要注意不能破坏哪些部分等等。这些都应该事先考虑清楚，以免在旧房改造工程开始之后，才发现有些地方做得不对，要重新做。这样很有可能对房屋的基础构造造成一定的伤害，给房屋装修带来不好的影响。

② 检查房子以前所用的电路和水路。水电改造工程是旧房改造中最不能被忽视的地方。因此在旧房改造开始之前，应对旧房中的电路和水路进行仔细的检查。要看房间内所用的水管是否老化，如果只是部分有老化现象，要注意标明哪些地方的水管有老化现象，装修时进行更换；接下来就是检查旧房中的电线，如果旧房子使用的是铝线，一定要拆掉。

③ 检查房间墙面是否出现开裂、脱皮现象。在进行旧房改造之前，要检查房间墙面是否出现开裂、脱皮的现象；如果出现这种现象，在旧房改造开始的时候就要对墙面做好基层处理。

④ 检查旧房中的开关插座是否能满足日后使用。以前人们家中的电器较少，自然开关插座也就较少，而随着人们使用的电器越来越多，灯光照明设备也日渐丰富，自然就需要更多开关和插座。因此在开始装修之前，要仔细核实旧房内的开关插座数量，看距离自己的要求差多少，并记好位置，这样在后期布线的时候就比较容易。

⑤ 做好居室各功能间的空间划分、平面家具布置、装饰性较强的造型吊顶布置。例如，床、衣柜、电脑桌等设备的摆放位置及大小，餐厅餐桌的大小和摆放位置等。

⑥ 对准备安装的各种电器设备的型号及尺寸做到心中有数。例如，厨房整体设计方案直接关系到厨房水、电方案的确定；若需要安装电热水器，则需要设计敷设线路、安装插座等。

9.2.2 旧房电路改造的设计方案

(1) 旧房电路改造设计注意事项

在进行旧房电路改造设计时，需要注意以下几点。

① 根据用电负荷的实际情况和可能添置的设备负荷选择电源线。选择电源线时，一定要选择国标线，以免造成超负荷而引起的短路或毁坏设备；在选择电气元件时，千万不能以次充好，以免造成事故。

② 电路改造涉及空间的定位，还有开槽。所以要提前进行。

③ 严禁将导线直接埋入抹灰层，导线在线管中严禁有接头，同时对使用的线管（PVC

阻燃管）进行严格检查，要符合国家标准，对管路铺设应遵循“安全、方便、经济、客观”的原则。

④ 对特殊用电回路，例如：空调、整体浴室、电淋浴器等，建议用户在购买时，先自检是否有保护装置，然后配置相应的漏电保护开关，以确保用户的财产安全。

⑤ 在设计过程中，对电源布线应进行全面考虑，避免造成布线不合理或漏布线的现象。

⑥ 工程完工后，要进行漏电开关检测。给出完整的电路图，以便日后维修。

(2) 入口的电路设计

入口是给客人留下第一印象的空间。此外还希望家人一进门就能感受到温馨的氛围。入口通常用壁灯，安装在门的一侧或两侧壁面上，距地面1.8m左右。透明灯泡外用透明玻璃灯具，既美观又可以产生欢迎的效果。乳白色玻璃灯具使周围既明亮，又有安全感。但这些灯都照不到脚下，特别是在有阶梯的地方，用筒灯比较多。

玄关入口要求使用一般照明。如果有绿色植物、绘画、壁龛等装饰物时，可采用重点照明，创造一个生动活泼的空间。

(3) 客厅的电路设计

客厅是家居中使用频率最高的多功能空间。集聚会、看电视、看书、接待客人等功能于一身的客厅的照明需要一室多灯，并需将开关电路分控，使照明效果与各种活动相配合。特别是房间越大越会同时进行各种不同的活动。要注意布灯时避免各种光线相互干扰。还要注意不能选择易产生眩光的灯具。

客厅布线一般应为10支线路：电源线、照明线、空调线、电视线、电话线、电脑线、对讲器或门铃线、报警线、家庭影院、背景音乐线。客厅各线终端预留分布：在电视柜上方预留电源（5孔面板）、电视、电脑线终端。空调线终端预留孔应按照空调专业安装人员测定的部位预留空调线（16A面板）、照明线开关。单头或吸顶灯，可采用单联开关；多头吊灯，可在吊灯上安装灯光分控器，根据需要调节亮度。在沙发的边沿处预留电话线口。在户门内侧预留对讲器或门铃线口。在顶部预留报警线口。客厅如果需要摆放冰箱、饮水机、加湿器等设备，根据摆放位置预留电源口。一般情况客厅至少应留5个电源线口。另外，在客厅布上5.1家庭影院线，可以在家中享受电影院的震撼效果。如今，背景音乐已进入家庭，成为装修的时尚，不同年龄都可以享用，而且互不干扰，比如，年轻人可以用它听摇滚，儿童可以用它听英语，老年人可以用它听广播。

照明灯具的配光分类，顶棚、壁面对空间的氛围和平均照度有很大的影响。因此要充分了解表面的情况，选择适合的灯具进行照明。通常推荐没有眩光的筒灯。如果室内很亮，使用像檐板照明那样的间接照明，无论是效率还是效果都会很好。

看电视时的照明是一种特殊要求，此时客厅中其他地方的照明往往是不需要的，或是对看电视有妨碍的。建议在电视附近提供柔和、适度的照明。

(4) 卧室的电路设计

卧室基本上是指就寝的空间，第一要求是照明应起到催眠的效果。依房间使用方式不同，照明可满足就寝前看书、看电视、化妆、拿衣服等生活行为。建议一般照明与局部照明兼顾。催眠用照明灯具本身的亮度不能太高，一般照明也不能太亮。卧室可使用带罩台灯表现出所需氛围。

卧室布线一般应为8支线路；电源线、照明线、空调线、电视线、电话线、报警线、背景音乐线、视频共享。卧室各线终端预留：床头柜的上方预留电源线口，并以采用5孔插线板带开关为宜，可以减少床头灯没开关的麻烦，还应当预留电话线口，如果是双床头柜，应在两个床头柜上方分别预留电源、电话线口。梳妆台上方应当预留电源接线口，另外考虑梳妆镜上方应有反射灯光，在电线盒旁另加装一个开关。照明灯光应采用单头灯或吸顶灯，多头灯应加装分控器，重点是开关，建议采用双控开关，单联，一个安装在卧室门外侧，另一个安装在床头柜上侧或床边较易操作部位。空调线终端接口预留，须由空调安装专业人员设定位置。报警线在顶部位置预留线口。如果卧室采用地板下远红外取暖，电源线与开关调节器必须采用适合6mm^{2}铜线与所需电压相匹配的开关。温控调节器切不可用普通照明开关，该电路必须另行铺设，直接到入户电源控制箱。另外，背景音乐线可以在卧室或其他房间共享客厅的DVD（或CD、MP3、TV等）音乐。目前很多人都在卧室预留视频共享端口，可共享客厅DVD影视大片。

对于老年人的卧室，有必要为了半夜上厕所，在墙脚下安装不太亮的长明灯。

选择光源时，应注意使整个卧室的色调尽量保持一致，另外也要注意在整个房间中保持显色性方面的一致性。这样可以在整体上保持一种温和的视觉氛围，避免产生跳跃感和生硬感。

(5) 书房的电路设计

书房是以视觉作业为主要目的空间。因计算机已普遍进入各个家庭的书房，故书桌上的照明设计要以显示屏的亮度为主，有必要对周围的亮度比、照度比进行大量的、详细的探究。计算机操作照明的亮度一般按纸面文本与键盘面、显示屏、显示屏的背景壁面的顺序依次增加。计算机操作照明除一般照明外，还有使用臂式台灯作为局部照明。

书房布线应为8支线路：电源线、照明线、电视线、电话线、电脑线、空调线、报警线、背景音乐线。书房内的写字台或电脑台，在台面上方应装电源线、电脑线、电话线、电视线终端接口。从安全角度应在写字台或电脑下方装1～2个电源插口，以备电脑配套设备电源用。照明灯光若为多头灯应增加分控器，开关可安装在书房门内侧。空调预留口，应按专业安装人员要求预留。报警线应在顶部预留接线口。

(6) 厨房的电路设计

厨房主要用于做饭。照明基本要求是能够照亮餐台台面、灶台台面、水槽等工作面。在照明设计时，要避免在工作面上产生阴影。厨房中的环境照明或一般照明有可能将人的影子投射到工作台面上并影响其工作。所以应该注意不要使用过强的作业照明灯泡去直接照工作台面。厨房选择光源和灯具：吸顶式荧光灯安装在天花板的中间部位，以使整个房间内的光照分布均匀，灯具的侧面和底面覆盖控光透镜，让灯下和侧面都有适合的光照，以兼顾灯下的照明和壁柜的照明。灯具要做到防雾防湿。

厨房布线应为4支线路：电源线、照明线、电话线、背景音乐线。电源线部分尤为重要，最好选用4mm^{2}的铜芯线。因为随着厨房设备的更新，使用如微波炉、抽油烟机、洗碗机、消毒柜、食品加工机、电烤箱、电冰箱等设备增多，所以应根据用户要求在不同部位预留电源接口，并稍有富余，以备日后所增添的厨房设备使用。电源接口距地不得低于50cm，避免因潮湿造成短路。照明灯光的开关，最好安装在厨房门的外侧。另外，厨房挂上个小电话机也很方便。还要再布上背景音乐线，听着音乐做饭，感觉也是很好的。

选择光源时，要格外注意光源的显色性。通常情况下色温为3000K、显色指数在80以上的光源，是比较适合的。

(7) 餐厅的电路设计

餐厅的中心是餐桌。要求照明使餐布、碗筷、食物、花草等餐桌上的一切显得明亮美丽，使食物能够引起食欲。餐桌的照明灯具使用最多的是吊灯。根据餐桌的大小，可用1～3盏。如果餐厅不太大，这种吊灯完全可以兼作餐桌照明和一般照明。

餐厅布线应为4支线路：电源线、照明线、空调线、电视线。电源线尽量预留2～3个电源接线口。灯光照明最好选用暖色光源，开关选在门内侧。空调也需按专业人员要求预留接口。另外，在餐厅预留电视接口，可以边看新闻，边吃饭。

餐厅通常选用色温为3000K、显色指数在80以上的光源。这种光源能更好地突显食物的色泽。

(8) 卫生间的电路设计

在卫生间与浴室中，主要是为在镜子前面进行化妆和刮脸等活动提供相应照明，而沐浴、短时间阅读等需求可借助于卫生间中环境照明来满足。

卫生间和浴室的环境照明要求是有一定特殊性的。通常情况下，安装在房间顶上的防雾防湿吸顶灯可以满足环境照明的要求。镜子的上方或两侧可用防湿镜前灯。也有在镜子周围使用几盏低瓦数的防湿灯具。这样使包括下巴以下部分都能被照亮，不仅适合化妆，还适合刮胡子。但不能产生太热的感觉，要注意灯的数量与瓦数。

卫生间布线应为5支线路：电源线、照明线、电话线、电视线、背景音乐线。电源线以选用4mm^{2}的铜芯线为宜。考虑电热水器、电加热器等大电流设备，电源线接口最好安装在不易受到水浸泡的部位，如在电热水器上侧，或在吊顶上侧。电加热器，目前较理想的是浴霸，浴霸可同时解决照明、加热、排风等问题，浴霸开关应放在室内。而照明灯光或镜灯开关，应放在门外侧。在相对干燥的地方预留一个电话接口，电话接口应注意要选用防水型的。如果条件允许的话，在墙壁上装个小液晶电视或背景音乐线。

为保证能正确显示肤色，建议使用色温为3000K、显色指数为80以上的光源。

(9) 阳台的电路设计

阳台布线应为4支线路：电源线、照明线、网络线、背景音乐线。电源线终端预留1～2个接口。照明灯光应设在不影响晾衣物的墙壁上或暗装在挡板下方，开关应装在与阳台门相连的室内，不应安装在阳台内。另外，可以坐在阳台上网、听音乐。

(10) 走廊、楼梯的电路设计

有楼梯的地方，由于楼梯的高度差，故要求有安全照明。特别是在下楼梯时，要注意不要发生踏空摔下去的事故。所以要使用不会产生眩光的灯具。不能安装在使踏面位于阴影的位置。

走廊、楼梯布线应为2支线路：电源线、照明线或考虑人体感应灯。电源终端接口预留1～2个。灯光应根据走廊长度、面积而定。如果较宽可安装顶灯、壁灯；如果狭窄，只能安装顶灯。走廊与楼梯的照明要使用两只双联开关，并可以在两个位置控制。另外，也可以考虑人体感应灯，人来灯亮、人走灯灭。

9.3 旧房电路改造的施工

9.3.1 旧房电路改造工艺流程

① 旧房电路改造前，要对设计进行确认。注意浴霸、热水器、各种照明灯具等的位置；确认电源插座、电视插座、电话插座等的数量和位置。

② 交底放线。由技术负责人向工人师傅进行技术交底。

③ 拆除原有电线、开关和插座。

④ 定位。首先要根据用户电的用途进行电路定位，比如，哪里要开关、哪里要插座、哪里要灯等要求，电工会根据用户要求进行定位。

⑤ 开槽。定位完成后，电工根据定位和电路走向，开布线槽；线路槽很有讲究，要横平竖直。不过，规范的做法，不允许开横槽，因为会影响墙的承受力。

⑥ 弯管。冷弯管要用弯管工具，弧度应该是线管直径的10倍，这样穿线或拆线，才能顺利。

⑦ 布线。布线一般采用线管暗埋的方式。线管有冷弯管和PVC管两种，冷弯管可以弯曲而不断裂，是布线的最好选择，因为它的转角是有弧度的，线可以随时更换，而不用开墙。

布线要遵循的原则：

a. 所有走线中不能有接头，否则，时间一长就会引起轻微打火，导致的结果就是屋子里的灯经常性损坏。

b. 电路都要采用PVC管配线，PVC管一定要绝缘、阻燃，否则将来容易出问题。如果需要连接线管，要用接头。接头和管要用胶粘好。

c. 管内导线总截面面积要小于保护管截面面积的40%。

d. 强、弱电线不能同时穿在一根管内。

e. 当布线长度超过15m或中间有3个弯曲时，在中间应该加装一个接线盒，因为拆装电线时，太长或弯曲多了，会导致电线从线管中很难穿进去。

f. 导线接头必须要结实牢固，导线连接后，要立即用绝缘胶布包好。

g. 电线线路要和煤气管道相距40cm以上。

h. 不同区域的照明、插座、空调、热水器等电路都要分开分组布线，这样当哪部分需要断电检修时，不影响其他电器的正常使用。

i. 在装修过程中，如果确定了火线、零线、地线的颜色，那么任何时候，颜色都不能弄混。

j. 所有走线都必须能拉得动。如果不能拉动，将来就无法维修。

⑧ 安装开关和插座。在没有特别要求的前提下，插座安装应离地30cm；一般情况下，空调插座安装应离地2m以上。

⑨ 电路施工结束后，一定要让施工方做一份电路布置图，一旦以后要检修或修整墙面或在墙上打钉子，可以防止电线被打坏。

9.3.2 旧房电路改造施工操作要点

① 在装修前应先打开几个插座盒检查一下原来安装的电线管的管口；如果电线管已经锈蚀，就不能再使用，应该舍弃。如电线管保存较好，直接更换管内电线即可。如果管内穿的是符合标准的塑铜线，那么还是可以继续使用的。

② 为了节约装修费用，原有的线路能用的可以不拆除，但新增加的电源插座和照明电路最好是从配电箱单独走线，因为原来所有的电路在安装时，是按照每个电路支路的用电负荷计算电流并分配的，任意接线或在原电路上增加插座和照明器具会造成单个电路负荷过大，容易引起跳闸或烧坏电源总闸，甚至会引起火灾。

③ 旧房原有的插座电路可能没有接地线（一般只有两个孔的插座都缺少接地），这不符合用电安全标准，必须更换。一种方法是更换住宅的总电源箱，在电源箱设置接地；另一种方法是找物业的用电管理人员协商接地线的安装位置和连接方法，千万不要自作主张设置接地线。

④ 对于电话线路、网线、视频线等弱电项目，改造前要考虑好各种弱电插座的安装位置，按照目前人们的生活习惯，最好是在各主要功能间（如客厅、卧室等）都留出弱电插座，以方便今后的生活。至于楼宇对讲系统等，在装修前最好请物业部门拆下，完工后再重新装上。如果实在不能拆，也要事先包扎起来或保护好，以避免施工过程中损坏。

9.3.3 旧房电路改造施工注意事项

① 如果需要环绕音响，一定要预留音响线。

② 网络线一般要考虑主卧室、书房，有条件的话最好能每个房间都考虑，因为以后上网速度会越来越快，很多家用电器可能都会上网，像目前的等离子或液晶电视都可以直接当显示器使用了。

③ 一般保证客厅及主卧有电话线就行了，以后实在不行可以上无绳电话。

④ 电路改造完成后装修公司会出一份水电图纸，有条件的话，最好能用数码相机把整个改造情况照下来，比看图纸更直观。

⑤ 卫生间的插座要使用防水插座。

⑥ 主卧室的开关可以选用双控开关，方便得多。主卧进门处开了灯，睡在床上，不用起床，伸手在床头就可以关灯，相当方便。

⑦ DVD及功放等设备不一定非要同电视机装在一起，目前有些简洁的电视墙，希望只看到电视机，不想看到DVD等设备，只需在装修时把这些设备的线路预埋到其他合适的地方就可以实现，比如客厅里面可以预埋到沙发边，换碟片都不用起身；主卧室的可以预埋到床边，使用起来也非常方便。

⑧ 在确定开关插座的位置时，一定要考虑好以后家具的摆放，一定要保证自己使用方便，常见的问题如下：

a. 床头柜背后的插座经常被挡在床头柜后面，插和拔插头的时侯都极不方便，并且在使用时，床头柜靠不到墙，很不美观。因此能将插座位置错开床及床头柜最好。放在侧面点，实在不行，将插座装在床头柜上面也比挡在后面好用。

b. 经常会出现装修完后，衣柜、书柜买回来，把开关插座挡住的现象。因此在预留开关插座位置时，一定要考虑家具的摆放问题，在选购家具时要考虑电源的现有位置。

c. 确定洗衣机及冰箱插座位置时，也要注意这个问题。

⑨ 餐厅也要考虑一个插座，方便用电磁炉吃火锅等。

⑩ 电视机后面一般预留两至三个电源插座就够了，建议使用一个高质量的接线板，可以把电视、DVD、功放之类的插在一起。关机时，把接线板的开关一关就都关了，免得全部设备都长时间处在待机状态。

⑪ 目前有些卫生洁具如坐便器或淋浴房、冲浪浴缸等都是带电源的。如果要选用这类产品，一定要预留电源。

⑫ 带露台或花园的装饰，室外也需要预留电源插座以备不时之需。

⑬ 家装常见线路导线截面积的选择：$1.5mm^2$ 铜芯线可承受 2200W 的负荷；$2.5mm^2$ 铜芯线可承受 3500W 左右的负荷；$4mm^2$ 铜芯线可承受 5200W 的负荷；$6mm^2$ 铜芯线可承受 8800W 的负荷；$10mm^2$ 铜芯线可承受 14000W 左右的负荷。

⑭ 灯具选购时要注意选购的灯泡质量一定要好，尽可能地选用优质的节能灯泡，亮度高又节能。

⑮ 开关、插座的安装位置正确。盒子内清洁、无杂物；盒子表面清洁、不变形，盖板紧贴建筑物的表面。

⑯ 开关切断相线。导线进入器具处绝缘良好，不伤线芯。

⑰ 插座的接地线单独敷设。

⑱ 允许偏差项目：明装开关、插座的底板和暗装开关、插座的面板并列安装时，开关、插座的高度差允许为 0.5mm；同一场所的高度差为 5mm；面板的垂直允许偏差为 0.5mm。

⑲ 安装开关、插座时不得碰坏墙面，要保持墙面的清洁。

⑳ 开关、插座安装完毕后，不得再次进行喷浆，以保持面板的清洁。

㉑ 其他工种在施工时，不要碰坏和碰歪开关、插座。

㉒ 应调整面板后再拧紧固定螺钉，使开关、插座的面板紧贴建筑物表面。

㉓ 多灯房间的开关与所控制的灯具顺序应对应。

㉔ 为了美观，应选用统一的螺钉（一字或十字螺钉）固定开关、插座的面板。

㉕ 同一房间的开关、插座的安装高度差若超出允许偏差范围，应及时更正。

㉖ 若线管进盒护口脱落或遗漏，在安装开关、插座接线时，应注意把护口带好。

第10章 安全用电

10.1 电流对人体的伤害

10.1.1 电流对人体伤害的形式

电流对人体伤害的形式，可分为电击和电伤两类。伤害的形式不同，后果也往往不同。

① 电击　电击是指电流通过人体内部，破坏人的心脏、呼吸系统以及神经系统的正常工作，甚至危及生命。人体触及带电导线、漏电设备的外壳和其他带电体，以及雷击或电容器放电，都可能导致电击（通称触电）。在低压系统，通电电流较小，通电时间不长的情况下，电流引起人的心室颤动是电击致死的主要原因；在通电时间较长，通电电流较小的情况下也会形成窒息致死。

② 电伤　电伤是电能转化为其他形式的能量作用于人体所造成的伤害。它是高压触电造成伤害的主要形式。

电伤的形成大多是人体与高压带电体的距离近到一定程度，使这个间隙中的空气电离，产生弧光放电对人体外部造成局部伤害。电伤的后果，可分为电灼伤、电烙印和皮肤金属化等。电击和电伤的特征及危害见表10-1。

表10-1　电击和电伤特征及危害

名称		特征	危害
电击		人体表面无显著伤痕，有时找不到电流出入人体的痕迹	与人体电阻的变化、通过人体的电流的大小、电流的种类、电流通过的持续时间、电流通过人体的途径、电流频率、电压高低及人体的健康状况等因素有关
电伤	电灼伤	人触电时，人体与带电体的接触不良就会有火花和电弧发生，由于电流的热效应造成皮肤的灼伤	皮肤发红、起泡及烧焦和组织破坏。严重的电灼伤可致人死亡，严重的电弧伤眼可引起失明

续表

名称		特征	危害
电伤	电烙印	由于电流的化学效应和机械效应引起，通常在人体和导电体有良好接触的情况下发生	皮肤表面留有圆形或椭圆形的肿块痕迹，颜色是灰色或淡黄色，并有明显的受伤边缘、皮肤硬化现象
	皮肤金属化	溶化和蒸发的金属微粒在电流的作用下渗入表面层，皮肤的伤害部分形成粗糙坚硬的表面及皮肤呈特殊颜色	皮肤金属化是局部性的，日久会逐渐脱落
间接伤害		因电击引起的次生人身伤害事故	如高空坠跌、物体打击、火灾烧伤等

在触电伤害中，由于具体触电情况不同，有时主要是电击对人体的伤害，有时也可能是电击和电伤同时发生。触电伤害中，绝大部分触电死亡事故都是由电击造成的，而通常所说的触电事故，基本上是对电击而言的。

10.1.2 人体触电时的危险性分析

① 人体触电时，致命的因素是通过人体的电流，而不是电压，但是当电阻不变时，电压越高，通过人体的电流就越大。因此，人体触及到带电体的电压越高，危险性就越大。但不论是高压还是低压，触电都是危险的。

② 电流通过人体的持续时间是影响触电伤害程度的一个重要因素。电流通过人体的时间越长，人体电阻就越低，流过的电流就越大，对人体组织的破坏就越厉害，造成的后果就越严重。同时，人体心脏每收缩、扩张一次，约有 0.1s 的间隙。这 0.1s 对电流最为敏感。若电流在这一瞬间通过心脏，即使电流很小（零点几毫安）也会引起心室颤动；如果电流不在这一瞬间通过心脏，即使电流较大，也不会引起心脏麻痹。

由此可见，只有电流持续时间超过 0.1s，并且与心脏最敏感的间隙相重合，才会造成很大危险。

③ 电流通过人体的途径也与触电程度有直接关系。电流通过人体的头部，会使人立即昏迷，或对脑组织产生严重损坏而导致死亡；电流通过人体脊髓，会使人半截肢体瘫痪；电流通过人体中枢神经或有关部位，会引起中枢神经系统强烈失调而导致死亡；电流通过心脏，会引起心室颤动，电流较大时，会使心脏停止跳动，从而导致血液循环中断而死亡。因此，电流通过心脏、呼吸系统和中枢神经系统时，其危害程度比其他途径要严重。

实践证明，电流从一只手到另一只手或从手到脚流过，触电的危害最为严重，这主要是因为电流通过心脏，引起心室颤动，使心脏停止跳动，直接威胁着人的生命安全。因此，应特别注意，勿让触电电流经过心脏。

特别指出的是，通过心脏电流的百分数小，并不等于没有危险。因为，人体的任何部位触电，都可能形成肌肉收缩以及脉搏和呼吸神经中枢的急剧失调，从而丧失知觉，造成触电伤亡事故。

④ 电流的种类和频率对触电的程度有很大影响。电流的种类不同，对触电的危险程度也不同。许多研究者对人身触电电流的类型和频率作过比较和评定，但直到目前，对这个问题仍未取得一致意见。如在同样的电压下，用比较法研究交流和直流的危险性，就未得出确定的倍数关系，说明还存在一些不明原因。

一般情况下，直流的危险性要比交流的危险性要小，这主要是因为人体电气参数有交、直流之分，而且不同类型的电流，作用在活的肌体上，所引起的生理反应也不同。

另外，不同频率的电流对人体的危害也不一样。频率越高，危害越小。多数研究者认为，50～60Hz是对人体伤害最严重的频率（也有资料表明，200Hz时最危险）。当电流的频率超过2000Hz时，对心肌的影响就很小了。所以医生常用高频电流给病人进行理疗。

⑤ 人的健康状况、人体的皮肤干湿等情况对触电伤害程度也有影响。一般情况下，凡患有心脏病、神经系统疾病或结核病的人，由于自身抵抗能力差，因此触电后引起的伤害程度，要比一般健康人更为严重。另外，皮肤干燥时电阻大，通过的电流小，触电危险性小；皮肤潮湿时电阻小，通过的电流就大，触电危险性就大。

10.2　安全电流和安全电压

10.2.1　安全电流

电流对人体是有害的，那么，多大的电流对人体是安全的？根据科学实验和事故分析得出不同的数值，但我们确定50～60Hz的交流电10mA和直流电流50mA为人体的安全电流，也就是说人体通过的电流小于安全电流时是安全的。各种不同数值的电流对人身的伤害程度情况见表10-2。

表10-2　电流对人体的危害程度

电流/mA	50Hz交流电	直流电
0.6～1.5	开始感觉手指麻刺	没有感觉
2～3	手指强烈麻刺	没有感觉
5～7	手部疼痛，手指肌肉发生不自主收缩	刺痛并感到灼热
8～10	手难于摆脱电源，但还可以脱开，手感到剧痛	灼热增加
20～25	手迅速麻痹，不能脱离电源，呼吸困难	灼热愈加增高，产生不强烈的肌肉收缩
50～80	呼吸麻痹，心脏开始震颤	强烈的肌肉痛，手肌肉不自主的强烈收缩，呼吸困难
90～100	呼吸麻痹，持续3s以上，心脏停止跳动	呼吸麻痹
500以上	延续1s以上有死亡危险	呼吸麻痹，心室震颤，停止跳动

10.2.2　人体电阻的特点

人体触电时，人体电阻是决定人身触电电流大小、人对电流的反映程度和伤害的重要因素。一般情况下，当电压一定时，人体电阻越大，通过人体的电流就越小；反之，则越大。

人体电阻是指电流所经过人身组织的电阻之和。它包括两个部分，即内部组织电阻和皮肤电阻。内部组织电阻与接触电压和外界条件无关，而皮肤电阻随皮肤表面干湿程度和接触电压的变化而变化。

皮肤电阻是指皮肤外表面角质层的电阻，它是人体电阻的重要组成部分。由于人体皮肤的外表面角质层具有一定的绝缘性能，因此，决定人体电阻值大小的主要是皮肤外表面角质层。人的外表面角质层的厚薄不同，电阻值也不同。一般人体承受50V的电压时，人的皮肤角质外层绝缘就会出现缓慢破坏的现象，几秒钟后接触点即生水泡，从而破坏了干燥皮肤的绝缘性能，使人体的电阻值降低。电压越高，电阻值降低越快。另外，人体出汗、身体有损伤、环境潮湿、接触带有能导电的化学物质、精神状态不良等情况，都会使皮肤的电阻值显著下降。皮肤电阻还同人体与带电体的接触面积及压力有关，这正如金属导体连接时的接触电阻一样，接触面积越大，电阻则越小。

不同条件下的人体电阻见表10-3。

表10-3 不同条件下的人体电阻

接触电压/V	人体电阻/Ω			
	皮肤干燥①	皮肤潮湿②	皮肤潮湿③	皮肤浸入水中④
10	7000	3500	1200	600
25	5000	2500	1000	500
50	4000	2000	875	440
100	3000	1500	770	375
250	1500	1000	650	325

① 干燥场合的皮肤，电流途经单手至双脚。

② 潮湿场所的皮肤，电流途经单手至双脚。

③ 有水蒸气，特别潮湿场所的皮肤，电流途经双手至双脚。

④ 游泳池或浴池中的情况，基本为体内电阻。

不同类型的人，皮肤电阻差异很大，因而人体电阻差异也大。所以，在同样条件下，有人发生触电死亡，而有人能侥幸不受伤害。但必须记住，即使平时皮肤电阻很高，如果受到上述各种因素的影响，仍有触电伤亡的可能。

一般情况下，人体电阻主要由皮肤电阻来决定，人体电阻一般可按1～2kΩ考虑。

10.2.3 安全电压

安全电压是为了防止触电事故而采用的有特定电源的电压系列。安全电压是以人体允许电流与人体电阻的乘积为依据而确定的。安全电压一方面是相对于电压的高低而言，另一方面是指对人体安全危害甚微或没有威胁的电压。

我国安全电压标准规定的安全电压系列是6V、12V、24V、36V和42V。当设备采用安全电压作直接接触防护时，只能采用额定值为24V以下（包括24V）的安全电压；当作间接接触防护时，则可采用额定值为42V以下（包括42V）的安全电压。

从安全电压与使用环境的关系来看，触电的危险程度与人体电阻有关，而人体电阻与不同使用环境下的接触状况有极大的关系。在不同的状况下，人体电阻是不同的。

人体电阻与接触状况的关系，通常分为三类：

① 干燥的皮肤，干燥的环境，高电阻的地面（此时人体阻抗最大）。

② 潮湿的皮肤，潮湿的环境，低电阻的地面（此时人体阻抗最小）。

③ 人浸在水中（此时人体电阻可忽略不计）。

10.2.4　使用安全电压的注意事项

① 应根据不同的场合按规程规定选择相应电压等级的安全电压。

② 采取降压变压器取得安全电压时，应采用双绕变压器，而不能采用自耦变压器，以使一、二次绕组之间只有电磁耦合而不直接发生电的联系。

③ 安全电压的供电网络必须有一点接地（中性线或某一相线），以防电源电压偏移引起触电危险。

④ 安全电压并非绝对安全，如果人体在汗湿、皮肤破裂等情况下长时间触及电源，也可能发生电击伤害。因此，采用安全电压的同时，还要采取防止触电的其他措施。

10.3　安全用电常识

10.3.1　用电注意事项

① 严禁用一线一地安装用电器具。

② 在一个电源插座上不允许引接过多或功率过大的用电器具和设备。

③ 未掌握有关电气设备和电气线路知识的人员，不可安装和拆卸电气设备及线路。

④ 严禁用金属丝绑扎电源线。

⑤ 严禁用潮湿的手接触开关、插座及具有金属外壳的电气设备，不可用湿布擦拭上述电器。

⑥ 堆放物资、安装其他设备或搬移各种物体时，必须与带电设备或带电导体相隔一定的安全距离。

⑦ 严禁在电动机和各种电气设备上放置衣物，不可在电动机上坐立，不可将雨具等挂在电动机或电气设备的上方。

⑧ 在搬移电焊机、鼓风机、洗衣机、电视机、电风扇、电炉和电钻等可移动电器时，要先切断电源，更不可拖拉电源线来移动电器。

⑨ 在潮湿的环境下使用可移动电器时，必须采用额定电压36V及以下的低压电器。在金属容器及管道内使用移动电器，应使用12V的低压电器，并要加接临时开关，还要有专人在该容器外监视。安全电压的移动电器应装特殊型号的插头，以防误插入220V或380V的插座内。

⑩ 雷雨天气，不可走近高压电杆、铁塔和避雷针的接地导线周围，以防雷电伤人。

10.3.2　短路的危害

短路是指由电源通向用电设备（也称负载）的导线不经过负载（或负载为零）而相互直接连通的状态；也称短路状态。

短路的危害是：短路所产生的短路电流远远超过导线和设备所允许的电流限度，造成电气设备过热或烧损，甚至引起火灾。另外，短路电流还会产生很大的电动力，可能会导致设备严重损坏。所以，应采取相应的保护措施，如装设保护装置，以防止发生短路或限制短路造成烧损。

10.3.3 绝缘材料被击穿的原因

通常，绝缘材料所承受的电压超过一定程度，其某些部位就会因发生放电而遭到破坏，这就是绝缘击穿现象。固体绝缘一旦被击穿，一般不能恢复绝缘性能；而液体和气体绝缘如果被击穿，在电压撤除后，其绝缘性能通常还能恢复。

固体绝缘击穿分热击穿和电击穿两种。

热击穿是绝缘材料在外加电压作用下，产生泄漏电流而发热。如果产生的热量来不及排散，绝缘材料的温度就会升高。由于它具有负的温度系数，因此绝缘电阻随温度的升高而减小，而增大的电流又使绝缘材料进一步发热，甚至导致其熔化和烧穿。热击穿是“热”起主要作用。

电击穿是绝缘材料在强电场的作用下，其内部的离子进行高速运动，从而使中性分子发生碰撞电离，以致产生大量电流而被击穿。电击穿主要决定于电场强度的高低。

通常，用绝缘电阻表来测试绝缘电阻，以判断电气设备的绝缘好坏。如果没有绝缘电阻表，也可用万用表的 $R\times10$k 挡进行大概的测试。由于万用表不能产生足够高的电压，因此所测得的电阻值一般不够准确，只能作为参考。如果万用表测得的电阻值不符合要求，说明电气设备的绝缘水平低，不符合要求；如果万用表测得的电阻值符合要求，也不能据此判断绝缘正常，还应进一步采取其他方法补充测试。

电气设备绝缘电阻的测量，应停电进行，并断开与它有联系的所有电气设备和电路。

10.3.4 预防绝缘材料损坏的措施

① 不使用质量不合格的电气产品。

② 按工作环境和使用条件正确选用电气设备。

③ 按规定正确安装电气设备或线路。

④ 按技术参数使用电气设备，避免过电压和过负荷运行。

⑤ 正确选用绝缘材料。

⑥ 按规定的周期和项目对电气设备进行绝缘预防性试验。

⑦ 适当改善绝缘结构。

⑧ 在搬运、安装、运行和维护中避免电气设备的绝缘结构受机械损伤，受潮湿、污物的影响。

10.4 触电的类型及防止触电的措施

10.4.1 单相触电

在中性点接地的电网中，当人体接触一根相线（火线）时，人体将承受 220V 的相电压，电流通过人体、大地和中性点的接地装置形成闭合回路，造成单相触电，如图 10-1 所示。此外，在高压电气设备或带电体附近，当人体与高压带电体的距离小于规定的安全距离时，高压带电体将对人体放电，造成触电。这种触电方式也称为单相触电。

图 10-1 单相触电

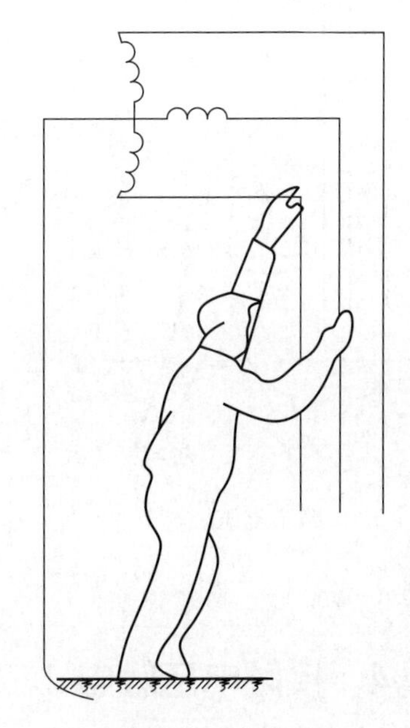

图 10-2 两相触电

在中性点不接地的电网中，如果线路的对地绝缘不良，也会造成单相触电。

在触电事故中，大部分属于单相触电。

10.4.2 两相触电

人体与大地绝缘的时候，人体同时接触两根不同的相线或同时接触电气设备不同相的两个带电部分时，电流由一根相线经过人体到另一个相线，形成闭合回路，这种情形称为两相触电。此时人体上的电压比单相触电时高，后果更为严重，如图 10-2 所示。

10.4.3 跨步电压触电

当架空线路的一根带电导线断落在地上时，以落地点为中心，在地面上会形成不同的电位。如果此时人的两脚站在落地点附近，两脚之间就会有电位差，即跨步电压。由跨步电压引起的触电，称为跨步电压触电，如图 10-3 所示。

当发生跨步电压触电时，先感觉到两脚麻木、发生抽筋以致跌倒。跌倒后，由于手、脚之间的距离加大，电压增高，心脏串联在电路中，因此人就有生命危险。跨步电压的高低决定于人体与导线落地点的距离。距导线落地点越近，跨步电压越高，危险性越大；距导线落地点越远，电流越分散，地面电位也越低，危险性越小。当人体与导线落地点距离达到 20m 以上时，地面电位近似等于零，跨步电压也为零，就不会发生跨步电压触电。因此，遇到这种危险场合，应合拢双脚跳离接地处 20m 之外，以保障人身安全。

图 10-3 跨步电压触电

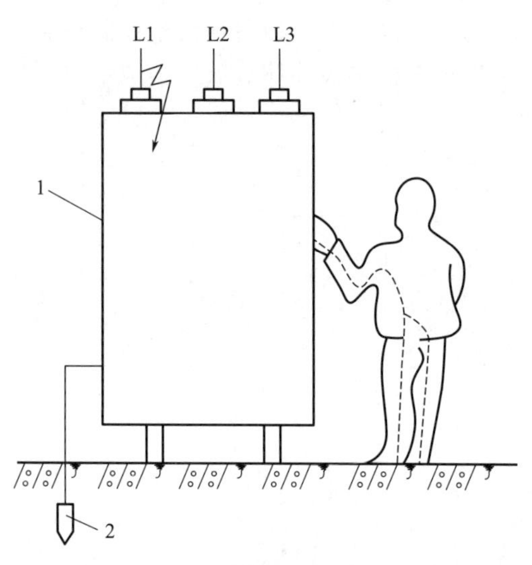

图 10-4 接触电压触电

1—变压器外壳；2—接地体

10.4.4 接触电压触电

人体与电气设备的带电外壳相接触而引起的触电，称为接触电压触电，如图 10-4 所示。当电气设备（如变压器、电动机等）的绝缘损坏而使外壳带电时，电流将通过接地装置注入大地，同时在以接地点为中心的地面上形成不同的电位。如果此时人体触及带电的设备外壳，便会发生接触电压触电。而接触电压又等于相电压减去人体站立点的地面电位。所以人体站立点离接触点越近，接触电压越小；反之，接触电压就越大。

当电气设备的接地线断路时，人体触及带电外壳的触电情况与单相触电情况相同。

10.4.5 防止触电的措施

电工属于特殊工种，除必须熟练掌握正规的电工操作技术外，还应掌握电气安全技术。在此基础上方可参加电工操作。为保证人身安全，应注意以下几点：

① 电工在检修电路时，应严格遵守停电操作的规定，必须先拉下总开关，并拔下熔断器（保险盒）的插座，以切断电源，方可操作。电工操作时，严禁任何形式的约时停送电，以免造成人身伤亡事故。

② 在切断电源后，电工操作者须在停电设备的各个电源端或停电设备的进出线处，用合格的验电笔进行验电。当在闸刀开关或熔断器上验电时，应在断口两侧验电；在杆上电力线路验电时，应先验下层，后验上层，先验距人较近的，后验距人较远的导线。

③ 经验明设备两端确实无电后，应立即在设备工作点两端导线上挂接地线。挂接地线时，应先将接地线的接地端接好，然后在导线上挂接地线。拆除接地线的程序与上述相反。

④ 为防止电路突然通电，电工在检修电路时，应采取以下措施：

a. 操作前应穿具有良好绝缘的胶鞋，或在脚下垫干燥的木凳等绝缘物体，不得赤脚、穿潮湿的衣服或布鞋。

b. 在已拉下的总开关处挂上“有人工作，禁止合闸”的警告牌，并进行验电；或一人监护，一人操作，以防他人误把总开关合上。同时，还要拔下用户熔断器上的插盖。注意在动手检修前，仍要进行验电。

c. 在操作过程中，不可接触非木结构的建筑物，如砖墙、水泥墙等，潮湿的木结构也不可触及。同时，不可同没有与大地绝缘的人接触。

d. 在检修灯头时，应将电灯开关断开；在检修电灯开关时，应将灯泡卸下。在具体操作时，要坚持单线操作，并及时包扎接线头，防止人体同时触及两个线头。

以上只是一些基本的电工安全作业要点，在实际工作中，还应根据具体条件，制定符合实际情况的安全规程。国家及有关部门颁发了一系列的电工安全规程规范，维修电工必须认真学习，严格遵守。

10.5 触电急救

10.5.1 使触电者迅速脱离电源的方法

当发现有人触电时，首先应切断电源开关，或用木棒、竹竿等不导电的物体挑开触电者身上的电线，也可用干燥的木把斧头等砍断靠近电源侧电线，砍电线时，要注意防止电线断落到别人或自己身上。

如果发现在高压设备上有人触电，应立即穿上绝缘鞋，戴上绝缘手套，并使用适合该电压等级的绝缘棒作为工具，使触电者脱离带电设备。使触电者脱离电源时，千万不能用手直接去拉触电者，更不能用金属或潮湿的物件去挑电线，否则救护人员也会触电。在夜间或风雨天救人时，更应注意安全。

触电者脱离电源后，如果神志清醒，只是感到有些心慌、四肢发麻、全身无力；或者触电者在触电过程中曾一度昏迷，但很快就恢复知觉。在这种情况下，应使触电者在空气流通的地方静卧休息，不要走动，让他自己慢慢恢复正常，并注意观察病情变化，必要时可请医生前来诊治或送医院。

10.5.2 对触电严重者的救护

(1) 人工呼吸法

具体做法是：先使触电人脸朝上仰卧，头抬高，鼻孔尽量朝天，救护人员一只手捏紧触电人的鼻子，另一只手掰开触电者的嘴，救护人员紧贴触电者的嘴吹气，如图 10-5(a) 所示。也可隔一层纱布或手帕吹气，吹气时用力大小应根据触电人的不同而有所区别。每次吹气要以触电人的胸部微微鼓起为宜，吹气后立即将嘴移开，放松触电人的鼻孔使嘴张开，或用手拉开其下嘴唇，使空气呼出，如图 10-5(b) 所示。吹气速度应均匀，一般为每 5s 重复一次（吹 2s、放 3s）。触电人如已开始恢复自主呼吸，还应仔细观察呼吸是否还会停止。如果再度停止，应再进行人工呼吸，但这时人工呼吸要与触电者微弱的自主呼吸规律一致。

图 10-5　口对口人工呼吸

(2) 胸外心脏挤压法

胸外心脏挤压法是触电者心脏停止跳动后的急救方法。做胸外心脏挤压法时，应使触电者仰卧在比较坚实的地方，如木板、硬地上。救护人员双膝跪在触电者一侧，将一手的掌根放在触电者的胸骨下端，如图 10-6(a) 所示，另一只手叠于其上，如图 10-6(b) 所示，靠救护人员上身的体重，向胸骨下端用力加压，使其陷下 3cm 左右，如图 10-6(c) 所示，随即放松（注意手掌不要离开胸壁），让其胸廓自行弹起如图 10-6(d) 所示。如此有节奏地进行挤压，每分钟 100 次左右为宜。

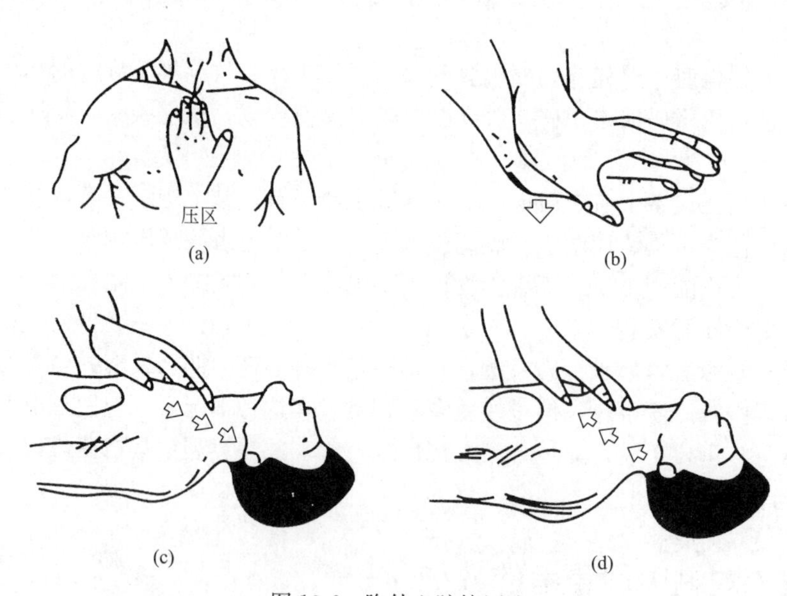

图 10-6　胸外心脏挤压法

胸外心脏挤压法可以与人工呼吸法同时进行，如果有两人救护，可同时采用两种方法；如果只有一人救护，可交替采用两种方法，先挤压心脏 30 次，再吹一次气，如此反复进行，效果较理想。

在抢救过程中，如果发现触电者皮肤由紫变红，瞳孔由大变小，则说明抢救收到了效果。当发现触电者能够自己呼吸时，即可停止做人工呼吸。如人工呼吸停止后，触电者仍不能自己维持呼吸，则应立即再做人工呼吸，直至其脱离危险。

此外，对于与触电同时发生的外伤，应视情况酌情处理。对于不危及生命的轻度外伤，可放在触电急救之后处理；对于严重的外伤，应与人工呼吸和胸外心脏挤压同时进行处理；

如果伤口出血较多，应予止血，为避免伤口感染，最好予以包扎，使触电者尽快脱离生命危险。

10.6 引起电气火灾和爆炸的原因

10.6.1 火灾和爆炸的特点

(1) 火灾和爆炸

火灾是指失去控制并对财产和人身安全造成损害的燃烧现象。燃烧是伴随有热和光同时发生的强烈的化学反应。

爆炸是指物质发生剧烈的物理或化学变化，且在瞬间释放大量能量，产生高温高压气体，使周围空气猛烈振荡而造成巨大声响的现象。

由电气原因形成火源而引燃或引爆的火灾和爆炸称为电气火灾和爆炸。

(2) 发生火灾具备的基本条件

① 有可燃物存在。凡能与空气中的氧或其他氧化剂起剧烈化学反应的物质都称可燃物质，如木材、纸张、煤油、汽油、酒精、氢气、橡胶、煤等。

② 有一定量的助燃物质存在。凡能帮助燃烧的物质都称为助燃物质，如空气中的氧及强氧化剂等。燃烧时，助燃物质进行燃烧化学反应。当助燃物质数量不足时，不会发生燃烧。

③ 有可能导致燃烧的着火源存在。着火源并不参加燃烧，但它是可燃物、助燃物进行燃烧化学反应的起始条件。凡能引起可燃物质燃烧的能源都称为着火源，如高温、明火、电火花、电弧、灼热物体等。

10.6.2 引起电气火灾和爆炸的原因

(1) 电气火灾的特点

① 着火后电气设备和线路可能是带电的，如不注意，会引起触电事故。

② 有些电气设备（如电力变压器、多油断路器等）本身充有大量的绝缘油，一旦起火燃烧，有可能发生喷油，甚至爆炸，造成火势蔓延并危及救护人员的安全。

(2) 引起电气火灾和爆炸的原因

① 各种电气设备、导体或绝缘体超过最高允许的温度或超过最大允许温升的定值，造成电气设备过热。

② 电弧或电火花，不但可点燃可燃物，甚至会使金属溶化。因此在易燃、易爆场所，严防出现电弧和电火花。

③ 电气设备和线路的绝缘老化、受潮或机械损伤，造成绝缘强度下降或损坏，并导致相间或对地短路；熔断器的熔体熔断、导线接触不良、线路和电气设备严重过负荷等都可能产生火花、电弧或高温，烧毁绝缘引起火灾。

④ 静电火花放电可能引起火灾和爆炸。

⑤ 导线接头连接不良。通常，线路接触部分是电路中的薄弱环节，是发生过热的一个重点部位，导线接头连接不良引起火灾的主要原因有以下几个：

a. 导线互相连接没有绞紧焊好，导线接到电气设备上的接线端子没有使用特制的接头或没有将螺钉旋紧，造成连接处的接触电阻大大增大，而电流的发热量是与电阻的大小成正比的。因此，电阻越大，发热量也越大，而温度升高也越快；当温度升高到导线临界温度时，其绝缘就会被击穿引起火灾。

b. 导线接头没有用绝缘胶布包缠好，两个接头相互接近，造成碰线短路产生电弧火花，引燃附近的可燃物而发生火灾。

c. 若导线的接头太松，接触不良，电流就会时断时续，造成连接处发热和产生火花，而引起火灾。

10.7 预防电气火灾的措施

10.7.1 不宜使用铝线电气线路

为防止电气火灾，携带式电动工具和移动式电气设备的电源引线，以及有剧烈振动的用电设备的线路，都不宜使用铝芯导线。因为铝芯导线的强度低，容易折断，并且导线接头容易氧化，导致接触电阻增大。与铜芯导线相比，使用铝芯导线发生短路、触电和火灾事故的几率要高很多。所以上述线路不宜使用铝芯导线。

10.7.2 防止线路短路和过负荷引起火灾的措施

(1) 线路短路引起火灾的原因

① 导线选用不当和安装线路时损坏导线的绝缘。如在有酸性蒸气的场所采用普通导线，其绝缘会很快被腐蚀而发生短路；安装时碰坏导线绝缘或导线与墙壁的距离太小，绝缘受到损坏，引起接地故障和碰线短路等。

② 导线直接缠绕、勾挂在铁钉和铁丝上，或者把铁丝缠绕、勾挂在导线上；由于磨损和铁锈腐蚀，导线绝缘受到损坏而形成短路。

③ 由于管理不严或维修不及时，导线上积聚可燃纤维和粉尘，一旦绝缘损坏，就会引起燃烧而短路。

④ 导线在地上拖来拖去，经常受热、受潮、磨损、扎伤以及过负荷等，都会使导线绝缘损坏而发生短路。

⑤ 由于雷击过电压的作用，电气线路的绝缘可能遭到击穿而形成短路。

(2) 防止线路短路和过负荷引起火灾的措施

① 检查线路的安装是否符合安全技术要求。

② 正确选择与导线截面相配合的熔断器，严禁任意调大熔体或用其他金属丝代替熔体。

③ 定期测试线路的绝缘电阻。如果测得的线路导线间和线路对地的绝缘电阻小于规定

值，应将破损绝缘处修复；破损严重的应予以更换。

④ 线路和电气设备都应严格按照规范要求安装，不得随便乱装乱用，以防止因绝缘损坏而发生漏电和短路事故。

⑤ 经常检查线路的运行情况，发现严重过负荷时，应从线路中切除部分用电设备，或加大导线的截面。

10.7.3 防止低压开关引起火灾的措施

① 根据环境条件、防火要求正确选用开关。如在有爆炸危险场所，要采用防爆型开关；有化学腐蚀及火灾危险场所应采用专门型式的开关。否则应装在室外或其他合适的地方。

② 所选开关的额定电压应与电源电压相符，额定电流应满足负荷需要，且开关的断流容量要满足电力系统短路容量的要求。

③ 闸刀开关应安装在不易燃烧的材料上，开关不能水平安装或倒装。在合闸位置时，开关的手柄应向上，以防误操作合闸或闸刀片自动落下接通电源；电源的进出线不能接反。

④ 三相闸刀开关应安装在远离易燃物的地方，防止闸刀发热或分合闸时产生火花而引起燃烧；将闸刀的相与相之间用绝缘板隔离，防止相间短路。

⑤ 导线与开关接头处的连接要牢固，接触要良好，防止接触电阻过大引起发热或火灾。

⑥ 对于容量较小的负荷，可采用胶盖瓷底闸刀开关；潮湿、多尘等危险场所应采用铁壳开关；容量较大的负荷要采用自动空气开关。

⑦ 自动开关要常检查、勤清扫，防止触头发热、外壳积尘而引起闪络和爆炸；低压开关若有损坏，应及时更换；安装在环境条件恶劣场所的开关，更应注意除尘和防潮。

10.7.4 防止电源开关、插座引起火灾的措施

① 正确选用电源开关和插座。如在有爆炸危险场所，应选用隔爆型、防爆型开关和插座；在室外应采用防水开关；在潮湿场所应采用拉线开关；在有腐蚀性气体、火灾和爆炸危险场所，要尽可能将开关和插座安装在室外。

② 电源开关和插座的额定电压均应与电源电压相符，额定电流应满足实际电路的负荷需要。使用时不可随意增加负载，以免因过负荷将电源开关和插座烧坏而造成短路。

③ 开关和插座应安装在清洁、干燥的场所。防止受潮或腐蚀，造成胶木击穿等短路事故。

④ 在单相交流电路中，单极开关要接在相线上。如果误接在中性线上，则开关断开时，用电设备将仍然带电。这不仅会危及人身安全，且一旦相线接地，还会造成短路，甚至引起火灾。

⑤ 清除事故隐患。及时修理或更换有缺陷或已经损坏的开关和插座。

10.7.5 防止电动机引起火灾的措施

(1) 电动机引起火灾的原因

① 电动机过负荷或转动部分卡住。电动机长时间过负载运行，被拖动机械负荷过大或

转动部分卡住使电动机停转过电流，引起定子绕组过热而起火。

② 电动机短路故障。电动机定子绕组发生相间、匝间短路或对地绝缘被击穿，引起绝缘材料燃烧起火。

③ 电源电压过高。磁路高度饱和，励磁电流急剧上升，使铁芯严重发热引起电动机起火。

④ 电源电压过低。电动机启动时，若电源电压过低，则启动转矩小，使电动机启动时间长或不能启动，引起电动机定子电流增大，绕组过热而起火。运行中的电动机，若电源电压过低，电动机转矩变小而机械负荷不变，则引起定子过电流，使绕组过热而起火；若电源电压大幅下降，则运行中的电动机因停转而被烧毁。

⑤ 电动机缺相运行。电动机运行中一相断线或一相熔断器熔断，造成缺相运行（即两相运行），引起定子绕组过载发热起火。

⑥ 电动机轴承内缺油或润滑油脏污变质，导致轴承烧毁、转子扫膛。造成绕组接地短路或相间短路事故，引起电动机起火燃烧。

⑦ 电动机启动时间长或短时间内连续多次启动，定子绕组温度急剧上升，引起绕组过热起火。

⑧ 电动机接线松动，造成接触电阻增大，通入电流时产生高温和火花，引起绝缘或可燃物体燃烧。

⑨ 电动机吸入纤维、粉尘而堵塞风道，热量不能排放，或转子与定子摩擦，引起绕组温度升高起火。

⑩ 电动机由于年久绝缘老化，绕组受潮或受外力强烈碰撞，造成绕组短路起火。

(2) 防止电动机引起火灾的措施

① 应根据工作环境的特征，考虑防潮、防腐蚀、防尘、防爆等要求，正确选择电动机型号；安装电动机时应符合防火要求。

② 电动机及其启动装置与可燃物体或可燃构筑物之间应保持适当距离，并将其安装在不燃材料的基础上；电动机周围不得堆放杂物。

③ 每台电动机必须装设独立的操作开关和适当的保护装置，并通过计算选用合适的熔断器和自动开关；安装启动器时应配以合适的热继电器，必要时可装设断相保护装置。

④ 电缆接入电动机时应直接穿管保护，以免受到机械损伤；电动机电缆接头或电缆套管应直接接入电动机的接线盒。

⑤ 对运行中的电动机应经常检查、维护，定期清扫和添加润滑油，并注意声音、温升、电流和电压的变化，以便及时发现问题。

⑥ 对长期不使用的电动机，启动前应测量其绝缘电阻。

(3) 电动机在运行中的禁忌

电动机在启动或运行中若发现下列情况，应立即切断电源，在查明原因和处理之前，禁忌继续运行。

① 启动器内有火花或冒烟。

② 电动机传动装置失灵或损坏。

③ 电动机所带机械发生故障。

④ 电动机内有异常声音。

⑤ 电动机冒烟或起火。

⑥ 电动机有焦煳味。

⑦ 电动机转子和定子相互摩擦。

⑧ 电动机缺相运行（转速低、有“嗡嗡”声）。

⑨ 电动机发生剧烈振动。

⑩ 电动机温升超过允许值。

⑪ 轴承温度超过允许值。

⑫ 在电动机的运行中发生人身安全事故。

⑬ 启动时启动器内火花不断。

⑭ 启动时有“嗡嗡”声，转速很慢，启动很困难（缺相运行）。

10.7.6 防止变压器引起火灾的措施

(1) 变压器引起火灾的原因

① 绕组绝缘老化或损坏产生短路。变压器绕组的绝缘物，当受到过负荷发热或受到变压器油酸化腐蚀的作用时，其绝缘性能将会产生老化变质，耐受电压能力下降，甚至失去绝缘作用；变压器制造、安装、检修不当也可能碰坏或损坏绕组绝缘。变压器绕组的绝缘老化或损坏，可能引起绕组匝间、层间短路，短路产生的电弧使绕组燃烧。同时，电弧分解变压器油产生的可燃气体与空气混合达到一定浓度，便形成爆炸混合物，遇火花会发生燃烧或爆炸。

② 变压器油老化变质引起闪络。变压器常年处于高温状态下运行，当油中渗入水分、氧气、铁锈、灰尘和纤维等杂质时，变压器油会逐渐老化变质，降低绝缘性能；当变压器绕组的绝缘也损坏变质时，便形成内部的电火花闪络或击穿绝缘，造成变压器爆炸起火。

③ 变压器绕组的线圈接触不良产生高温或电火花。变压器绕组的线圈与线圈之间、线圈端部与分接头之间、露出油面的接线头等处，如果连接不好，可能因松动或断开而产生电火花或电弧；分接头转换开关位置不正、接触不良，都会使接触电阻过大，发生局部过热而产生高温，使变压器油分解产生油气引起燃烧或爆炸。

④ 套管损坏爆裂起火。变压器引线套管漏水、渗油或长期积满油垢而发生闪络，电容套管制造不良、运行维护不当或运行年久，都会使套管内的绝缘损坏、老化，产生绝缘击穿，产生高温使套管爆炸起火。

(2) 防止变压器爆炸起火应采取的措施

防止变压器爆炸起火应采取以下技术措施：

① 安装前的绝缘检查。变压器安装之前，必须检查绝缘，核对使用条件是否符合制造厂的规定。

② 加强变压器的密封。不论变压器是运输，还是存放、运行，其密封均应良好。因此，在进行检查、检修变压器各部密封情况时，应做检漏试验，防止潮气及水分进入。

③ 彻底清理变压器内杂物。变压器安装、检修时，要防止焊渣、铜丝、铁屑等杂物进入变压器内，并彻底清除变压器内的焊渣、铜丝、铁屑等杂物，用合格的变压器油彻底冲洗。

④ 防止绝缘受损。在检修变压器吊罩、吊芯时，应防止绝缘受到损伤，特别是对于内

部绝缘距离较为紧凑的变压器，切记勿使引线、线圈和支架受损。

⑤ 为防止铁芯多点接地及短路，检查变压器时应测试下列项目：

a. 测试铁芯绝缘。通过测试，确定铁芯是否多点接地；如有多点接地，应查明原因，排除后方可投入运行。

b. 测试铁芯螺钉绝缘。穿铁芯螺钉绝缘应良好，各部螺钉应紧固，防止螺钉掉下造成短路。

⑥ 预防引线及分接开关事故。引线绝缘应完整无损，各引线焊接良好；对套管及分接开关的引线接头，如发现有缺陷应及时处理；要去掉裸露引线上的毛刺和尖角防止运行中发生放电；安装、检修分接开关时，应认真检查，分接开关应清洁，触头弹簧应良好，接触应紧密，分接开关引线螺钉应紧固无断裂。

⑦ 预防套管闪络爆炸。套管应保持清洁，防止积垢闪络，检查套管引出线端子发热情况，防止因接触不良或引线开焊过热引起套管爆炸起火。

⑧ 加强变压器油的监督和管理。对变压器油应定期作预防性试验和色谱分析，防止变压器油劣化变质；变压器油尽可能避免与空气接触。

除了采取上述技术措施防止变压器爆炸起火外，还应采取以下常规措施：

① 加强变压器的运行监视。运行中应特别注意引线、套管、油位、油色的检查和油温、音响的监视。发现异常，要认真分析，及时正确处理。

② 保证变压器的保护装置可靠投入。变压器运行时，全套保护装置应能可靠投入，所配保护装置动作应准确无误，保护用直流电源应完好可靠。确保故障时，保证正确动作跳闸，防止事故扩大。

③ 保持变压器的良好通风。变压器的冷却通风装置应能可靠地投入和保持正常运行，以保证运行温度不超过规定值。

④ 建防火隔墙或防火、防爆建筑。室内变压器应安装在有耐火、防爆的建筑物内，并设有防爆铁门。室内一室一台变压器，且室内通风散热良好。室外变压器周围应设置围墙或栅栏，若相邻间距太小，应建防火隔墙，以防火灾蔓延。

⑤ 设置事故排油坑。室内、室外变压器均应设置事故排油坑。蓄油坑应保持良好状态，蓄油坑应有足够的厚度和符合要求的卵石层。蓄油坑的排油管道应通畅，应能迅速将油排出（如排入事故总贮油池），不得将油排入电缆沟。

⑥ 设置消防设备。大型变压器周围应设置适当的消防设备。

10.7.7 雷雨季节防止电气火灾的措施

① 加强对架空线路的检查。杆基不牢的要夯实；电线弧垂过大的要适当调整；还要剪除电线附近的树枝，更换腐朽的电杆、横担和导线，以防止倒杆、混线、断线、短路和接地故障的发生。

② 严禁在架空线下堆放可燃物品。

③ 安装在露天场所的电动机、闸刀、开关等电气设备，要采用防水式或采用防雨措施，并安装好避雷装置。

④ 安装在地势较低、房屋内部的电动机，要做好防大雨后，被雨水浸蚀和被水淹没前的准备工作。凡被水浸泡过的电动机，应做绝缘电阻测试。认定合格后，方可使用。

⑤ 对电气线路和设备，应定期检修清扫，并做绝缘电阻测试，发现有缺陷的要及时修

复。特别是那些简易建筑物内的电气线路，除要加强检修外，还要保证简易房屋不漏雨水。

⑥ 家用电器，如电扇、电视机等，要放在干燥、通风、无尘的地方，用后要切断电源；电视机在雷雨时应停用。

⑦ 应安装避雷装置的处所要安装避雷装置。已安装的要检测合格。对一些闲置的线路、天线，应予以拆除，以减少受雷目标，免遭雷害。

⑧ 电气设备线路，既要防雨水潮湿，又要防止因高温使电器设备和线路积蓄的热量过多，破坏电气设备、线路的绝缘而发生火灾。

10.8 发生电气火灾时的处理方法与灭火注意事项

10.8.1 发生电气火灾时的处理方法

发生电气火灾时应首先切断起火设备电源，然后进行扑救。切断电源时应注意以下几点：

① 切断电源时应使用绝缘工具操作。由于发生火灾后，开关设备可能受潮或被烟熏，其绝缘强度大大降低，因此拉闸时应使用可靠的绝缘工具，防止操作中发生触电事故。例如可使用绝缘手套、绝缘靴（鞋）及绝缘棒等。

② 切断电源的地点要选择得当，防止切断电源后影响灭火工作。

③ 要注意拉闸的顺序。对于高压设备，应按规定程序进行操作，拉闸时应先断开断路器，后断隔离开关，严防带负荷拉隔离开关；对于低压设备，应先断起动器（如交流接触器、磁力起动器等），后断刀闸开关，以免引起弧光造成短路。

④ 当断路器和电源总开关距火灾现场较远时，可采用剪断导线的方法切断电源。剪断不同相的导线时，断口不应在同一部位，并且要一根一根剪断，以免造成短路；剪断架空线路的导线时，断口应在电源侧的支持物附近，以防止导线剪断后造成接地短路或触电事故。

⑤ 如果线路带有负荷，应尽可能先切除负荷，再切断现场电源。

⑥ 如果电气火灾发生在夜间，切断电源时应考虑事故现场的临时照明问题，以免因切断电源影响灭火工作。

10.8.2 灭火方法与注意事项

(1) 不带电灭火时应注意的事项

① 扑救人员应尽可能站在上风侧进行灭火；若电缆燃烧时，扑救人员应戴防毒面具进行灭火，因电缆燃烧时会产生有毒烟气。

② 若在灭火过程中，扑救人员的身上着火，应离开火场就地打滚或撕脱衣服，不得用灭火器直接向扑救人员身上喷射，可用湿麻袋或湿棉被覆盖在扑救人员身上。

③ 在房屋顶上灭火时，扑救人员应注意所处地点是否牢固，以防站立不稳或因房屋坍塌从高空坠落，伤及自身。

④ 发现室内着火时，切勿急于打开门窗，以防空气对流而加重火势。

(2) 带电灭火时应注意的事项

发生电气火灾后，由于情况紧急，为争取灭火时间，来不及断电，或因生产的需要不能断电或无法断电时，就要带电灭火。在这种情况下应注意以下几点：

① 选择合适的灭火器　用于带电灭火的灭火器有：四氯化碳灭火器、二氧化碳灭火器、二氟一氯一溴甲烷（1211）灭火器或干粉灭火器。因它们的灭火剂是不导电的。四氯化碳灭火器使用示意图如图 10-7 所示；二氧化碳灭火器使用示意图如图 10-8 所示。

图 10-7　四氯化碳灭火器使用示意图

图 10-8　二氧化碳灭火器使用示意图

不宜用于带电灭火的灭火器有：泡沫灭火器。泡沫灭火器使用示意图如图 10-9 所示。

② 选择合适的灭火水枪　用于带电灭火的水枪有：喷雾水枪。用喷雾水枪灭火时，通过水柱的泄漏电流较小，比较安全。

若用普通直流水枪灭火，通过水柱的泄漏电流会威胁人身安全。为此，可将水枪喷嘴用编织软导线可靠接地，同时操作人员必须戴绝缘手套、穿绝缘靴或均压服进行操作。

③ 选择必要的安全距离

a. 用水枪灭火时，水枪喷嘴至带电体的距离为：110kV 及以下应大于 3m；220kV 及以上应大于 5m。用不导电灭火剂灭火时，喷嘴至带电体的距离为：10kV 应大于 0.4m；35kV 应大于 0.6m。

图 10-9　泡沫灭火器使用示意图

b. 对带电的架空线路进行灭火时，人体与带电导线之间的倾角不得超过 45°，并站在带电导线的外测，以防导线断落伤及灭火人员。

c. 如果高压导线断落地面，应划出一定的警戒范围，以防止扑救人员进入而发生跨步电压触电。

参 考 文 献

[1] 王如松．装饰装修电工基本技术．北京：中国电力出版社，2010.
[2] 流耘．当代电工室内电气配线与布线．北京：机械工业出版社，2013.
[3] 杨清德等．装修电工宝典．北京：机械工业出版社，2014.
[4] 包显良．室内电气安装．北京：中国电力出版社，2007.
[5] 阳梅开等．装饰装修电工 1000 个怎么办．北京：中国电力出版社，2010.
[6] 陈思荣．建筑电气工程施工图识读一本通．北京：机械工业出版社，2013.
[7] 阳鸿钧等．家居装饰电工指南．北京：中国电力出版社，2010.
[8] 蔡杏山．学家装电工技能步步高．北京：机械工业出版社，2015.
[9] 黄民德等．建筑电气安装工程，天津：天津大学出版社，2008.
[10] 蔡中辉．看图学建筑电气工程施工．北京：化学工业出版社，2010.
[11] 孙克军．电工操作入门．北京：中国电力出版社，2015.